EUL VERLAG

Reihe: Wirtschaftsinformatik · Band 79

Herausgegeben von Prof. Dr. Dietrich Seibt, Köln, Prof. Dr. Hans-Georg Kemper, Stuttgart, Prof. Dr. Georg Herzwurm, Stuttgart, Prof. Dr. Dirk Stelzer, Ilmenau, und Prof. Dr. Detlef Schoder, Köln

Dr. Nadine Amende

Nutzenmessung der geografischen Informationsvisualisierung in Verbindung mit der Informationssuche

Mit einem Geleitwort von Prof. Dr. Franz Lehner, Universität Passau

EUL VERLAG

Bibliografische Information der Deutschen Nationalbibliothek

Die Deutsche Nationalbibliothek verzeichnet diese Publikation in der Deutschen Nationalbibliografie; detaillierte bibliografische Daten sind im Internet über <http://dnb.d-nb.de> abrufbar.

Dissertation, Universität Passau, 2013

Tag der Disputation: 22. Oktober 2013

Erstgutachter: Prof. Dr. Franz Lehner
Zweitgutachter: Prof. Dr. Peter Kleinschmidt

Veröffentlicht mit finanzieller Unterstützung der Universität Passau

---

ISBN 978-3-8441-0316-8
1. Auflage März 2014

JOSEF EUL VERLAG GmbH
Brandsberg 6
53797 Lohmar
Tel.: 0 22 05 / 90 10 6-6
Fax: 0 22 05 / 90 10 6-88
E-Mail: info@eul-verlag.de
http://www.eul-verlag.de

Bei der Herstellung unserer Bücher möchten wir die Umwelt schonen. Dieses Buch ist daher auf säurefreiem, 100% chlorfrei gebleichtem, alterungsbeständigem Papier nach DIN 6738 gedruckt.

Geleitwort

Die vorliegende Arbeit widmet sich den Themenbereichen „Informationsvisualisierung“ und „Informationssuche“. Die damit verbundenen Fragestellungen liegen in einem Spannungsfeld von technologischen und wirtschaftlichen Herausforderungen. Für die Auseinandersetzung mit dem Thema gibt es wichtige und aktuelle Gründe. Zu erwähnen sind u.a. die Informationsüberlastung aufgrund zu vieler Informationen sowie die mangelnde Fähigkeit, geeignete Suchanfragen zu formulieren und die Relevanz von Suchergebnissen zu bestimmen. Aber auch die Nutzerbedürfnisse, die Wahrnehmungen und kognitiven Fähigkeiten von Nutzern sowie der Anwendungskontext spielen eine Rolle. Da geografische Visualisierungen ein hohes Potential für die visuelle Unterstützung bei der Informationssuche bieten und in Verbindung mit modernen Webtechnologien allgemein nutzbar sind, ist die Messung des Nutzens einer Geovisualisierung bei der Informationssuche generell von Interesse.

In einer empirischen Untersuchung mit Hilfe von Prototypen wird der Einsatz der Geovisualisierung bei der Informationssuche im Rahmen konkreter Einsatzszenarios von der Autorin analysiert. Auf diese Weise werden Aussagen über den potenziellen Nutzen und die beeinflussenden Faktoren möglich. Mit Hilfe der Prototypen wird insbesondere ein Vergleich der Geovisualisierung mit der traditionell verwendeten Darstellung von Suchergebnissen in Listenform möglich. Intuitiv würde man annehmen, dass der Nutzen auf jeden Fall überwiegt. Umso überraschender sind die Ergebnisse, die den Nutzen keineswegs bestätigen, sondern ein viel komplexeres und differenziertes Bild zeichnen. Die drei Prototypen mit geografischer Funktionalität sind zwar signifikant besser als das Referenzsystem (Feldeingabe und Listenvisualisierung) hinsichtlich der Trefferqualität, der Informationsqualität und der Nutzungsabsicht, überraschenderweise kommt aber der Eingabevisualisierung eine wesentlich größere Bedeutung zu als der Ergebnisvisualisierung. Die Ergebnisse der Arbeit können letztlich nur bedingt Vorteile für die Geovisualisierung aufzeigen bzw. nicht in dem Ausmaß wie diese erwartet wurden.

Ohne an dieser Stelle einer Beurteilung durch die Leserschaft vorzugreifen, kann gesagt werden, dass mit diesem Buch ein wichtiger Baustein für das Verständnis des Themas und für die weiterführende Diskussion geschaffen wurde. Das Buch bietet einen umfassenden Überblick über den Stand der Forschung und es ist zu wünschen, dass die Ergebnisse auch in der Praxis eine nützliche Verwendung findet. Die methodische Gründlichkeit und die ausführliche Darstellung der relevanten Theorien machen das Buch aber auf jeden Fall zu einer nützlichen Informationsquelle für die Wissenschaft und es leistet einen wichtigen Beitrag für das tiefere Verständnis visuell unterstützter Suche.

Passau, im Januar 2014 Prof. Dr. Franz Lehner

Vorwort

Diese Arbeit entstand während meiner Tätigkeit als wissenschaftliche Mitarbeiterin am Lehrstuhl für Wirtschaftsinformatik II der Universität Passau.

Zum Gelingen dieser Arbeit haben viele Personen direkt und indirekt beigetragen. Bei ihnen möchte ich mich an dieser Stelle bedanken. Zunächst möchte ich meinem Doktorvater, Prof. Dr. Franz Lehner, für die Möglichkeit der Anfertigung dieser Arbeit, für das entgegengebrachte Vertrauen und seine fortwährende Unterstützung danken. Mein weiterer Dank gilt Prof. Dr. Peter Kleinschmidt für die Übernahme des Zweitgutachtens sowie Prof. Dr. Hans Ziegler für die Mitwirkung in der Prüfungskommission der Disputation.

Meinen Kollegen danke ich für die konstruktiven und anregenden Diskussionen, das Korrekturlesen des Manuskripts und dafür, dass sie auch bei nicht fachlichen Themen immer ein offenes Ohr hatten und mich stets motiviert haben. Namentlich sind hier zu erwähnen: Prof. Dr. Michael Scholz, Dr. Verena Dorner, Beate Siegel, Nora Fteimi, Peter Schultes, Ondrej Havel, Olya Ivanova und Dr. Stephan Wildner. Ebenso möchte ich der ehemaligen Forschungsgruppe „Wissensmanagement“ für die zahlreichen Gesprächsrunden und das wertvolle Feedback danken.

Ein besonderer Dank gilt auch Prof. Dr. Ronald Maier und dem ehemaligen Team des Lehrstuhls für Wirtschaftsinformatik meiner Alma Mater Halensis, der Martin-Luther-Universität Halle-Wittenberg. Schon während meines Studiums und meiner Tätigkeit als wissenschaftliche Hilfskraft an diesem Lehrstuhl konnten sie mich für das wissenschaftliche Arbeiten und das Themengebiet dieser Arbeit begeistern. Ohne sie wäre diese Arbeit vermutlich nie entstanden.

Ein weiterer Dank gilt dem PAULA (Passauer Experimentallabor) Team der Universität Passau, das mich bei der Durchführung der experimentellen Erhebung organisatorisch unterstützte, sowie der Immobilienagentur Schönberger & Wiener, die mir die Datenbasis für die Immobiliensuche zur Verfügung gestellt hat. Ebenso möchte ich Prof. Dr. Klaus Tschira für den mir verliehenen Preis und die damit verbundene finanzielle Unterstützung danken.

Ein letztes großes Dankeschön gilt meiner Familie und meinen Freunden, die mich in allen Phasen der Promotion unterstützt und motiviert haben. Ihnen widme ich dieses Buch.

Passau, im Januar 2014 Nadine Amende

Inhaltsverzeichnis

Abbildungsverzeichnis

Tabellenverzeichnis

Abkürzungsverzeichnis

AIC	An Information Criterion
AIS	Association for Information Systems
AJAX	Asynchronous JavaScript and XML
API	Application Programming Interface
CSS	Cascading Style Sheets
DOM	Document Object Model
EUCS	End User Computing Satisfaction
FCHR	First Choice Hit Rate
GIS	Geografisches Informationssystem
HTML	Hypertext Markup Language
HTTP	Hypertext Transfer Protocol
IRR	Incident Rate Ratio
LM	Levenberg-Marquardt
MAUT	Multi Attribute Utility Theory
NLS	Nonlinear-Least-Squares
OR	Odds Ratio
PHP	PHP Hypertext Preprocessor
ROC	Rank Order Centroid
TAM	Technology-Acceptance Model
TTF	Task-Technology-Fit
UIS	User Information Satisfaction
URL	Uniform Resource Locator
UTAUT	Unified Theory of Acceptance and Use of Technology
XHTML	Extensible HyperText Markup Language
XML	Extensible Markup Language

Kapitel 1

Einführung

„If a picture is worth a thousand words, then an interface is worth a thousand pictures.“ (Shneiderman, 2001)

Der Umgang mit Informationen ist nach wie vor eine der zentralen Aufgaben der Informationsgesellschaft. Viele Unternehmen beklagen, dass Mitarbeiter viel Zeit in die Suche und Verwaltung von Informationen investieren. So verbringt eine Führungsperson ca. 2 Stunden pro Tag mit der Suche nach relevanten Informationen, wobei die Hälfte der gefundenen Informationen nicht relevant sind. Diese nicht produktiv genutzte Arbeitszeit resultiert in hohen Kosten für ein Unternehmen. Ferner passiert es, dass 42% der Führungspersonen einmal pro Woche ungeeignete Informationen verwenden (vgl. LexisNexis, 2008 und Accenture, 2007). Auch die Menge privater Daten wächst beständig (z. B. Texte, Fotos, Videos, Audiodaten), denn mit der wachsenden Bedeutung des Internet sind Informationen jederzeit und in beliebiger Menge verfügbar geworden. Das Internet nimmt eine immer größer werdende Rolle für alltägliche Aktivitäten ein. Nach einer Online-Studie von ARD und ZDF wird das Internet inzwischen von rund 76% aller Deutschen ab 14 Jahren zumindest gelegentlich genutzt. Die Anzahl der Internetnutzer hat sich in den letzten 12 Jahren verdreifacht.[1] Dieser Umstand führt in der Folge zu einer weiter anwachsenden Menge an verfügbaren Informationen im Internet.

[1] Jährliche, repräsentative ARD/ZDF-Onlinestudie für das Jahr 2012. URL:http://www.ard-zdf-onlinestudie.de/index.php?id=372

Das primäre Bedürfnis eines Suchenden – sowohl im Unternehmen als auch auf privater Ebene – ist es, nicht nur Informationen zu finden, sondern relevante Informationen in der richtigen Qualität bei gleichzeitig geringem Suchaufwand zu finden (vgl. Pirolli/Card, 1999). Dies bedarf des Einsatzes effizienter und effektiver Informationstechnologien. Die Methoden der Informationsvisualisierung können hier einen Beitrag leisten (vgl. Gershon et al., 1998, S. 10), da sie komplexe und große Mengen an Informationen verarbeiten und visuell aufbereiten, um die Wahrnehmung beim Nutzer zu verstärken (vgl. Card et al., 1999, S. 6). Eine Form der visuellen Aufbereitung ist die Geovisualisierung. Im Gegensatz zu abstrakten Visualisierungsmetaphern, die Gegenstand der Informationsvisualisierung sind, basieren Geovisualisierungen auf einem natürlichen und intuitiven Verständnis. Infolge der Weiterentwicklung zu einem Web 2.0 und den damit verbundenen technologischen Fortschritten ist die Erstellung interaktiver Geokarten (z. B. mit Hilfe von Webdiensten wie Google Maps, Bing Maps oder OpenStreetMap[2]) oder virtueller Globen (z. B. Google Earth, NASA World Wind[3]) einfach möglich. Über ein Application Programming Interface (API) können diese Geovisualisierungen in eine Internetanwendung integriert werden und erlauben so die Verknüpfung verschiedener Informationsquellen und deren Repräsentation (vgl. Dörk, 2012, S. 52). Da mehr als 80% der Unternehmensdaten raumbezogene Merkmale (z. B. Ortsangaben, Adressen oder Koordinaten) aufweisen – hierdurch ist eine Verknüpfung mit einer Geokarte möglich (vgl. Worrall, 1991 und Bossler, 2010 und Wendt, 1997) –, ergibt sich auch für Unternehmen ein großes Potenzial, diese Art der Visualisierung für die Unterstützung bei der Informationssuche einzusetzen.

Die Arbeit widmet sich daher der Geovisualisierung und deren Nutzenpotential für die computergestützte Informationssuche. Dazu wird in Abschnitt 1.1 die Problemsituation der Informationssuche und der bisherigen Informationsvisualisierungen kurz skizziert. Hieraus werden in Abschnitt 1.2 eine Zielstellung und die sich ergebenden Forschungsfragen abgeleitet. Zur Umsetzung des Forschungsziels wird in Abschnitt 1.3 das methodische Vorgehen erläutert. Abschließend (vgl. 1.4) wird der Aufbau der Arbeit vorgestellt. Dieser begründet sich aus dem methodischen Vorgehen und der Zielstellung.

[2] http://www.openstreetmap.org/ letzter Zugriff am: 25.07.2013
[3] http://worldwind.arc.nasa.gov/java/ letzter Zugriff am: 25.07.2013

1.1 Problemstellung

Trotz schneller Internetverbindungen, schneller und großer Datenspeicher, paralleler Hardware-Architekturen und moderner Datenbankmanagementsysteme ist die Suche und Analyse in großen Datenbeständen immer noch eine Herausforderung (vgl. Ahlberg/Shneiderman, 1994, S. 313). Denn neben der technischen Perspektive spielen der Nutzer und seine kognitiven Fähigkeiten eine wesentliche Rolle. In der Regel ist davon auszugehen, dass sich ein Informationssuchender nicht mit der Bedienung der Suchmaschine oder dem Datenbankmanagementsystem auskennt. Ferner hat er über das Suchgebiet, das Suchziel und seine eigenen Bedürfnisse zu Beginn einer Suche nur rudimentäres Wissen. Die Formulierung einer geeigneten Suchanfrage gestaltet sich somit als schwierig. Dies äußert sich bspw. in der Verwendung von zu wenigen Suchbegriffen oder in einem fehlenden Verständnis für sprachliche Problematiken, z. B. Synonyme, Homonyme (vgl. Wolff, 2006, S. 103). Ein weiteres wesentliches Problem – das Phänomen des „Information Overload" – ergibt sich bei der Präsentation der Suchergebnisse. „Information Overload" beschreibt das immer weitere Hinzukommen neuer, zusätzlicher Informationen, deren Rezeption noch mehr Zeit in Anspruch nimmt als eigentlich zur Verfügung steht. Dieser Überfluss an Informationen lähmt ein Individuum und schließlich auch das Unternehmen (vgl. Herget/Mader, 2008, S. 483 und Toffler, 1970). In Bezug auf die angezeigten Suchergebnisse kann daher eine große Treffermenge bei einem Nutzer zu einer Informationsüberlastung führen. Der Nutzer ist dann nicht mehr in der Lage, die für ihn relevanten Informationen in einer angemessenen Zeit herauszufiltern. Dieses Problem führt häufig dazu, dass relevante Informationen verloren gehen können, weil der Nutzer nicht alle Ergebnisse prüft bzw. prüfen kann oder er die Suchbedingungen restriktiver fasst, um weniger Treffer zu generieren. Die meisten Nutzer einer Suchmaschine schauen sich nicht mehr als die ersten 3 Seiten einer Trefferliste an (vgl. Silverstein et al., 1999 und Spink et al., 2001).

Eine weitere Problematik ist, dass die verschiedenen Informationsbedürfnisse (z. B. Suche nach spezifischen Informationen, nach einer Antwort auf eine konkrete Frage, Wissensaneignung zu einem Themengebiet etc.) verschiedene Suchstrategien und damit geeignete Suchfunktionalitäten erfordern. Die meisten Suchsysteme bieten jedoch die gleichen Funktionalitäten an. Typischerweise erfolgt die Suche über ein textbasiertes Eingabefeld für die Formulierung der Suchanfrage. Die Ergebnisse werden dann als textbasierte Liste ausgegeben (vgl. Rose, 2006, S. 798). Hierdurch sind keine Beziehungen zwischen den Ergebnissen darstellbar. Ein Überblick über die Treffermenge kann ebenfalls nicht visualisiert werden. Das reduziert die Möglichkeiten zur Analyse der Daten und der Bewertung deren Relevanz (vgl. Dörk, 2012, S. 53; Wolff, 2006, S. 106; Zhang, 2008, S. 4 und Lin et al., 1997, S. 41). Die Sortierung und Rangfolge der Suchergebnisse wird ebenfalls häufig nutzerunabhängig ermittelt. Jedoch können für einen Nutzer andere Intentionen mit einem Suchbegriff verbunden sein als bei einem anderen Nutzer. Der Einfluss und die Kontrolle über die angezeigten Suchergebnisse ist ein wesentlicher Aspekt, der bisher nur wenig berücksichtigt wird (vgl. Dörk, 2012, S. 53 und Wolff, 2006, S. 103).

Die Informationsvisualisierung kann dem Nutzer bei der Durchführung seiner Suche helfen und einen Beitrag zur Bewältigung der beschriebenen Probleme leisten. Nach Card et al. (1999) besteht das Ziel der Informationsvisualisierung darin, abstrakte Daten strukturell aufzubereiten und grafisch darzustellen, um die Wahrnehmung zu unterstützen. Die durch die Visualisierung geschaffene Reduzierung der dargestellten Daten erlaubt sowohl einen abstrakten Überblick über die gesamte Informationsmenge als auch die Detailansicht (vgl. Hoeber/Yang X. D., 2006). Visualisierungskonzepte wie Baum- oder Netzstrukturen ermöglichen die Abbildung von Beziehungen zwischen Daten und damit die Navigation in der Informationsmenge und das explorative Entdecken auch vorher nicht bekannter Suchziele (vgl. Card et al., 1999). Durch die visuelle Untersuchung von Daten können beim Nutzer neue Fragen auftreten, an die er vorher nicht gedacht hatte und die ohne eine Visualisierung auch verborgen geblieben wären (vgl. Plaisant, 2004).

Die Informationsvisualisierung hilft dem Nutzer somit, seine Bedürfnisse zu konkretisieren und präziser zu formulieren. Interaktive und grafische Elemente (z. B. Buttons, Schieberegler etc.) erlauben den Zugriff auf die zugrunde liegenden Daten und die direkte und dynamische Interaktion mit der Visualisierung. Hierdurch kann der Nutzer auch die Manipulation und Steuerung der Sortierung und Rangfolge von Suchergebnissen vornehmen (vgl. Dörk, 2012, S. 53ff und Kulyk et al., 2007, S. 28). Interaktive, visuelle Suchsysteme helfen, einen besseren Einblick in die Daten zu erhalten, um Muster, Trends oder Beziehungen zwischen Datenobjekten zu erkennen und dadurch Erkenntnisse für die Bearbeitung einer Aufgabe oder in einer Entscheidungssituation zu gewinnen (vgl. Tufte, 2001; Burley, 2010 und Padda et al., 2008, S. 83).

Trotz der vielen Informationsvisualisierungstechniken und -systeme, die seit den Anfängen der Forschungsdisziplin 1990 entwickelt wurden, findet sich bisher nur eine geringe Akzeptanz und Nutzung der Informationsvisualisierung im Rahmen der Informationssuche. Diese bisher nur geringe Verbreitung lässt sich auf drei Ursachen zurückführen (vgl. Plaisant, 2004):

1. die fehlende Intuitivität bzw. Eignung der Visualisierungsform,
2. das fehlende visuelle Verständnis bei den Benutzern und
3. fehlende oder ungeeignete Instrumente zur Nutzenmessung der Visualisierungssysteme.

Die **fehlende Intuitivität** ist mit der Eignung einer Informationsvisualisierungstechnik zur Abbildung bestimmter Datenstrukturen und der Berücksichtigung der Bedürfnisse eines Nutzers hinsichtlich der Such- und Analysefunktionalitäten zu begründen (vgl. Plaisant, 2005). Stone (2009) kritisiert, dass Informationsvisualisierungstools zwar technisch interessante Funktionen beinhalten, diese unterstützen aber oft nicht die damit zu bearbeitenden realen Probleme. Entwickler sollten neben dem technischen Wissen auch ein Verständnis darüber haben, was der Benutzer für die Bearbeitung einer Suchaufgabe benötigt (vgl. Stone, 2009, S. 47). Burkhard (2004) weist darauf hin, dass Mitarbeiter Schwierigkeiten haben, neue Visualisierungsmethoden anzunehmen, weil sie nicht wissen, wann und wie sie diese anwenden sollen. Ein unterstützendes Framework könnte die Nutzung der Visualisierungstechniken für verschiedene Aufgaben vermitteln und dabei den kognitiven Hintergrund und das Informationsbedürfnis berücksichtigen (vgl. Burkhard, 2004).

Das **fehlende visuelle Verständnis** äußert sich in dem Grad des visuellen und räumlichen Denkvermögens (spatial abilities) eines Nutzers. Menschen können sich hinsichtlich ihrer visuellen Fähigkeiten und räumlichen Orientierungsfähigkeiten unterscheiden. Dazu wird bspw. gemessen, inwieweit ein Nutzer vorgegebene 2D- oder 3D-Figuren gedanklich drehen und falten kann und auf dieser Basis bestimmen kann, wie diese von einer anderen Perspektive aussehen würden (vgl. Ekstrom et al., 1979).

Hat ein Nutzer ein geringes visuelles und räumliches Denkvermögen, wird der Nutzen einer Informationsvisualisierung, die seine visuellen und räumlichen Fähigkeiten übersteigt, gering sein.

Die **fehlende oder unzureichende Nutzenmessung** ist ein weiterer Grund für die bisher geringe Verbreitung von Informationsvisualisierungssystemen. Für Unternehmen ist es wichtig, den Erfolg bzw. Nutzen ihrer Investitionen nachzuweisen. Ein Informationssystem muss sein Potential, z. B. Kosteneinsparungen, gegenüber den herkömmlichen Systemen aufzeigen (vgl. Turetken/Sharda, 2007, S. 77). Wenige Studien konnten positive Ergebnisse bezüglich bestimmter Messgrößen des Nutzens, z. B. Bedienbarkeit, Effizienz oder Effektivität, für die untersuchten Visualisierungen nachweisen (vgl. Hearst, 2009, S. 234ff; Turetken/Sharda, 2007; Spoerri, 2004 und Plaisant, 2004). Der Nutzen einer Informationsvisualisierung hängt davon ab, ob die Visualisierung einen Einblick in die Daten gibt und den Erkenntnisgewinn auf Basis der Daten fördert (vgl. North, 2006, S. 6ff) und ob die Interaktionsmöglichkeiten den Benutzerbedürfnissen entsprechen (vgl. Kulyk et al., 2007, S. 13). Um eine erfolgreiche Visualisierung zu entwickeln, ist es notwendig, die menschliche Wahrnehmung und Kognition, den Kontext der Nutzung sowie die nutzerspezifischen Ziele und Aufgaben zu berücksichtigen (vgl. Kulyk et al., 2007, S. 13 und Tory/Möller, 2004).

Die Kritik an den bisherigen Bewertungskriterien ist, dass diese nicht messen, ob der Nutzer in der Lage ist, die beabsichtigte visuelle Darstellung und die damit zusammenhängenden Interaktionen zu verstehen, und ob die Visualisierung die Wahrnehmung und das kognitive Verständnis vereinfacht (vgl. Padda et al., 2008, S. 84).

Die Nutzung einer geografischen Informationsvisualisierung für die Informationssuche bietet den Vorteil einer intuitiven und natürlicheren Darstellung von Daten auf der Basis abstrahierender Ausschnitte der Realität (vgl. Peuquet/Kraak, 2002, S. 80ff). Es ist daher zu vermuten, dass die Geovisualisierung auf eine bessere Akzeptanz stößt und damit zu einer verbreiteten Nutzung führt, denn geografische Karten werden seit Jahrhunderten genutzt, um Informationen zu kommunizieren und zu verbreiten. Ein Potential ergibt sich vor allem für Unternehmen, da 80% der Unternehmensdaten einen räumlichen Bezug aufweisen (vgl. Worrall, 1991; Bossler, 2010 und Wendt, 1997). Über ein räumliches Merkmal (z. B. Ortsangaben, Adressen oder Koordinaten) ist es möglich, auch nicht inhärent räumliche Daten (z. B.

Textdokumente) mit geografischen Visualisierungen, typischerweise Geokarten oder virtuelle Globen, zu verknüpfen. Das kann zu einer verbesserten Integration heterogener Datenbestände führen und somit die Informationssuche unterstützen. Die Visualisierung von Unternehmensdaten auf einer Geokarte, z. B. Ergebnisse einer Suche, kann zudem einen intuitiven und damit auch effizienteren und effektiveren Zugang zur dahinter liegenden Informationsmenge ermöglichen. Infolge der technologischen Weiterentwicklung zum Web 2.0 ist die Erstellung von Geokarten und deren Verknüpfung mit jeglicher Art von Information relativ einfach möglich, so dass zunehmend Anwendungen in diesem Bereich entstehen. Aktuelle Projekte wie das europäische Satellitennavigationssystem Galileo[4] und europaweite Initiativen zur Schaffung einer einheitlichen Geodateninfrastruktur (INSPIRE)[5], bilden die Grundlage für neue Anwendungen im Bereich der Geovisualisierung.

Vor der beschriebenen Problemsituation lassen sich folgende Gründe für die Auseinandersetzung mit der Thematik formulieren:

- Zu den Herausforderungen der Informationssuche zählen nach wie vor die Informationsüberlastung aufgrund zu vieler Informationen sowie die mangelnde Fähigkeit, geeignete Suchanfragen zu formulieren und die Relevanz von Suchergebnissen zu bestimmen.

- Die Nutzerbedürfnisse, die Wahrnehmungen und kognitiven Fähigkeiten eines Nutzers sowie der Anwendungskontext werden bei der Entwicklung von Visualisierungen bisher nur unzureichend berücksichtigt.

- Die Nutzenmessung erfolgt nicht oder nur unzureichend. Wichtige Einflussfaktoren, z. B. kognitive Prozesse, werden nicht berücksichtigt.

- Geografische Visualisierungen bieten ein hohes Potential für die visuelle Unterstützung der Informationssuche und sind aufgrund moderner Webtechnologien für Jedermann nutzbar. Die Messung des Nutzens einer Geovisualisierung für die Informationssuche ist daher bedeutsam.

Die Motivation für das Thema wird auch durch Aufrufe aus der Forschung unterstützt. So wird gefordert, dass Erklärungen und Prognosen über die Funktionsweise

[4] http://www.galileo-navigationssystem.com/ letzter Zugriff am 26.07.2013

[5] http://inspire-geoportal.ec.europa.eu/ letzter Zugriff am 26.07.2013

und Bedingungen (z. B. wie reagieren verschiedene Nutzer auf neue und bewährte Geovisualisierungen), die Rolle von Wahrnehmungs- und Bewusstseinsprozessen, die Nutzung erweiterter Analysemethoden wie Data Mining oder multikriterielle Analyse und die Betrachtung von Evaluationskonzepten Gegenstand der zukünftigen Forschung sein sollten (vgl. Virrantaus et al., 2009, S. 67ff; Elwood, 2008, S. 257; Dykes et al., 2005, S. 5ff und Peuquet/Kraak, 2002, S. 82). Eine Präzisierung des Forschungsbedarfs erfolgt in Kapitel 3, in welchem eine umfassende Literaturanalyse zum Forschungsstand der Nutzenmessung von Informationsvisualisierungen durchgeführt wird.

1.2 Zielsetzung

Um den Herausforderungen der Informationssuche zu begegnen, ist es notwendig zu untersuchen, in welchen Schritten des Informationssuchprozesses eine Unterstützung durch eine Visualisierung hilfreich ist und welchen Einfluss kognitive Prozesse haben. Im Weiteren muss analysiert werden, worin diese Unterstützung besteht: welche Kriterien können dazu dienen, Aussagen über den Nutzen, im Sinne einer Unterstützung des Individuums, zu treffen. Die Messung des Nutzens erfordert schließlich eine Auseinandersetzung mit den bisherigen Verfahren, sowohl innerhalb der Forschungsdisziplin der Informationsvisualisierung als auch der Referenzdisziplin der Wirtschaftsinformatik, und der Auswahl eines geeigneten Messinstruments. Ausgehend von den Einsatzmöglichkeiten der Geovisualisierung, den zu untersuchenden Nutzenkriterien und Einflussfaktoren sowie eines festgelegten Anwendungsszenarios sind Anforderungen an entsprechende Prototypen abzuleiten. Die entwickelten und implementierten Prototypen dienen dann der empirischen Untersuchung des Nutzens einer Geovisualisierung für die Informationssuche. Zusammenfassend kann folgende Zielsetzung der Arbeit formuliert werden:

Ziel der Arbeit ist es, anhand einer prototypischen, empirischen Untersuchung den Einsatz von Geovisualisierungen für bestimmte Phasen der Informationssuche in einem konkreten Anwendungsszenario zu analysieren und Aussagen über den Nutzen und die beeinflussenden Faktoren zu treffen. Auf Basis von entwickelten Prototypen ist ein Vergleich der Geo-

visualisierung mit der im Anwendungsszenario traditionell verwendeten Visualisierungsform vorzunehmen.

Hieraus ergeben sich folgende zielführende Forschungsfragen:

1. *Welche Informationsvisualisierungssysteme wurden bisher hinsichtlich eines Nutzens unabhängig vom Anwendungsgebiet erforscht und welche Erkenntnisse konnten speziell für die Geovisualisierung gewonnen werden?*
   Die bisherigen Studien zur Nutzenmessung von Informationsvisualisierungen, speziell Geovisualisierungen, sind umfassend zu analysieren. Dadurch können der Stand der aktuellen Forschung eingeschätzt und die Forschungslücken konkretisiert werden. Es soll insbesondere hinsichtlich der Geovisualisierung geprüft werden, inwieweit diese bisher für die Informationssuche eingesetzt wurde.

2. *Welche Phasen der Informationssuche können durch eine Informationsvisualisierung unterstützt werden und welche Möglichkeiten bietet die Geovisualisierung?*
   Die konkreten Schritte und Herausforderungen der Informationssuche sind zu untersuchen. Es ist zunächst zu prüfen, welche Unterstützung eine Visualisierung bieten kann. Die Vorteile der Geovisualisierung gegenüber der traditionellen Visualisierungsform sind hierzu herauszustellen.

3. *Welche Konzepte beschreiben den Nutzen und welche Einflussfaktoren spielen eine Rolle?*
   Die Messung des Nutzens verlangt zunächst eine genaue Definition. Da in der Regel verschiedene Theorien existieren, müssen diese geprüft werden und ein geeignetes Konstrukt für den Nutzen identifiziert werden. Dies kann auch in der Auswahl mehrerer untergeordneter Konstrukte geschehen, die als Ganzes den Nutzen ausmachen. Ferner spielen spezifische Einflussfaktoren eine Rolle. Diese sind zu identifizieren und auszuwählen.

4. *Wie sollte der Nutzen gemessen werden?*
   Auf Basis des identifizierten Nutzenkonstrukts und der Einflussfaktoren sind geeignete Messinstrumente auszuwählen. Die Messinstrumente sollten bereits

empirisch geprüft und damit konsistent und reliabel sein. Mit Hilfe einer Vorstudie kann die Eignung der Messinstrumente zusätzlich überprüft werden.

5. *Wie sollte eine prototypische Implementierung der Geovisualisierung für die Informationssuche aussehen?*
   Zunächst ist ein geeignetes Anwendungsszenario zu identifizieren. Anhand dieses Anwendungsszenarios, der Möglichkeiten einer geovisuellen Unterstützung und der ausgewählten Messinstrumente sind Anforderungen an einen Prototyp zu spezifizieren. Die Art der Untersuchung entscheidet darüber, ob ein oder mehrere Prototypen bzw. Prototypvarianten zu entwerfen sind. Sind mehrere Alternativen der Informationsvisualisierung zu vergleichen, müssen verschiedene Prototypen entwickelt und implementiert werden. Mit Hilfe der Prototypen kann die empirische Untersuchung durchgeführt werden.

6. *Wie sollte die empirische Untersuchung zur Analyse des Nutzens gestaltet werden?*
   Durch die Abwägung bestimmter Parameter (z. B. benötigte Stichprobengröße, zur Verfügung stehende Zeit und Kostenaufwand, externe vs. interne Validität) ist festzulegen, wie die Untersuchung gestaltet werden sollte. Es ist u. a. zwischen einem experimentellen Design oder qualitativen Untersuchungen (z. B. Beobachtungsstudien oder Interviews), zwischen einem Labor- oder Feldexperiment, zwischen der Anzahl der zu untersuchenden Gruppen in einem Experiment (within vs. between Faktor Design) oder der Anzahl an Messwiederholungen zu entscheiden.

Für die vorgestellte Zielstellung ist hier bereits eine Einschränkung vorzunehmen. Die visualisierten Daten müssen einen räumlichen Bezug aufweisen (z. B. Ortsangabe, Koordinaten etc.), so dass eine Verknüpfung mit der Geovisualisierung vorgenommen werden kann. Das Anwendungsszenario sollte diese Voraussetzung erfüllen.

1.3 Methodische Vorgehensweise

Das methodische Vorgehen dieser Arbeit orientiert sich an dem in der Forschungsdisziplin der Wirtschaftsinformatik bekannten „Information Systems Research Framework“ von Hevner et al. (2004). Die Autoren schaffen mit diesem Rahmenwerk eine Grundlage für das Verständnis, die Durchführung und die Bewertung einer Forschung in der Wirtschaftsinformatik. Dabei integrieren sie die zwei vorherrschenden Forschungsparadigmen der Wirtschaftsinformatik: „Design Science“ und „Behavioral Science“. „Behavioral Science“ hat seine Wurzeln in der traditionellen Forschung und strebt die Entwicklung und Rechtfertigung von Theorien an. Diese Theorien erklären oder prognostizieren das menschliche und organisatorische Verhalten im Zusammenhang mit der Analyse, Entwicklung, Implementierung, Verwaltung und Nutzung von Informationssystemen. Sie treffen Aussagen zum Zweck dieses Informationssystems, z. B. dessen Einfluss auf die Effektivität oder Effizienz einer Organisation.

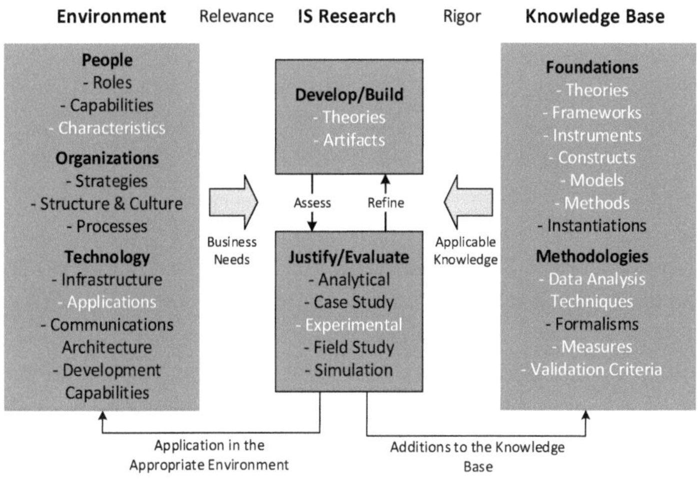

Abbildung 1.1: Einordnung der Forschungsvorgehens in das Information Systems Research Framework (in Anlehnung an Hevner et al., 2004, S. 80)

Das zweite Paradigma „Design Science“ entstammt der Ingenieurwissenschaft und ist daher problemlösungsorientiert. Forscher, welche dieses Paradigma primär verfolgen, streben die Entwicklung neuer und innovativer Ideen, Praktiken, technischer Funktionalitäten und Produkte an, mit deren Hilfe Informationssysteme effektiv und effizient analysiert, entwickelt, implementiert, verwaltet und genutzt werden können. Hevner et al. konstituieren, dass beide Paradigmen nicht unabhängig voneinander sind und sich gegenseitig beeinflussen, denn die Entwicklung und Problemlösung basiert auf bereits bestehenden Theorien. Diese werden, z. B. für die Entwicklung eines Informationssystems, angewendet, getestet und modifiziert oder erweitert. Die Theorien beeinflussen daher Design-Entscheidungen und werden wiederum von diesen beeinflusst, da anhand der Evaluation der Informationssysteme der Wahrheitsgehalt der Theorien überprüft wird (vgl. Hevner et al., 2004, S. 76). Um die Forschungsmethoden dieser Arbeit in einen Zusammenhang zur vorgestellten Zielstellung und den Forschungsfragen zu bringen, wird das Rahmenwerk von Hevner et al. herangezogen und das Forschungsvorgehen daran aufgezeigt. Abbildung 1 zeigt das Rahmenwerk. Das Forschungsvorgehen der Arbeit wird im Folgenden in das Rahmenwerk eingeordnet. Hierzu wurden die entsprechenden Bereiche in der Abbildung weiß hervorgehoben (vgl. Abbildung 1.1).

Der Problemraum der Zielstellung konzentriert sich in erster Linie auf die menschliche Komponente, den Informationssuchenden. Ein Bezug zur Organisation kann auch hergestellt werden, wenn die genutzten Suchsysteme, die zunächst zu einer Verbesserung der individuellen Arbeitssituation führen, die organisatorische Ebene beeinflussen, z. B. durch eine erhöhte Produktivitätssteigerung. Primär wird in der Arbeit das Individuum betrachtet. Die Informationssuche hängt dabei von den Fähigkeiten und individuellen Eigenschaften eines Nutzers und den zur Verfügung stehenden Informationssystemen zur Informationssuche ab. Auf Basis dieser Bedürfnisse können die zwei Forschungsparadigmen angewendet werden. Die Arbeit verfolgt dabei beide Forschungsparadigmen. Ausgehend von bestehenden Theorien werden Prototypen entwickelt. Die Ergebnisse der Evaluation der Informationsvisualisierungen können einerseits Aussagen zur Nützlichkeit der Prototypen treffen, allerdings auch zum Wahrheitsgehalt der verwendeten Theorien. Die in der Abbildung dargestellte Wissensbasis beinhaltet die grundlegenden Theorien, Modelle, Methoden, Instrumente etc., die sowohl für die Entwicklung von Theorien oder IT-Artefakten – Systeme, Modelle, Verfahren (vgl. Wilde, 2008) – als auch für die Bewertung der Theorien und IT-Artefakte herangezogen werden können. Um die Forschungsfrage 1 zu verfolgen, wird die Methode der strukturierten Literaturanalyse angewendet (vgl. 3). Hierdurch ist eine systematische und nachvollziehbare Analyse der daraus gewonnenen Erkenntnisse möglich.

Für Forschungsfrage 2 und 3 ist die Methode der Deduktion sinnvoll, da aus den allgemeinen Möglichkeiten der Informationsvisualisierung bzw. der Nutzenmessung konkrete Aussagen für die Geovisualisierung abgeleitet werden (vgl. 4.3). Ferner wird zur Beantwortung von Forschungsfrage 3 auf die Theorien der Nutzenmessung zurückgegriffen (vgl. 4.1), um ein geeignetes Nutzenkonstrukt zu definieren und hieraus Hypothesen für den Vergleich der Geovisualisierung zu einer traditionellen Informationsvisualisierung abzuleiten. Die Forschungsfrage 4 beinhaltet an sich die Auswahl geeigneter Messinstrumente aus der Forschung zur Nutzenmessung (vgl. 6.1). Diese Messinstrumente sind ebenfalls Bestandteil der Wissensbasis im Rahmenwerk von Hevner et al. (2004). Forschungsfrage 5 greift auf die Methode des Prototyping zurück. Zudem wird ein Vorgehensmodell aus dem Bereich der Softwareentwicklung genutzt, um die verschiedenen Prototypen zu entwickeln (vgl. 5). Zur Durchführung einer empirischen Untersuchung (Forschungsfrage 6) wird das Laborexperiment als Methode ausgewählt (vgl. 6). Schließlich erfolgt die statistische Auswertung der erhobenen Daten. Hierzu werden bekannte statistische Datenanalysetechniken genutzt. Die Ergebnisse werden dann im Sinne des kritischen Rationalismus nach Popper bewertet (vgl. 7). Dieser besagt, dass Erkenntnisse ausschließlich durch die Falsifikation von Hypothesen gewonnen werden (vgl. Popper, 1994, S. 44ff).

1.4 Aufbau der Arbeit

Der Aufbau der Arbeit orientiert sich an den vorgestellten Forschungsfragen. In Kapitel 2 werden zunächst die begrifflichen Grundlagen vermittelt. Dies beinhaltet den Prozess der Informationssuche und die damit verbundenen Herausforderungen, die Informationsvisualisierung und deren Bedeutung für die Informationssuche, die geografische Informationsvisualisierung und deren Möglichkeiten aber auch Herausforderungen sowie einen Überblick über das Forschungsgebiet der Nutzenmessung mit der Vorstellung bekannter Nutzenmodelle. Dadurch werden die Verständnisvoraussetzungen für alle aufgeführten Forschungsfragen geschaffen.

Kapitel 3 zielt auf die Beantwortung von Forschungsfrage 1 ab. Hier wird eine strukturierte Literaturanalyse durchgeführt. Das systematische Vorgehen wird kurz skizziert. Nach einer Festlegung des Umfangs und des Ziels der Literaturanalyse wird diese durchgeführt, die Ergebnisse werden analysiert und ausgewertet, und schließlich wird der bestehende Forschungsbedarf aufgezeigt. Dieser Forschungsbedarf wird wiederum mit Bezug zur Zielstellung der Arbeit reflektiert.

Auf Basis dieser Erkenntnisse erfolgt in Kapitel 4 die Auswahl eines Modells, anhand dessen eine Nutzenmessung durchgeführt werden kann. Des Weiteren werden die Möglichkeiten der Unterstützung bestimmter Phasen der Informationssuche durch eine Informationsvisualisierung dargestellt. Aus diesen beiden Teilschritten werden theoretische Hypothesen abgeleitet, die Annahmen darüber treffen, inwieweit die Geovisualisierung vorteilhaft gegenüber einer traditionellen Informationsvisualisierung ist und welche Art von Einfluss auf die einzelnen Nutzenkonstrukte ausgeübt wird. Hieraus können Forschungsfrage 2 und 3 beantwortet werden.

Kapitel 5 beschreibt die Entwicklung von Prototypen für die Durchführung der empirischen Untersuchung. Dazu wird zunächst ein Vorgehensmodell der Softwareentwicklung ausgewählt, erläutert und angewendet. Nach der Planungsphase werden die für eine Software wesentlichen funktionalen und nicht-funktionalen Anforderungen erhoben. Diese Anforderungen werden auf Basis der Hypothesen, eines ausgewählten Anwendungsszenarios und der gewählten Messinstrumente definiert. Die Anforderungen sind dann als Softwarearchitektur zu entwerfen und in einem nächsten Schritt zu implementieren. Die Funktionsweise der entwickelten Prototypen wird anschließend demonstriert. Damit kann Forschungsfrage 5 beantwortet werden.

Kapitel 6 beschreibt die Durchführung der empirischen Untersuchung. Ausgehend vom Experimentdesign, in welchem die wesentlichen zu erhebenden Variablen definiert und geeignete Instrumente für deren Messung vorgeschlagen werden, wird zunächst ein Pilottest durchgeführt. Dieser ermöglicht es, das Experimentdesign, die Messinstrumente und die Prototypen auf Verständnisprobleme, Messprobleme und technische Probleme zu prüfen. Nach der Behebung der festgestellten Probleme ist das eigentliche Experiment durchzuführen. Das Kapitel beantwortet somit Forschungsfrage 4 und 6. In Kapitel 7 werden die erhobenen Daten ausgewertet. Dazu wird zuerst das Vorgehen der Auswertung skizziert. Sowohl die demografischen Daten als auch die interessierenden Variablen werden statistisch ausgewertet und daraufhin hinsichtlich der aufgestellten Hypothesen interpretiert und diskutiert. Hierdurch kann das Forschungsziel der Arbeit abschließend beantwortet werden. Zuletzt erfolgt im Kapitel 8 eine Zusammenfassung der Erkenntnisse dieser Arbeit und wesentlicher Einschränkungen. Zudem werden die wissenschaftliche und praktische Bedeutsamkeit und die zukünftigen Forschungsaktivitäten aufgezeigt. Abbildung 1.2 verdeutlicht nochmals den Aufbau der Arbeit.

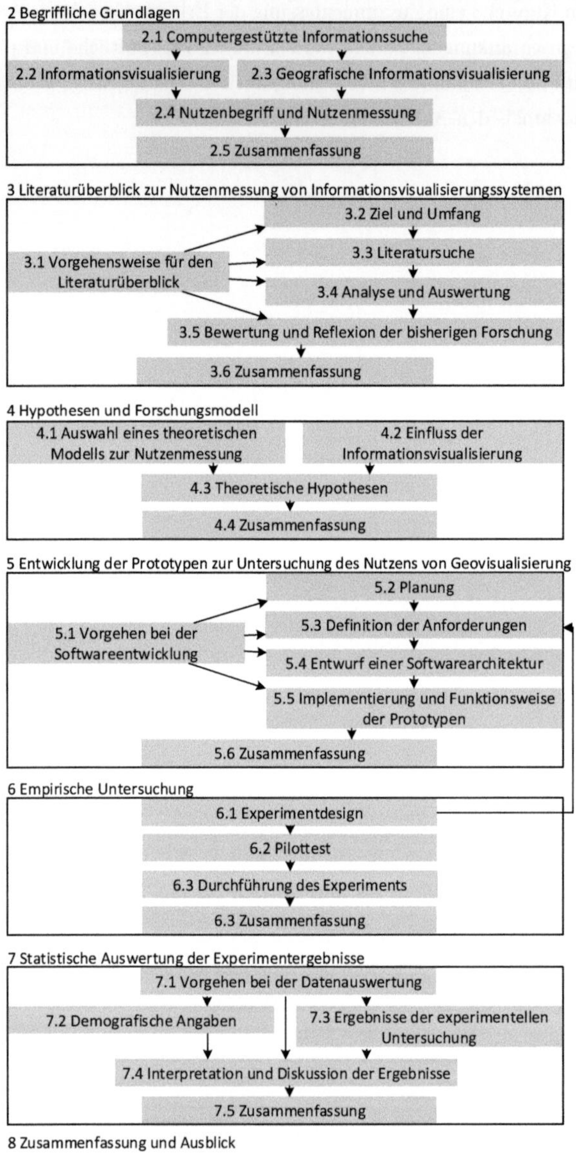

Abbildung 1.2: Aufbau der Arbeit

Kapitel 2

Begriffliche Grundlagen

Für das Verfolgen der Zielstellung der vorliegenden Arbeit müssen zunächst wesentliche Grundlagen vorgestellt werden. Das Untersuchungsobjekt, die Informationssuche auf Basis einer Geovisualisierung, erfordert einen Überblick über die Forschungsgebiete Informationssuche (vgl. 2.1), Informationsvisualisierung im Allgemeinen (vgl. 2.2) und Geovisualisierung im Spezifischen (vgl. 2.3).

Zuerst wird die Informationssuche anhand verschiedener Begrifflichkeiten erklärt (vgl. 2.1.1). Hierzu wird auch der Prozess der Informationssuche vorgestellt (vgl. 2.1.2) und die damit verbundenen Herausforderungen aufgezeigt (vgl. 2.1.3). Abschnitt 2.2 gibt eine Einführung in das Themengebiet der Informationsvisualisierung. Nach einem kurzen Abriss der Geschichte der Informationsvisualisierung und der wesentlichen Vertreter werden in Abschnitt 2.2.1 die wesentlichen Definitionen erläutert und eine Abgrenzung der Informationsvisualisierung von der Daten- und Wissensvisualisierung vorgenommen. Bevor die einzelnen Techniken der Informationsvisualisierung präsentiert werden (vgl. 2.2.3), wird in Abschnitt 2.2.2 vorgestellt, wie Daten in mehreren Schritten in eine visuelle Abbildung transformiert werden. Das Verständnis über diesen Vorgang ist Voraussetzung für die Auswahl einer geeigneten Visualisierungstechnik. In Abschnitt 2.2.4 wird die visuelle Informationsverarbeitung eines Menschen dargestellt. Dieses Verständnis liefert einen Erklärungsansatz zur Bedeutung der Informationsvisualisierung für die Informationssuche (vgl. 2.2.5). In Abschnitt 2.3 erfolgt eine Vorstellung der jungen Forschungsdisziplin der Geovisualisierung. Nach einer Definition des Forschungsgebiets wird erläutert, was

Geodaten (vgl. 2.3.1) sind und welche Anwendungsbereiche für die Geovisualisierung existieren (vgl. 2.3.2). Die zukünftigen Forschungsthemen (vgl. 2.3.3) zeigen die Relevanz der Zielstellung dieser Arbeit auf. Abschnitt 2.4 liefert schließlich einen Einblick in das Forschungsgebiet der Nutzenmessung. Dazu wird zunächst eine Begriffsabgrenzung vorgenommen (vgl. 2.4.1). Es werden dann bekannte Modelle der Nutzenmessung vorgestellt, kritisch reflektiert (vgl. 2.4.2) und zusammengefasst (vgl. 2.4.3). Abschließend erfolgt in 2.5 eine Zusammenfassung der wichtigsten Aspekte dieses Kapitels.

2.1 Computergestützte Informationssuche

Die Informationssuche ist ein interdisziplinäres Forschungsthema, welches seinen Ursprung in den Bibliothekswissenschaften hat. Um den wachsenden Bestand an Literatur zu verwalten und einen Zugriff darauf zu ermöglichen, wurden erste Suchsysteme entwickelt (vgl. Ferber, 2003, S. 3). Mit dem Aufkommen des Internets ab 1995 ist die Informationssuche Gegenstand vieler Fachdisziplinen wie Informatik, Psychologie, Marketing, E-Commerce und Wirtschaftsinformatik geworden (vgl. Riemer/Brüggemann, 2009, S. 149; Xu, 2007, S. 958; Wolff, 2006, S. 102 und Wilson, 2000, S. 49). Dadurch werden verschiedene Perspektiven bei der Forschung eingenommen. Bei der informatikorientierten Perspektive spielt die Organisation und Klassifikation der Datenbestände, deren Speicherung sowie die Interaktion zwischen einem System und einem Nutzer eine Rolle. Um diese Interaktion zu unterstützen, wird einerseits das Nutzerverhalten erforscht und andererseits die Entwicklung von Algorithmen und Tools forciert (vgl. Robins, 2000 und Kuhlthau, 1991, S. 361). Aus psychologischer Perspektive werden ebenfalls das Suchverhalten der Nutzer sowie die Wahrnehmung und Erkenntnisgewinnung aus den Informationen betrachtet (vgl. Wilson, 2000, S. 49 und Riemer/Brüggemann, 2009, S. 149). Ziel ist dabei das Design von Nutzeroberflächen für eine verbesserte Eingabe von Suchanfragen und die bessere Nutzung der Suchergebnisse. Im Bereich des E-Commerce beschäftigt sich die Forschung mit der Werbefinanzierung von Suchergebnissen (vgl. Riemer/Brüggemann, 2009, S. 149). Das Suchverhalten von Konsumenten ist eine weitere Forschungsausrichtung. Hierbei wird untersucht, welche Art von Informationsquellen eine Rolle spielen und in welchem Zeitraum gesucht wird (vgl. Kiel/Layton, 1981, S. 233ff).

Aus Marketing-Perspektive untersuchen Blanco et al. (2010) die Auswirkungen von Produktbildern und verschiedenen Textlayouts auf die Erinnerung und die Wahrnehmung der Qualität einer Produktinformation (vgl. Blanco et al., 2010).

2.1.1 Begriffsklärung und Abgrenzung

Für die Informationssuche gibt es aufgrund der verschiedenen Forschungsströme keine allgemein gültige Definition. In der Literatur finden sich vorwiegend drei Begriffe: „Information Retrieval“, „Information Seeking“ und „Information Searching“.

Der Begriff des „Information Retrieval“ wird der Forschungsdisziplin der Informatik zugeschrieben. Er beschreibt aus einer technischen bzw. Systemperspektive die Merkmale der Informationssuche. „Information Retrieval is concerned with the representation, storage, organization, and accessing of information items. In principle, no restriction is placed on the type of item handled in information retrieval.“ (Salton, 1983, S. 1) Die Speicherung, Verwaltung und der Zugriff auf Informationen werden als wesentliche Kriterien für die Durchführung einer Informationssuche verstanden. Allerdings ergänzt Salton in einer späteren Arbeit den technischen Fokus um eine nutzerorientierte Perspektive. „Information Retrieval ist die Suche und Identifikation relevanter Dokumente, welche die Bedürfnisse des Nutzers befriedigen.“ (vgl. Salton, 1989) Denn der eigentliche Zweck der Informationssuche ist es, die Benutzerbedürfnisse zu erfüllen und einem Nutzer die Suche und Identifikation relevanter Dokumente zu ermöglichen. Baeza und Ribeiro ergänzen die Definition von Salton/McGill dahingehend, dass sie den Zugriff als wesentliches Merkmal herausstellen. Der Zugriff auf die für einen Nutzer relevanten Informationen sollte einfach sein. „Information Retrieval deals with the representation, storage, organization of, and access to information items. The representation and organization of the information items should provide the user with easy access to the information in which he is interested.“ (vgl. Baeza/Ribeiro, 1999, S. 1)

Im Gegensatz zu diesen präzisen Definitionen wählt die Fachgruppe „Information Retrieval“ der Gesellschaft für Informatik eine vage Beschreibung des Begriffs. „Im Information Retrieval (IR) werden Informationssysteme in Bezug auf ihre Rolle im Prozess des Wissenstransfers vom menschlichen Wissensproduzenten zum

Informations-Nachfragenden betrachtet. Die Fachgruppe [...] beschäftigt sich dabei schwerpunktmäßig mit jenen Fragestellungen, die im Zusammenhang mit vagen Anfragen und unsicherem Wissen entstehen. [...] Hierzu zählen neben Fragen mit unscharfen Kriterien insbesondere auch solche, die nur im Dialog iterativ durch Reformulierung (in Abhängigkeit von den bisherigen Systemantworten) beantwortet werden können; häufig müssen zudem mehrere Datenbasen zur Beantwortung einer einzelnen Anfrage durchsucht werden. Die Darstellungsform des [...] gespeicherten Wissens ist im Prinzip nicht beschränkt (z. B. Texte, multimediale Dokumente, Fakten, Regeln, semantische Netze). Die Unsicherheit (oder die Unvollständigkeit) dieses Wissens resultiert meist aus der begrenzten Repräsentation von dessen Semantik (z. B. bei Texten oder multimedialen Dokumenten); [...] [oder wenn] die gespeicherten Daten selbst unsicher oder unvollständig sind (wie z. B. bei vielen technisch-wissenschaftlichen Datensammlungen). Aus dieser Problematik ergibt sich die Notwendigkeit zur Bewertung der Qualität der Antworten eines Informationssystems, wobei in einem weiteren Sinne die Effektivität des Systems in Bezug auf die Unterstützung des Benutzers bei der Lösung seines Anwendungsproblems beurteilt werden sollte.“ (vgl. Fachgruppe IR der GI)[6] Die Definition beschreibt wiederum eine technische Perspektive der Suche und die damit verbundenen Herausforderungen. Die Rolle des Nutzers wird nur marginal betrachtet.

Der zweite Begriff „Information Seeking“ betrachtet im Gegensatz dazu vorwiegend die menschliche Perspektive innerhalb der Informationssuche. „Information seeking is viewed as a process of sense-making in which a person is forming a personal point of view.“ (Dervin, 1983). Die Informationssuche ist demnach ein sinnstiftender Prozess, in welchem eine Person sich eine persönliche Meinung bilden kann. Diese eher unspezifische Definition wird durch Wilson (2000) konkretisiert. „Information Seeking is the purposive seeking for information as a consequence of a need to satisfy some goal. In the course of seeking, the individual may interact with manual information systems (such as a newspaper or a library), or with computer-based systems (such as the World Wide Web).“ (Wilson, 2000, S. 49) Hierbei wird deutlich, dass eine Informationssuche immer durch ein Bedürfnis bzw. ein Informationsziel ausgelöst wird. Eine Informationsquelle kann dabei nicht nur ein Informationssystem oder das Internet sein, sondern auch analoge Medien, z. B. Zeitungen oder Bücher.

[6] http://fg-retrieval.gi.de/startseite/information-ueber-die-fachgruppe.html letzter Zugriff am: 26.07.2013

„Information Seeking“ beschreibt die Informationssuche unabhängig von der genutzten Informationsquelle auf einer Makroebene. Der Begriff „Information Searching“ bezieht sich dahingegen viel konkreter auf die einzelnen Aktivitäten und Merkmale einer Suche. Dabei wird sowohl die Interaktion zwischen dem System und dem Nutzer als auch die kognitive Ebene des Nutzers im Sinne seiner Relevanzeinschätzung für die gefundenen Informationen angesprochen. „Information Searching is the 'micro-level' of behavior employed by the searcher in interacting with information systems of all kinds. It consists of all the interactions with the system, whether at the level of human computer interaction (for example, use of the mouse and clicks on links) or at the intellectual level (for example, adopting a Boolean search strategy or determining the criteria for deciding which of two books selected from adjacent places on a library shelf is most useful), which will also involve mental acts, such as judging the relevance of data or information retrieved.“ (Wilson, 2000, S. 49) Kuhlthau (1991) beschreibt darüber hinaus auch die Gefühlsebene. Zu Beginn einer Suche treten häufig Unsicherheiten und Ängste beim Benutzer auf, die einen Einfluss auf den Suchprozess haben können. Die Suche erstreckt sich dabei über einen Zeitraum, in dem man mit vielen Informationen konfrontiert wird. „The Information Search Process (ISP) from the user's perspective [...] is the user's constructive activity of finding meaning from information in order to extend his or her state of knowledge on a particular problem or topic. It incorporates a series of encounters with information within a space of time rather than a single reference incident. Uncertainty and anxiety are an integral part of the process, particularly in the beginning stages.“ (Kuhlthau, 1991, S. 361)

Vor dem Hintergrund der Zielstellung dieser Arbeit ist es wichtig, dass sowohl die systemorientierte als auch die menschliche Perspektive eine wesentliche Rolle bei der Informationssuche spielen. Der Nutzer soll durch das System bei der Suche unterstützt werden. Es ist daher wichtig für die Entwicklung eines Suchsystems, die Bedürfnisse des Nutzers und seine Wahrnehmungen zu kennen. Die Informationssuche wird daher wie folgt definiert:

Die Informationssuche zielt darauf ab, das Bedürfnis eines Nutzers nach für ihn relevanten Informationen zu erfüllen, um eine Wissenslücke zu schließen. Um die Relevanz einer Information zu beurteilen, führt der Nutzer kognitive Aktivitäten durch. Wurden relevante Informationen identifiziert, konstruiert der Nutzer daraus

Wissen, indem er diese Informationen in seine bestehende Wissensbasis aufnimmt. Das Wissen kann dann auf die Problemstellung angewendet werden. Den Suchsystemen kommt im Prozess der Informationssuche eine Unterstützungsfunktion zu. Sie ermöglichen es, Daten in einer geeigneten Art zu repräsentieren, zu speichern, zu verwalten und darauf zuzugreifen. Die Interaktion zwischen Suchsystem und Nutzer bezieht sich einerseits auf die physische Interaktion durch die Bedienung interaktiver Elemente (z. B. Buttons) und andererseits auf die intellektuelle Interaktion durch Unterstützung bei der Einschränkung und (Re)Formulierung von Suchkriterien. Die Nützlichkeit des Suchsystems ist schließlich durch den Nutzer zu beurteilen.

2.1.2 Prozess der Informationssuche

Entsprechend der verschiedenen Begriffsdefinitionen finden sich in der Literatur unterschiedliche Modelle zur Beschreibung der Informationssuche (vgl. Hearst, 2009). Typischerweise wird die Informationssuche als zyklischer Prozess verstanden (vgl. Ellis, 1989; Marchionini, 1995; Belkin et al., 1982 und Shneiderman/Plaisant, 2010). Während dieses Prozesses trifft der Benutzer eine Reihe von Entscheidungen, wodurch er vom ursprünglichen Informationsbedarf zu relevanten Informationen kommt, die ihm bei der Lösung seines Problems helfen (vgl. MacMullin/Taylor, 1984). Der Prozess der Informationssuche ist durch folgende Phasen gekennzeichnet (vgl. Abbildung 2.1).

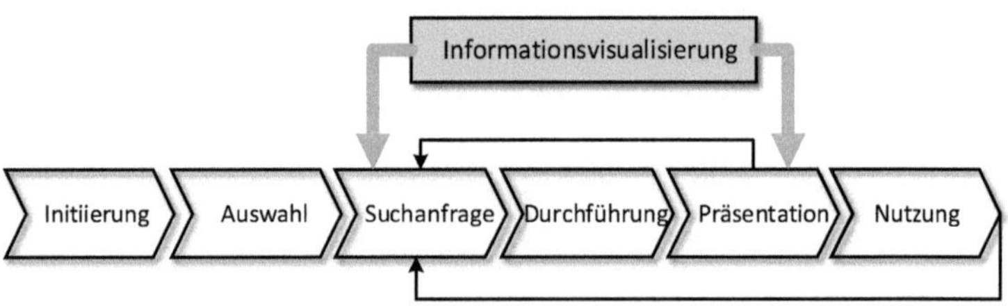

Abbildung 2.1: Prozessmodell der Informationssuche (in Anlehnung an Riemer/Brüggemann,2009, S. 151)

Die **Phase der Initiierung** beschreibt das Entstehen eines Informationsbedürfnisses aufgrund fehlenden Wissens, welches während der Bearbeitung einer Aufgabe oder einer Problemstellung auftreten kann (vgl. Belkin et al., 1982). Dieses Informationsbedürfnis wird vom Nutzer entweder akzeptiert oder unterdrückt und nicht weiter verfolgt. Letzteres ist auf den damit verbundenen wahrgenommenen physischen und kognitiven Aufwand zurückzuführen, den ein Nutzer bei der Suche hätte (vgl. Pirolli/Card, 1999). Die Bereitschaft, eine Suche durchzuführen, hängt von vielen Faktoren ab, z. B. vom Wissen über den Problembereich und das zur Verfügung stehende Informationssystem, von der Situation oder von der Zufriedenheit des Nutzers mit seiner persönlichen Informationsinfrastruktur (vgl. Marchionini, 1995). Ist der Nutzer bereit, eine Informationssuche durchzuführen, muss er das Problem erkennen, verstehen und genau spezifizieren. Das Problem ist dazu einzuschränken (z. B. durch die Festlegung relevanter Begriffe, Konzepte, Personen etc.), und es sind zu erwartende Suchergebnisse (z. B. Termine, Fakten, Ideen etc.) und deren Erscheinungsbild (z. B. als Tabelle, Text, Bilder etc.) zu formulieren. Das Ergebnis der Problemspezifikation ist somit das Erkennen der eigenen Wissenslücke (vgl. Belkin et al., 1982) und die Formulierung eines konkreten Suchziels (vgl. Marchionini, 1995).

In der **Auswahlphase** werden eine oder mehrere geeignete Informationsquellen resp. Suchsysteme, z. B. eine Suchmaschine, ausgewählt. Die Auswahl einer Informationsquelle hängt von dem Aufgabengebiet und dem damit verbundenen Suchziel (z. B. Suche in einer unternehmensinternen Datenbank vs. Internet vs. Journaldatenbank etc.), der persönlichen Informationsinfrastruktur (z. B. bisherige Erfahrungen mit der Informationsquelle, eigene Präferenzen oder Präferenzen von Kollegen etc.) und den Erwartungen an die Suchergebnisse ab. Je nachdem, wie viel kognitiver Aufwand in die Suche investiert werden soll (vgl. Pirolli/Card, 1999) und welche bisherigen Sucherfahrungen vorliegen, werden Nutzer eine oder mehrere Informationsquellen nutzen (vgl. Marchionini, 1995). In der Regel präferieren Nutzer eine spezifische Informationsquelle, z. B. eine Bibliothek oder eine Suchmaschine (vgl. Shneiderman/Plaisant, 2010, S. 538). Es kann zwischen einer Stichwortsuche oder einer referentiellen Suche unterschieden werden. Bei einer Stichwortsuche gibt der Nutzer die Suchbegriffe in eine Suchmaske, z. B. ein Eingabefeld, ein. Die referentielle Suche bietet eine Liste oder ein Menü an, aus welchem der Nutzer eine Auswahl treffen muss.

Die **Suchanfrage** wird schließlich formuliert. Hierzu ist es notwendig, dass das vom Informationsanbieter definierte Vokabular resp. die Semantik der Daten der vom Nutzer verwendeten Semantik zur Formulierung der Suchanfrage entspricht. In textbasierten Datenbanken werden die relevanten Informationen mit Hilfe von bedeutungsvollen Wörtern oder Wortgruppen gesucht. In strukturierten Datenbanken erfolgt die Suche durch vorgegebene Attribute, z. B. Autorname, Jahre etc., und die Festlegung von Gültigkeitsbereichen über die Angabe von numerischen Intervallen (vgl. Shneiderman/Plaisant, 2010, S. 538). Des Weiteren sollten die vom Nutzer gewünschten Strategien und Taktiken zur Informationssuche mit den Funktionalitäten übereinstimmen, die das Suchsystem bietet (z. B. boolsche Ausdrücke vs. natürlichsprachliche Ausdrücke zur Formulierung der Suchanfrage). Ist keine semantische und aktivitätsorientierte Übereinstimmung vorhanden, erfolgt nach der ersten Suchanfrage eine Reformulierung oder die Suche mittels Browsen (vgl. Marchionini, 1995). Browsen beschreibt die explorative und interaktive Navigation in einem zusammenhängenden Suchraum (Kwasnik, 1992). Dabei wird eine Menge von Informationen und deren zugrunde liegenden Beziehungen und Strukturen überflogen, wodurch neue und unerwartete Informationen und Navigationspfade entdeckt werden können (vgl. Lin et al., 1997, S. 41 und Chang/Rice, 1993). Das Browsen ist im Gegensatz zur zielgerichteten Suche ein eher offenes und zufälliges Vorgehen. Wenn ein Nutzer unsicher ist, wie er eine Suchanfrage formulieren soll, wird er zunächst durch Browsen und Ausprobieren der Funktionalitäten einen Zugang zur Informationsmenge finden. Durch diese Eindrücke kann er dann eine Suchanfrage konkreter formulieren (vgl. Belkin et al., 1982 und Hearst, 2009).

In der **Durchführungsphase** wird die formulierte Suchanfrage verarbeitet. Das kann bedeuten, dass bei einer webbasierten Suche die Suchanfrage in ein Eingabefeld eingegeben und an den Webserver für die Verarbeitung gesendet wird. Die dynamische Anpassung der Suchergebnisse an eine Änderung der Suchanfrage ist ebenfalls möglich (vgl. Shneiderman/Plaisant, 2010, S. 538ff). Für eine Suche auf Basis von Hypertexten bedeutet die Durchführung das Verfolgen von Links, das sogenannte Browsen, durch den Nutzer (vgl. Marchionini, 1995). Ellis (1989) beschreiben hierbei das vorwärts und rückwärts gerichtete Verfolgen von Referenzen. Dieses bei Wissenschaftlern bekannte Vorgehen besteht darin, Referenzen ausgehend von einem initialen Dokument zu verfolgen (Rückwärtssuche) oder andere Dokumente zu suchen, die auf das initiale Dokument verweisen (Vorwärtssuche) (vgl. Ellis, 1989, S. 185).

Die **Präsentationsphase** dient der Untersuchung der Suchergebnisse hinsichtlich der Erfüllung des Informationsbedürfnisses. Um die Relevanz der Ergebnisse zu prüfen, wird der Nutzer die angezeigten Ergebnisse betrachten, z. B. numerische Werte in Form von Tabellen, eine Liste an Titeln, Überschriften oder Zusammenfassungen von Dokumenten, Bilder etc., und sich einen Überblick verschaffen (vgl. Ellis, 1989, S. 187). Ausgehend von der definierten Problemstellung und der persönlichen Informationsinfrastruktur hat der Nutzer bestimmte Erwartungen an die benötigte Menge an Ergebnissen, um das Suchziel zu erreichen. Wenn viele Ergebnisse präsentiert werden, beeinflusst die Art der Organisation und Präsentation der Ergebnisse (z. B. alphabetisch, chronologisch, in einer Rangfolge etc.) den Nutzer darin, wie er diese untersucht, bewertet und entscheidet, was seine nächsten Schritte sind. Je größer die Menge der Ergebnisse ist, umso wichtiger ist es, eine geeignete Sortierung oder Rangfolge anzuzeigen und deren Manipulation durch den Nutzer zu ermöglichen. Wenn der Nutzer die Kontrolle über die Menge der dargestellten Suchergebnisse hat und darüber, welche Informationen angezeigt werden (z. B. Titel, Abstract, Autor etc.), kann er seine Informationsbedürfnisse besser gegenüberstellen (vgl. Shneiderman/Plaisant, 2010, S. 541).

Schließlich sind die Ergebnisse auf ihre Relevanz zur Erfüllung des Suchziels zu prüfen. Dazu werden die einzelnen Ergebnisse hinsichtlich ihrer Art, Qualität und Nützlichkeit verglichen (vgl. Ellis, 1989, S. 190). Konnten relevante und ausreichende Informationen gewonnen werden, wird die Suche beendet. Eine Beendigung erfolgt auch, wenn kein weiterer Anreiz besteht, eine Suche durchzuführen, weil keine Ergebnisse erzielt werden konnten oder weil keine Zeit mehr zur Verfügung steht (vgl. Kuhlthau, 1991). Benötigt der Benutzer weitere Informationen oder hat die bisherige Suche nur unzureichende Ergebnisse hervorgebracht, wird er die Suchanfrage neu oder reformulieren oder er wird eine erneute Eingrenzung und Spezifikation des Suchproblems vornehmen. Die Änderung bzw. Verfeinerung der Suchanfrage oder des Suchproblems führt zu einer weiteren Iteration des Suchprozesses (vgl. Marchionini, 1995). Das Suchsystem sollte den Nutzer auch darauf hinweisen, wenn keine Resultate erzielt werden konnten oder ein Suchbegriff falsch geschrieben wurde (vgl. Shneiderman/Plaisant, 2010, S. 541).

In der **Nutzungsphase** werden die ausgewählten Informationen gelesen, klassifiziert, gespeichert und verarbeitet, z. B. Verteilung mittels E-Mails, Import in andere Informationssysteme wie Statistiksoftware etc. (vgl. Shneiderman/Plaisant, 2010, S. 541). Dabei werden die Informationen in die vorhandene Wissensbasis eines Nutzers integriert. Es kann vorkommen, dass während dieser Verarbeitung eine Neubewertung der Relevanz der Informationen vorgenommen wird. Durch die zunehmende Auseinandersetzung mit dem Wissensgebiet, in dem die Suche durchgeführt wird, ändert sich das Problemverständnis des Nutzers. Er reflektiert sein eigenes Wissen hinsichtlich der gefundenen Informationen, so dass eine Neubewertung der Relevanz auftreten kann (vgl. Saracevic, 1975 und Belkin et al., 1982). Aufgrund dieses Lernprozesses kann der Nutzer eine verfeinerte und zielführende Suchanfrage formulieren, was in einer neuen Iteration des Suchprozesses resultiert (vgl. Shneiderman/Plaisant, 2010, s. 541 und Rose, 2006, S. 798). Die Informationssuche ist dann beendet, wenn zufriedenstellende Ergebnisse zur Lösung der Problemstellung erzielt wurden (vgl. Marchionini, 1995).

Neben dem Prozessmodell der Informationssuche existieren weitere Modelle (vgl. Hearst, 2009), die einen anderen Fokus auf den Vorgang der Informationssuche legen. Bates (1989) beschreibt mit seinem „**Berry-Picking-Model**" eine dynamische Informationssuche. Im Gegensatz zum Prozessmodell, welches einen statischen Informationsbedarf vorgibt, werden sich der Informationsbedarf und damit das Suchziel aufgrund von Lernprozessen verändern. Ein weiterer wesentlicher Punkt ist, dass die Prozessmodelle davon ausgehen, dass die Suche so lange verfeinert und durchgeführt wird, bis alle relevanten Dokumente für diesen statischen Informationsbedarf identifiziert wurden. Das dynamische Modell beschreibt allerdings, dass während der gesamten Suche relevante Informationen auftreten, die zu lesen und verarbeiten sind und aus denen Wissen gewonnen wird und dass nicht nur eine finale Anzahl an Suchergebnissen am Ende der Suche steht (vgl. Bates, 1989, S. 409ff).

Kuhlthau (1991) zeigt in ihrem **Phasenmodell**, inwieweit sich das Wissen eines Nutzers und dessen Einstellung zur Aufgabe in den verschiedenen Phasen einer Suche verändert. Zu den von Kuhlthau identifizierten Phasen gehören die Initiierung, Auswahl, Exploration, Formulierung, Sammlung und Präsentation. Diese Phasen lassen sich ebenfalls den oben beschriebenen Schritten des Prozessmodells zuordnen. Jedoch werden mit jeder Phase spezifische Gefühle und Wissenszustände verknüpft.

Das für die Durchführung einer Aufgabe oder die Lösung eines Problems benötigte Wissen ist zu Beginn einer Suche noch nicht vorhanden. So tritt in dieser ersten Phase ein Gefühl der Unsicherheit und Verwirrung auf. Mit der Phase der Festlegung des konkreten Problems bzw. des Themas einer Suche ist der Nutzer aufgefordert, über bestimmte Anforderungen und Zeitrestriktionen sowie die beste Strategie für die Suche nachzudenken. Die Gefühle spiegeln sich in Unsicherheit aber auch Optimismus aufgrund der Festlegung des Suchthemas wieder. In der Erkundungsphase führt der Nutzer erste Suchanfragen durch, um das Themengebiet aber auch das verwendete Suchsystem besser zu verstehen. Der Nutzer ist zu diesem Zeitpunkt meist noch nicht in der Lage, geeignete Suchanfragen zu formulieren, da wahrgenommene Informationen mit der vorhandenen Wissensbasis oder mit Informationen aus anderen Quellen inkompatibel erscheinen. Dies führt zu einem Gefühl der Verwirrung, Unsicherheit, Zweifel und Frustration. In der Formulierungsphase hat der Nutzer genügend Informationen wahrgenommen, um eine sinnvolle Suchanfrage zu stellen. Damit ändern sich die Gefühle zu einer stärkeren Zufriedenheit und einer Reduzierung der Unsicherheit. Die nächste Phase beschreibt das Sammeln weiterer Informationen. Aufgrund des wachsenden Verständnisses der Suchaufgabe ist diese Phase mit einer hohen Zufriedenheit gekennzeichnet. In der Präsentationsphase wird die Suche beendet. Wurden relevante Informationen gefunden, treten Gefühle wie höchste Zufriedenheit und Entspannung ein. War die Suche nicht erfolgreich, führt dies zur Enttäuschung (vgl. Kuhlthau, 1991, S. 366ff und Hearst, 2009).

Die **Information-Foraging-Theorie** ist ein weiteres Rahmenwerk, welches zur Erforschung der Informationssuche herangezogen wird und auf der Abwägung von Kosten und dem zu erwartenden Nutzen (Trade-off) beruht. Die wahrgenommenen Kosten und der Nutzen einer Suche werden als wesentliche Einflussfaktoren auf die Durchführung einer Suche gesehen (vgl. Kulviwat et al., 2004, S. 247). Pirolli und Card (1999) nehmen an, dass Nutzer an einem „Trade-off" zwischen Kosten und Nutzen interessiert sind. Der Nutzer vergleicht dazu die Kosten im Sinne der benötigten Zeit und des Aufwands für die Identifikation und die Aufnahme der Informationen in die eigene Wissensbasis mit dem erwarteten Nutzen, der durch diese Informationen entsteht (vgl. Pirolli/Card, 1999). So muss ein Nutzer bspw. einschätzen, ob eine weitere Iteration der Suche mehr Kosten verursacht, als der daraus gewonnene Nutzen neuer Informationen.

Die vorgestellten Modelle zeigen verschiedene Blickwinkel auf den Vorgang der Informationssuche. Traditionell beschreiben Prozessmodelle die einzelnen durchzuführenden Schritte der Suche, wobei vor allem die Interaktion mit dem Suchsystem wichtig ist. Andere Modelle beziehen sich auf die Gefühle und Gedanken, die bei einem Nutzer während einer Suche auftreten können und die ebenfalls den Erfolg der Informationssuche beeinflussen. Die Abwägung des Kosten-Nutzen-Verhältnisses zur Durchführung eines nächsten Suchschritts steht für das strategische bzw. taktische Verhalten eines Nutzers. Diese differenzierte Betrachtung des Suchvorgangs ermöglicht ein besseres Verständnis für die Herausforderungen aus System- und Nutzerperspektive. Auf dieser Grundlage können neue Techniken wie die Geovisualisierung für die Unterstützung bei der Informationssuche erforscht werden.

2.1.3 Herausforderungen der Informationssuche

Im Prozess der Informationssuche ergeben sich sowohl technische als auch nutzerbasierte Probleme. Da mit der Arbeit das Ziel verfolgt wird, eine verbesserte technische Unterstützung der Informationssuche zu erreichen, werden die Probleme der vier Phasen Auswahl, Anfrageformulierung, Durchführung und Präsentation vorgestellt. Bei der Anfrageformulierung, der Durchführung und der Präsentation wird die Herausforderung in der Interaktion zwischen System und Nutzer betrachtet.

- Probleme in der Auswahlphase: Aufgrund der mittlerweile existierenden großen Menge an Datenbanken und Suchdiensten[7] besteht die Schwierigkeit darin, eine geeignete Informationsquelle, z. B. Suchmaschine, auszuwählen. Dabei ist zu berücksichtigen, dass niemals alle Webseiten durch eine Suchmaschine abgedeckt werden können. Der Nutzer kann auf Meta-Suchmaschinen zurückgreifen oder eine für sein Suchgebiet spezifische Suchmaschine auswählen, z. B. eine Immobiliensuche (vgl. Riemer/Brüggemann, 2009, S. 151 und Spoerri, 2004, S. 329).

- Probleme in der Phase der Anfrageformulierung: Der Nutzer ist häufig wegen des fehlenden Wissens über das Suchgebiet und die genutzte Suchmaschine

[7] Complete Planet ist eine Meta-Suchmaschine die Zugriff auf 70.000 spezifische nach bestimmten Kategorien geordnete Datenbanken und Suchmaschinen bietet. URL:http://aip.completeplanet.com, letzter Zugriff am 19.07.2013

oder Datenbank nicht in der Lage, eine Suchanfrage zu formulieren (vgl. Salton/Buckley, 1990; Smyth/Balfe, 2006; Lin et al., 1997, S. 41 und Dörk, 2012, S. 53). Dieses Wissen über die Suchmaschine oder Datenbank umfasst bspw. das vom Systemanbieter verwendete Vokabular bzw. die Semantik der Daten. Wenn der Nutzer aufgrund seines Wissenshintergrunds eine andere Semantik für einen Suchbegriff definiert, werden die Ergebnisse keine Relevanz für den Nutzer haben (vgl. Spoerri, 2004, S. 329). Zudem werden Suchanfragen häufig zu kurz oder unspezifisch mit nur wenigen Worten formuliert. Es werden auch kaum oder fehlerhaft boolesche Operatoren wie „AND" und „OR" verwendet, um Ergebnismengen sinnvoll einzuschränken (vgl. Jeh/Widom, 2002; Wolff, 2006, S. 103 und Spink et al., 2001). Häufig sind sich die Nutzer dieser sprachlichen Probleme nicht bewusst (vgl. Wolff, 2006, S. 103). Die Wahl einer natürlichen Spracheingabe ist zwar benutzerfreundlich und kann dem Nutzer bei der Formulierung von Anfragen helfen, allerdings sind die Anfragen unpräzise, und ein Rechner muss diese verarbeiten können. Die Wahl einer formalen Sprache für die Formulierung einer Suchanfrage ist zwar präzise, setzt allerdings entsprechende Kenntnisse dieser Sprache voraus (vgl. Spoerri, 2004, S. 329 und Albertoni et al., 2005, S. 530).

- Probleme der Durchführungsphase: Die verwendeten Suchalgorithmen liefern bei identisch formulierten Anfragen die gleichen Suchergebnisse. Jedoch können Nutzer verschiedene Intentionen mit der Suche verfolgen und damit auch die Relevanz der angezeigten Suchergebnisse unterschiedlich bewerten (vgl. Spoerri, 2004, S. 329). Eine Einflussnahme des Nutzers auf die Kriterien und die Gewichtung dieser Kriterien, die innerhalb der Suchalgorithmen angewendet werden, erscheint daher sinnvoll (vgl. Dörk, 2012, S. 53).

- Probleme der Präsentationsphase: Die Menge der angezeigten Suchergebnisse kann zum Phänomen der Informationsüberlastung führen (engl.: Information Overload[8]). Diese Informationsüberlastung entsteht aufgrund zu vieler Informationen und der menschlichen eingeschränkten Aufnahme- und Verarbeitungskapazität (vgl. Taylor et al., 2007 und Lin et al., 1997, S. 41). Der Nutzer eines Suchsystems wird gezwungen, die Menge an Informationen einzuschränken, indem er in einer neuen Iteration des Suchprozesses Bedingungen

[8] „Information Overload" ist der Zustand, wo jemand zu viele Informationen hat, um eine Aufgabe erledigen zu können (vgl. Toffler, 1970).

des Problems ausblendet. Dadurch können relevante Informationen verpasst werden (vgl. Jacoby, 1984 und Zhang, 1996), wodurch die Problemlösung entweder nicht oder nur mit geringerer Qualität erfolgt (vgl. Keller/Stälin, 1987 und Zhang, 1996). Eine weitere Auswirkung des Phänomens ist auch, dass viele Nutzer nur die ersten dargestellten Suchergebnisse betrachten (vgl. Koutrika/Ioannidis, 2005). So konnten Jansen et al. (2000) feststellen, dass 58% der Nutzer einer Suchmaschine nur die erste Ergebnisseite und 19% der Nutzer zusätzlich die zweite Ergebnisseite betrachten (vgl. Jansen et al., 2000). Hierdurch können ebenfalls relevante Informationen verloren gehen. Dies verstärkt das Gefühl der Unsicherheit beim Nutzer, ob die angezeigten Informationen auch die relevanten sind (vgl. Riemer/Brüggemann, 2009, S. 152). Durch die weiterhin zunehmende Menge an Informationen, vor allem Webseiten, wird das Phänomen der Informationsüberlastung weiter verstärkt (vgl. Kulyk et al., 2007, S. 25). Ein weiteres Problem ist die lineare Präsentation der Ergebnisse. Oft werden die Ergebnisse in einer linearen Form präsentiert, z. B. eine Liste von Autoren oder Dokumententiteln. Mögliche Beziehungen zwischen den Dokumenten werden somit auf eine 1-dimensionale lineare Ordnung gebracht, die alle Suchergebnisse entweder alphabetisch, chronologisch oder als eine (gewichtete) Rangfolge abbildet. Die Beziehungen zwischen den Dokumenten werden hierdurch vernachlässigt (vgl. Dörk, 2012, S. 53 und Lin et al., 1997, S. 41).

Die Probleme verdeutlichen, dass trotz der bisherigen technischen Unterstützung durch Suchmaschinen und Datenbanken weitere Forschung, bezüglich der Interaktion zwischen Nutzer und System, erforderlich ist. So hat der Nutzer Probleme, ein geeignetes Suchsystem zu finden und Suchanfragen zu formulieren. Ebenso fehlt ihm die Kenntnis über die dahinterliegenden Algorithmen für die Suche und die Sortierung und Rangreihung der Ergebnisse, so dass er keinen Einfluss auf die präsentierten Ergebnisse ausüben kann. Hierdurch entsteht ein Gefühl der Unsicherheit und Unzufriedenheit, welches von Kuhlthau (1991) thematisiert wurde. Der Nutzer weiß nicht, ob die angezeigten Informationen überhaupt die relevanten Informationen sind, die er hätte finden können. Aufgrund der wachsenden Menge an Informationen und der zunehmenden alltäglichen Nutzung des Internets, auch im privaten Bereich, ist es notwendig, diese Herausforderungen zu bewältigen und bessere webbasierte Suchsysteme für die Unterstützung und Entlastung des Nutzers anzubieten.

2.2 Informationsvisualisierung

Die Nutzung visueller Metaphern zur Kommunikation zwischen den Menschen reicht bis zu den Höhlenzeichnungen der Urmenschen zurück. Die Darstellung von Tier- und Jagdszenen hatte einen informierenden und zugleich belehrenden Zweck (vgl. Padda et al., 2008, S. 83). In den Hochkulturen der Römer und Griechen dienten Landkarten vor allem zur Visualisierung eingenommener Gebiete oder zur Vermessung von Feldern. Visualisierungen der Erde, des Himmels und der Sterne halfen den Menschen, sich eine bessere Vorstellung von diesen machen zu können (vgl. Jansen/Scharfe, 1999, S. 22). In der neueren Geschichte der Informationsvisualisierung zählen William Playfair, John Snow und Charles Minard zu den Pionieren. 1786 veröffentlichte William Playfair seinen politischen und kommerziellen Atlas, welcher Diagramme zu Bevölkerungszahlen, Einkommen etc. enthielt. Er entwickelte verschiedene Diagrammtypen, z. B. Balkendiagramm, Säulendiagramm und Kreisdiagramm, um wirtschaftliche Daten zu visualisieren (vgl. Kohlhammer et al., 2013). Beispielsweise stellte er die Im- und Exporte von Schottland zu Weihnachten 1780 mit Hilfe eines Balkendiagramms dar (vgl. Abbildung 2.2).

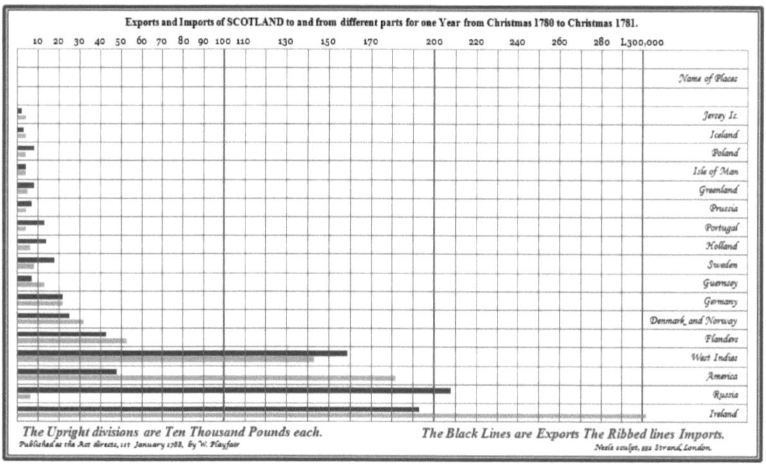

Abbildung 2.2: Balkendiagramm der Im- und Exporte von Schottland Weihnachten 1780 (gezeichnet von William Playfair) (in Anlehnung an Tufte, 1983, S. 33)

Der Arzt John Snow war der Erste, der 1854 eine geografische Karte zur Analyse von Daten verwendete. Mit dem Ausbruch der Cholera in London untersuchte er die Todesfälle im Zusammenhang mit der Wasserversorgung. Er konnte nachweisen, dass die Cholera durch verunreinigtes Wasser übertragen wurde. Die geografische Karte (vgl. Abbildung 2.3) diente ihm als Bestätigung seiner Hypothese. Die Karte zeigt den Stadtteil Soho in London. Snow markierte die jeweiligen Todesfälle mittels Strichen an jeder Straße. Außerdem zeichnete er die Wasserpumpen und das Wassernetz ein. Hierdurch ließ sich erkennen, dass sich die Todesfälle in einem bestimmten Gebiet häuften. Die verursachende Wasserpumpe konnte dadurch identifiziert und ausgetauscht werden (vgl. Kohlhammer et al., 2013).

Abbildung 2.3: Karte der Cholera Verbreitung im Stadtteil Soho, London (gezeichnet von John Snow) (vgl. Tufte, 1983, S. 33)

Auch die von Charles Joseph Minard (franz. Ingenieur) entworfene Karte des Russlandfeldzuges von Napoleon (1812-1813) zeigt die Bedeutung der Informationsvisualisierung auf. Die visuelle Integration verschiedener Datenattribute in der Karte ermöglicht es, verschiedene Aspekte und Beziehungen abzubilden, z. B. die Größe der Armee, den Aufenthaltsort der Armee zu verschiedenen Zeitpunkten, die Bewegungsrichtung und die Temperatur auf dem Rückzug (vgl. Däßler, 2002, S. 2). Die hellgraue Linie zeigt den Weg und die Truppenstärke der Armee beim Angriff auf Moskau, während die schwarze Linie den Rückzug der Armee aufzeigt. Die Breite der Linie gibt dabei die Truppenstärke an und die Verzweigungen stellen dar, zu welchem Zeitpunkt zusätzliche Truppen hinzugekommen sind. Am unteren Rand der Darstellung sieht man die Temperaturen zu den jeweiligen Zeitpunkten (vgl. Abbildung 2.4). Diese hohe Informationsdichte weist auf die Vorteilhaftigkeit einer visuellen Darstellung im Vergleich zu einer tabellarischen oder textuellen Repräsentation der Daten hin (vgl. Kohlhammer et al., 2013).

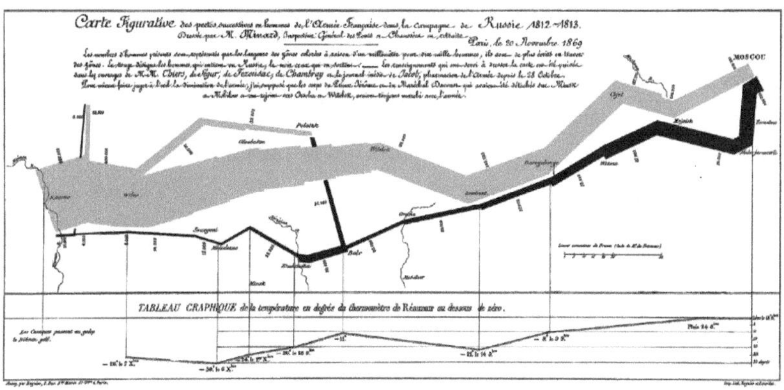

Abbildung 2.4: Napoleons Russlandfeldzug (1812-1813), gezeichnet von Charles Minard (1869) (vgl. Jansen/Scharfe, 1999, S. 33)

Die Entstehung der Forschungsdisziplin der Informationsvisualisierung hat ihren Ursprung in der Computergrafik, einem Forschungsgebiet der Informatik. Dieses befasst sich mit der Entwicklung interaktiver, grafischer Softwarewerkzeuge, um digitalisierte Daten zum Zweck der Simulation, Messung und Archivierung zu präsentieren und zu analysieren. Ab 1980 teilte sich das Forschungsgebiet in zwei Teilbereiche auf. Ein Teil der Forscher beschäftigt sich seitdem mit dem Erzeugen von Grafiken auf Basis wissenschaftlicher und technischer Daten. Die andere Forschergruppe befasst sich mit dem Entwurf von Algorithmen zur Erstellung von Abbildungen natürlicher Phänomene. Ab 1990 erfolgte eine weitere Aufteilung des Forschungsgebiets in die wissenschaftliche Visualisierung und in die Informationsvisualisierung. Die Entstehung der Forschungsdisziplin Informationsvisualisierung lässt sich primär auf Forschungsarbeiten am Xerox Palo Alto Research Center zurückführen. Hier wurden verschiedene Visualisierungstools für die Darstellung abstrakter Daten entwickelt (vgl. Däßler, 2002, S. 5). Die Visualisierung abstrakter Daten wird seit dem als eigener Forschungszweig, losgelöst von der wissenschaftlichen Visualisierung, verfolgt (vgl. Kerren et al., 2008, S. v). Die wissenschaftliche Visualisierung beschäftigt sich mit der Repräsentation realer, physischer Daten. Sie basiert auf physischen Objekten und Prozessen, z. B. Temperatur, Proteinstrukturen oder die Entwicklung von Tornados, und greift auf ein vorhandenes physisches Modell zurück. Ozonwerte können beispielsweise anhand eines virtuellen Globus visualisiert werden (vgl. Bederson/Shneiderman, 2003, S. ix und Wilkins, 2003, S. 9). Im Gegensatz dazu beinhaltet die Informationsvisualisierung die Darstellung abstrakter Phänomene, z. B. soziale Beziehungen, Dokumentensammlungen, Finanzdaten oder Geschäftsdaten. Die abstrakten Daten haben meist kein korrespondierendes physisches Modell, worauf sich eine Visualisierung beziehen kann (vgl. Gershon et al., 1998, S. 10 und Tory/Möller, 2004). Es kann daher schwieriger sein, geeignete Visualisierungen zu entwickeln (vgl. Wilkins, 2003, S. 9).

2.2.1 Begriffsklärung und Abgrenzung

Das Forschungsgebiet der Informationsvisualisierung hat Schnittstellen zu vielen Forschungsdisziplinen. So beschäftigen sich Forscher der Wahrnehmungspsychologie und kognitiven Psychologie, der Human-Computer-Interaction, der Computergrafik, des Data Mining, der Kartographie oder der wissenschaftlichen Visualisierung damit (vgl. Kerren et al., 2008, S. v). Die Definition des Begriffs kann daher durch verschiedene Perspektiven motiviert sein, was eine einheitliche Definition des Begriffs schwer macht. Vertreter einer informatikorientierten Sicht definieren die Informationsvisualisierung als „the use of computer-supported, interactive, visual representations of abstract data to amplify cognition“. (Card et al., 1999, S. 6) Der Fokus liegt hierbei auf der interaktiven Repräsentation von Daten. Dies wird auch von Rao und Sprague (1998) beschrieben: „Information Visualisation is about utilizing interactive graphics to present information and support interactions."(Rao/Sprague, 1998, S. 70)

Taylor et al. (2007) definieren die Informationsvisualisierung aus kognitions- und wahrnehmungsorientierter Sicht. Die Informationsvisualisierung ist „... a technique for combining cognitive senses with visual cues that allow for better understanding of the information." (vgl. Taylor et al., 2007, S. 2) Hierbei wird die Wirkungsweise, nämlich das bessere Verständnis der repräsentierten Informationen durch die Unterstützung kognitiver Prozesse, herausgestellt. Auch Rao und Sprague erweitern ihre Definition in diese Richtung. „By leveraging the strengths as well as respecting the constraints of our cognitive, perceptual and motor systems, it is possible to support interaction with much larger amounts of information than possible with previous graphical interfaces." (Rao/Sprague, 1998, S. 70) Die Autoren merken an, dass durch eine Visualisierung die kognitiven, wahrnehmenden und motorischen Prozesse unterstützt werden, so dass eine größere Menge an Informationen verarbeitet werden kann.

Zhang (1996) und Gershon et al. (1998) forcieren in ihren Definitionen den Prozess der Erstellung von visuellen Repräsentationen. „Information Visualisation is a process of transforming data and information not inherently spatial, into a visual form allowing the user to observe and understand the information." (Zhang, 1996) Diese prozessorientierte Sicht beschreibt die Transformation der Daten, wobei der Nutzer eine wesentliche Rolle spielt (vgl. Abschnitt 2.2.2). Gershon et al. (1998) erweitern diese Sichtweise, indem sie sowohl Daten als auch Informationen und Wissen als Objekt einer Visualisierung begreifen. Informationsvisualisierung ist „... the process of transforming data, information, and knowledge into visual form making use of human's natural visual capabilities." (Gershon et al., 1998, S. 9).

Eine weitere Forschungsdisziplin, die auf die Methoden und Techniken der Informationsvisualisierung zurückgreift, ist das Gebiet der Entscheidungsunterstützung bzw. der (multi-kriteriellen) Entscheidungsanalyse. Hier wird der Einsatz von Informationsvisualisierungen zur Entscheidungsunterstützung, z. B. bei der Standortplanung, untersucht. Diese Forschungsperspektive wird in der Definition von Ware (2012) deutlich. Informationsvisualisierung „... is like a graphical representation of data or concepts. Thus from being an internal construct of the mind, a visualization has become an external artifact supporting decision making.“ (Ware, 2012, S. 2) Auch Zhang (1996) fordert die Anwendung von geeigneten Informationsvisualisierungssystemen zur Lösung von Planungsproblemen, um eine bessere Entscheidungsfindung zu ermöglichen (vgl. Zhang, 1996).

Trotz der unterschiedlichen Perspektiven der einzelnen Definitionen wird deutlich, dass häufig nicht zwischen Daten, Informationen und Wissen unterschieden wird. Der Unterschied zwischen Daten und Information besteht darin, dass Daten nichtinterpretierte, auf Basis einer Syntax zusammengeführte Zeichenfolgen aus Zahlen, Sonderzeichen und Buchstaben sind. Informationen sind Daten, denen eine Bedeutung durch die Interpretation relationaler Zusammenhänge oder eines praktischen Kontexts zugeordnet wurde. Wissen ist Information, welche kognitiv verarbeitet und in eine bestehende menschliche Wissensbasis integriert wurde (vgl. Keller, 2005, S. 3; Chen et al., 2009, S. 12). Aufgrund dessen ist häufig auch die Abgrenzung zwischen Daten-, Informations- und Wissensvisualisierung uneindeutig bzw. werden diese als Synonyme verwendet (vgl. Chen et al., 2009; Keim, 2002 und Ackoff, 1989). Anders als bei der erläuterten Hierarchie von Daten-Information-Wissen unterscheidet sich die Datenvisualisierung von der Informationsvisualisierung in dem Sinne, dass sie eine übergeordnete Kategorie beschreibt, welcher die Informationsvisualisierung und die wissenschaftliche Visualisierung zugeordnet werden können. Während die wissenschaftliche Visualisierung als Gegenstand physische und reale Daten hat, basiert die Informationsvisualisierung auf der Darstellung abstrakter Daten. Die Informationsvisualisierung dient somit primär zur Repräsentation von Daten, aus denen Informationen mittels Bedeutung gewonnen werden können, welche wiederum durch die weitere kognitive Verarbeitung und die Integration mit einer bestehenden Wissensbasis in Form von konstruiertem Wissen aufgenommen werden.

Die Wissensvisualisierung unterscheidet sich von der Informationsvisualisierung wiederum im Sinne der Daten-Information-Wissen-Hierarchie. Die Wissensvisualisierung befasst sich mit dem Erwerb, der Speicherung, Restrukturierung, Kommunikation und der Nutzung von Wissen und Wissensressourcen (vgl. Tergan, 2003 und Eppler/Burkhard, 2007, S. 112). Die Wissensvisualisierung hilft dabei Wissen, Erfahrungen, Einstellungen, Werte, Erwartungen, Perspektiven, Meinungen und Prognosen zu erschaffen, zu bewerten, zu referenzieren und zu übertragen, um anderen zu ermöglichen, das Wissen zu rekonstruieren, zu finden oder es anzuwenden. Dies geht über die reine Weitergabe von Informationen oder Fakten hinaus und differenziert damit die Wissensvisualisierung von der Informationsvisualisierung (vgl. Eppler/Burkhard, 2007, S. 112ff). Die Wissensvisualisierung ist somit nicht Gegenstand dieser Arbeit.

Zusammenfassend lässt sich festhalten, dass sich die Informationsvisualisierung mit der Nutzung visueller und interaktiver Grafiken zur Repräsentation abstrakter Daten unter Berücksichtigung und zur Förderung kognitiver und wahrnehmungspsychologischer Fähigkeiten eines Nutzers befasst. Dadurch kann ein besseres Verständnis der Informationen erzielt werden, um den Prozess der Entscheidungsfindung zu unterstützen.

Generell werden mit der Informationsvisualisierung zwei Ziele verfolgt. Einerseits soll die Informationsvisualisierung mit Hilfe der visuellen Repräsentation der Daten relevante Informationen in einer intuitiven Weise kommunizieren (vgl. Tufte, 2001 und Padda et al., 2008, S. 83). In diesem Kommunikationsprozess werden die visualisierten Daten als Nachricht zwischen Sender und Empfänger übertragen (vgl. Kulyk et al., 2007, S. 28). Andererseits besteht ein Ziel in der Analyse großer Datenbestände. Der Nutzer kann mit Hilfe einer interaktiven Visualisierung Daten wahrnehmen und manipulieren (vgl. Kulyk et al., 2007, S. 28). Dadurch kann er einen besseren Einblick in die Daten erhalten, um Muster, Trends oder Beziehungen zwischen Datenobjekten zu erkennen, die durch eine andere Darstellungsart verborgen geblieben wären (vgl. Few, 2008, S. 15). Aus den zugrunde liegenden Daten können somit neue Erkenntnisse gewonnen werden (vgl. Tufte, 2001; Burley, 2010 und Padda et al., 2008, S. 83), wodurch die Entscheidungsfindung verbessert wird (vgl. Gershon et al., 1998, S. 9).

2.2.2 Prozess der visuellen Abbildung von Daten

Für die Entwicklung einer Informationsvisualisierung müssen die zugrunde liegenden Rohdaten in einem mehrstufigen Transformationsprozess in eine visuelle Form gebracht werden. Card et al., 1999, beschreiben in ihrem Referenzmodell der Informationsvisualisierung die einzelnen Schritte dieses Transformationsprozesses (vgl. Abbildung 2.5).

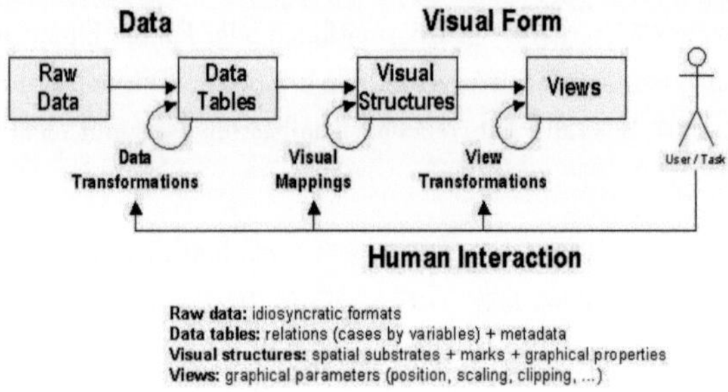

Abbildung 2.5: Referenzmodell der Visualisierung (vgl. Card et al., 1999, S. 17)

Die Rohdaten, welche einer spezifischen Datenstruktur unterliegen, werden im ersten Schritt in strukturierte Daten umgewandelt. Dieser Transformationsschritt beinhaltet u. a. das Filtern, Gruppieren oder Klassifizieren von Rohdaten sowie die mögliche Ergänzung um Metadaten. Die Rohdaten werden in eine Struktur gebracht, indem Beziehungen definiert werden, die dann in Tabellenform abgebildet werden. Dabei können Daten verloren gehen oder hinzukommen. Wenn Rohdaten Fehler enthalten oder fehlende Werte aufweisen, muss damit umgegangen werden (z. B. durch Schätzung dieser Werte), bevor die Daten visualisiert werden können. Die strukturierten Daten werden im zweiten Schritt durch die Anwendung einer visuellen Abbildung in eine visuelle Struktur transformiert. Dabei werden die strukturierten Daten mit Hilfe von Symbolen, z. B. Punkte, Linien oder Flächen, und grafischen Eigenschaften in einem Raum abgebildet. Im dritten Schritt werden die visuellen statischen Strukturen durch die Erweiterung um grafische Parameter in eine Sicht überführt. Diese Parameter erlauben verschiedene Transformationen der Sicht wie Zoomen, Verschieben der Sicht, visuelle Effekte des Mauscursors, die Möglichkeit, bestimmte Bereiche zu fokussieren bei gleichzeitiger Anzeige des Kontexts sowie die Möglichkeit zur Schaffung eines Überblicks und einer Detailansicht. Der Nutzer kann dann mit Hilfe der Visualisierung die Informationen wahrnehmen, analysieren und mit der Visualisierung interagieren, um die durchzuführende Aufgabe zu bearbeiten. Er kann zum einen die grafischen Parameter beeinflussen, z. B. durch das Verschieben bestimmter Elemente wie Datenpunkte. Er kann allerdings auch die ersten drei Transformationsschritte erneut auslösen und beeinflussen. Beispielsweise kann durch die Veränderung eines Schiebereglers die zugrunde liegende Datenmenge eingeschränkt werden, wodurch sich wiederum die Visualisierung ändert. Der Nutzer kann auch die Zuweisung der strukturierten Daten zu den abgebildeten räumlichen Symbolen ändern, z. B. Darstellung von anderen Daten auf der Y-Achse eines Diagramms. Die im dritten Schritt dargestellte Sicht kann durch die verschiedenen interaktiven Funktionalitäten wie Zoomen, Verschieben etc. geändert werden (vgl. Card et al., 1999, S. 17ff).

2.2.3 Techniken der Informationsvisualisierung

Die Entwicklung einer Informationsvisualisierung ist generell vom Anwendungsbereich abhängig. Konkreter betrachtet beeinflussen die zugrunde liegenden Daten und auch die Aktionen, die ein Benutzer durchführen sollte, die Art der visuellen Unterstützung (vgl. Judelman, 2004, S. 66). Um die verschiedenen Techniken der Informationsvisualisierung im Folgenden vorzustellen, sind daher zwei Bereiche zu unterscheiden. Für die Daten muss eine visuelle Metapher ausgewählt werden, um diese Daten abzubilden. Für die Visualisierung von Benutzeraktionen wird die Benutzeroberfläche, welche die Visualisierung der Daten beinhaltet, um grafische Komponenten wie Buttons, Schieberegler, Menü etc. erweitert. Dadurch wird die Interaktion des Nutzers mit der Visualisierung und dem Datenbestand ermöglicht. Eine leicht zu verstehende Benutzeroberfläche erlaubt es dem Nutzer, die visualisierten Daten zu interpretieren und Interaktionen mit Hilfe der grafischen Komponenten erfolgreich durchzuführen (vgl. Wilkins, 2003, S. 50). Mit der wachsenden Bedeutung der Forschungsdisziplin wurden in den letzten Jahren umfangreiche Visualisierungstechniken, Prinzipien und Richtlinien zum Design von Informationsvisualisierungen entwickelt. Das bekannteste Prinzip ist das von Shneiderman vorgeschlagene „visual-information-seeking mantra: Overview first, zoom and filter, then details on demand". Dieses Mantra beschreibt sieben Aufgaben, die ein Nutzer für die Interaktion mit einer Visualisierung durchführen kann. Je nach Bedürfnis des Nutzers sind diese Design-Prinzipien für die Entwicklung einer Informationsvisualisierung zu berücksichtigen (vgl. Shneiderman/Plaisant, 2010, S. 568ff):

- Übersicht: Ein Benutzer kann einen Überblick über die gesamte Datenmenge erhalten.

- Zoom: Bei Interesse an einer Teilmenge des Datenbestands kann ein Benutzer spezifische Datenobjekte fokussiert betrachten.
- Filtern: Ein Benutzer kann uninteressante Informationsobjekte ausblenden. Schieberegler oder andere Kontrollelemente bieten die Möglichkeit einer dynamischen Einschränkung der Datenmenge.
- Details nach Bedarf: Ein Benutzer kann eines oder mehrerer Datenobjekte auswählen und sich dazu Details anzeigen lassen.
- Beziehungen: Ein Benutzer kann Datenobjekte oder Objektgruppen zueinander in Beziehung setzen. Beziehungen werden bspw. durch Distanzen, Linien oder Farbkodierungen angezeigt.
- Verlauf: Ein Benutzer kann mit Hilfe einer Verlaufshistorie seine Aktionen rückgängig machen, wiederholen oder schrittweise verfeinern.
- Auswahl: Ein Benutzer kann die Ergebnisse seiner Suchanfrage oder eine Teilmenge des Datenbestands extrahieren. Die für den Benutzer relevanten Daten sollten gespeichert, versendet oder in andere Software übertragen werden können.

In der Literatur werden weitere Design-Prinzipien wie „Fokus + Kontext“, „Überblick und Detail“ oder „Linking and Brushing“ genannt. Fokus + Kontext bezieht sich auf die fokussierte Darstellung eines Objekts und die gleichzeitige Darstellung des dazugehörigen Kontexts im Hintergrund. Ein Beispiel ist die sogenannte Fisheye-Visualisierung. Hier wird ein bestimmter Bereich mit Hilfe einer Lupenmethaper in den Fokus gerückt, während der umgebende Kontext weiterhin ersichtlich bleibt. Durch diese Technik kann die Orientierungsfähigkeit des Nutzers gewährleistet werden. Dieses Prinzip erweitert das von Shneiderman vorgeschlagene Prinzip des „Zoom“. Die „Überblick und Detail“-Technik beinhaltet die Darstellung aller Daten in aggregierter Form mit Hilfe einer Überblick-Funktion. Der Benutzer hat zusätzlich die Möglichkeit, eine detaillierte Sicht auf einen bestimmten Teilbereich der Daten zu erhalten (vgl. Wilkins, 2003, S. 39ff). Das Prinzip entspricht den beiden Aufgaben „Überblick“ und „Details nach Bedarf“ von Shneiderman. Die „Linking and Brushing“-Technik verknüpft zwei oder mehrere Sichten auf dieselben Daten. Wenn innerhalb der einen Sicht eine andere Kriterienauswahl getroffen wird, passt sich die

Visualisierung in der anderen Sicht ebenfalls an. Dies gilt auch für die Hervorhebung von Daten durch Markieren. Die markierten Daten der einen Sicht werden ebenfalls in der anderen Sicht markiert. Somit können Abhängigkeiten und Korrelationen in den Daten erkannt werden (vgl. Ware, 2012, S. 407 und Keim, 2002, S. 6).

Neben diesen Prinzipien ist die zugrunde liegende Datenstruktur ausschlaggebend, um eine geeignete Informationsvisualisierung zu entwickeln. Generell können alle Arten von Datenstrukturen visualisiert werden. Aus informatikorientierter Sicht sind strukturierte, unstrukturierte und semi-strukturierte Daten zu unterscheiden. Die Datenart entscheidet dabei, wie diese aufbereitet werden müssen, bevor sie visualisiert werden können. Strukturierte Daten werden in Datenbanken gespeichert. Sie beinhalten direkte Beobachtungen für eine bestimmte Anzahl von Variablen, und es kann direkt durch die Visualisierung darauf zugegriffen werden. Unstrukturierte Daten wie Textdokumente oder Webseiten müssen einer Inhaltsanalyse unterzogen werden. Es ist daher eine umfangreiche Aufbereitung notwendig. Semi-strukturierte Daten unterliegen keiner allgemeinen Struktur, sondern beinhalten diese teilweise, z. B. die Überschriften eines Dokuments. Semi-strukturierte Daten müssen daher auch aufbereitet werden (vgl. Skupin/Fabrikant, 2003, S. 96ff).

Shneiderman definiert in seiner „Task by Data Type Taxonomy“ sieben elementare Datenstrukturen. Diese beeinflussen die Art der zu entwickelnden Informationsvisualisierung. Dazu kann auf die klassischen Darstellungsformen wie 2- und 3-dimensionale Darstellungen (z. B. Balkendiagramme oder X-Y-Diagramme), geometrisch transformierte Darstellungen (z. B. Parallel Koordinatenplots, Landschaftsdarstellungen oder Graphen), Piktogramme (z. B. Strichmännchen, Sternicons oder farbige Icons), pixelbasierte Darstellungen (z. B. rekursive Muster oder Kreissegmente), stapelbasierte Darstellungen (z. B. Treemaps) und kombinierte Techniken zurückgegriffen werden (vgl. Keim et al., 2002, S. 255ff und Keim, 2002, S. 2). Die Taxonomie kann auch zur Klassifikation bestehender Visualisierungstools herangezogen werden. Zu den sieben Datenstrukturen zählen 1-dimensionale, 2-dimensionale, 3-dimensionale, multidimensionale, hierarchische, zeitliche und netzwerkbasierte Strukturen.

Texte wie Dokumente, Softwarecode oder Tabellen sind der 1-dimensionalen Datenstruktur zuzuordnen, da sie in sequentieller Form organisiert werden können. Es ist allerdings immer eine 2-dimensionale Sicht anzuwenden, denn die Texte oder Codezeilen können mit anderen Attributen, sogenannten Metadaten, z. B. Autorname, Zeitpunkt der Texterstellung etc., verbunden werden. Diese Metadaten können bspw. durch eine Farbkodierung visualisiert werden. Tag oder Word Clouds können Texte mit Hilfe von Worthäufigkeiten darstellen (vgl. Shneiderman/Plaisant, 2010, S. 559). Abbildung 2.6 zeigt eine Word-Cloud von Kapitel 7 dieser Arbeit. Größer erscheinende Wörter kommen in diesem Kapitel häufiger vor. Die Farbkodierung spielt allerdings in dieser Word-Cloud keine Rolle.

Abbildung 2.6: Word Cloud von Kapitel 7

2-dimensionale Datenstrukturen verfügen häufig über eine räumliche Dimension. Typische zweidimensionale Daten sind geographische Daten mit den zwei Koordinatendimensionen Longitute und Latidute. Eine mögliche Visualisierungsform sind X-Y-Diagramme, wobei eine Dimension auf der X-Achse, die andere auf der Y-Achse abgebildet wird. Geografische Daten werden am besten mit Hilfe einer Kartendarstellung visualisiert (vgl. Keim, 2002, S. 3). Einem visualisiertem Objekt können zusätzlich aufgabenbezogene Attribute wie Name, Autor etc. und interaktive Funktionalitäten wie Form, Größe, Farbe etc., zugeordnet werden (vgl. Shneiderman/Plaisant, 2010, S. 560).

3-dimensionale Datenstrukturen bilden komplexe Objekte der realen Welt wie Moleküle, Gebäude oder den menschlichen Körper ab. Die Daten werden dazu oft mit Sensoren erfasst. Die Visualisierungen stellen häufig Volumenverhältnisse oder Oberflächen dar, wobei der Benutzer sich auf die komplexen Beziehungen (links/rechts, unten/oben oder innen/außen) konzentrieren sollte. Der Benutzer muss sich in 3-dimensionalen Visualisierungen orientieren können und auch in der Lage sein, in diesen zu navigieren. Aufgrund des starken Bezugs zur realen, physischen Welt entsprechen 3-dimensionale (aber auch 2-dimensionale) Darstellungen eher einer wissenschaftlichen Visualisierung (vgl. Shneiderman/Plaisant, 2010, S. 561ff)

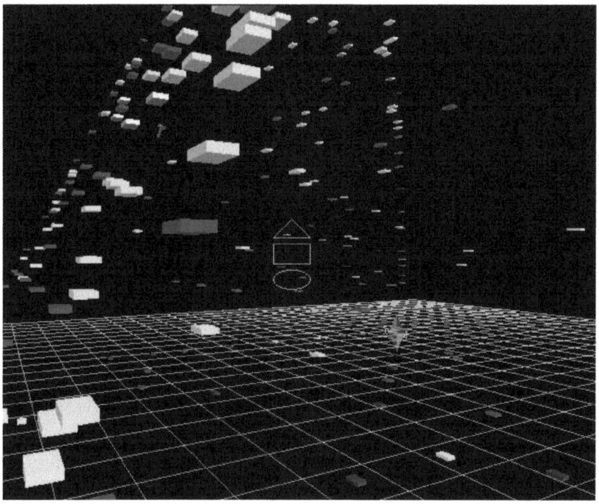

Abbildung 2.7: 3-dimensionale Darstellung eines Bibliothekarchives (vgl. http://www.crg.cs.nott.ac.uk/research/technologies/visualisation/vrvibe/)

Abbildung 2.7 zeigt ein Beispiel für eine nicht wissenschaftliche 3-dimensionale Visualisierung eines Bibliothekarchives. Nutzer können Schlüsselwörter für ihre Suche vorgeben. Diese werden dann in einem 3-dimensionalen Raum visualisiert. Die relevanten Dokumente werden schließlich nach ihrer semantischen Relevanz in einer bestimmten Entfernung (Höhe, X-Achse und Y-Achse) zu diesem Schlüsselwort angeordnet. Die Dokumente werden als 3-dimensionale Formen abgebildet. Die Farbdarstellung der Formen kodiert zusätzlich die absolute Relevanz eines Dokuments. Relevante Dokumente werden heller dargestellt. In dem 3-dimensionalen Raum werden auch andere Benutzer visualisiert. Alle Benutzer können die räumliche Darstellung dynamisch verändern (vgl. Judelman, 2004, S. 97).

Multidimensionale Daten sind der am häufigsten anzutreffende Datentyp. Beispielsweise enthalten Geschäftsdaten verschiedene einzelne Daten, z. B. den Namen eines Mitarbeiters, dessen Telefonnummer, das Gehalt, die Position etc. Diese n Attribute sind in einem n-dimensionalen Raum abzubilden. Die Darstellung all dieser Dimensionen ist allerdings schwierig, vor allem bei einer großen Menge an verschiedenen Daten (vgl. Wilkins, 2003, S. 35ff). Multidimensionale Datenstrukturen werden häufig 2- oder 3-dimensional mit zusätzlichen Schiebereglern oder Buttons für die weiteren Dimensionen abgebildet. Parallele Koordinatenplots sind eine weitere Möglichkeit, um multidimensionale Datenstrukturen darzustellen. Jede vertikale Achse bzw. jeder Achsenabschnitt repräsentiert eine Dimension (vgl. Shneiderman/Plaisant, 2010, S. 563ff). Für jedes Datenobjekt (z. B. Früchte) werden die einzelnen Werte pro Dimension mit Hilfe einer Linie visualisiert (vgl. Abbildung 2.8).

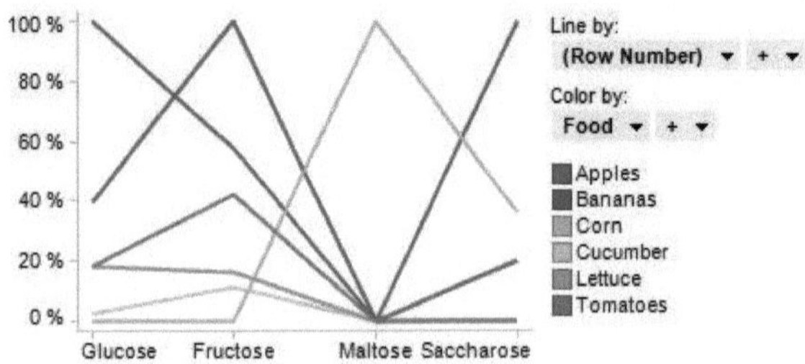

Abbildung 2.8: Paralleler Koordinatenplot (vgl. http://stn.spotfire.com/spotfire_client_help/images/para_example_1.png)

Die Visualisierung mittels mehrerer bivariater Diagramme zur Präsentation jeder einzelnen Dimension ist ebenfalls eine Möglichkeit. Durch die Nutzung eines hierarchischen oder k-means Clusteralgorithmus können auch multidimensionale Daten abgebildet werden. Die hierarchische Clusterbildung identifiziert ähnliche Datenobjekte und fasst diese zu einem Cluster zusammen. Der Algorithmus endet, wenn alle Datenobjekte einem Cluster zugehören. Beim k-means Algorithmus wird durch den Benutzer die Anzahl möglicher Cluster vorgegeben. Die einzelnen Datenobjekte werden dann dem am besten geeigneten Cluster zugeordnet. Die folgenden Abbildungen zeigen eine „Self-organizing Map“ (SOM), die mit Hilfe eines Clustering-Algorithmus erstellt wurde. Dieser Algorithmus klassifiziert Textdokumente, z. B. Webseiten oder Foreneinträge, nach ihrer Ähnlichkeit bezüglich des Inhalts. Ähnliche Dokumente werden in kurzer Distanz zueinander platziert. Abbildung 2.9 (links) stellt die generische Ebene einer SOM auf Basis von Forendiskussionen zum Thema „Künstliche Intelligenz und neuronale Netze“ dar. Ähnliche Themen werden zu Clustern aggregiert und visualisiert. Die Farbkodierung zeigt an, wo viele Einträge (dunkel) oder wenige (hell) vorhanden sind. Abbildung 2.9 (rechts) präsentiert eine detailliertere Ansicht, nachdem ein Cluster durch einen Klick ausgewählt wurde, in diesem Fall „Programmer“. Die aggregierten Cluster bzw. Themenschwerpunkte werden in detailliertere Unterthemen aufgeteilt. Einzelne Forenbeiträge sind durch einen weißen Punkt dargestellt. Hierauf kann mit einem Klick direkt zugegriffen werden (vgl. Judelman, 2004, S. 93ff).

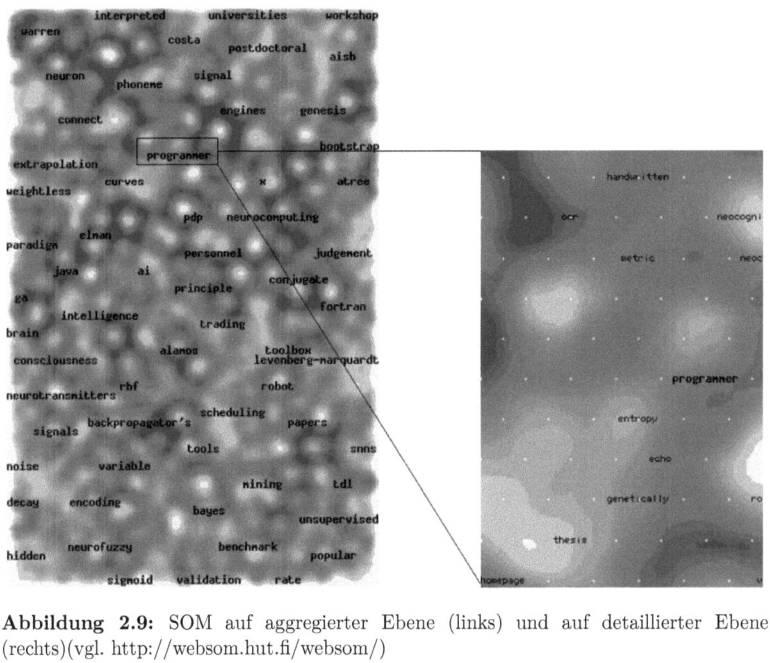

Abbildung 2.9: SOM auf aggregierter Ebene (links) und auf detaillierter Ebene (rechts)(vgl. http://websom.hut.fi/websom/)

Zu den komplexeren Datenstrukturen zählen die hierarchischen Daten bzw. die Baumstruktur. Datenobjekte haben oft Beziehungen zu anderen Datenobjekten. Es können dann sogenannte Eltern-Kind-Beziehungen gebildet werden, bspw. zur Darstellung von Verzeichnisstrukturen des Dateisystems eines Computers. Dabei werden Verzeichnisse und Unterverzeichnisse definiert, so dass eine Hierarchie gebildet werden kann (vgl. Wilkins, 2003, S. 35ff und Keim, 2002, S. 4). Den einzelnen Datenobjekten und den Beziehungen zwischen Eltern- und Kindobjekten können wiederum beschreibende Attribute zugewiesen werden (vgl. Shneiderman/Plaisant, 2010, S. 565ff).

Abbildung 2.10: Visualisierung von Twitter-Beziehungen (vgl. http://www.kreativbuero.de/2010/05/die-visualisierung-des-twitter-netzwerks/)

Netzwerkstrukturen erweitern hierarchische Strukturen um multiple Eltern-Kind-Beziehungen, so dass Schleifen in dieser Datenstruktur möglich sind. Aufgrund dieser Komplexität sollte eine Visualisierung es ermöglichen, einerseits eine große Anzahl der Beziehungen darzustellen und andererseits Überlagerungen von Beziehungen zu minimieren. Netzwerke werden häufig über Graphenvisualisierungen bzw. Knoten-Kanten-Diagramme abgebildet. Anwendungsbeispiele sind die Verlinkung von Webseiten mittels Hyperlinks, Computernetzwerke, soziale Netzwerke oder Zusammenhänge zwischen E-Mails (vgl. Keim, 2002, S. 4). Allerdings ist die Interaktion in großen Netzwerkvisualisierungen schwierig. Eine andere Möglichkeit ist die Repräsentation jeder Beziehung und der zugehören Attribute in einzelnen Diagrammen (vgl. Shneiderman/Plaisant, 2010, S. 567ff und Wilkins, 2003, S. 35ff). Abbildung 2.10 zeigt die Visualisierung eines Twitter-Netzwerkes. Dabei werden die Tweets eines Benutzers mit denen andere Benutzer hinsichtlich ihrer Ähnlichkeit untersucht. Hashtags werden ebenso analysiert. Relevante Nutzer und Hashtags werden dann in einem Knoten-Kanten-Diagramm abgebildet. Einfache Verbindungen erscheinen durch Erwähnungen eines Hashtags. Knotencluster werden aufgrund von Diskussionen mehrerer Nutzer gebildet.

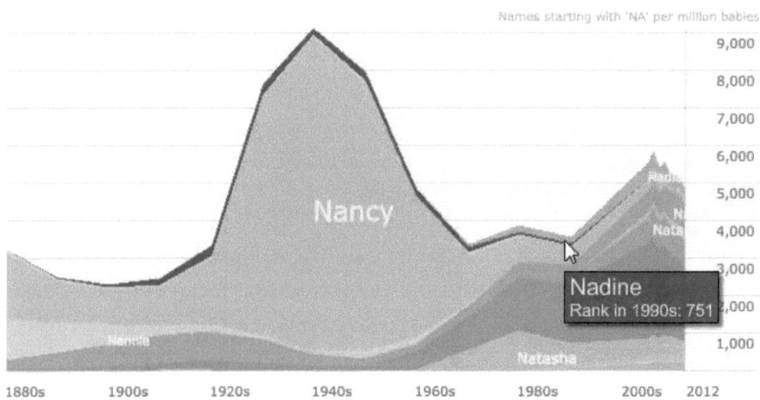

Abbildung 2.11: Zeitvisualisierung populärer Mädchennamen mit den Anfangsbuchstaben Na (vgl. http://www.babynamewizard.com/voyager)

Zeitliche Datenstrukturen haben eine Start- und eine Endzeit, wobei sich die Zeiten für einzelne Datenobjekte überlappen können. Alle Daten, die über eine bestimmte Zeitperiode erfasst wurden, können als zeitliche Daten betrachtet werden, z. B. Aktienkurse oder Krankenakten. Zu den häufigsten Aufgaben, die mit Hilfe dieser Visualisierung unterstützt werden, gehört es, Ereignisse vor, während und nach einer bestimmten Zeitperiode oder eines Moments zu identifizieren. Jede Momentaufnahme oder Zeitperiode kann als einzelne Sicht innerhalb einer Visualisierung repräsentiert werden oder durch die Verwendung von Animationen, so dass diese in einer Reihenfolge visualisiert werden. Zu den Zeitstrukturen gehören u. a. Aktienkurse und deren Entwicklung über die Zeit oder geografisch-zeitliche Visualisierungen von Bevölkerungszahlen (vgl. Shneiderman/Plaisant, 2010, S. 565 und Wilkins, 2003, S. 35ff). In Abbildung 2.11 ist die Popularität von Mädchennamen, die mit „Na" anfangen, pro 1 Millionen Babies über die Zeit seit 1880 abgebildet.

Eine weitere Klassifizierung der Datenstrukturen für die Visualisierung schlägt Judelman vor. Diese basiert auf den drei Meta-Strukturen: Komplexität, Kontext und Dynamik. Die von Shneiderman aufgestellten sieben Kategorien können diesen drei Meta-Kategorien zugeordnet werden. Hierarchische bzw. Baumstrukturen und Netzwerkorientierte Strukturen können unter der Kategorie „Komplexität" subsummiert werden. Komplexe Strukturen stellen häufig Pfade oder die Topologie einer Informationsarchitektur dar und verwenden Knoten und Kanten zur Darstellung der Objekte und deren Beziehungen. Für diese Meta-Struktur werden klassifizierende und routenbasierte Informationsvisualisierungen eingesetzt. Klassifizierende Visualisierungen unterstützen die Navigation in einer Hierarchie, während man mit routenbasierten Visualisierungen eine topologische Informationsarchitektur schrittweise verfolgen kann (vgl. Judelman, 2004, S. 67ff).

1-dimensionale, 2-dimenionsale, 3-dimensionale und multidimensionale Datenstrukturen sind den Kontextstrukturen zuzuordnen. Kontextstrukturen zeigen semantische Beziehungen oder Inhalte von Daten auf. Typischerweise werden die Objekte räumlich auf Basis einer relativen Ähnlichkeit oder Wichtigkeit angeordnet. Die Semantik wird dabei durch zugeordnete Metadaten oder eine Ontologie erzeugt. Judelman unterscheidet hierbei zwischen Visualisierungen zur Exploration oder zur reinen Darstellung der semantischen Ähnlichkeiten. Erstere erlaubt die Interaktion zur Generierung von Clustern ähnlicher Objekte. Letztere ermöglicht das Aufdecken von Beziehungen in bereits feststehenden Clustern (vgl. Judelman, 2004, S. 67ff).

Zeitliche Strukturen fallen unter die Kategorie der dynamischen Strukturen. Sie beschreiben raum-zeitliche Änderungen und beinhalten häufig eine Zeitachse oder nutzen Pfeilsymbole, um eine Bewegung anzudeuten, z. B. bei Prozessdiagrammen.

Judelman unterscheidet zwischen Bewegungsvisualisierungen und evolutionären Visualisierungen. Bewegungsvisualisierungen betrachten zeitliche oder räumliche Änderungen. Evolutionäre Visualisierungen stellen Prozesse und Veränderungen eines Systems über die Zeit dar (vgl. Judelman, 2004, S. 67ff).

Die Wahl einer geeigneten Visualisierung zur Darstellung abstrakter Daten ist eine Herausforderung, da die gewählte Visualisierungsmetapher die Datenstruktur korrekt abbilden und die korrekte Bedeutung der Daten an den Benutzer übertragen muss (vgl. Keller, 2005, S. 10). Die Kritik an den vorgestellten Taxonomien ist, dass sie die Daten subjektiv und nicht disjunkt klassifizieren. Das führt zu einer möglichen falschen oder mehrfachen Einordnung einer Datenstruktur, wodurch ungeeignete Informationsvisualisierungen entstehen können (vgl. Triebel, 2012). Ein weiterer Kritikpunkt bei der Entwicklung geeigneter Informationsvisualisierungen ist, dass oft die Basis-Prinzipien, z. B. die Wahl geeigneter Farben oder die Größe von Buchstaben, nicht berücksichtigt werden. Das kann zu visuell nicht ansprechenden, irreführenden und überfordernden Visualisierungen führen (vgl. Stone, 2009, S. 46). Ein Kritikpunkt aktueller Informationsvisualisierungstools ist, dass diese zwar technisch interessante Funktionen beinhalten, jedoch die damit zu bearbeitenden realen Probleme nicht unterstützen. Die Entwickler solcher Visualisierungen haben zwar eine Vorstellung, was technisch möglich ist, allerdings haben sie kein Verständnis darüber, was der Benutzer für die Aufgabe bzw. die Problemstellung wirklich benötigt (vgl. Stone, 2009, S. 47).

2.2.4 Menschliche visuelle Informationsverarbeitung

Während des Lernens oder der Lösung eines Problems können Informationsvisualisierungen dabei helfen, die menschliche Gedächtnis- und Informationsverarbeitungsleistung bezüglich der Kapazität und der Dauer der zu speichernden Informationen zu fördern (vgl. Sweller/Chandler, 1994). Das hängt damit zusammen, dass die normalerweise bei einer verbalen und sequentiellen Repräsentation verwendeten kognitiven Verarbeitungsprozesse langsamer sind als die wahrnehmenden, vor allem die visuellen Verarbeitungsprozesse (vgl. Larkin/Simon, 1987 und Glenberg/Langston, 1992. Bereits Miller (1956) stellte fest, dass durch die Verwendung visueller Fähigkeiten die Verarbeitungskapazität erhöht werden kann und somit mehr Informationen aufgenommen werden (vgl. Miller, 1956). Das menschliche Gedächtnis kann visuelle Erinnerungen besser bewahren als verbale Erinnerungen (vgl. Shepard/Cooper, 1982)). Denn das Gehirn hat, wie Koffka im Rahmen der Gestaltforschung feststellen konnte, die starke Fähigkeit, Muster zu erkennen (vgl. Koffka, 1935 nach Burkhard, 2004).

Verschiedene Forscher beschreiben, wie die Informationsvisualisierung die menschliche Kognition verstärken kann (vgl. Card et al., 1999, S. 16; Thomas/Cook, 2005; Wong/Thomas, 2004 und Tory/Möller, 2004, S. 2):

- Erhöhung der kognitiven Ressourcen durch die Benutzung einer visuellen Ressource, um den Arbeitsspeicher zu erweitern (vgl. Sweller/Chandler, 1994 und Rao/Sprague, 1998, S. 71)
- Reduzierung des Suchaufwands, da durch die Repräsentation einer großen Datenmenge das Erkennen von Mustern verbessert wird (abstrakter Überblick über die Datenmenge) (vgl. Wilkins, 2003, S. 18ff)
- einfachere Schlussfolgerung von Beziehungen durch Unterstützung der Wahrnehmung (vgl. Wilkins, 2003, S. 18ff)
- Beobachtung einer großen Menge möglicher Ereignisse durch die Unterstützung der Wahrnehmung
- Explorative Analyse von Daten durch dynamische Visualisierungen (vgl. Wilkins, 2003, S. 18ff)

Visualisierungen verbessern die kognitiven und die wahrnehmenden Fähigkeiten eines Menschen. Hierbei spielt das menschliche Gedächtnis eine Rolle. Der von Card et al. (1986) aufgestellte Model Human Processor beschreibt die menschliche visuelle Informationsverarbeitung. Es ist zwischen dem kurzfristigen Arbeitsgedächtnis und dem Langzeit-Gedächtnis sowie zwischen drei verschiedenen Verarbeitungssystemen zu unterscheiden (Processor). Die gesehene Visualisierung wird zunächst mit Hilfe des Wahrnehmungssystems aufgenommen. Dieses Abbild wird im Arbeitsspeicher abgelegt und mit Hilfe des kognitiven Systems verarbeitet. Dadurch werden die damit im Langzeit-Gedächtnis verknüpften Aktionen abgerufen, die dann durch das motorische System ausgeführt werden (vgl. Card, 1981, S. 18ff). Während das Arbeitsgedächtnis in seiner Kapazität beschränkt ist und leicht überlastet werden kann, ist das Langzeit-Gedächtnis in der Lage größere Mengen von Informationen langfristig zu speichern, jedoch mit einem erheblich größeren Aufwand (vgl. Card, 1981, S. 26). Eine Visualisierung fungiert dabei als externer Speicher, der den Kurzzeit-Arbeitsspeicher erweitert. Komplexe Datenstrukturen können dadurch extern visuell repräsentiert werden. Die Belastung des menschlichen Arbeitsgedächtnisses und die damit verbundenen kognitiven Prozesse werden somit auf das sensorische Verarbeitungssystem verlagert (vgl. Ware, 2012, S. 375ff). Das liefert eine Erklärung für die Reduzierung des „Information Overloads" bei Verwendung einer Informationsvisualisierung.

2.2.5 Bedeutung der Informationsvisualisierung für die Informationssuche

Visuelle Benutzeroberflächen helfen den Nutzern, ihre Bedürfnisse zu konkretisieren und präziser zu formulieren und auf die Suchergebnisse einfacher zuzugreifen. Interaktive Elemente wie Buttons oder Schieberegler ermöglichen dynamische Suchanfragen und ein schnelles Feedback für den Nutzer (vgl. Dörk, 2012, S. 53ff). Hierdurch können auch die Sortierung oder die Rangfolge von Suchergebnissen manipuliert werden, denn es ist wichtig, dass ein Nutzer die Suche kontrollieren kann. Visuelle Hinweise helfen schnell zu verstehen und zu entscheiden, welche Ergebnisse relevant oder zu verwerfen sind (vgl. Albertoni et al., 2005, S. 529 und Dörk, 2012, S. 53ff). Nutzer präferieren einfache Benutzeroberflächen, die aber auch die Möglichkeiten zur Kontrolle und Manipulation der Suche geben (vgl. Shneiderman/Plaisant, 2010, S. 536). Die Berücksichtigung wesentlicher Visualisierungstechniken, z. B. Vorschau von Suchergebnissen und ein Überblick über die gesamte Ergebnismenge, erweitert bisherige Suchsysteme um eine Analysedimension, die dem Nutzer bei der explorativen Analyse multidimensionaler Daten helfen kann, ohne dass er zuvor eine Suchanfrage formulieren musste (vgl. Shneiderman/Plaisant, 2010, S. 551; Dörk, 2012, S. 53ff und Albertoni et al., 2005, S. 529). Design-Prinzipien wie das Information-Seeking-Mantra von Shneiderman können die Informationsüberlastung und damit den kognitiven Aufwand zur Verarbeitung der Informationen reduzieren (vgl. Kulyk et al., 2007, S. 26ff und Taylor et al., 2007). Durch Informationsvisualisierungssysteme wird die kognitive Belastung auf das sensorische System des Nutzers übertragen (vgl. Turetken/Sharda, 2007).

Verschiedene Autoren untersuchten die Nutzung von Informationsvisualisierungen für die Informationssuche. So erforschten Alhberg und Shneiderman (1994) sowie Spence und Tweedie (1998) interaktive Schieberegler als visuelle Filter zur Analyse von Datenbanken, um eine Einschränkung der Suchergebnisse vornehmen zu können. Teilnehmer der Studien schätzten die visuelle Anfrageformulierung als hilfreich ein (vgl. Ahlberg/Shneiderman, 1994, S. 316 und Spence/Tweedie, 1998, S. 145ff). Spoerri (2004) analysierte eine Metasuchmaschine, die visuell darstellt, in wie weit sich die Ergebnisrangfolgen der verschiedenen genutzten Suchmaschinen überlappen und damit unterscheiden. Dies ermöglicht die Kontrolle im Suchprozess und ein besseres Verständnis der Relevanz von Suchergebnissen. Die Ergebnisse der Studie zeigen allerdings, dass bei kurzen Suchanfragen (die Mehrheit der Suchanfragen im Internet) nur ein geringer Nutzen für Nutzer entsteht (vgl. Spoerri, 2004). Dörk (2012) stellt fest, dass für die Präsentation von Suchergebnissen bisher keine umfangreichen und technisch anspruchsvolle Funktionen entwickelt wurden, die den Überblick über die gesamten Ergebnisse oder Voransichten von Suchergebnissen (z. B. Thumbnails) ermöglichen. Meistens werden nur Visualisierungen gewählt, die den Inhalt einer Ressource visuell darstellen. Ein Überblick und Voransichten könnten jedoch die Bewertung der Relevanz von Suchergebnissen vereinfachen (vgl. Spoerri, 2004, S. 50). Auch Albertoni et al. (2005) analysierten verschiedene Internetsuchmaschinen mit Informationsvisualisierungsfunktionalität. Sie untersuchten die angebotenen Visualisierungstechniken hinsichtlich der aufgezeigten Probleme, die während der Informationssuche auftreten können und ob sie einen Beitrag zur Lösung der Probleme leisten können. Die Autoren konnten aufzeigen, dass die jeweiligen Informationsvisualisierungen ein Potential aufweisen, die Probleme zu bewältigen (z. B. die Unterstützung der Suchsystemauswahl durch Venn Diagramme oder die Unterstützung bei der Präsentation der Ergebnisse durch Clustervisualisierungen, Kartenvisualisierungen etc.). Jedoch konnten die untersuchten Suchsysteme dieses Potential nicht abrufen, da die Visualisierungsfunktionalitäten nur unzureichend entwickelt wurden (vgl. Albertoni et al., 2005).

Ein Grund für die bisher nur geringe Verbreitung von Informationsvisualisierungen und die weiterhin bestehende Dominanz der traditionellen textbasierten Suchanfragen und Ergebnisdarstellungen (vgl. Dörk, 2012, S. 41) könnte die unzureichend entwickelten Informationsvisualisierungen sein. Auch Beobachtungen zeigen, dass Suchmaschinen, die Visualisierungsfunktionalitäten anbieten, nach wenigen Jahren nicht mehr existieren. So sind die bekannten visuellen Internetsuchmaschinen „SearchCrystal“ und „Grokker“ (vgl. Albertoni et al., 2005, S. 530) bereits nicht mehr existent und „Kartoo“[9] bietet nur noch eine Listenvisualisierung zur Darstellung der Suchergebnisse an. Gleichzeitig finden sich aber neue und interaktive Visualisierungen im Internet, vor allem für bestimmte Anwendungsdomänen wie soziale Netzwerke. Twiangulate visualisiert von mehreren Twitterkontakten gemeinsame Follower und deren Beziehungen untereinander als Netzvisualisierung[10]. Mentionmapp visualisiert ähnliche Twitterkontakte auf Basis gemeinsamer Themen, Hashtags und Kontakte als soziales Netz[11]. Touchgraph zeigt Freundesprofile, deren Fotos und Gruppen, denen sie zugehören, als Netzvisualisierung. Es lässt sich erkennen, wer in welcher Gruppe eine zentrale Rolle einnimmt oder welche Freunde ein Bindeglied zwischen zwei Gruppen sind[12]. Touchgraph bildet auch die Webseiten von Google[13] und die Produktseiten von Amazon[14] als Netzvisualisierung ab. oSkope[15] ist eine visuelle Suchmaschine, welche die Inhalte von Ebay, Amazon, Flickr und Youtube mittels fünf verschiedener Sichten präsentiert. Dabei werden jeweils die bei allen Diensten vorhandenen Fotos für die Darstellung der Suchergebnisse als Stapel, Liste, Graph, Haufen oder Rasteransicht abgebildet. Quinturakids[16] ist eine Suchmaschine für Kinder, die eine Cloudvisualisierung nutzt, um miteinander verwandte Wörter anzuzeigen. Hierdurch sollen die Suchbedürfnisse von Kindern besser unterstützt werden. Carrot[2] clustert Suchergebnisse verschiedener Websuchdienste, z. B. Bing, Wikipedia, die Medizinische Datenbank PubMed oder Jobs von www.indeed.com, und präsentiert diese als Baumvisualisierung und Kreisdiagramm[17].

[9] http://www.kartoo.com/
[10] http://twiangulate.com/search/
[11] http://mentionmapp.com/
[12] http://www.touchgraph.com/facebook
[13] http://www.touchgraph.com/seo
[14] http://www.touchgraph.com/amazon
[15] http://www.oskope.com/
[16] http://quinturakids.com/
[17] http://search.carrot2.org/stable/search

Interaktive Visualisierungsformen können somit den Nutzer bei der Durchführung einer Suche unterstützen und einen Beitrag zur Bewältigung der beschriebenen Herausforderungen leisten. Die neuen webbasierten Visualisierungen lassen vermuten, dass der Nutzen einer Visualisierung davon abhängt, ob diese für das jeweilige Suchgebiet geeignet ist, z. B. Netzvisualisierung von Beziehungen in sozialen Netzwerken. Suchmaschinen, die Visualisierungen anbieten, die nicht die Informationsbedürfnisse eines Nutzers abbilden und zur Reduzierung der kognitiven Belastung beitragen, werden keinen Nutzen stiften und daher nicht verwendet werden. Gerade vor dem Hintergrund einer stetig wachsenden Informationsmenge und dem damit verbundenen Phänomen des „Information Overload“ ist es wichtig, neue und interaktive Suchsysteme zu gestalten und deren Nutzen zu erforschen (vgl. Dörk, 2012, S. 53).

2.3 Geografische Informationsvisualisierung

Die geografische Informationsvisualisierung, kurz Geovisualisierung, ist nicht als Teilgebiet der Informationsvisualisierung einzuordnen. Sie ist eine junge eigenständige Forschungsdisziplin, die Methoden, Theorien und Softwarewerkzeuge von vielen verschiedenen Forschungsdisziplinen anwendet und adaptiert, z. B. Kartografie, Geografie, Wissenschaftliche Visualisierung, Informationsvisualisierung, Bildanalyse, explorative Datenanalyse (EDA), Kognitionsforschung, Sprachwissenschaft, Informatik, Human-Computer-Interaction und Geografische Informationssysteme (vgl. Dykes et al., 2005, S. 4; Skupin/Fabrikant, 2003, S. 96 und Peuquet/Kraak, 2002, S. 80). „Geovisualization draws upon approaches from many disciplines [...] to provide theory, methods, and tools for the visual exploration, analysis, synthesis and presentation of data that contains geographic information.“ (MacEachren/Kraak M.-J., 2001, S. 3) Die Geovisualisierung stellt demnach leistungsfähige Softwarewerkzeuge zur Verfügung, die es dem Nutzer ermöglichen sollen, vernetzte räumlich-zeitliche Daten zu untersuchen, in einem Datenbestand zu navigieren und die Visualisierung der Daten interaktiv zu verändern (vgl. Schumann/Tominski, 2011, S. 257).

Eine typische Anwendung einer Geovisualisierung besteht darin, den Nutzer dabei zu unterstützen, geografische und zeitliche Muster zu finden und zu vergleichen, Beziehungen zwischen verschiedenen Regionen zu entdecken, niedrige und hohe Datenwerte zu markieren oder Cluster zu identifizieren. Interaktions- und Animationstechniken helfen dem Nutzer bei der Analyse großer Datenbestände (vgl. Wilkins, 2003, S. 17).

2.3.1 Geodaten

Die zu visualisierenden geografischen Daten (Geodaten) haben entweder inhärent räumliche Eigenschaften, d. h. sie beschreiben einen absoluten oder relativen Ort, z. B. Gebäude, Straßen, Flüsse, Seen etc. Oder es handelt sich um geo-referenzierte Daten, die abstrakte und reale Daten kombinieren. Abstrakte Daten wie Bevölkerungsstatistiken oder Immobiliendaten werden dazu über einen räumlichen Bezug mit den geografischen Objekten verknüpft (vgl. Plaisant, 2005, S. 53 und Peuquet/Kraak, 2002, S. 80. Geodaten müssen demnach immer eine Referenz zu einer geografischen Position bzw. einem Ort haben (vgl. MacEachren/Kraak M.-J., 2001, S. 4). Inhärent räumliche Daten liegen entweder als Vektor- oder Rasterdaten vor. Vektordaten enthalten Koordinaten zur Beschreibung der räumlichen Objekte. Es können Koordinaten zur Darstellung von Punkten (z. B. Stadt), Linien (z. B. Straßen) oder Flächen (z. B. Regionen) gespeichert werden. Rasterbasierte Geodaten werden als 2-dimensionale Matrix basierend auf einem einheitlichen und regelmäßigen Rasternetz, z. B. Pixel, abgebildet. Durch die Verbindungen verschiedener Zellen des Rasters können Punkt-, Linien- und Flächenobjekte definiert werden. Zusätzlich werden mit den räumlichen Daten noch sogenannte Attributdaten verknüpft. Diese beschreiben die Eigenschaften der räumlichen Objekte, z. B. Stadtname, Bevölkerungszahl oder Straße als Notfallstrecke (vgl. Malczewski, 2010a, S. 371).

2.3.2 Anwendungsbereiche der Geovisualisierung

Die Visualisierung von Geodaten erfolgt häufig mit Hilfe von Karten (vgl. Wilkins, 2003, S. 17). Karten werden bereits seit Tausenden von Jahren genutzt, um geografische Informationen zu erfassen und zu überliefern. Die Vorteilhaftigkeit von Karten ist darin begründet, dass diese einen abstrahierten Ausschnitt der Realität bereitstellen und dadurch das Verständnis für die Informationen erleichtern (vgl. Peuquet/Kraak, 2002, S. 80ff). Die Nutzung geografischer Karten zur Visualisierung von Zusammenhängen von Unternehmensdaten oder Daten des öffentlichen Sektors ist nicht neu. Traditionelle Anwendungsbereiche sind (vgl. Buhmann/Wiesel, 2004):

- Bau-/Katasteramt
- Raum- und Städteplanung
- Ver- und Entsorgung
- Umweltschutz
- Wasser-/Energiewirtschaft
- Land- und Forstwirtschaft
- Wetterdienst und Klimaforschung
- Zivil- und Katastrophenschutz
- Standortplanung
- Vertriebsgebietsplanung
- Marktbeobachtung (Absatzstatistiken und demographische Daten)

Hier werden vor allem strukturierte Daten, meist unter Verwendung eines geografischen Informationssystems[18], mit räumlichen Merkmalen analysiert, z. B. Darstellung und Analyse von CO2-Emissionen in verschiedenen Regionen oder die geografische Verteilung von Stromleitungen zur Planung der Abdeckungsleistung (vgl. Frühling/Steingrube, 1997). Mit der Geovisualisierung im Marketing, in der Logistik oder im Vertrieb können z. B. Kundendaten und Absatzzahlen geografisch analysiert werden, um diese als Grundlage für die Standortplanung, Vertriebsgebietsplanung oder Marketingmaßnahmen zu nutzen. In den letzten Jahren haben sich die Technologien und Techniken der Geovisualisierung jedoch im Zusammenhang mit den

[18]Ein Geografisches Informationssystem (GIS) umfasst eine Menge verschiedener Funktionalitäten wie die Eingabe, die Speicherung, die Suche, die Manipulation und Analyse sowie die Ausgabe räumlicher Daten. Bei der Dateneingabe spielt die Erfassung, Reformatierung, Georeferenzierung, Kompilierung und die Dokumentation der Daten für einen spezifischen Anwendungsbereich eine Rolle (vgl. Malczewski, 2010b, S. 370).

neuen Webtechnologien stark weiterentwickelt. Die Technologien sind einfacher verfügbar und auf geografische und geo-referenzierte Daten kann besser zugegriffen werden. Diese besitzen zudem eine höhere Qualität. Die Zielgruppe der Nutzer hat sich ebenfalls verändert. Geografische, webbasierte Anwendungen wie Google Maps, Google Earth, Open Street Map, Microsoft Virtual Earth oder NASA World Wind ermöglichen es auch privaten Nutzern, geografische Visualisierungen für die Darstellung und Analyse von Daten einzusetzen (vgl. Schumann/Tominski, 2011, S. 257; Elwood, 2008, S. 256; Dykes et al., 2005, S. 4 und Kraak, 2008, S. 163).

Geografische, interaktive Karten nehmen damit eine neue Rolle im Bereich der Entscheidungsunterstützung und der Kommunikation von Daten ein (vgl. Rinner, 2007, S. 86ff und Drobne/Lisec, 2009, S. 459). Das in diesem Zusammenhang derzeitig viel erforschte Subthema im Bereich der Geovisualisierung ist die geovisuelle Analyse (vgl. Andrienko et al., 2011). Mit der Kombination von Google Maps, Open Street Map etc. und Web 2.0 Technologien ist es nun nicht mehr nur gewünscht, Daten über eine geografische Referenz zu integrieren und zu visualisieren, sondern diese auch analytisch auswerten zu können. Räumlich-zeitliche Datenanalysen sollen nicht mehr nur für Experten bereitstehen, sondern für Jedermann (vgl. Schumann/Tominski, 2011, S. 257; Kraak, 2008, S. 163 und Elwood, 2008, S. 256). Die aus dem Forschungsgebiet der Informationsvisualisierung stammende visuelle Analyse beschreibt „... the science of analytical reasoning facilitated by interactive visual interfaces." (vgl. Thomas/Cook, 2005, S. 4) Durch interaktive, visuelle Benutzeroberflächen sollen große Mengen an abstrakten Daten logisch ausgewertet werden können. Kraak (2008) erweitert diese Definition für das Gebiet der Geovisualisierung: „Geovisual Analytics is about analytical reasoning and decision making. It uses interactive visual interfaces, e.g. the map and other graphic representations that are linked to computational methods, as well as to human capacity of knowledge construction and representation." (vgl. Kraak, 2008, S. 164) Die Geovisualisierung wird demnach mit Analysemethoden verknüpft, z. B. dem Data Mining oder der multi-kriteriellen Entscheidungsanalyse. Mit Hilfe dieser analytischen Methoden, der Visualisierung und der interaktiven Untersuchung von Daten und deren Beziehungen einerseits und den räumlichen Fähigkeiten des Nutzers andererseits können Erkenntnisse und Wissen aus heterogenen, dynamischen, mehrdeutigen und großen Datenbeständen gewonnen werden. Hieraus resultiert eine verbesserte Entscheidungsfindung (vgl. Schumann/Tominski, 2011, S. 257ff und Virrantaus et al., 2009, S. 68).

2.3.3 Herausforderungen der Geovisualisierung

Dennoch sind für die weitere Forschung in der Geovisualisierung folgende Herausforderungen zu bewältigen (vgl. Virrantaus et al., 2009, S. 67ff; Elwood, 2008, S. 257; Dykes et al., 2005, S. 5ff und Peuquet/Kraak, 2002, S. 82):

- die Entwicklung bedeutungsvoller Grafiken zur Repräsentation multi-variater, räumlich-zeitlicher Datenmengen
- die Berücksichtigung eines nutzerspezifischen Designs und der Usability von Geovisualisierungen, z. B. verschiedene Visualisierungen für verschiedene Nutzergruppen oder die Berücksichtigung visuell beeinträchtigter Personen durch auditive und taktile Hilfsmittel
- die Bereitstellung theoretischer Design-Regeln für die Entwicklung von Geovisualisierungen
- die Unterstützung für mobile Endgeräte wie Smartphones oder Tablets und der Umgang mit kleinen Bildschirmgrößen
- die Nutzung innovativer und interaktiver Techniken, z. B. Animationen, Agenten, Multi-modale Benutzeroberflächen, Virtual oder Augmented Reality
- die Nutzung ortsbezogener Dienste (engl.: Location Based Services) für die Entwicklung adaptiver Karten, z. B. die Änderung der Visualisierung in Abhängigkeit des Ortes eines Nutzers
- **die Analyse der visuellen Wahrnehmung, der kognitiven Prozesse und des räumlichen Denkens während der Verwendung von Geovisualisierungen**
- **die Analyse der Nutzung von Geovisualisierungen und des Verständnisses der dargestellten Informationen in spezifischen Anwendungssituationen**

- **die Nutzung erweiterter Analysemethoden (Visual Analytics), z. B. Integration von Methoden des Data Mining und der Entscheidungsfindung**
- die Unterstützung kollaborativer Entscheidungsfindung
- **die Evaluation des Nutzens von Geovisualisierungen**

Die hervorgehobenen Herausforderungen verdeutlichen, welchen Beitrag diese Arbeit leisten soll. Vor dem Hintergrund der Zielstellung soll die Nutzung der Geovisualisierung in einem spezifischen Anwendungsgebiet untersucht und hinsichtlich eines Nutzens evaluiert werden. Dabei soll auch ein Fokus auf die menschliche Perspektive bei der Suche gelegt werden. Dies umfasst die Analyse kognitiver Prozesse und das Phänomen der Informationsüberlastung. Die implementierte Geovisualisierung soll darüber hinaus auch erweiterte Analysemethoden, z. B. aus der Entscheidungsfindung enthalten.

2.4 Nutzenbegriff und Nutzenmessung

Die Evaluation ist Bestandteil jeder wissenschaftlichen Forschung, denn Forschung verlangt das Bemühen um Erkenntnisfortschritt. Ein Erkenntnisfortschritt gelingt jedoch nur durch die Evaluation von Alternativen, die interessierende Phänomene (z. B. Gestaltung- und Einsatzbedingungen) beschreiben und erklären. Innerhalb der Wirtschaftsinformatik, die als Schnittstelle zwischen der Betriebswirtschaft und der Informatik fungiert und daher eine anwendungsorientierte Forschungsdisziplin ist, hat die Evaluation nicht nur aus wissenschaftlicher Sicht eine Bedeutung, sondern auch aus einer praxisorientierten Sicht. Systeme, Modelle, Verfahrensweisen sind einerseits in technischer Hinsicht, z. B. bezüglich der Performanz von Algorithmen oder der Bedienbarkeit der Benutzeroberfläche, und andererseits in ökonomischer Hinsicht, z. B. durch die Abschätzung von Kosten und Nutzen im Rahmen einer Investitionsentscheidung, zu bewerten (vgl. Frank, 2006 und Wilde, 2008, S. 89). Die Evaluation ist somit ein wesentlicher Bestandteil der Forschung in der Wirtschaftsinformatik, allen voran die Nutzen- und Erfolgsmessung von Informationssystemen. Seit ca. 30 Jahren befassen sich die Forscher mit der Entwicklung von Theorien,

Modellen und Messkriterien, um den Erfolg eines Informationssystems zu erklären und um die verschiedenen Ursachen des Erfolgs zu identifizieren (vgl. Urbach et al., 2009, S. 315; Gable et al., 2003, S. 577 und DeLone/McLean, 1992).

2.4.1 Begriffsdefinition

Trotz einer großen Anzahl empirischer Studien, Theorien, Modelle und Rahmenwerke zum Nutzen von Informationssystemen (vgl. DeLone/McLean, 1992; Garrity/Sanders, 1998 und Petter et al., 2008) gibt es keine klare Definition oder eine Einigung darüber, was unter dem Nutzen oder dem Erfolg eines Informationssystems zu verstehen ist (vgl. Garrity/Sanders, 1998). Zudem finden sich in diesem Zusammenhang weitere Begriffe wie Performanz, Effektivität, Wert, Ergebnis, Akzeptanz oder ökonomischer Einfluss. Diese Begriffsvielfalt weist auf die verschiedenen Verständnisse und auch Operationalisierungen in den Forschungsarbeiten hin. So kann der ökonomische Einfluss z. B. als Produktivität oder Return on Sales gemessen werden (vgl. DeLone/McLean, 1992; Urbach et al., 2009, S. 316 und Schryen, 2010). Ursache dieser Begriffsvielfalt ist die Multidimensionalität von „Erfolg“, denn dieser kann auf verschiedenen Ebenen, z. B. Technisch, Individuum, Gruppe oder Organisation, Industrie (vgl. Webster/Watson, 2002, S. xvii, Urbach et al., 2009, S. 318 und Petter et al., 2008, S. 240), oder Kunde (vgl. Devaraj/Kohli, 2000), und aus unterschiedlichen Perspektiven gemessen werden. Ein Softwareentwickler bewertet den Erfolg eines Informationssystems, wenn dieses rechtzeitig und unterhalb des Budgets fertig gestellt wird und wenn die Funktionen mit den Spezifikationen übereinstimmen und korrekt laufen. Ein Benutzer bewertet ein Informationssystem als nützlich, wenn seine Arbeitszufriedenheit oder die Arbeitsperformanz verbessert wird. Für das Management ist ein Informationssystem erfolgreich, wenn es einen Beitrag zum Gewinn oder Wettbewerbsvorteil leistet (vgl. Urbach et al., 2009, S. 316). Darüber hinaus lassen sich verschiedene Beurteilungskriterien, z. B. Wirtschaftlichkeit, Verhalten und Wahrnehmung, anwenden (vgl. Molla/Licker, 2001, S. 133; Sharkey et al., 2010 und Petter et al., 2008).

Die in der Vergangenheit häufig gemessenen Konstrukte zur Erfassung des Erfolgs bzw. Nutzens sind die Nutzerzufriedenheit, die Systemnutzung (vgl. Igbaria/Tan, 1997; Burton-Jones/Straub, 2006 und Grover et al., 1996, S. 184), die Produktivität und die Nutzereinstellung (vgl. Grover et al., 1996, S. 184). Die Wahl des Konstrukts hängt dabei von den oben aufgeführten Bewertungsebenen und -perspektiven oder der Organisationssituation ab (vgl. DeLone/McLean, 2003). Aufgrund der verschiedenen Konstrukte ist ein Vergleich der Forschungsergebnisse aber oft nicht möglich (vgl. Urbach et al., 2009, S. 316 und Gable et al., 2003, S. 577).

Um im Folgenden die häufig synonym verwendeten Begriffe Nutzen und Erfolg abzugrenzen, ist es sinnvoll, die betriebswirtschaftlichen Definitionen beider Begriffe zu prüfen. In der Betriebswirtschaft wird der Erfolg allgemein durch den Grad der Zielerreichung definiert (vgl. Hutzschenreuter, 2007, S. 91f und Fritz, 1995, S. 37), während der Nutzen als Messgröße der Bedürfnisbefriedigung definiert ist. „Der Nutzen beschreibt das Verhältnis zwischen dem Bedürfnis des Kunden auf der einen Seite und der Leistung eines Produktes auf der anderen Seite.“ (vgl. Schauenburg, 1999, S. 50) Unter Beachtung des Preises und der Budgetnebenbedingungen wird der Konsument dasjenige Produktbündel auswählen, welches den höchsten Nutzen verursacht (vgl. Coto-Millan, 2003).

Der Nutzen bezieht sich auf eine individuelle Bedürfnisbefriedigung und entspricht damit der individuellen Ebene der Erfolgsmessung, während der Erfolg als Grad der Zielerreichung den Beitrag des Informationssystems für das Unternehmen aufzeigt, z. B. Produktivität. Da in der vorliegenden Arbeit ein Suchsystem (i. w. S. Informationssystem) für die individuelle Informationssuche eingesetzt und evaluiert werden soll, wird in der Arbeit der Nutzenbegriff und demnach die Nutzenmessung als Begrifflichkeit verwendet.

2.4.2 Modelle der Nutzenmessung in der Wirtschaftsinformatik

Die Nutzenmessung eines Informationssystems bedeutet aus praxisorientierter Sicht die Rechtfertigung einer Investition. Der Wert und Beitrag des Informationssystems zur Produktivität, Qualität und Wettbewerbsfähigkeit des Unternehmens muss hierzu aufgezeigt werden (vgl. Gable et al., 2003, S. 576; Myers et al., 1997 und Ballantine et al., 1996, S. 5). Dafür müssen die Kosten und der Nutzen eines Informationssystems gegenübergestellt werden, z. B. durch den „Return on Investement“ (vgl. Petter et al., 2008, S. 236 und Ford, 1994). Um den Nutzen zu messen, müssen Unternehmen allerdings mehr als nur die traditionellen monetären Kennzahlen erheben, denn der qualitative bzw. immaterielle Nutzen ist schwieriger zu erfassen (vgl. Rubin, 2004). Für ein besseres Verständnis des materiellen und immateriellen Nutzens eines Informationssystems wurden zunächst Balanced Scorecards und Benchmarking-Vergleiche angewendet (vgl. Petter et al., 2008, S. 237). Allerdings wird auch hier der immaterielle Nutzen nur unzureichend gemessen. Die Forschung ist daher dazu angehalten, bessere Messinstrumente zu entwickeln, die eine rigorose Evaluation des materiellen und immateriellen Nutzens ermöglichen (vgl. Money et al., 1988, S. 223 und Lee et al., 2006, S. 1384). Auch aus wissenschaftlicher Sicht (Rigour) sollen neue Theorien und Nutzenmodelle entwickelt werden, um die Zusammenhänge, z. B. das Verhalten von Nutzern, zu beschreiben und zu erklären (vgl. Hevner et al., 2004). Im Folgenden werden wesentliche Modelle und Rahmenwerke der Nutzenmessung vorgestellt. Hierzu gehört das bekannte DeLone/McLean-Modell, das Technology-Acceptance Model (TAM) und die Erweiterung Unified Theory of Acceptance and Use of Technology (UTAUT), das Task-Technology-Fit (TTF)-Modell, SERVQUAL, das End User Computing Satisfaction (EUCS)-Instrument, das User Information Satisfaction (UIS)-Instrument, die Diffusions- und Adaptionstheorie und die Cognitive-Fit-Theorie.

Information Systems Success Modell von DeLone/McLean (1992, 2003)
DeLone und McLean gelang 1992 ein wesentlicher Meilenstein in der Nutzenmessung (vgl. Gable et al., 2003, S. 578). Sie führten eine umfassende Literaturanalyse von Begriffsdefinitionen und Messinstrumenten zur Nutzenmessung von Informationssystemen durch. Hieraus und auf Basis der Arbeiten von Shannon/Weaver (1949) und Mason (1978) entwickelten die Autoren ein Nutzenmodell, welches anhand von sechs Dimensionen wesentliche Aspekte und Ursache-Wirkungszusammenhänge des Nutzens eines Informationssystems erklärt (vgl. DeLone/McLean, 1992; Shannon/Weaver, 1949 und Mason, 1978). Das Modell erlangte daraufhin eine hohe Popularität. Es wurde in vielen weiteren Forschungsarbeiten angewendet, validiert und weiterentwickelt und ist auch weiterhin das dominante Modell für die Nutzenmessung (vgl. Petter et al., 2008; Urbach et al., 2009, S. 321 und Lee et al., 2006, S. 1383). Das Modell wurde 2003 von den Autoren auf Basis einer neuen Literaturanalyse aktualisiert und respezifiziert. Wesentliche Änderungen betrafen: (1) die

Ergänzung des Konstrukts „Servicequalität“, um die Wichtigkeit von Support und Dienstleistungen gerade bei E-Commerce-Systemen zu unterstützen; (2) die Messung der Einstellung eines Nutzers zur Nutzung („Nutzungsabsicht“), um das komplexe Konstrukt „Nutzung“ zu reduzieren; und (3) das Zusammenlegen von individuellem und organisationalem Einfluss zum Konstrukt „Nettonutzen“ (vgl. DeLone/McLean, 1992; DeLone/McLean, 2003 und Urbach et al., 2008).

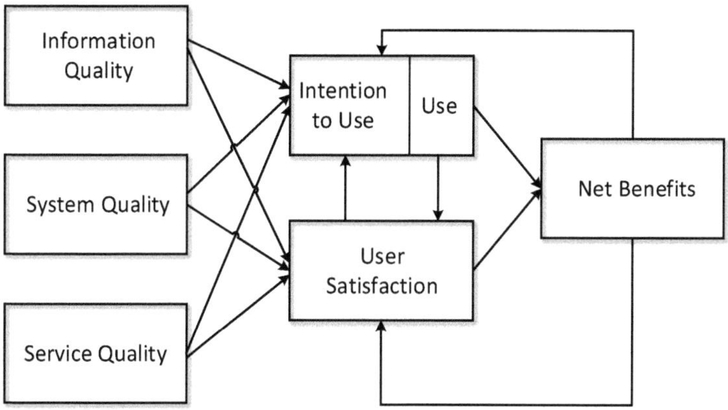

Abbildung 2.12: aktualisiertes Information Systems Success Modell (vgl. DeLone/McLean, 2003, S. 24)

Das Modell (2003) besteht aus sechs verschiedenen Nutzendimensionen: Systemqualität, Informationsqualität, Servicequalität, Nutzungsabsicht, Nutzung, Zufriedenheit und Nettonutzen (vgl. Abbildung 2.12). Die Autoren definieren dabei den Erfolg eines Informationssystems als Ausmaß, wie dieses zum Nutzen von Individuen, Gruppen, Organisationen, Industrien und Nationen beitragen kann (Nettonutzen). Das bedeutet, dass sich der Erfolg auf Basis der sechs Dimensionen ergibt. Der Nettonutzen resultiert dabei auf individueller Ebene u. a. in einer Steigerung der Aufgabenproduktivität oder Mitarbeiterzufriedenheit. Auf organisatorischer Ebene kann die Profitabilität oder der Umsatz des Unternehmens beeinflusst werden. Dieser Nutzenbeitrag hängt zum einen von der Nutzerzufriedenheit und zum anderen von der Nutzung des Informationssystems ab. Hier wird bspw. die Nutzungshäufigkeit oder der Nutzungsumfang gemessen. Wenn das Informationssystem freiwillig zu nutzen ist, muss das Konstrukt Nutzungsabsicht berücksichtigt werden. Eine hohe

Absicht führt zur eigentlichen Nutzung und diese, bei positiver Erfahrung, zu einer hohen Nutzerzufriedenheit, was wiederum die Nutzungsabsicht positiv beeinflusst. Nutzungsabsicht und Nutzungszufriedenheit hängen schließlich von den Konstrukten Informationsqualität (z. B. relevante, verständliche und aktuelle Informationen), von der Systemqualität (z. B. Benutzerfreundlichkeit, kurze Antwortzeiten und schnelle Erlernbarkeit) sowie von der Servicequalität (z. B. Kompetenz und Unterstützung des IT-Personals) ab (vgl. DeLone/McLean, 2003). Zur Messung der Konstrukte müssen je nach Informationssystem und Organisationscharakteristika verschiedene Metriken verwendet werden (vgl. Gable et al., 2003, S. 578).

Kritik am aktualisierten Modell von DeLone und McLean besteht in der Schwierigkeit, „Nutzung" und „Nutzungsabsicht" bei der empirischen Anwendung zu differenzieren. Die Nutzung ist ein sehr komplexes Konstrukt, das keiner genauen Definition unterliegt und wofür keine standardisierten Messinstrumente angegeben werden können (vgl. Burton-Jones/Straub, 2006). Das Konstrukt wurde bisher zu einfach definiert oder schlecht gemessen (vgl. Petter et al., 2008, S. 256). Ferner wurden bisher nicht alle gezeigten Zusammenhänge signifikant nachgewiesen. So ist zwischen der Servicequalität und der Nutzung kein hinreichender Zusammenhang feststellbar. Vor allem die Zusammenhänge mit dem organisationalen Nettonutzen sind bis auf das Konstrukt „Systemqualität" unzureichend (vgl. Petter et al., 2008, S. 255 und Blattmann et al., 2010). Ein weiterer Kritikpunkt ist, dass das Modell keinerlei weitere Einflussfaktoren wie das soziale Umfeld und individuelle Kompetenzen enthält. Diese Faktoren können einen Einfluss auf die Konstrukte haben, z. B. Nutzungsabsicht. Eine Erweiterung des Modells um externe und interne Einflussfaktoren bieten Myers et al. (1997) an. Zu den externen Umgebungsfaktoren zählen z. B. die Wettbewerbssituation, die Verfügbarkeit von Ressourcen oder der Kulturraum. Interne Organisationsfaktoren sind u. a. Unternehmensziel, Unternehmensgröße, Top-Management Unterstützung, Reifegrad der IT im Unternehmen, Organisationsstruktur, Managementphilosophie oder Budget für Informationssysteme (vgl. Myers et al., 1997).

Technology-Acceptance-Model von Davis (1989), Venkatesh/Davis (2000)

Ein weiterer wichtiger Ansatz in der Nutzenmessung von Informationssystemen ist das Technology-Acceptance-Model (TAM) von Davis (1989). Das Modell basiert auf der „Theory of Reasoned Action (TRA)" und der daraus entstandenen „Theorie of Planned Behavior". Beide Theorien nehmen an, dass das Verhalten eines Nutzers von dessen Einstellung zur Durchführung dieses Verhaltens abhängt (vgl. Ajzen/Fishbein, 1980). Davis bestimmt die Variablen, die diese Einstellung beeinflussen. Das TAM beschreibt somit das individuelle Verhalten eines Nutzers und die daraus entstehende tatsächliche Nutzung. Die zwei Konstrukte „wahrgenommene Nützlichkeit" (z. B. Erhöhung der Arbeitsproduktivität) und „wahrgenommene einfache Bedienbarkeit" beeinflussen dabei die Einstellung eines Nutzers zur Nutzung des Informationssystems. Unter wahrgenommener Nützlichkeit wird der Grad verstanden, mit welchem ein Nutzer glaubt, dass ein System seine Arbeitsperformanz verbessert. Die wahrgenommene Bedienbarkeit ist der Grad, mit dem ein Nutzer glaubt, dass die Nutzung eines bestimmten Systems ohne Aufwand ist (vgl. Davis, 1989, S. 320). Je besser beides ist, um so eher ist der Nutzer bereit, das System zu nutzen. Wenn die Nutzungseinstellung positiv behaftet ist, führt das zu einer tatsächlichen Nutzung (Akzeptanz). Die Konstrukte „wahrgenommene Nützlichkeit" und „wahrgenommene einfache Bedienbarkeit" werden wiederum von externen Einflussvariablen beeinflusst, die jedoch im Modell nicht weiter konkretisiert werden (vgl. Davis, 1989). Davis definiert in seinem Nutzenmodell die tatsächliche Nutzung eines Informationssystems als Zielgröße. Hieraus lässt sich allerdings noch keine Aussage über den Nutzen ableiten, denn die Nutzung ist, wie im Modell von DeLone/McLean dargestellt, nur ein vorgelagertes Konstrukt des eigentlichen Nutzens.

Im Jahr 2000 erweiterten Davis und Venkatesh das TAM um die externen Einflussfaktoren (vgl. Abbildung 2.13). Der Faktor „subjektive Norm" beschreibt dabei die Abhängigkeit des wahrgenommenen Nutzens und der Nutzungseinstellung von Meinungen und dem Image anderer Personen aus dem sozialen Umfeld des Nutzers und dem Stellenwert, der diesen Personen beigemessen wird. Dieser Zusammenhang ist allerdings nur gegeben, wenn es sich um eine freiwillige Nutzung des Informationssystems handelt. Weitere Einflussfaktoren auf den wahrgenommenen Nutzen werden durch die Relevanz für das Arbeitsfeld des Nutzers, die Output-Qualität (d. h. stimmen die Ergebnisse mit den Erwartungen überein) und die Nachweisbarkeit eines Nutzens für die Arbeit, aufgezeigt (vgl. Venkatesh/Davis, 2000 und Bürg/Mandl, 2004).

Das TAM wurde bereits in mehreren Studien und für verschiedene Informationssysteme (z. B. E-Commerce, Webanwendungen) validiert und als konsistent beurteilt (vgl. Lee et al., 2003). Allerdings zeigen die Forschungsergebnisse, dass zwar die wahrgenommene Nützlichkeit einen signifikanten Einfluss auf die Nutzungseinstellung hat, jedoch konnte das nicht für die wahrgenommene Bedienbarkeit bestätigt werden (vgl. Davis, 1989)[19].

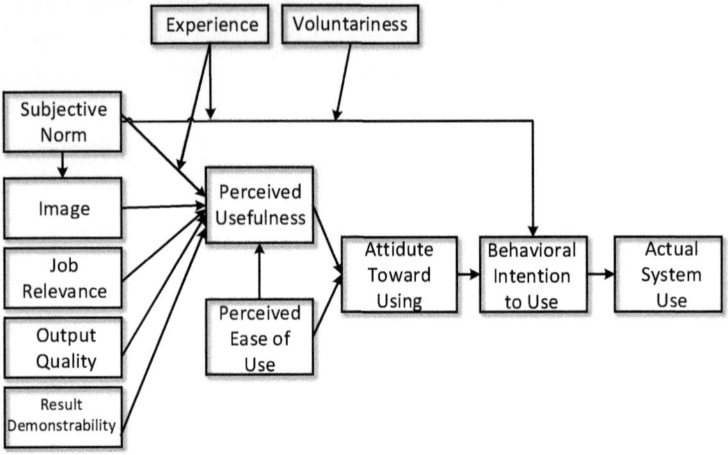

Abbildung 2.13: erweitertes Technology-Acceptance-Model (TAM) (vgl. Venkatesh/Davis, 2000, S. 188)

Das aktualisierte TAM wurde um Einflussfaktoren des sozialen Umfelds erweitert, aber auch in Bezug auf die Inhaltsqualität resp. „Qualität des Outputs". Der Bezug zum Aufgabenkontext wird über den Faktor „Relevanz" hergestellt. Die subjektive Norm stellt die wichtigste Einflussvariable dar. Ein Einfluss konnte für die subjektive Norm, das Image, die Qualität des Outputs und für die Nachweisbarkeit der Ergebnisse belegt werden (vgl. Venkatesh/Davis, 2000). Zu kritisieren ist, dass die Servicequalität für ein Informationssystem nicht berücksichtigt wird. Bürg und Mandl (2004) stellen fest, dass die in Bezug auf eine Handlung eingeschätzten eigenen Kompetenzen, welche einen Einfluss auf die Nutzungseinstellung haben, nicht als Faktor analysiert werden (vgl. Bürg/Mandl, 2004). Auch gruppendynamische und psychologische Prozesse werden vernachlässigt. Beispielsweise könnte das Verhältnis

[19]Gefen/Straub zeigen eine Tabelle aller Forschungsergebnisse des TAMs (vgl. Gefen/Straub, 2000, S. 6ff)

der Mitarbeiter zu ihrem Unternehmen und zu ihrer Arbeitsgruppe die Bereitschaft zur Technologieadoption beeinflussen (vgl. Wieseke et al., 2010, S. 62).

Hinsichtlich des Nutzenbegriffs „tatsächliche Nutzung" bzw. Verhaltensakzeptanz ist anzumerken, dass dieser nicht mit dem Nutzenkonstrukt gleichgesetzt werden kann, denn die Nutzung ist eine Voraussetzung für den Nutzen (vgl. Petter et al., 2008, S. 237).

Unified Theory of Acceptance and Use of Technology (UTAUT) von Venkatesh et al. (2003)

Venkatesh et al. integrieren in ihrer UTAUT acht verschiedene Technologieakzeptanz-Modelle, u. a. das TAM. Sie erweitern das ursprüngliche TAM um die Faktoren „unterstützende Bedingungen" und „soziale Einflüsse" (vgl. Brown et al., 2010, S. 10ff). UTAUT enthält vier Faktoren, die einen Einfluss auf die Nutzungsabsicht eines Informationssystems haben: erwartete Performanz, erwarteter Aufwand, sozialer Einfluss und unterstützende Bedingungen (vgl. Abbildung 2.14).

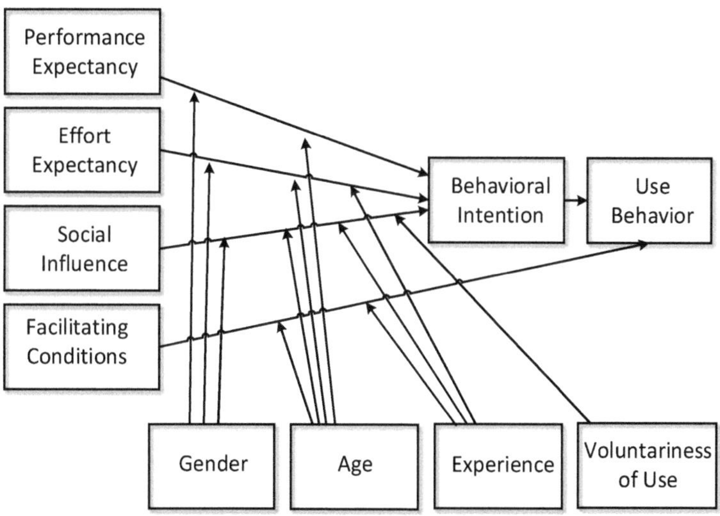

Abbildung 2.14: UTAUT Modell (vgl. Venkatesh et al., 2003, S. 447)

Die Nutzungsabsicht beeinflusst wiederum das tatsächliche Nutzungsverhalten. Die erwartete Performanz beschreibt den Grad, in dem ein Individuum wahrnimmt, dass ein Informationssystem seine Arbeitsproduktivität erhöht. Dieser Faktor entspricht der wahrgenommenen Nützlichkeit aus dem TAM. Der erwartete Aufwand ist der Grad, mit welchem ein System ohne Aufwand zu bedienen ist, daher entspricht der Faktor dem Konstrukt wahrgenommene Bedienbarkeit aus dem TAM. Ein hoher Wert in diesem Faktor steht dabei nicht für einen hohen Aufwand, sondern für eine hohe (gute) Bedienbarkeit. Der soziale Einfluss spiegelt wieder, in welchem Ausmaß ein Individuum wahrnimmt, ob wichtige andere Personen denken, dass das Informationssystem genutzt werden sollte. Der Faktor „unterstützende Bedingungen“ bezieht sich auf die Wahrnehmung hinsichtlich der Verfügbarkeit organisatorischer und technischer Ressourcen, um die Nutzung des Informationssystems zu unterstützen. Darüber hinaus spezifizieren Venkatesh et al. mehrere Faktoren, die einen moderierenden Einfluss ausüben. Hierzu gehören Geschlecht, Alter, Erfahrung und Freiwilligkeit der Nutzung (vgl. Venkatesh et al., 2003 und Brown et al., 2010, S. 13).

UTAUT berücksichtigt somit im Vergleich zu den vorhergehenden Modellen mehrere individuelle Faktoren und die vorhandenen organisatorischen und technischen Bedingungen. UTAUT wurde mit einem sehr großen Datensatz getestet (vgl. Im et al., 2011, S. 1) und erklärt über 70% der Varianz der Nutzungseinstellung gegenüber verschiedenen untersuchten Informationssystemen (vgl. Venkatesh et al., 2003). Neben der fehlenden Berücksichtigung des Aufgabenkontexts schlagen Im et al. (2011) kulturelle Faktoren vor, um länderspezifische Unterschiede zwischen verschiedenen Unternehmensstandorten zu analysieren (vgl. Im et al., 2011, S. 1).

Das Task-Technology-Fit-Model von Goodhue/Thompson (1995)

Um die Nutzung eines Informationssystems vorherzusagen und zu erklären, wurde von Goodhue und Thompson (1995) das Task-Technology Fit (TTF) Modell entwickelt. Im Gegensatz zu den TAM-Modellen, welche die Akzeptanz auf Basis von Wahrnehmungen bzw. Meinungen eines Nutzers vorhersagen und erklären, konzentriert sich das TTF auf die Übereinstimmung zwischen den tatsächlichen Anforderungen an eine Aufgabe, den durch das Informationssystem angebotenen Funktionalitäten und den individuellen Fähigkeiten eines Nutzers. Der TTF misst den Grad, mit welchem ein Informationssystem ein Individuum bei der Durchführung seiner Aufgaben unterstützt. Die Performanz eines Informationssystems wird durch den TTF und die Nutzung (Utilization) beeinflusst. Ein Informationssystem muss vorher genutzt worden sein, damit ein Einfluss auf die Performanz stattfinden kann. Diese Nutzung ist nach Goodhue/Thompson ein komplexes Konstrukt, welches neben dem TTF durch verschiedene Faktoren wie Meinungen, Nutzungseinstellung, soziale Norm, Gewohnheiten oder unterstützende organisatorische und technische Bedingungen beeinflusst werden kann. Nach der Nutzung eines Informationssystems und der damit erfahrenen Einflüsse auf die Performanz können die Erwartungen und Einstellungen eines Nutzers an das System positiv oder negativ beeinflusst werden. Dies hat wiederum eine Auswirkung auf die zukünftige Nutzung. Nutzer lernen aus dieser Erfahrung auch das Informationssystem anzuwenden. Hieraus kann sich der TTF verbessern (vgl. Goodhue/Thompson, 1995, S. 216ff). Abbildung 2.15 zeigt die Verbindung zwischen Aufgabeneigenschaften, z. B. Schwierigkeitsgrad, individuellen Fähigkeiten und Fertigkeiten und den Eigenschaften und Funktionalitäten des Informationssystems und deren Auswirkung auf die Nutzung und die Performanz.

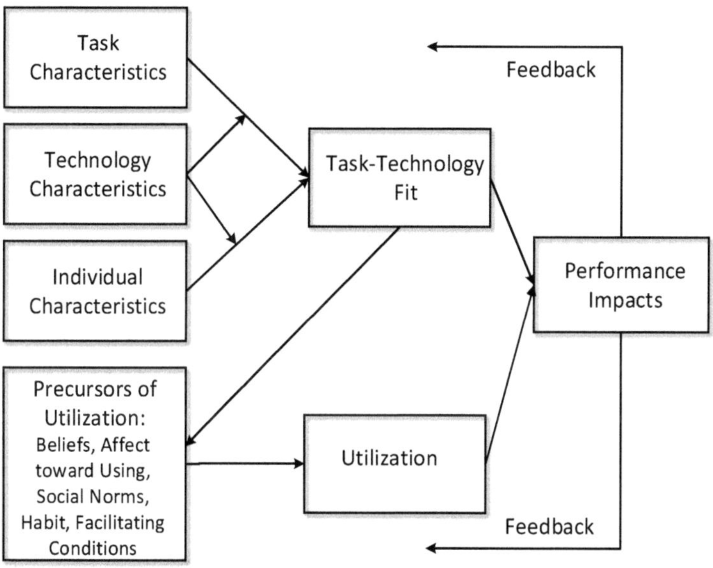

Abbildung 2.15: Task-Technology-Fit Modell (vgl. Goodhue/Thompson, 1995, S. 217)

Die dargestellten Beziehungen zwischen Aufgabe, individuellen Eigenschaften, technologischen Eigenschaften und dem TTF, zwischen dem TTF und der Nutzung sowie zwischen TTF und Performanz konnten signifikant bestätigt werden (vgl. Gebauer et al., 2006, S. 3 und Bürg/Mandl, 2004). Wie bei DeLone/McLean aufgezeigt, ist der Zusammenhang zwischen der Nutzung und der Performanz aufgrund des komplexen Konstrukts „Nutzung“ schwierig zu erfassen. Ein Vorteil des Modells gegenüber den bisher vorgestellten Modellen ist, dass der Aufgabenkontext und dessen Anforderungen explizit berücksichtigt werden. Durch den Zusammenhang mit dem TTF wirken die Einflussfaktoren der Nutzung nicht so isoliert. Anzumerken ist, dass die Qualität der Inhalte eines Systems und die Servicequalität nicht untersucht werden. Auch kulturelle Aspekte könnten zusätzlich untersucht werden. Gebauer et al. (2006) kritisieren, dass die Autoren keine systematische Analyse der Anforderungen an einen „Fit“ durchführen, um diesen für eine bestimmte Kombination von Aufgaben und Informationssystemen erreichen zu können (vgl. Gebauer et al., 2006, S. 3).

SERVQUAL von Parasuraman et al. (1988)

SERVQUAL ist ein Instrument, welches 1988 von Parasuraman et al. entwickelt wurde, um den Unterschied zwischen der vom Kunden wahrgenommenen Servicequalität und den Bedürfnissen des Kunden zu messen. Ziel ist es, eine hohe Servicequalität zu erreichen. SERVQUAL umfasst fünf Dimensionen der Servicequalität, welche mit insgesamt 22 Fragen erfasst werden. Zu den Untersuchungsdimensionen zählen das Erscheinungsbild des Unternehmens, die Fähigkeit, den Service zuverlässig und richtig durchzuführen, die Bereitschaft, dem Kunden zu helfen, die Fähigkeit, Vertrauen zu vermitteln sowie Einfühlungsvermögen und individuelle Aufmerksamkeit gegenüber dem Kunden (vgl. Parasuraman et al., 1988). Die Servicequalität kann nicht nur extern gemessen werden, sondern auch als Servicequalität der internen Prozesse aus der Sicht des einzelnen Mitarbeiters. Zur Messung werden Ist- und Soll-Werte der zu untersuchenden Dimensionen durch die Kunden oder Mitarbeiter definiert und eine Rangfolge der Serviceeigenschaften nach Wichtigkeit aufgestellt. Um eine Messung der Servicequalität im Bereich des E-Commerce durchzuführen, wird die Dimension „Erscheinungsbild des Unternehmens“ oftmals weggelassen, da physische Präsenz bei der Bereitstellung von Informationen nicht relevant ist. Im Modell werden keine Fähigkeiten, Fertigkeiten und Erfahrungen des Personals berücksichtigt. Jedoch werden andere soziale individuelle Kompetenzen wie Einfühlungsvermögen oder Vertrauen genannt. Ebenso ist zu kritisieren, dass die Abgrenzung der Dimensionen nicht überschneidungsfrei ist (vgl. Parasuraman, 2005, S. 214). Die Dimensionen können im Rahmen der Nutzungsmessung von Informationssystemen ausschließlich für den Serviceaspekt verwendet werden. Im Vergleich zu den anderen Nutzenmodellen ist das SERVQUAL sehr eingeschränkt in der Messung eines Nutzens.

User Information Satisfaction (UIS) von Ives et al. (1983) und End User Computing Satisfaction (EUCS) von Doll/Torkzadeh (1988)

Die Nutzerzufriedenheit gilt als das am meisten gemessene Konstrukt im Rahmen der Nutzenmessung von Informationssystemen (vgl. DeLone/McLean, 1992). Das Verständnis über die Voraussetzungen bzw. die Einflussfaktoren auf die Zufriedenheit vor, während und nach der Einführung eines neuen Informationssystems ist wichtig (vgl. Au et al., 2008, S. 44). Ives et al. (1983) haben ein Instrument entwickelt, welches die Informationszufriedenheit eines Nutzers misst. Die Informationszufriedenheit ist dabei das Ausmaß, mit welchem der Nutzer glaubt, dass das zur Verfügung stehende Informationssystem seine Informationsbedürfnisse erfüllt. Die Autoren identifizierten in ihrer Studie 13 Konstrukte, die zu drei Gruppen aggregiert wurden: (1) die Einbeziehung in den Entwicklungsprozess (z. B. Qualität der angebotenen Schulungen, Systemkenntnisse des Benutzers, dessen Einbeziehung in den Entwicklungsprozess), (2) die inhaltliche Zufriedenheit mit dem Informationssystem (z. B. Qualität der durch das Informationssystem gelieferten Information) und (3) die Zufriedenheit der Nutzer mit der Betreuung durch das IT Personal (z. B. durch den Endanwender wahrgenommene Einstellung und Reaktion des IT-Personals und die Qualität des Verhältnisses zwischen Endanwender und IT-Personal) (vgl. Ives et al., 1983, S. 789ff und Lötscher, 2006).

Doll/Torkzadeh (1988) entwickelten auf Basis der Arbeiten von Ives et al. ein Messinstrument für die Anwendung zur Messung von konkreten Informationssystemen. Die Autoren führen an, dass das Instrument von Ives et al. für die traditionelle Datenverarbeitung entwickelt wurde und daher die Zufriedenheit nur generell misst, aber nicht auf ein spezifisches Anwendungs- bzw. Informationssystem bezogen. Ferner werden die Aspekte der Bedienbarkeit einer Benutzeroberfläche nicht berücksichtigt (vgl. Doll/Torkzadeh, 1988, S. 263). Doll/Torkzadeh (1988) definieren daher für ihr Messinstrument fünf wesentliche Konstrukte, die einen Beitrag zur Gesamtzufriedenheit leisten. Die Endbenutzerzufriedenheit wird durch die Konstrukte: (1) Inhalt (z. B. präzise und angemessene Informationen), (2) Richtigkeit (z. B. System arbeitet fehlerfrei), (3) Format (z. B. Präsentation der Ergebnisse in einem nützlichen Format), (4) Bedienbarkeit (z. B. leichte Nutzung, klare Informationen) und (5) Pünktlichkeit (z. B. Informationen sind aktuell, System arbeitet schnell) beeinflusst (vgl. Doll/Torkzadeh, 1988, S. 268).

Zu kritisieren ist an beiden Instrumenten, dass den unterstellten Zusammenhängen eine theoretische Fundierung aus Psychologie- und Managementansätzen fehlt (vgl. Lötscher, 2006 und Au et al., 2008, S. 44). Zudem führten Studien über die Zusammenhänge zwischen dem EUCS und verschiedenen Variablen wie Nutzerbeteiligung, Alter, Geschlecht etc. nur zu gemischten oder widersprüchliche Ergebnissen (vgl. Au et al., 2008, S. 44). Einige Forscher verwenden die Instrumente zur Messung des Nutzens eines Informationssystems. Allerdings erfassen die Instrumente nur einen Teilbereich des multidimensionalen Nutzenkonstrukts (vgl. Grover et al., 1996, S. 178). Wiederum finden sich keine Konstrukte zu den externen Einflussfaktoren, z. B. soziales Umfeld, individuelle Kompetenzen der Nutzer, und den verschiedenen Verhaltensaspekten wie Einstellung zur Nutzung und tatsächliche Nutzung.

Adoptionstheorie/Diffussionstheorie von Rogers (1983)

Die Adoptionstheorie nach Rogers (1983) erklärt die Übernahme (Adoption) oder Ablehnung (Rejection) einer Innovation, z. B. eines Informationssystems, auf individueller Ebene. Dazu werden verschiedene Stadien des Adoptionsprozesses durchlaufen (vgl. Rogers, 1983, S. 164ff):

- Wissensphase: Der Nutzer erfährt von einer Technologie und eignet sich darüber etwas Wissen an.
- Überzeugungsphase: Mit zunehmenden Verständnis der Technologie ist der potentielle Nutzer vom positiven oder negativen Wert der Technologie überzeugt.
- Entscheidungsphase: Der potentielle Nutzer entscheidet sich für oder gegen die Innovation.
- Implementierungsphase: Wenn die Entscheidung positiv war, muss die Technologie implementiert werden.

- Bestätigungsphase: Nach der Implementierung sucht der Nutzer eine Bestätigung für seine Entscheidung. Hieraus ist dann abzuleiten, ob die Technologie weiter genutzt oder die Entscheidung rückgängig gemacht werden soll.

Die Diffussionstheorie beschreibt dahingegen die Ausbreitung einer Innovation auf einer höheren Ebene, im Markt. Adoptions- bzw. Diffusionsprozess hängen in Dauer und Intensität von personen-, umwelt-, produktbezogenen und räumlichen Determinanten ab, z. B. Bildungsniveau des Individuums, Datenschutz, Vereinbarkeit mit Werten und Bedürfnissen und räumliche Vernetzung von Informationsträgern (vgl. Rogers, 1983, S. 164ff und Liehr, 2005). Ein Kritikpunkt an der Theorie ist, dass sie nicht erklärt, ab welchem Zeitpunkt eine Innovation angenommen oder abgelehnt wird. Hierzu sind konkretere Analysen von Entscheidungstheorien notwendig. Die verschiedenen Adoptionsdeterminanten weisen zwar auf einen Einfluss hin, allerdings werden die Zusammenhänge und Abhängigkeiten zwischen diesen Determinanten nicht erläutert. Auch wird nicht deutlich, in welchen Phasen des Adoptionsprozesses diese wirken (vgl. Liehr, 2005). Im Vergleich zu den anderen Nutzenmodellen lassen sich adopterbezogene Determinanten, z. B. Mitläufereffekte, Bildungsniveau, Aufgeschlossenheit etc., den externen, sozialen und individuellen Einflussfaktoren zuordnen. Die Berücksichtigung von Aufgabenkontext und Qualität von Inhalten, Service und System lässt sich nur ungenau über die produktbezogene Determinante postulieren z. B. als Vereinbarkeit des Informationssystems mit Werten, Erfahrungen und Bedürfnissen.

Cognitive Fit Theory von Vessey (1991)

Vessey (1991) beschreibt mit der Cognitive-Fit Theorie ein Rahmenwerk, welches ursprünglich aus der Forschung zu Entscheidungs- und Problemlösungsstrategien stammt. Der Cognitive-Fit entspricht dabei der Übereinstimmung eines repräsentierten zu lösenden Problems mit dessen mentaler Repräsentation bzw. Darstellung (vgl. Abbildung 2.16). Der Nutzer erzeugt auf Basis des Problems und der Repräsentation eine kognitive Repräsentation, aufgrund derer er wiederum bestimmte Verarbeitungsprozesse zur Problemlösung anwenden kann (vgl. Vessey, 1991, S. 220ff). Gibt es eine Übereinstimmung, werden Lösungsprozesse angewendet, die zu einer effektiveren und effizienteren Lösungsperformanz führen (vgl. Vessey, 1991, S. 220ff). Gibt es keine Übereinstimmung, ist ein höherer kognitiver Aufwand notwendig, um die Informationen zu verstehen und zu verarbeiten, so dass die Performanz reduziert wird. Die Entwicklung einer kognitiven Repräsentation kann ferner von den Fähigkeiten eines Nutzers abhängen (vgl. Vessey/Galletta, 1991, S. 65ff). Vessey konnte feststellen, dass räumliche Repräsentationen (z. B. Graphen, Diagramme etc.) gut für die Lösung räumlicher Probleme (z. B. Erkennen von Beziehungen in den Daten) und symbolische Repräsentationen (z. B. Tabellen) gut für die Lösung symbolischer Probleme (z. B. die Analyse der Bedeutung von Datenwerten) geeignet sind (vgl. Vessey, 1991, S. 225ff).

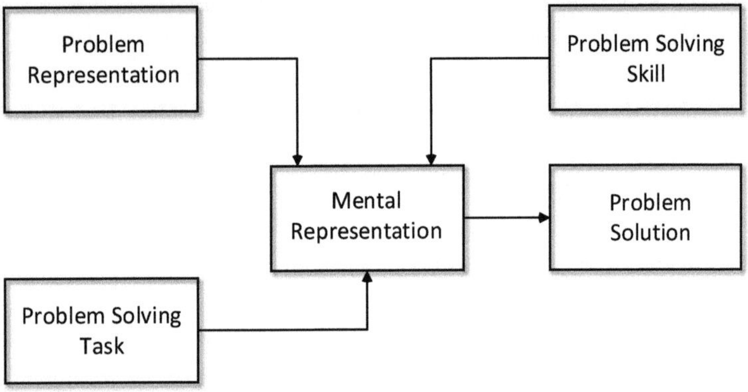

Abbildung 2.16: Cognitive-Fit Modell (vgl. Vessey/Galletta, 1991, S. 67)

Die Cognitive Fit Theorie ist von ihrem Erklärungsgehalt stark auf die Repräsentationsebene eines Systems eingeschränkt. Weitere Systemeigenschaften und eine stärkere Fokussierung auf die Qualität der Inhalte werden nicht abgebildet. Auch die verhaltensorientierten Konstrukte und die Nutzerzufriedenheit werden nicht berücksichtigt.

2.4.3 Fazit

Die Komplexität der Nutzenmessung ergibt sich durch die Multidimensionalität des Konzepts „Nutzen“ und der darauf, oft indirekt, einwirkenden menschlichen, organisatorischen und umweltbedingten Einflussfaktoren (vgl. Petter et al., 2008, S. 236). Die vorgestellten Modelle messen das Nutzenkonzept entweder sehr umfangreich oder konzentrieren sich nur auf einen Teilbereich des Nutzens. Dabei greifen die umfassenderen Modelle häufig auf die Messinstrumente einfacherer Modelle zurück, z. B. EUCS, UIS. Tabelle 2.1 zeigt eine Zusammenfassung der vorgestellten Nutzenmodelle hinsichtlich der wesentlichen Konstrukte und Einflussfaktoren, die das multidimensionale Konzept des Nutzens erfassen. Eine mehrdimensionale Betrachtung des Nutzens und der beeinflussenden Faktoren ist daher sinnvoll.

Tabelle 2.1: Überblick über verwendete Nutzenkonstrukte und Einflussfaktoren in den Nutzenmodellen

Modell	Nutzer-verhalten	Beitrag zum Nutzen	Zufrieden-heit	System-qualität	Service-qualität	Aufgaben-kontext	Umwelt-einflüsse	individuelle Fähigkeiten
IS Success Modell	Nutzungsabsicht, Nutzung	Nettonutzen (Individuum, Gruppe, Organisation, Gesellschaft)	x	x	x	x	-	-
TAM 1	Nutzungseinstellung, Nutzungsabsicht, Nutzung	-	-	x	-	(x)	-	-
TAM 2	Nutzungseinstellung, Nutzungsabsicht, Nutzung	-	-	x	-	x	x	-
UTAUT	Nutzungsabsicht, Nutzung	-	-	-	-	x	x	x
TTFM	Nutzungseinstellung	Individuelle Performanz	-	x	x	x	x	x
SERVQUAL	-	Leistung Servicequalität (Kunden- o. Mit-arbeitersicht, Individuum o. kollektiv)	x	-	x	-	x	x
UIS	-	-	x	x	x	x	-	x
EUCS	-	-	x	x	-	x	-	-
AT/DT	Wissensaneignung, Einstellung zum Wert, Entscheidung	-	-	(x)	(x)	(x)	x	x
Cognitive-Fit	Auswahl von Lösungstrategien	Individuelle Lösungsperformanz	-	x	-	x	-	x

2.5 Zusammenfassung

In diesem Kapitel wurden die wesentlichen Grundlagen für die Zielstellung erarbeitet. Dabei konnte gezeigt werden, dass sowohl die Informationssuche, die Informationsvisualisierung als auch die Nutzenmessung weit gefächerte Forschungsfelder mit einer Vielzahl an Theorien, Methoden und Instrumenten sind. Ein wesentlicher Aspekt bei der Untersuchung der Informationssuche ist, dass neben der Systembetrachtung auch die menschliche Perspektive nicht vernachlässigt werden darf. Der

Nutzer soll durch das Suchsystem unterstützt werden. Anhand verschiedener Modelle der Suche wurde gezeigt, dass neben den eigentlichen Schritten auch Gefühle und Kosten-Nutzen-Abwägungen Teil einer Suche sind. Diese verschiedenen Blickwinkel ermöglichen ein besseres Verständnis der Herausforderungen, die mit einer Suche verbunden sind, u. a. die Informationsüberlastung durch die Menge an gezeigten Informationen oder die fehlende Einflussnahme seitens des Nutzers auf die Sortierung und Ermittlung der Suchergebnisse. Mit Hilfe interaktiver Visualisierungen kann die Präsentation und Analyse der Datenmenge unterstützt werden. Dazu wurden verschiedene Techniken der Informationsvisualisierung und der Prozess der visuellen Abbildung von Daten erläutert. Die Auswahl von Visualisierungstechniken sollte in Abhängigkeit von der Datenstruktur und den Nutzerbedürfnissen erfolgen. Eine ungeeignete Visualisierungstechnik führt infolgedessen zu visuell nicht ansprechenden und irreführenden Visualisierungen, die den Nutzer überfordern und keine Unterstützung bei der Suche bieten. Geeignete visuelle Darstellungen können die Informationsverarbeitungskapazität eines Menschen erhöhen und so den kognitiven Aufwand für die Analyse und Interpretation von Daten reduzieren. Durch diese kognitive Entlastung kann die Suche verbessert werden. Allerdings konnten bisherige Informationsvisualisierungssysteme nur unzureichende Funktionalitäten aufweisen, um die Präsentation und Analyse zu unterstützen. Dies hängt mit der unzureichenden Einbeziehung von Nutzerbedürfnissen oder mit ungeeigneten Visualisierungstechniken zusammen. Die Erforschung neuer und interaktiver Informationsvisualisierung und ihres Nutzens ist damit ein wesentliches Ziel an der Schnittstelle beider Forschungsdisziplinen.

Mit dem Aufkommen der Geovisualisierung als neue junge Forschungsdisziplin und den neuen Technologien des Internet nehmen interaktive, geografische Karten eine zunehmend wichtige Rolle in der Präsentation und Analyse von inhärent räumlichen und geo-referenzierten Daten ein. Durch das Forschungsgebiet „Geovisual Analytics" werden die Geokarten zusätzlich um Analysemethoden des Data Mining oder der multikriteriellen Analyse angereichert, um tiefergreifende Analysen multidimensionaler, heterogener und dynamischer Daten zu ermöglichen. Ein wesentlicher Punkt der Forschungsagenda dieser Forschungsdisziplin ist es, den Nutzen von Geovisualisierungen zu messen.

Die Evaluation bzw. Nutzenmessung von IT-Artefakten (Systeme, Modelle, Verfahren) ist eine der primären Aufgaben der deutschen Wirtschaftsinformatik und des „Information Systems Research" im anglo-amerikanischen Raum (vgl. Wilde, 2008). In diesem Grundlagenkapitel wurden daher wichtige Modelle zur Evaluation von Informationssystemen vorgestellt. Aufgrund des uneindeutigen und mehrdimensionalen Nutzenbegriffs haben sich Modelle herausgebildet, die den Nutzen mit Hilfe verschiedener Dimensionen und Einflussfaktoren vorhersagen und erklären können. Das Modell von DeLone/McLean ist dabei das dominante und am besten validierte Modell zur Nutzenmessung von Informationssystemen.

Auf Basis dieser Grundlagen wird in den folgenden Kapiteln eine Literaturanalyse der Nutzenmessung von Informationsvisualisierungssystemen durchgeführt, ein Hypothesenmodell für die Untersuchung abgeleitet, der Prototyp entwickelt und das experimentelle Design sowie geeignete Messinstrumente festgelegt.

Kapitel 3

Literaturüberblick zur Nutzenmessung von Informationsvisualisierungssystemen

Die in den letzten Jahren gestiegene Anzahl an Buchveröffentlichungen, Konferenzen, Workshops und Zeitschriften im Bereich der WI als auch der Zuwachs an publizierten Beiträgen pro Jahr und die zunehmende Länge der Beiträge (vgl. Peffers/Tang, 2003, S. 64) erfordern eine gründliche und umfassende Auseinandersetzung mit der bisherigen Literatur. Für die Bearbeitung einer Forschungsfrage ist es wichtig, bereits erforschte Erkenntnisse zu berücksichtigen und doppelten Forschungsaufwand zu vermeiden (vgl. Fettke, 2006).

Die Erstellung eines Literaturüberblicks, auch State-of-the-Art oder Literature Review, ist ein verbreitetes Vorgehen in der Wissenschaft und hat auch in der Wirtschaftsinformatik eine längere Tradition [20]. In einem Literaturüberblick werden die für eine bestimmte Fragestellung relevanten bisherigen Forschungsarbeiten (kritisch) untersucht, integriert oder zentrale Aspekte identifiziert. „Literature Reviews can attempt to integrate what others have done and said, to criticize previous scholarly works, to build bridges between related topics areas, to identify the central issues in a field, or all these. [...] can focus on research outcomes, research methods,

[20] Seit 1992 werden in der Fachzeitschrift WIRTSCHAFTSINFORMATIK Beiträge in der Rubrik „State-of-the-Art" veröffentlicht.

theories, applications, or all these." (Cooper, 1998, S. 3) Ziel ist es, Ähnlichkeiten, bedeutende Unterschiede oder Widersprüche in den Forschungsergebnissen zu erkennen, Forschungsergebnisse zu generalisieren sowie Forschungslücken zu identifizieren (vgl. Fettke, 2006). Ein Literaturüberblick stimuliert damit die weitere Forschung und den Erkenntnisfortschritt durch die Unterstützung der Theorieentwicklung, das Abschließen gut erforschter Bereiche und das Aufdecken neuer Forschungsbereiche (vgl. Webster/Watson, 2002).

In diesem Kapitel wird ein Literaturüberlick zur bisherigen Forschung im Bereich der Nutzenmessung von Informationsvisualisierungssystemen vorgestellt. Ziel ist es, durch die Analyse der bisherigen Forschung Erkenntnisse und Forschungslücken zu identifizieren. Das ermöglicht die Relevanz der Forschungsfrage dieser Arbeit zu bekräftigen und diese konkreter zu formulieren. Im Folgenden werden das Vorgehen und die Ergebnisse des Literaturüberblicks strukturiert beschrieben (vgl. 3.1). Abschnitt 3.5 zeigt dabei den Forschungsbedarf auf. Abschließend werden die gewonnenen Erkenntnisse in Bezug zur Forschungsfrage gesetzt (vgl. 3.6).

3.1 Vorgehensweise für den Literaturüberblick

Ein strukturiertes Vorgehen ist sinnvoll, um sowohl die Komplexität als auch den damit verbundenen Zeitaufwand zur Erstellung eines umfassenden Literaturüberblicks zu reduzieren. Es werden typische Phasen unterschieden, z. B. Festlegung von Ziel und Umfang des Literaturüberblicks, Vorgehen bei der Literatursuche, Klassifikation und Auswertung der relevanten Literatur sowie Interpretation der Ergebnisse und Aufstellen einer Forschungsagenda (vgl. Vom Brocke et al., 2009, Fettke, 2006 und Webster/Watson, 2002). Vom Brocke et al. entwickelten ein 5-Phasen-Modell (vgl. Abbildung 3.1), das diese Phasen aufweist und darüber hinaus einen zyklischen Ablauf beschreibt (vgl. Vom Brocke et al., 2009). Da sich Forschung weiterentwickelt und neue Erkenntnisse hinzukommen oder alte Erkenntnisse revidiert werden müssen, sollte nach einer bestimmten Zeit eine erneute Durchführung stattfinden (vgl. Pervan, 1998, S. 158). Im Folgenden wird das Phasenmodell ausführlicher vorgestellt und zur Erstellung des Literaturüberblicks angewendet.

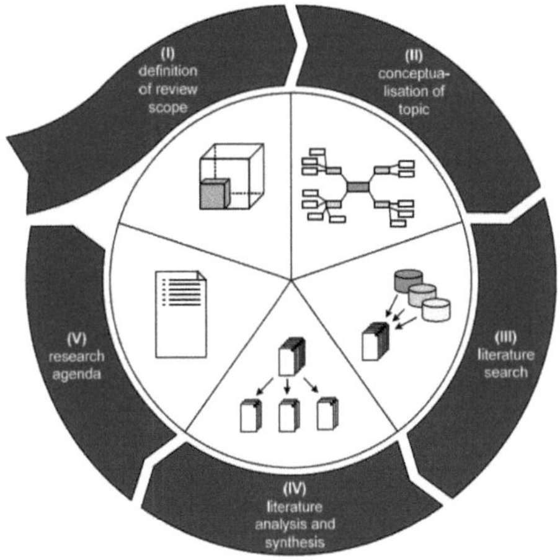

Abbildung 3.1: Vorgehen für die Literaturrecherche (Quelle: Vom Brocke et al., 2009, S. 8)

3.2 Ziel und Umfang des Literaturüberblicks

Phase 1 des in Abbildung 3.1 dargestellten Modells präzisiert das Ziel und den genauen Umfang eines Literaturüberblicks. Um die Forschungsfrage dieser Arbeit zu bekräftigen, besteht das Ziel dieses Literaturüberblicks darin zu erfassen, inwieweit Informationsvisualisierungssysteme und insbesondere die Geovisualisierung bisher bezüglich einer Nutzenmessung untersucht wurden. Es soll geprüft werden, für welchen Anwendungsbereich die Informationsvisualisierung eingesetzt wurde und wie der Nutzen gemessen wurde. Folgende Fragen sollen hierbei beantwortet werden:

- Welche Informationsvisualisierungssysteme wurden untersucht?
- Für welchen Zweck wurden die Informationsvisualisierungssysteme eingesetzt?
- Welches Nutzenverständnis und welche Theorien zur Nutzenmessung wurden im Rahmen der Studien zugrunde gelegt?
- Welches Forschungsdesign wurde in den Studien verwendet?
- Welche Metriken wurden zur Nutzenmessung genutzt (Operationalisierung)?

Um den Umfang und auch die Art eines Literaturüberblicks klar zu definieren, schlägt Cooper eine aus mehreren Dimensionen bestehende Taxonomie vor (vgl. Cooper, 1988, S. 109). Die Anwendung dieser Taxonomie beeinflusst und lenkt die Literatursuche und die Analyse der Forschungsbeiträge. Die aus 6 Dimensionen bestehende Taxonomie wurde von Urbach et al. um eine zeitliche Dimension erweitert (vgl. Urbach et al., 2009, S. 317), um so den Grad der Aktualität der Beiträge aufzeigen zu können. Das für diesen Literaturüberblick festzulegende Ziel und der Umfang werden anhand dieser Taxonomie vorgenommen. In Tabelle 3.1 sind die jeweiligen Einschränkungen hervorgehoben. Sie werden im Folgenden ausführlicher vorgestellt.

Tabelle 3.1: Taxonomie für Literaturrecherchen (Quelle: in Anlehnung an Cooper, 1988, S. 109)

	Merkmal	Kategorien			
(1)	Fokus	Forschungs-ergebnisse	Forschungs-methoden	Theorien	Erfahrungen
(2)	Ziel	Integration	Kritik	Zentrale Aussagen	
(3)	Organisation	Historisch	Konzeptuell	Methodologisch	
(4)	Perspektive	Neutrale Darstellung	Einnehmen einer Position		
(5)	Zielgruppe	Fachdisziplin der Wissenschaft	Allgemeine Wissenschaft	Praktiker/Politiker	Allgemeine Öffentlichkeit
(6)	Abdeckung	Vollständig	Selektiv	Repräsentativ	Schlüsselarbeiten
(7)	Zeitraum	Selektiv	Intervall	Vollständig	

Mit Bezug zu den oben aufgeführten Fragen soll der Fokus des Literaturüberblicks darauf liegen, die für die Nutzenmessung zugrunde gelegten Theorien sowie das Forschungsvorgehen zu untersuchen. Forschungsergebnisse zur Nutzenmessung sollen nur für die Anwendung von Geokarten genauer betrachtet werden (1). Für den Literaturüberblick sollen zunächst die zentralen Aspekte herausgearbeitet, kritisch betrachtet und dargestellt werden. Anschließend werden die Forschungslücken präsentiert. Für die strukturierte Organisation der Arbeiten (3) soll eine konzeptuelle Gruppierung vorgenommen werden (vgl. Abschnitt 3.4), um so die Forschungsbeiträge hinsichtlich der vorangestellten Fragen systematisch auswerten zu können. Bei der Analyse der Literatur soll keine einschränkende, sondern eine neutrale Position eingenommen werden (4). Die Zielgruppe des Literaturüberblicks (5) und der Arbeit insgesamt definiert sich einerseits aus Forschern der Fachdisziplinen der Wirtschaftsinformatik und der Informationsvisualisierung sowie andererseits aus Praktikern. Mit der selektiven Abdeckung (6) der relevanten Literatur wird ein umfassender

Überblick geschaffen. Eine vollständige Untersuchung aller relevanter Quellen ist infolge der erwarteten hohen Menge an Beiträgen nur mit großem Aufwand umsetzbar. Die Auswahl repräsentativer Arbeiten aus vorher definierten Gruppen ähnlicher Forschungsarbeiten oder die Auswahl weniger relevanter Schlüsselarbeiten greift wiederum zu kurz (vgl. Cooper, 1988, S. 111).

Der Publikationszeitraum (7) der zu untersuchenden Literatur soll sowohl aktuelle als auch die bisherigen Forschungsergebnisse analysieren. Die Anfänge der Forschungsdisziplin Informationsvisualisierung liegen in den 90er Jahren mit den Entwicklungen am XEROX Palo Alto Research Center und der University of Minnesota. Erste Konferenzen zur Informationsvisualisierung finden seit 1995 statt (vgl. Däßler, 2002). Ebenfalls wird seit Anfang der 90er Jahre die Nutzenforschung im Bereich der Informationssysteme vorangetrieben. Das von DeLone und McLean 1992 entwickelte und weit verbreitete „Information System Success Modell" wurde seitdem von vielen Forschern erweitert, respezifiziert, angewendet und validiert. Auch die Entwicklung neuer Modelle wird seitdem forciert (vgl. Urbach et al., 2009, S. 365). Da ein vollständig abgedeckter Zeitraum nur mit sehr großem Aufwand zu erfassen ist, wird als Publikationszeitraum daher das Zeitintervall von 1992 bis Mitte 2012 festgelegt.

Nach dieser Festlegung der Ziele und des Umfang sind in *Phase 2* des strukturierten Vorgehens wesentliche Konzepte als Basis für die Literatursuche zu definieren. Vom Brocke et al. beschreiben die Konzeptualisierung (vgl. Abbildung 3.1) als die Definition wichtiger Begrifflichkeiten und Konzepte (vgl. Vom Brocke et al., 2009). Die begrifflichen Grundlagen wurden bereits ausführlich im zweiten Kapitel dieser Arbeit behandelt. Sie ermöglichen das Ableiten relevanter Suchbegriffe oder Suchphrasen für die durchzuführende Literatursuche (Phase 3).

3.3 Literatursuche

Die Literatursuche (*Phase 3* (vgl. 3.1) sollte aufgrund ihrer Komplexität ebenfalls systematisch erfolgen. Grundsätzlich können drei Schritte unternommen werden (vgl. Levy/Ellis, 2006, S. 190ff und Webster/Watson, 2002, S. xvi):

1. Schritt: Identifikation relevanter Literatur mittels vorher definierter Suchbegriffe. Folgende Teilschritte sind durchzuführen:
   (a) Auswahl geeigneter Literaturquellen
   (b) Auswahl geeigneter wissenschaftlicher Datenbanken
   (c) Festlegung von geeigneten Suchbegriffen für die Suche
2. Schritt: Analyse der Referenzen der unter (Schritt 1) gefundenen Artikel (Rückwärtssuche)
3. Schritt: Analyse von Quellen, welche die unter (Schritt 1) gefundenen Artikel zitieren, und Analyse der Folgepublikationen der Autoren (Vorwärtssuche)

In einem ersten Schritt sollte eine Ausgangsbasis relevanter Beiträge identifiziert werden (Schritt 1). Hierzu sind zunächst geeignete und vor allem qualitativ hochwertige Quellen, z. B. Zeitschriften, Konferenzbeiträge oder Bücher, zu selektieren (a). Für eine effiziente Literatursuche ist es sinnvoll, wissenschaftliche Datenbanken, die mehrere der ausgewählten Quellen indizieren, zu verwenden (b). Die Suche erfolgt dann mit Hilfe vorher festgelegter Suchbegriffe auf Basis der in Phase 2 definierten Konzeptualisierung. Dies ermöglicht eine gezielte und umfassende Suche (c). Die Schritte 2 und 3 empfehlen sich vor allem dann, wenn der erste Schritt wenig relevante Literatur hervorbringt oder eine vollständige Analyse sämtlicher relevanter Literatur durchgeführt werden soll (vgl. Webster/Watson, 2002). Im Folgenden wird anhand dieser drei Schritte die Literatursuche durchgeführt.

3.3.1 Auswahl geeigneter Literaturquellen und Datenbanken

Dieser Abschnitt beschreibt die Auswahl geeigneter Literaturquellen (z. B. Fachzeitschriften) und Datenbanken. Aufgrund der großen Anzahl von Zeitschriften – der „Index of Information Systems Journals" zählt aktuell 731 aktive Zeitschriften in der angloamerikanischen Wirtschaftsinformatik[21] – sollte die Auswahl qualitativ hochwertiger und inhaltlich geeigneter Zeitschriften gezielt erfolgen. Diese Auswahl

[21]Index of Information Systems Journals, http://lamp.infosys.deakin.edu.au/journals/

kann mit Hilfe von Zeitschriftenbewertungen vorgenommen werden. So bietet die Association for Information Systems (AIS) eine Liste von Rangfolgen für die Zeitschriften der Wirtschaftsinformatik an.[22] Aus den 9 genannten Rangfolgen anderer Autoren berechnet die AIS einen durchschnittlichen Rangfolgewert.

Für die eigene Literatursuche wurden aus dieser konsolidierten Rangfolge, die insgesamt 110 Fachzeitschriften enthält, nur qualitativ hochwertige Fachzeitschriften selektiert. Diese mussten in mindestens 5 von den 9 Rangfolgen enthalten sein und der konsolidierte Rangfolgewert musste überdurchschnittlich sein. Um nicht die Wahrnehmung eines einzelnen Forschers und eines Bewertungsverfahrens zu repräsentieren, wurden zusätzlich die Bewertungsverfahren von Fisher et al. (2007), Willcocks et al. (2008), Holsapple (2009) und das VHB Jourqual Ranking (2008) berücksichtigt. Diese Verfahren werden im Folgenden vorgestellt. Es wird zudem kurz erläutert, welche Fachzeitschriften aus den jeweiligen Bewertungsverfahren zu berücksichtigen sind.

Fisher et al. stellen eine Rangfolge aus vorhandenen nordamerikanischen und europäischen Rangfolgen her. Sie verwenden bspw. die konsolidierte AIS Rangfolge sowie Rangfolgen europäischer Universitäten. Die aufgestellte Rangfolge wird anschließend durch ein iteratives Feedback aus der Wirtschaftsinformatik Community revidiert und ergänzt. Fisher et al. unterscheiden in ihrer Rangfolge zwischen A-Fachzeitschriften, B-Fachzeitschriften und Premier Professional Fachzeitschriften. Letztere sind praxisorientiert und beinhalten keine wissenschaftlichen Methodiken und Ergebnisse (vgl. Fisher et al., 2007). Daher werden ausschließlich A- und B-Fachzeitschriften für die Auswahl geeigneter Literaturquellen berücksichtigt. **Willcocks et al.** unterscheiden zwischen allgemeinen Wirtschaftsinformatik Fachzeitschriften und Wirtschaftsinformatik Fachzeitschriften mit behavioristischer Forschungsausrichtung. Anstatt eines Rangfolgeverfahrens benennen die Autoren relevante Fachzeitschriften auf Basis ihrer Erfahrung und den Bedürfnissen ihrer Forschungsgruppe, die vor allem die behavioristische Forschungsperspektive der Wirtschaftsinformatik fokussiert. Sie favorisieren die Durchführung eines Peer Review als Gütemerkmal für die Qualität eines Journals (vgl. Willcocks et al., 2008). Die vorgeschlagenen Fachzeitschriften werden ebenfalls für die Auswahl geeigneter Literaturquellen berücksichtigt.

[22] http://ais.affiniscape.com/displaycommon.cfm?an=1&subarticlenbr=432

Holsapple schlägt ein Verfahren vor, bei dem die Fachzeitschriften anhand des Publikationsverhaltens von Wirtschaftsinformatik-Forschern herausragender Universitäten bewertet werden. Die Forscher müssen über eine feste Laufbahnzusage (engl.: tenure) verfügen und in Fachzeitschriften mit einem großen Beitrag zur Wirtschaftsinformatik-Forschung publizieren. Auf Basis einer Vorauswahl von Fachzeitschriften, in denen die Forscher mindestens 10 Artikel publiziert haben müssen, ergaben sich 43 Fachzeitschriften, die mittels vier Metriken bewertet wurden: Anteil von Wirtschaftsinformatik-Forschern, die in einem Journal publizieren, durchschnittliche Anzahl von Artikeln pro Forscher (Publikationsintensität), Einschätzung der Angemessenheit und Nützlichkeit des Journals durch den Forscher selbst und häufigstes Publikationsmedium (vgl. Holsapple, 2009, S. 117f). Für die durchzuführende Literaturanalyse werden diejenigen Fachzeitschriften berücksichtigt, die in allen vier Metriken überdurchschnittlich bewertet wurden oder maximal in einer der Bewertungen einen unterdurchschnittlichen Wert erreicht haben. Das **VHB Jourqual Ranking** wurde zudem betrachtet, da es eine von Universitäten im deutschsprachigen Raum empfohlene Rangfolge vorschlägt. Die Rangfolge ergibt sich aus der Bewertung betriebswirtschaftlich relevanter Fachzeitschriften auf Basis von Beurteilungen von Mitgliedern des Verbands der Hochschullehrer für Betriebswirtschaft e.V. (VHB). Die Bewertung erfolgte durch eine Einschätzung der Reviewanforderungen an eingereichte Artikel und dem wissenschaftlichen Niveau der veröffentlichten Artikel auf einer 10-stufigen Skala und einer anschließenden Unterteilung in 6 Kategorien, A+ bis E, wobei E die schlechtesten Bewertungen beinhaltet. Fachzeitschriften, die weniger als 10 Bewertungen erhielten, wurden nicht berücksichtigt (vgl. Hennig-Thurau et al., 2004). Aufgrund der kategorialen Einstufung werden für die Auswahl nur Fachzeitschriften aus den qualitativ hochwertigen Kategorien A+, A und B betrachtet.

Um eine konsistente Menge qualitativ hochwertiger Fachzeitschriften als Basis für die Literatursuche zu erhalten, wurden alle selektierten Fachzeitschriften der vorgestellten Bewertungsverfahren geprüft, ob sie in mindestens 3 von 5 der vorgestellten Bewertungsverfahren genannt wurden. In diesem Fall wurden diese Fachzeitschriften relevant eingestuft. Insgesamt konnten 13 qualitativ hochwertige Fachzeitschriften (TOP-Fachzeitschriften der Wirtschaftsinformatik) bestimmt werden (vgl. Tabelle 3.2). Da diese TOP-Fachzeitschriften zwar hochwertige Beiträge beinhalten, jedoch zu erwarten ist, dass nur wenig relevante Beiträge in diesen Fachzeitschriften mit eher allgemeinem Fokus auf die Wirtschaftsinformatik existieren, sollten weitere, spezifischere Fachzeitschriften der Wirtschaftsinformatik hinzugenommen werden. Fachzeitschriften, die Beiträge zur Informationssuche und der computergestützten Informationsvisualisierung enthalten, sind in den Forschungsdisziplinen Wissensmanagement, Informationsvisualisierung und Computergrafik sowie geografische Visualisierung und geografische Informationssysteme zu finden. Darüber hinaus sind Fachzeitschriften aus dem Bereich Mensch-Computer-Interaktion einzubeziehen, da diese sich mit der benutzerorientierten Gestaltung von Bedieneroberflächen und Interaktionsmöglichkeiten befassen (vgl. Tabelle 3.2 und 3.3). Trotz einer im Vergleich zu den TOP-Fachzeitschriften möglichen geringeren Qualität werden diese Beiträge aufgrund ihrer Relevanz für den Literaturüberblick ebenfalls berücksichtigt. Die Identifikation geeigneter, spezifischer Fachzeitschriften aus den genannten Forschungsdisziplinen erfolgte mit Hilfe des Thomson Scientific Index[23], der 3.700 Fachzeitschriften in über 100 Forschungsdisziplinen umfasst, sowie mittels Journalindizes von ABI/Inform ProQuest, SciVerse, Wiley Online Library und Springer. Die Auswahl geeigneter Fachzeitschriften aus dem Bereich Wissensmanagement erfolgte anhand einer von Bontis und Serenko erstellten Rangfolge, welche auf der Berechnung von Einflussfaktoren und Experteneinschätzungen beruht (vgl. Bontis/Serenko, 2009).

Neben der Verwendung von Fachzeitschriften können Konferenzbeiträge einen Literaturüberblick um aktuelle Forschungserkenntnisse ergänzen. Es ist jedoch zu bedenken, dass die Qualität und Reife der Konferenzbeiträge geringer sein kann als Beiträge führender Fachzeitschriften (vgl. Levy/Ellis, 2006, S. 187). Für den Literaturüberblick wurden daher zwei bedeutende Konferenzen im Bereich der Informationsvisualisierung - InfoVis und EuroVis - ausgewählt (vgl. Laramee, 2010, S. 2365). Die Beiträge beider Konferenzen werden jeweils als spezielle Journalausgabe veröffentlicht; EuroVis im Rahmen des Journals „Computer Graphics Forum“ und InfoVis-Beiträge in der Fachzeitschrift „IEEE Transactions on Visualization and Computer Graphics“ (TVCG).

[23]http://www.scientific.thomson.com/mjl/

Tabelle 3.2: Berücksichtigte Fachzeitschriften

Journalthema	Journalbezeichnung	Datenbank / Webseite
Top-Journale der allgemeinen WI	Management Information Systems Quarterly	http://www.misq.org/
	Information Systems Research	Informs
	Journal of Management Information Systems	ABI/Informs ProQuest
	Decision Support Systems	ABI/Informs ProQuest
	The DATABASE for Advances in Information Systems	ABI/Informs ProQuest
	Information & Management	SciVerse ScienceDirect
	Information Systems Journal	Wiley Online Library
	Journal of Strategic Information Systems	SciVerse ScienceDirect
	Management Science	Informs
	Decision Sciences	Wiley Online Library
	European Journal of Information Systems	ABI/Informs ProQuest
	Journal of the Association for Information Systems	ABI/Informs ProQuest
	Journal of Information Technology	ABI/Informs ProQuest
Journale für Informations-visualisierung und Computergrafik	Information Visualization	ABI/Informs ProQuest
	Journal of Visual Languages & Computing	SciVerse ScienceDirect
	Computers & Graphics	SciVerse ScienceDirect
	Computer Vision and Image Understanding	SciVerse ScienceDirect
	Computer-Aided Design	SciVerse ScienceDirect
Journale für Geographische Informationssysteme	Computers and Geotechnics	SciVerse ScienceDirect
	Computers & Geosciences	SciVerse ScienceDirect
	Cartography and Geographic Information Science (CaGIS)	http://www.ingentaconnect.com/content/cagis/cagis
	GeoInformatica · An International Journal on Advances of Computer Science for Geographic Information Systems	Springer
	Journal of Geographical Systems	Springer
Journale für Mensch-Computer-Interaktion	International Journal of Human-Computer Studies	SciVerse ScienceDirect
	Journal on Multimodal User Interfaces	Springer
Journale für Wissens-management	Journal of Knowledge Management	Emerald
	Knowledge and Process Management	ABI/Informs ProQuest
	The Learning Organization	Emerald
	Knowledge Management Research & Practice	SciVerse Scopus
	Electronical Journal of Knowledge Management	http://www.ejkm.com/main.html
	International Journal of Knowledge Management	SciVerse Scopus

Tabelle 3.3: Berücksichtigte Fachzeitschriften - Fortsetzung

	International Journal of Knowledge Management Studies	SciVerse Scopus
	Journal of Information & Knowledge Management	http://www.worldscinet.com/jikm/
	Journal of Knowledge Management Practice	http://www.tlainc.com/jkmp.htm
	International Journal of Learning and Intellectual Capital	SciVerse Scopus
	International Journal of Knowledge and Learning	http://www.inderscience.com
	VINE: The Journal of Information and Knowledge Management Systems	ABI/Informs ProQuest
Konferenzen für Informations-visualisierung	Computer Graphics Forum	ABI/Informs ProQuest
	IEEE Transactions on Visualization and Computer Graphics	IEEE Xplore Digital Library

Die Verwendung von Monographien oder Herausgeberschriften wird jedoch abgelehnt. Es ist davon auszugehen, dass zum Einen wesentliche Forschungserkenntnisse durch die Autoren bereits vorher in Fachzeitschriften und Konferenzen veröffentlicht wurden und zum Anderen die Qualität der Forschung dieser Art Literatur wegen zum Teil fehlender Begutachtungsprozesse nicht gewährleistet werden kann (vgl. Urbach et al., 2009, S. 366). Zusammengefasst bilden somit TOP-Fachzeitschriften, spezifische Fachzeitschriften der Wirtschaftsinformatik sowie zwei Konferenzen der Informationsvisualisierung die Grundlage für die Literaturanalyse.

Auswahl geeigneter wissenschaftlicher Datenbanken

Für eine effiziente Literatursuche wurden geeignete wissenschaftliche Datenbanken ausgewählt, die einen Großteil der vorgestellten Fachzeitschriften indizieren. Hierzu zählen SciVerse Science Direct, ABI/Informs ProQuest, Wiley Online Library, SciVerse Scopus, Springer und Informs. Alle übrigen Fachzeitschriften wurden über die Suchfunktion der Webseite durchsucht. Tabelle 3.2 und 3.3 listen alle verwendeten Fachzeitschriften, wissenschaftlichen Datenbanken und Webseiten für die Literatursuche auf.

3.3.2 Definition von Suchbegriffen

Der nächste Schritt der Literaturanalyse besteht darin, sinnvolle Suchbegriffe zu bestimmen. Zur Bildung geeigneter Suchbegriffe wurde einerseits auf die verschiedenen Informationsvisualisierungstechniken zurückgegriffen (vgl. Judelman, 2004, S. 100, Chen/Czerwinski, 2000, Card et al., 1999 und Keim/Kriege, 1996) und andererseits auf Schlüsselwörter, die eine Nutzenbewertung ausdrücken (vgl. Tabelle 3.4). Für die Suchanfragen wurden alle Informationsvisualisierungstechniken mit allen Schlüsselwörtern für die Nutzenbewertung kombiniert, z. B. „Geovisualization" + „Evaluation", „Geovisualization" + „Evaluate" etc. Aufgrund der ausschließlich englischsprachigen Literaturquellen wurden die Suchbegriffe englischsprachig formuliert. Verschiedene Schreibweisen im Englischen und Amerikanischen wurden ebenfalls berücksichtigt.

Tabelle 3.4: Suchbegriffe für die Literatursuche

Informationsvisualisierungsmethoden	Begriffe für Bewertung
Geovisuali[z|s]ation	Evaluation
Spatial Visuali[z|s]ation	Evaluate
Map visuali[z|s]ation	Measuring
Graph visuali[z|s]ation	Measure
Tree visuali[z|s]ation	Success
Diagram Visuali[z|s]ation	Acceptance
Virtual world visuali[z|s]ation	Satisfaction
Geo map	Usability
Knowledge map	Usefulness
Document map	Utilization
Geospatial	Usage
GIS	Use
Geographic Information System	Utility
	Benefit
	Effectiveness

3.3.3 Ergebnisse der Literatursuche

Mit Hilfe der Suchbegriffe, der Literaturquellen und der ausgewählten Datenbanken kann dann die eigentliche Suche durchgeführt werden. Auch hierzu kann ein weiteres Vorgehen gewählt werden, um relevante Beiträge zu ermitteln. Zunächst werden mit Hilfe der gebildeten Suchbegriffe initiale Treffer identifiziert. In einem zweiten Schritt werden die Abstracts dieser Beiträge bezüglich ihrer Relevanz zur Beantwortung der vorgestellten Fragen geprüft (vgl. Abschnitt 3.2). Nicht geeignete Beiträge wurden aussortiert. Die resultierenden Beiträge werden schließlich in einem dritten

Schritt hinsichtlich des Volltextes ebenfalls auf Relevanz geprüft und gegebenenfalls verworfen.

Im Rahmen dieser Arbeit konnten durch dieses Vorgehen die in Tabelle 3.5 und 3.6 dargestellten Ergebnisse erzielt werden. Ferner wurde in der Tabelle dargestellt, welche Suchfunktionalitäten die verwendeten Datenbanken und Webseiten hatte, z. B. Titelsuche, Abstractsuche, Schlüsselwortsuche und Volltextsuche. Die Beiträge wurden nach folgenden Kriterien aussortiert:

- es wurde keine empirische Studie durchgeführt, sondern bspw. eine Metaanalyse oder ein Literaturüberblick (vgl. Urbach et al., 2008 und Petter et al., 2008, S. 240),
- es erfolgte keine Nutzerbewertung, sondern eine Evaluation der technischen Systemperformanz, funktionelle Systemtests oder Simulationen,
- es fand keine Fokussierung auf die Art der Informationsvisualisierungstechnik, sondern bspw. eine Analyse der verwendeten Algorithmen statt,
- das Anwendungsszenario befasst sich mit wissenschaftlicher Visualisierung von physischen Daten (z. B. Ozonkonzentration in der Atmosphäre) und nicht mit der Visualisierung nicht-physischer Daten (z. B. Finanz- und Geschäftsdaten, Dokumentensammlungen) (vgl. Card et al., 1999, S. 6ff),
- es sind keine Angaben bezüglich der verwendeten Forschungsmethoden vorhanden,
- der Beitrag ist ein Duplikat, d. h. es existiert bereits ein Beitrag der gleichen Autoren (vgl. Petter et al., 2008),
- die Forschungsdaten wurden nur aufbereitet und stammen aus einer anderen Studie.

Tabelle 3.5: Ergebnisse der Literatursuche

Journalbezeichnung	Titel-suche	Abstract-suche	Schlüssel-wortsuche	Volltext-suche	Initiale Treffer	Treffer Abstract	Treffer Volltext
TOP-Journale der allgemeinen WI							
Management Information Systems Quarterly	✓	✓	–	✓	3	2	1
Information Systems Research	✓	✓	–	✓	30	1	1
Journal of Management Information Systems	✓	✓	✓	✓	9	5	2
Decision Support Systems	✓	✓	✓	✓	140	36	13
The DATABASE for Advances in Information Systems	✓	✓	✓	✓	35	4	1
Information & Management	✓	✓	✓	✓	34	4	2
Information Systems Journal	✓	✓	✓	✓	39	2	2
Journal of Strategic Information Systems	✓	✓	✓	✓	24	0	0
Management Science	✓	✓	–	✓	85	0	0
Decision Sciences	✓	✓	✓	✓	28	4	3
European Journal of Information Systems	✓	✓	✓	✓	76	3	0
Journal of the Association for Information Systems	✓	✓	✓	✓	11	0	0
Journal of Information Technology	✓	✓	✓	✓	33	1	0
Journale für Informationsvisualisierung und Computergrafik							
Information Visualization	✓	✓	✓	✓	104	68	19
Journal of Visual Languages & Computing	✓	✓	✓	✓	103	41	6
Computers & Graphics	✓	✓	✓	✓	243	23	4
Computer Vision and Image Understanding	✓	✓	✓	✓	169	5	0
Computer-Aided Design	✓	✓	✓	✓	200	1	0
Journale für geografische Informationssysteme							
Computers and Geotechnics	✓	✓	✓	✓	17	0	0
Computers & Geosciences	✓	✓	✓	✓	724	41	1
Cartography and Geographic Information Science (CaGIS)	✓	✓	✓	–	100	28	4

Tabelle 3.6: Ergebnisse der Literatursuche - Fortsetzung

GeoInformatica: An International Journal on Advances of Computer Science for Geographic Information Systems	✓	✓	–	✓	230	4	1
Journal of Geographical Systems	✓	✓	–	✓	111	11	1
Journale für Mensch-Computer-Interaktion							
International Journal of Human-Computer Studies	✓	✓	✓	✓	129	36	16
Journal on Multimodal User Interfaces	✓	✓	–	✓	32	2	0
Journale für Wissensmanagement							
Journal of Knowledge Management	✓	✓	✓	✓	431	22	2
Knowledge and Process Management	✓	✓	✓	✓	31	3	0
The Learning Organization	✓	✓	✓	✓	55	2	2
Knowledge Management Research & Practice	✓	✓	✓	✓	118	6	1
Electronical Journal of Knowledge Management	✓	✓	–	✓	124	4	1
International Journal of Knowledge Management	✓	✓	✓	✓	67	4	0
International Journal of Knowledge Management Studies	✓	✓	✓	✓	0	0	0
Journal of Information & Knowledge Management	✓	–	✓	–	5	1	1
Journal of Knowledge Management Practice	–	–	–	✓	158	3	0
International Journal of Learning and Intellectual Capital	✓	✓	✓	✓	0	0	0
International Journal of Knowledge and Learning	✓	✓	✓	✓	0	0	0
VINE: The Journal of Information and Knowledge Management Systems	✓	✓	✓	✓	32	4	0

Tabelle 3.7: Ergebnisse der Literatursuche - Fortsetzung II

Konferenzen für Informationsvisualisierung							
Computer Graphics Forum	✓	✓	✓	✓	427	34	14
IEEE Transactions on Visualization and Computer Graphics	✓	✓	✓	✓	349	87	30
				Σ	4506	492	**128**

Die Ergebnisse (vgl. Tabelle 3.5 bis 3.7) zeigen, dass die Anzahl initialer Suchtreffer sehr hoch ist. So konnte vor allem in den fünf Fachzeitschriften mit geografischen Bezug eine Treffermenge von 1182 initialen Treffern identifiziert werden. Eine ebenfalls hohe Anzahl von 1021 initialen Suchtreffern konnte im Bereich der Wissensmanagement-Fachzeitschriften festgestellt werden. Dies ist zwar durch die höhere Anzahl an verwendeten Fachzeitschriften (12) aus diesem Bereich zu erklären, es bestätigt aber die Auseinandersetzung mit der Informationsvisualisierung in dieser Forschungsdisziplin. Nach Prüfung auf Relevanz konnten jedoch für beide Bereiche nur jeweils sieben bedeutsame Beiträge festgestellt werden. Hauptursache ist, dass bei den meisten Beiträgen entweder keine empirische Untersuchung durchgeführt, sondern nur ein Anwendungsszenario beschrieben wurde oder keine Nutzerbewertungen vorgenommen wurden, sondern eher funktionelle Tests, Simulationen oder Systemperformanztests. Ein weiterer Grund für das Verwerfen von Beiträgen im Bereich Wissensmanagement war die fehlende Fokussierung auf das Informationsvisualisierungssystem bei der empirischen Untersuchung. Häufig wurde nicht das Informationsvisualisierungssystem an sich untersucht, sondern es wurden Analyseergebnisse der mit Hilfe der Informationsvisualisierungssystem visualisierten Daten vorgestellt oder die Qualität der Strukturierung, z. B. bei der Erstellung von Wissenskarten, eingeschätzt. Beiträge aus dem Bereich geografische Informationssysteme wurden zudem aufgrund der Visualisierung physischer Daten (wissenschaftliche Informationsvisualisierung) entfernt.

Durch die Analyse von fünf Fachzeitschriften der Informationsvisualisierung und Computergrafik konnten 819 erste Suchtreffer und durch die Hinzunahme der zwei Informationsvisualisierungskonferenzen weitere 776 Treffer ermittelt werden. Die genaue Prüfung auf Relevanz führte zu insgesamt 73 relevanten Beiträgen. Die vergleichsweise höhere Anzahl an relevanten Beiträgen kann durch die Ausrichtung der Fachzeitschriften begründet werden. Diese haben einen starken Bezug zur verfolgten Forschungsfrage. Verworfen wurde Beiträge vorwiegend aufgrund fehlender empirischer Nutzerstudien. So wurden häufig Simulationen, Funktionstests, Systemperformanztests oder Anwendungsszenarien beschrieben. Auch die Visualisierung physischer Daten führte zur Entfernung von Beiträgen.

Im Bereich der TOP-Fachzeitschriften der Wirtschaftsinformatik konnten 25 relevante Beiträge von ursprünglich 547 potentiellen Treffern identifiziert werden. Aufgrund der sehr weitreichenden und allgemeinen Ausrichtung dieser Wirtschaftsinformatik Fachzeitschriften sind weniger Beiträge mit konkretem Bezug zur Forschungsfrage vorhanden. Auch hier wurden Beiträge vorwiegend wegen fehlender Durchführung einer Nutzerstudie oder fehlender Fokussierung auf das Informationsvisualisierungssystem verworfen. Der Fokus vieler Beiträge lag bspw. auf der Analyse des für das Informationsvisualisierungssystem zugrunde gelegten Algorithmus oder das Informationsvisualisierungssystem war lediglich ein Bestandteil eines umfassenderen Systems. Fachzeitschriften aus dem Bereich Mensch-Computer-Interaktion befassen sich mit der benutzerorientierten Gestaltung von Benutzeroberflächen und deren Interaktionsmöglichkeiten. Von 161 ersten Suchtreffern können 16 Beiträge für die weitere Analyse verwendet werden. Der Fokus vieler Studien lag meist nicht auf dem konkreten Informationsvisualisierungssystem, sondern auf der Bedienbarkeit der Benutzeroberfläche, z. B. von Scrollbalken, Buttons oder Farbgestaltung.

Insgesamt konnten 4506 initiale Suchtreffer identifiziert werden. Nach genauer Prüfung wurden 128 Beiträge als relevant eingestuft (vgl. Tabelle 3.6). Die Durchführung einer zusätzlichen Vorwärts- oder Rückwärtssuche anhand dieser Beiträge wird abgelehnt, da bereits systematisch gesucht wurde und umfangreiche Suchtreffer sowie eine große Anzahl relevanter Beiträge ermittelt werden konnte. Diese bilden die Grundlage für die anschließende Literaturanalyse.

3.4 Analyse und Auswertung

Nach dem strukturierten Vorgehen von Vom Brocke et al. (2009) erfolgt in der *vierten Phase* die Analyse und Bewertung der Ergebnisse. Es ist hierfür sinnvoll, diese mit Hilfe einer geeigneten Kategorisierung konzeptuell zu ordnen (vgl. Hart, 2010, S. 44 und Webster/Watson, 2002, S. xvi). Hart empfiehlt ein generisches Kategoriensystem, das für die Analyse von Forschungsarbeiten, unabhängig von der Forschungsdisziplin, geeignet ist. Das Kategoriensystem basiert auf der Arbeit von Patton, der für die Planung einer Studie verschiedene Vorschläge liefert, u. a. Festlegung des Zwecks einer Studie, der Untersuchungseinheit, aber auch des Zeitpunkts, der Dauer und Kosten einer Studie (vgl. Patton, 1990, S. 197). Diese Vorschläge wurden von Hart aufgegriffen und für die systematische Beschreibung und Auswertung von Beiträgen im Rahmen einer Literaturanalyse angepasst und erweitert. So sind bspw. die Kosten bei der Planung einer Studie relevant, allerdings spielen diese bei der Auswertung von Studien nach ihren Forschungsinhalten nur eine untergeordnete Rolle. Das von Hart entwickelte Kategoriensystem umfasst folgende Kategorien: Zweck der Studie, Umfang, Fokus, Untersuchungseinheit, Wahl der Stichprobe, Art der Daten, Handhabung der Daten, Analysemethode, Validität, Zeitraum, Rechtfertigung der Studie, Handhabung ethischer Aspekte und logistische Aufgaben wie Zugang zu Daten und Teilnehmern (vgl. Hart, 2010, S. 49).

Webster und Watson schlagen speziell für die Analyse von Literatur im Bereich der Wirtschaftsinformatik eine Kategorisierung nach Konzepten und Untersuchungseinheiten, z. B. Organisationsebene, Gruppenebene oder individuelle Ebene, vor (vgl. Webster/Watson, 2002, S. xvii). Abareshi und Martin verwenden in ihrer Arbeit zur Analyse der Management Information Systems (MIS) Forschung zwischen 1992 und 2006 ein Kategorisierungsschema bestehend aus vier generischen Dimensionen, die in weitere Unterdimensionen unterteilt werden: Demographische Angaben (Journal, Jahr und Ort der Studie), Forschungsdesign (Zweck der Studie, Zeitraum, Untersuchungseinheit und Validität), Wahl der Stichprobe (Stichprobengröße und Vorgehen) und Datenerhebung (Methode, Antwortrate, Pilotstudie) (vgl. Abareshi/Martin, 2009, S. 140).

Speziell für die Analyse von Literatur im Bereich der Erfolgsmessung von Informationssystemen liefern DeLone und McLean, Petter et al. und Urbach et al. einen Rahmen zur konzeptuellen Ordnung von Beiträgen. Hierbei werden Kategorien wie Ebene der Erfolgsanalyse, Art der Studie und Messkennzahlen (vgl. DeLone/McLean, 1992, S. 63) oder theoretische Grundlagen, Forschungsvorgehen, Forschungsmethode, Untersuchungsobjekt, Untersuchungseinheit, Bewertungsperspektive und Art der

Datenerfassung (vgl. Urbach et al., 2008) sowie Erfolgsdimension, kausale Abhängigkeiten, Untersuchungseinheit und Messkennzahlen (vgl. Petter et al., 2008, S. 240) verwendet.

3.4.1 Entwicklung eines Kategoriensystems

Auf Basis dieser Vorschläge wird eine eigene Kategorisierung für die strukturierte Analyse und Synthese der relevanten Beiträge entwickelt. Die folgenden 10 Dimensionen ermöglichen die Einordnung der Beiträge hinsichtlich der Forschungsinhalte und des Forschungsvorgehens. Somit ist die systematische Auswertung (*Phase 4*) mit Bezug zu den vorgestellten Fragen (vgl. Abschnitt 3.2) möglich. Die Dimensionen werden im Folgenden detaillierter beschrieben. Abbildung 3.2 zeigt anschließend die Dimensionen und die dazugehörigen Ausprägungen zusammengefasst auf.

Fokus der Studie: Der Fokus der Studie (vgl. Hart, 2010, S. 49), auch als Untersuchungsobjekt (vgl. Urbach et al., 2009, S. 318) oder Konzept (vgl. Webster/Watson, 2002, S. xvi) beschrieben, soll einerseits aufzeigen, welche Informationsvisualisierungstechnik untersucht wurde und andererseits, in welchem Anwendungsbereich diese zum Einsatz kam. Es sind somit zwei Unterdimensionen zu bilden.

(1) Visualisierungstechnik
Diese Dimension ermöglicht die Einordnung der Beiträge hinsichtlich der untersuchten Visualisierungstechniken. Bekannte Visualisierungstechniken sind: Tabelle, Liste, Baum, Graph, Netz, konzeptuelle Karte, Geokarte, Scatterplot, Matrix, TileBar und virtuelle Umgebung (vgl. Judelman, 2004, Chen/Czerwinski, 2000, Card et al., 1999 und Keim/Kriege, 1996). Weitere in den Beiträgen verwendete Visualisierungstechniken werden als „Sonstige" kategorisiert.

(2) Anwendungsbereich
Der Anwendungsbereich beschreibt den Verwendungszweck der eingesetzten Informationsvisualisierungstechnik. Hierbei sind zunächst zwei wesentliche Anwendungsbereiche zu nennen. Die Informationsvisualisierung unterstützt einerseits das Auffinden von Informationen und sie dient andererseits dazu, Muster und Trends zu entdecken, zu interpretieren sowie Erklärungen für Muster, einzelne

Informationsobjekte oder Objektgruppen zu liefern (vgl. Shneiderman/Plaisant, 2005, S. 580ff, Card et al., 1999, S. 12ff und Gershon et al., 1998, S. 9). Nach Card et al. dient die Informationsvisualisierung außerdem dazu, verschiedene Informationsquellen zu organisieren (vgl. Card et al., 1999, S. 12). Däßler vertritt die Auffassung, dass darüber hinaus auch die Veranschaulichung und Vereinfachung komplexer Prozessabläufe und Objektbeziehungen der Realwelt mittels Symbolen, Diagrammen oder Animationen eine wesentliche Aufgabe der Informationsvisualisierung ist, wobei hier der Fokus auf die betriebliche Realität gelegt werden soll. Hinsichtlich der genannten Anwendungsbereiche unterstützt die Informationsvisualisierung demnach die menschliche Gedächtnisleistung und Informationsaufnahme (vgl. Däßler, 2002). Zur Einordnung der Beiträge ergeben sich somit folgende Anwendungsbereiche:

- Zugriff auf Daten und Informationen, wobei zwischen reiner Suchergebnisvisualisierung und der Navigation in einem Informationsraum, z. B. Dokumentenbestand, unterschieden wird
- Analyse und Interpretation von Daten zur Entscheidungsunterstützung, z. B. Erkennen von Mustern und Trends
- Strukturierung und Organisation von Informationsquellen
- Veranschaulichung komplexer Beziehungen und Abläufe der (betrieblichen) Realität

Umfang der Studie: Mit einer theoretischen Fundierung wird die Möglichkeit geschaffen, den genauen Umfang der Untersuchung zu beschreiben und zu begründen (vgl. Hart, 2010, S. 49). Es ist deshalb sinnvoll, eine Kategorisierung nach verwendeten Theorien zur Nutzenmessung durchzuführen (vgl. Urbach et al., 2009, S. 318). Darüber hinaus vermitteln Angaben zum zugrunde gelegten Nutzenverständnis (vgl. DeLone/McLean, 1992, S. 63) und zu den beeinflussenden Faktoren einen umfassenderen Eindruck der durchgeführten Nutzenmessung (vgl. Petter et al., 2008, S. 240). Es ergibt sich eine Unterteilung in drei Unterdimensionen.

(3) Theoretische Grundlagen der Nutzenmessung

Hinsichtlich der theoretischen Verortung der empirischen Studien können verschiedene Modelle und Theorien zur Nutzenmessung von Informationsystemen unterschieden werden. Zu den bekannteren Modellen oder Theorien zählen das aktualisierte Information System Success Model von DeLone/McLean (2003), das Technology-Acceptance Modell von Davis (1989), das Task-Technology-Fit Model von Goodhue und Thompson (1995), die Diffusionstheorie von Rogers (1962), das End User Computing Satisfaction (EUCS) Model von Doll und Torkzadeh (1988), SERVQUAL nach Paraguayan et al. (1988) sowie die Cognitive-Fit-Theorie von Vessey (1991). Beiträge mit einer anderen theoretischen Basis zur Nutzenmessung werden unter „Sonstige" eingeordnet. Beiträge ohne theoretische Fundierung werden als nicht vorhanden (n/a) eingeordnet.

(4) Verwendete Nutzenkonstrukte

Für eine genaue Analyse der Nutzenmessung, des zugrunde gelegten Nutzenverständnisses und dessen Umfang werden die Beiträge hinsichtlich der verwendeten Nutzenkonstrukte kategorisiert. Die Konstrukte wurden dazu aus den theoretischen Ansätzen zur Nutzenmessung von Informationssystemen extrahiert. Konstrukte, die den Nutzen oder eine vorgelagerte Stufe beschreiben, sind ersteres betreffend, z. B. Effektivität, Effizienz, Ergebnisqualität oder Profitabilität, und letzteres betreffend, z. B. Zufriedenheit, Nützlichkeit, Nutzungsabsicht, Bedienbarkeit, Präferenz oder Freude. Beiträge mit anderen verwendeten Konstrukten werden unter „Sonstige" eingeordnet.

(5) Beeinflussende Faktoren

Diese Dimension nimmt eine Kategorisierung nach potentiellen Einflussfaktoren vor. Ziel ist es zu prüfen, in wie weit Faktoren in den Beiträgen untersucht wurden, die einen Einfluss auf den Nutzen haben. Der entscheidende beeinflussende Faktor ist die verwendete Visualisierungstechnik. Der Faktor wird entweder hinsichtlich verschiedener zu untersuchender Informationsvisualisierungssysteme variiert oder hinsichtlich der Verwendung oder Nichtverwendung eines Informationsvisualisierungssystem zur Durchführung einer Aufgabe. Ferner empfehlen mehrere Autoren die Betrachtung der Aufgabenkomplexität und des Aufgabentyps als Einflussfaktoren, da die Ergebnisse der Nutzenmessung in Abhängigkeit von diesen unterschiedlich ausfallen können und so eine fehlerhafte Priorisierung eines Informationsvisualisierungssystems vermieden werden kann (vgl. Carpendale, 2008, S. 20, Tory/Möller, 2005 und Plaisant, 2004, S. 110f). Ein weiterer Einflussfaktor auf den Nutzen sind die Kenntnisse und

Fähigkeiten eines Anwenders. Fehlendes Wissen über die Anwendung des Informationsvisualisierungssystems ist häufig der Grund für deren Scheitern. Wenn der Anwender keine ausreichende Erfahrung mit der Bedienung des Informationsvisualisierungssystems hat, wirkt sich das auf den Nutzen aus (vgl. Chen et al., 2009, S. 15). Die Betrachtung der theoretischen Nutzenmodelle liefert neben diesen grundlegenden Faktoren noch weitere Faktoren, z. B. Freiwilligkeit der Nutzung oder Erwartungen an den Nutzen des Informationsvisualisierungssystems. Diese sind nicht Bestandteil jedes Nutzenmodells, sondern sind abhängig von der Ausrichtung des Modells. Unter der Kategorie „Sonstige" werden diese weiteren Faktoren zusammengefasst.

(6) Untersuchungseinheit

Die Dimension Untersuchungseinheit beschreibt das Beobachtungs- und Untersuchungssubjekt einer Studie (vgl. Hart, 2010, S. 49, Webster/Watson, 2002, S. xvii, Petter et al., 2008, S. 240, Abareshi/Martin, 2009, S. 139 und Urbach et al., 2009, S. 318). Im Rahmen der Nutzenmessung von Informationssystemen kann zwischen der Beobachtung auf individueller Ebene, auf Gruppenebene oder organisatorischer Ebene unterschieden werden (vgl. Webster/Watson, 2002, S. xvii, Urbach et al., 2009, S. 318 und Petter et al., 2008, S. 240). Grover et al. stellen fest, dass für eine ganzheitliche Nutzenbewertung eines Informationssystems verschiedene Ebenen notwendig sind. So kann der Nutzen auf individueller Ebene durch die Unterstützung eines Mitarbeiters zum Treffen von Entscheidungen definiert sein, auf der organisatorischen Ebene als Beitrag zum Wettbewerbsvorteil des Unternehmens (vgl. Grover et al., 1996, S. 181) und auf der Gruppenebene als Ergebnisqualität einer Projektaufgabe. Die empirischen Beiträge sind hinsichtlich der aufgezeigten Ebenen einzuordnen.

(7) Evaluationsperspektive

Neben den Ebenen der Nutzenmessung ist auch die Perspektive der Messung wichtig. Der Nutzen kann aus Sicht des Anwenders, IT-Personals, Managements, der Unternehmens-externen, z. B. Kunden oder Lieferanten, oder mehrerer Stakeholder gemessen werden. Aufgrund der verschiedenen Interessen, die bei der Bewertung eines Informationssystems eine Rolle spielen, können verschiedene Messresultate entstehen. Die Berücksichtigung verschiedener Bewertungsperspektiven ist ebenso wichtig, um ein ganzheitliches Verständnis für den Nutzen der Informationsvisualisierung zu erhalten. (vgl. Urbach et al., 2009, S. 318 und Grover et al., 1996, S. 187)

(8) Methoden der Datenerhebung
Mit dieser Dimension werden die Beiträge nach den angewendeten Methoden zur Datenerhebung gruppiert (vgl. Urbach et al., 2009, S. 319 und DeLone/McLean, 1992, S. 65). Gebräuchliche Methoden in der Wirtschaftsinformatik-Forschung sind Umfragen, Fallstudien, Labor- oder Feldexperimente, Interviews und Beobachtungen (vgl. Curry, 2011, S. 5, Urbach et al., 2009, S. 319, Wilde/Hess, 2007, S. 285 und Frank, 2006). Darüber hinaus werden Vorstudien durchgeführt, um die eigentliche Methode zur Datenerhebung zu testen. Vorstudien werden auch eingesetzt, um im frühen Stadium des Entwicklungsprozesses des Informationsvisualisierungssystems die Bedürfnisse der zukünftigen Anwender mit dem vorliegenden Konzept für das Informationsvisualisierungssystem zu vergleichen und abzustimmen (vgl. Gabbard et al., 1999). Weitere weniger gebräuchliche Methoden wie Inhalts- und Dokumentenanalyse werden unter "Sonstige" subsumiert.

(9) Datenerfassung (Operationalisierung)
Grundsätzlich kann zwischen quantitativer und qualitativer Datenerfassung unterschieden werden (vgl. Hart, 2010, S. 49). Mit Hilfe der Dimension soll dabei die konkrete Art der Datenerfassung analysiert werden (vgl. Abareshi/Martin, 2009, S. 139). Hierbei sind quantitative Messkennzahlen zur Nutzenmessung (vgl. DeLone/McLean, 1992, S. 65 und Petter et al., 2008, S. 240), z. B. manifeste Kennzahlen wie Zeit und Fehlerquote bei der Durchführung einer Aufgabe sowie Präferenzhäufigkeit, anwendbar. Zudem werden latente Kennzahlen wie Bewertungsskala und die Präferenzrangfolge zur Bewertung des Informationsvisualisierungssystems eingesetzt. Die qualitative Datenerfassung erfolgt bspw. mit Hilfe eines Think-Aloud-Protokolls, Audio-/Videomitschnitts, Beobachtungsnotizen oder Nutzerkommentaren. Weitere Erfassungsmöglichkeiten werden als „Sonstige" eingeordnet.

(10) Datenanalyse
Die Art der Datenanalyse bezieht sich auf die in der Forschung der Wirtschaftsinformatik häufig verwendeten statistischen Verfahren, z. B. Strukturgleichungsmodellierung, Regressionsanalyse, Faktoranalyse, Varianzanalyse, Clusteranalyse, t-Test (vgl. Urbach et al., 2009, S. 319 und Curry, 2011, S. 8) oder deskriptive Statistiken,

z. B. Darstellung von Mittelwert, Median, Häufigkeiten etc. Im qualitativen Bereich werden die Kategorisierung, z. B. im Rahmen der Inhaltsanalyse, und deskriptive Beschreibungen der Erkenntnisse angewendet. Weitere mögliche Analyseverfahren, z. B. Conjointanalyse oder Diskriminanzanalyse werden unter „Sonstige“ eingeordnet.

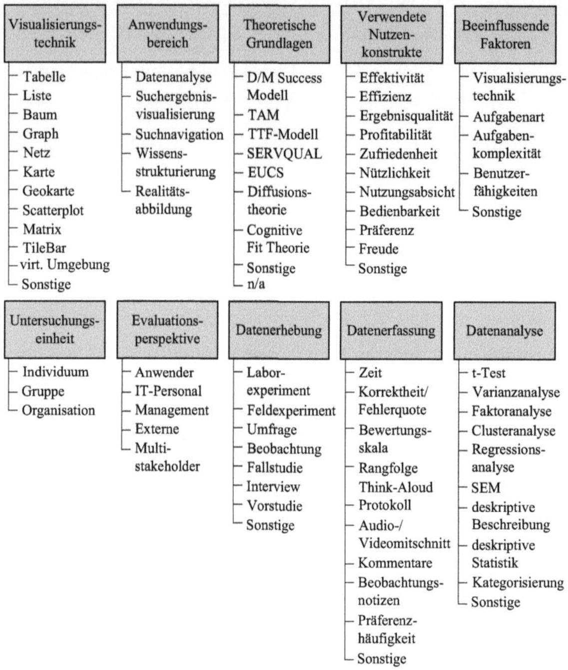

Abbildung 3.2: Kategoriensystem zur Einordnung der Beiträge

Die vorgestellten Dimensionen werden in (vgl. Abbildung 3.2) zusammenfassend abgebildet. Weitere von anderen Autoren vorgeschlagene Dimensionen, wie die Handhabung ethischer Aspekte, die Verwaltung der Daten, der Zugang zu Daten und Teilnehmern (vgl. Hart, 2010, S. 49) oder der Zweck und Zeitraum einer Studie (vgl. Hart, 2010, S. 49 und Abareshi/Martin, 2009, S. 139), sind für das Ziel dieser Literaturanalyse, d. h. für die Beantwortung der vorgestellten Fragen (vgl. Abschnitt 3.2), unbedeutend und daher nicht im Kategoriensystem zu berücksichtigen. Das von Urbach et al. verwendete Forschungsvorgehen durch Unterteilung der Arbeiten in empirische und nicht-empirische Studien (vgl. Urbach et al., 2009, S. 318) wird ebenfalls nicht angewendet, da bereits im Vorfeld mittels der Ausschlusskriterien festgelegt wurde, dass ausschließlich empirische Beiträge analysiert werden sollen. Ziel ist es, das Nutzenverständnis seitens der Benutzer zu analysieren, womit eine empirische Analyse notwendig wird.

3.4.2 Klassifizierung der relevanten Beiträge

Abbildung 3.3 zeigt die zeitliche Einordnung aller veröffentlichten Beiträge und speziell für die Beiträge zur Geovisualisierung im definierten Zeitraum 1992 bis Mitte 2012. Mit den Anfängen der Forschungsdisziplin der Informationsvisualisierung in den frühen 90er Jahren sind in diesem Zeitraum nur wenige Publikationen vorhanden, die sich bereits mit der Nutzenmessung von Informationsvisualisierungssystemen auseinandersetzen. Ab 2005 ist ein positiver Trend bei Publikationsanzahl pro Jahr zu erkennen. Ein starker Anstieg kann ab 2010 beobachtet werden. Diese steigende Relevanz ist einerseits durch die zunehmende Auseinandersetzung mit effektiven und effizienten Techniken zur Informationssuche zu begründen. Andererseits konnten sich Informationsvisualisierungssysteme bisher nur wenig erfolgreich in Unternehmen und auch im privaten Bereich durchsetzen. Die genaue Analyse des Nutzens ist somit eine wichtige Voraussetzung für die Entwicklung und Einführung neuer Informationsvisualisierungssysteme und wird dadurch zu einem Forschungsthema, das innerhalb der Disziplin immer stärker berücksichtigt wird (vgl. Carpendale, 2008, S. 41 und Plaisant, 2004, S. 1). Eine Studie von Barkhuus und Rode, die auf der Analyse von Konferenzbeiträgen der „Human Factors in Computing Systems Conference“ über einen Zeitraum von 24 Jahren basiert, sowie eine 3-jährige Analyse von Beiträgen der Konferenz „IEEE Informantion Visusalization Conference (InfoVis)“ und eine 1-jährige Analyse der Konferenz „Visual Analytics Science and Technology Conference (VAST)“, die von Perer und Shneiderman durchgeführt wurden, zeigen ebenfalls einen Anstieg der Nutzenmessung von Informationsvisualisierungssystemen auf (vgl. Barkhuus/Rode, 2007, S. 9 und Perer/Shneiderman, 2008, S. 266).

Für Beiträge aus dem Bereich der Nutzenmessung von Geovisualisierung zeigt Abbildung 3.3 ab 2007 einen eher steigenden Trendverlauf der Publikationszahlen. Die aktuellen Entwicklungen z. B. Google Maps, die Entwicklung einer einheitlichen Geodateninfrastruktur (INSPIRE) sowie eines europaweiten Satellitensystems (GALILEO) sind mögliche Auslöser für das steigende Interesse an geografischen Informationssystemen und Informationsvisualisierungssystemen (vgl. Cartwright et al., 2001). Die Verbreitung von geografischen Informationssystemen ist jedoch seit Ende der 80er und Anfang der 90er Jahre des letzten Jahrhunderts festzustellen (vgl. Nöllenburg, 2007). Diese Wachstumsphase ist durch die Entwicklung nutzerorientierter GIS gekennzeichnet, die zur Unterstützung bei der Lösung räumlicher Entscheidungsprobleme eingesetzt werden (vgl. Malczewski, 2004, S. 9). Die Bereitstellung von Geovisualisierungssystemen wird immer wichtiger, so dass auch hier ein Trend zur Nutzenmessung solcher Systeme zu erkennen ist (vgl. Nöllenburg, 2007, S. 285).

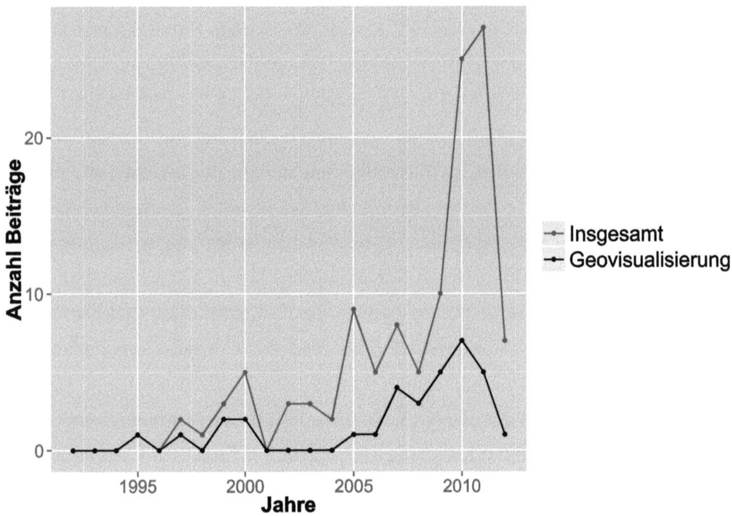

Abbildung 3.3: Anstieg von Beiträgen zur Nutzenmessung von Informationsvisualisierungssystemen im Zeitraum 1992-2012

Im Folgenden wird die Einordnung der relevanten Beiträge anhand der 10 Dimensionen des Kategoriensystems vorgestellt. Die Beiträge können dabei mehrfach zugeordnet sein, z. B. wenn mehrere Informationsvisualisierungssysteme in einer Studie untersucht wurden.

(1) Visualisierungstechnik: Hinsichtlich der Dimension „Informationsvisualisierungstechnik" ist festzustellen, dass *Geokarten* am häufigsten untersucht wurden (*38 Nennungen*). Wie in der Auswertung der einzelnen Beiträge zu erkennen ist (vgl. Anhang A), sind Geokarten vorwiegend für den Forschungsbereich geografische Informationssysteme und Informationsvisualisierung von Bedeutung. Dabei werden sie vor allem für die Visualisierung und die explorative Analyse geografischer und demografischer Daten eingesetzt (vgl. Gahegan et al., 2001, S. 34 und Fairbairn et al., 2001, S. 20). Geokarten werden aber auch als wichtiger Forschungsgegenstand der anderen Disziplinen bzw. Fachzeitschriften verstanden, bspw. finden sich Beträge im Journal of Human Computer Studies oder in TOP-Fachzeitschriften der Wirtschaftsinformatik wie Decision Support Systems, Information & Management und Management Information Systems Quarterly. Hier werden Geokarten überwiegend zur Datenanalyse, z. B. zur Lösung von Standortplanungsproblemen, sowie zur Suchnavigation in realen Umgebungen eingesetzt. Dies lässt die generelle Bedeutung und Dynamik von Geokarten als auch deren Querschnittscharakter erkennen. Weitere Informationsvisualisierungstechniken wie *Baum (20)*, *konzeptuelle Karte (16)* und *Graph (16)* wurden ebenfalls häufiger untersucht. Diese Informationsvisualisierungstechniken sind insbesondere für die Darstellung von Datenstrukturen und -beziehungen geeignet und finden somit vorwiegend bei der Datenanalyse und der Navigation in einem Informationsbestand Anwendung. Mit *61 Nennungen* ist die Kategorie *Sonstige* stark ausgeprägt. Das weist auf die vielfältigen Informationsvisualisierungstechniken hin, die stets entwickelt und weiter voran getrieben werden. Abbildung 3.4 zeigt die Klassifizierung auf.

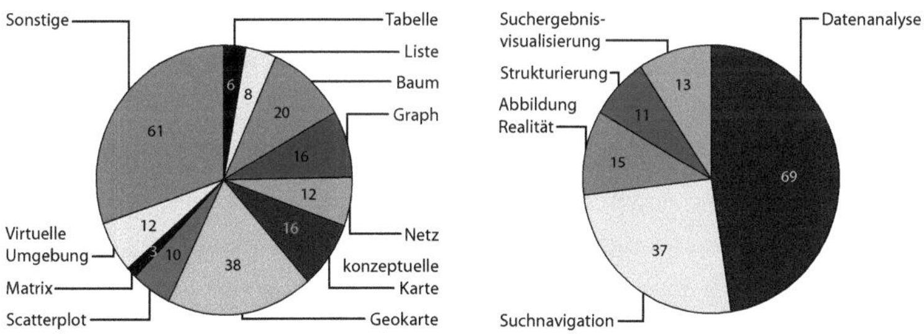

Abbildung 3.4: Klassifizierung der relevanten Literatur Dimension „Visualisierungstechnik" (links) und Dimension „Anwendungsbereich" (rechts)

(2) Anwendungsbereich: Die Analyse der Dimension Anwendungsbereich zeigt, dass die Informationsvisualisierungssysteme überwiegend für die *Analyse von Mustern, Trends und Zusammenhängen in den Daten (69 Nennungen)* eingesetzt wurden, z. B. für die Analyse sozialer Netzwerkstrukturen oder für die Lösung von Standortplanungsproblemen (vgl. Anhang A). Die Anwendung eines Informationsvisualisierungssystems zur *Suchnavigation in einem Informationsbestand*, bspw. einer Dokumentenmenge, wurde ebenfalls mehrfach untersucht (*37*). Hingegen werden Anwendungsbereiche wie die *Abbildung realer Abläufe und Beziehungen (15)*, die *Darstellung von Suchergebnissen (13)* oder die *Strukturierung und Organisation von Informationsquellen (11)* vergleichsweise wenig erforscht. Diese Häufigkeitsverteilung ist dadurch zu begründen, dass insbesondere die Datenanalyse ein wichtiger Anwendungsbereich ist und einerseits als Grundlage für die wissenschaftliche Forschung und den Erkenntnisgewinn, andererseits auch als Basis für Unternehmensentscheidungen dient. Bestrebungen zur Verbesserung der Informationssuche erklären die verstärkte Auseinandersetzung mit Informationsvisualisierungssystemen zur Navigation in einem Informationsbestand (vgl. 3.4).

(3) Theoretische Grundlagen: Eine theoretische Verortung als Grundlage für die Nutzenmessung konnte lediglich in 9 Beiträgen identifiziert werden, wobei eine oder mehrere Theorien angewendet wurden. Größtenteils wurde in den Studien die *Theorie des Cognitive Fit (7 Nennungen)* verwendet. Ein weiterer Beitrag stützt die Nutzenmessung auf Basis der *Task-Technology-Fit-Theorie (1)*. Ferner wurden *3* weitere Theorien verwendet, die unter *Sonstige* eingeordnet wurden. Insgesamt konnte jedoch für *119* Beiträge *keine theoretische Grundlage (n/a)* festgestellt werden. Da die Nutzentheorien hauptsächlich aus der Forschungsdisziplin der Wirtschaftsinformatik stammen, ist zu vermuten, dass eine Übertragung auf die Forschungsdisziplin der Informationsvisualisierung bisher nicht stattgefunden hat. Die Verwendung der Cognitive-Fit-Theorie zur Nutzenmessung von Informationsvisualisierungssystemen lässt sich dahingehend erklären, dass diese der Forschungsdisziplin Informationsvisualisierung entstammt und diese im Rahmen der Entwicklung von Informationsvisualisierungssystemen angewendet wird. Auffällig ist jedoch, dass kein Beitrag aus Fachzeitschriften der Informationsvisualisierung diese Theorie zugrunde legt. Die Theorie findet nur in Beiträgen qualitativ hochwertiger TOP-Fachzeitschriften der Wirtschaftsinformatik Anwendung. Wohlfart kritisiert, dass in den Beiträgen

generell ein Theoriebezug fehlt. Dieser Theoriebezug betrifft nicht nur die Nutzenmessung, sondern auch theoretische Grundlagen für die Entwicklung eines Informationsvisualisierungssystems. Oft wird auch kein Zusammenhang zwischen einer verwendeten Theorie und den eigentlichen Nutzerbedürfnissen an ein Informationsvisualisierungssystem hergestellt (vgl. Wohlfart et al., 2008, S. 69). Dadurch entstehen zwar technisch interessante Informationsvisualisierungssystemen, welche aber nicht die Probleme des Nutzers lösen und damit keinen erkennbaren Mehrwert liefern (vgl. Stone, 2009, S. 47). Die Einordnung der Quellen wird in Abbildung 3.5 dargestellt.

(4) Verwendete Nutzenkonstrukte: Das Vorgehen bei der Nutzenmessung besteht meist darin, gebräuchliche Konstrukte wie die *Effektivität (86 Nennungen)* oder die *Effizienz (76 Nennungen)* bei der Durchführung einer Aufgabe mittels Informationsvisualisierungssystem zu untersuchen. Dieses Ergebnis wird durch verschiedene Autoren bestätigt (vgl. Scholtz, 2011, S. 212, Plaisant, 2004, S. 111, Perer/Shneiderman, 2008, S. 268 und Golovchinsky/Belkin, 1999, S. 24). Traditionell wird in der Informationsvisualisierung die sogenannte „Usability" gemessen. Die Usability besteht aus den drei Teilaspekten Effektivität, Effizienz und Zufriedenheit (vgl. Kulyk et al., 2007, S. 16ff). Ebenso kann festgestellt werden, dass Konstrukte wie *Nützlichkeit (34)* und *Bedienbarkeit (28)* des Informationsvisualisierungssystems häufiger analysiert wurden. Diese werden vor allem in den Nutzentheorien von Davis und Venkatesh (TAM-Modelle; vgl. Abschnitt 2.4.2) als wesentliche Bestandteile des Nutzens erachtet. Die Untersuchung der Bedienbarkeit von Informationsvisualisierungssystemen wird vor allem von Softwareentwicklern präferiert, um häufige Probleme identifizieren zu können und die Benutzeroberfläche schnell zu verbessern sowie um ein größeres Verständnis bezüglich der Wahrnehmung von Layout und Terminologie seitens der Nutzer und bezüglich der Reihenfolge und Häufigkeit der durchgeführten Aufgaben zu erhalten (vgl. Shneiderman/Plaisant, 2006, S. 2). Plaisant stellt fest, dass die Analyse weiterer Konstrukte wie Nutzerzufriedenheit und Erlernbarkeit des Informationsvisualisierungssystems zunehmen (vgl. Plaisant, 2004, S. 111). Die Messung der Zufriedenheit mit dem Informationsvisualisierungssystem zur Erledigung der Aufgaben wird ebenfalls von Scholtz thematisiert (vgl. Scholtz, 2011, S. 212). Die *Nutzerzufriedenheit* wurde in der vorliegenden Auswertung ebenfalls häufiger betrachtet (*16 Nennungen*), allerdings nicht so oft wie die beiden anderen Konstrukte des „Usablity"-Konzepts. Die Messung der Erlernbarkeit eines Informations-

visualisierungssystems wurde nur bei einem Beitrag festgestellt. Weitere analysierte Konstrukte sind die *Präferenz für ein Informationsvisualisierungssystem (15)*, die *Ergebnisqualität der durchgeführten Aufgabe (7)* und die *Freude bei der Nutzung der Informationsvisualisierungssysteme (5)*. Die Häufigkeit dieser Konstrukte sind auf die konkreten Studien zurückzuführen. So wurde das Konstrukt Präferenz zum Vergleich mehrerer Informationsvisualisierungssysteme angewendet oder das Konstrukt Ergebnisqualität bei der Durchführung kollaborativer Aufgabenstellungen mit Entscheidungscharakter. Die Kategorie *Sonstige (94)* umfasst außerdem eine recht hohe Anzahl wenig verwendeter Konstrukte wie Nutzerakzeptanz, Erlernbarkeit oder Vertrauen (vgl. 3.5).

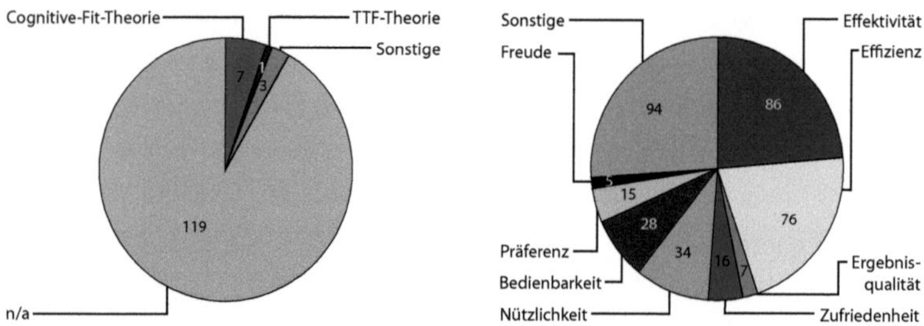

Abbildung 3.5: Klassifizierung der Literatur nach den Dimensionen „Theoretische Grundlagen" (links) und „Verwendete Nutzenkonstrukte" (rechts)

(5) Beeinflussende Faktoren: Neben der Analyse der *Informationsvisualisierungstechnik (124 Nennungen)* als beeinflussender Faktor, z. B. als einzelnes Informationsvisualisierungssystem oder zum Vergleich mehrerer verschiedener Informationsvisualisierungssysteme, wurde vor allem der Einfluss der durchzuführenden Aufgabe betrachtet. Hierbei wurden sowohl der *Grad der Schwierigkeit bzw. Komplexität (20)* als auch die *Art der konkreten Aufgabe (18)* untersucht. Die *Benutzerfähigkeiten (9)* wurden selten untersucht. Es ist zu vermuten, dass einerseits die geringe Auseinandersetzung mit diesen Einflussfaktoren auf den Erhebungsaufwand zurückzuführen ist. Mit steigender Anzahl zu untersuchender Faktoren sind größere Stichproben notwendig. Andererseits sind viele Studien eher darauf fokussiert, bestimmte Eigenschaften des Informationsvisualisierungssystems zu untersuchen, z. B. die Größe der Graphendarstellung oder die Dichte der Knoten einer Netzdarstellung. Diese je

nach Informationsvisualisierungssystem spezifischen Einflussfaktoren wurden unter *Sonstige (79)* eingeordnet (vgl. 3.6).

(6) Untersuchungseinheit: Die Ergebnisse in Abbildung 4b zeigen, dass die dominante Untersuchungseinheit das *Individuum (119 Nennungen)* ist. Lediglich *11* Beiträge analysieren den Nutzen einer *Gruppe*, was auf den konkreten Anwendungsbereich zurückzuführen ist. Der Großteil der Informationsvisualisierungssysteme unterstützt eher Aufgaben eines Individuums als kollaborative Gruppen- oder Teamarbeit. Der Einfluss auf den (wirtschaftlichen) *Nutzen eines Unternehmens* wurde dagegen nicht analysiert. Eine mögliche Begründung ist die Schwierigkeit der Zurückführung eines wirtschaftlichen Nutzens auf ein konkretes Informationssystem bzw. das Informationsvisualisierungssystem. So kann eine mit Hilfe eines Informationsvisualisierungssystems unterstützte Entscheidungsfindung nicht durch das Informationsvisualisierungssystem, sondern auch mit Informationen aus verschiedenen anderen Quellen beeinflusst werden, so dass der alleinige Einfluss des Informationsvisualisierungssystems hier schwer zu messen ist (vgl. Plaisant, 2004, S. 111). Eine Übersicht dieser Klassifikation zeigt 3.6.

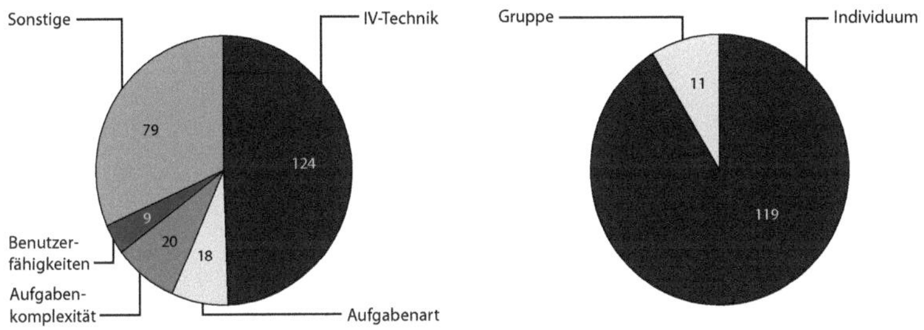

Abbildung 3.6: Klassifizierung der Literatur nach den Dimensionen „Beeinflussende Faktoren“ (links) und „Untersuchungseinheit“ (rechts)

(7) Evaluationsperspektive: Hinsichtlich der eingenommenen Perspektive bei der Nutzenmessung wurde die *Anwendersicht (121 Nennungen)* sehr häufig gewählt, da hierdurch die Eignung für die späteren Anwender geprüft werden kann. Die Wahl einer internen Perspektive ist auch durch den Anwendungsbereich des Informationsvisualisierungssystems zu begründen, z. B. Unterstützung des internen Anwenders

bei der Informationssuche oder der Analyse von Daten. Zudem ist diese Perspektive hinsichtlich der Durchführung mit relativ wenig Aufwand umzusetzen, da in vielen Beiträgen für die Stichprobe auf Studenten oder Kollegen zurückgegriffen wurde. Die Nutzung von Studenten oder Kollegen als Stichprobe sollte allerdings kritisch gesehen werden, da auf dieser Basis nur schwer generalisierbare Ergebnisse konstatiert werden können (vgl. Carpendale, 2008, S. 20). Die anderen Perspektiven wurden dagegen nur selten, z. B. *Managementperspektive (2 Nennungen)*, oder gar nicht untersucht, z. B. *IT-Personal* oder *unternehmensexterne Perspektive*, was vor allem mit dem höheren Aufwand für eine repräsentative Stichprobe begründet werden kann. Aufgrund des Zeitaufwands ist es oft schwierig, geeignete externe als auch interne Probanden z. B. Management oder Fachexperten zu finden. Die Verwendung von Studenten für diese Perspektiven ist aufgrund fehlender Kenntnisse und Erfahrungen grundsätzlich auszuschließen, was die seltene Anwendung dieser Perspektiven ebenfalls erklären könnte. Der *Multistakeholder-Ansatz* wurde von *5* Beiträgen gewählt, wobei jedoch meistens eine Vorstudie mit einer geringen Anzahl von Probanden durchgeführt wurde. Die Stichprobenproblematik ist daher zu vernachlässigen (vgl. 3.7).

Abbildung 3.7: Klassifizierung der Literatur nach den Dimensionen „Evaluationsperspektive“ (links) und „Methoden der Datenerhebung“ (rechts)

(8) Methoden der Datenerhebung: Die Auswertung der Dimension Datenerhebungsmethoden zeigt, dass hauptsächlich das *Laborexperiment (88 Nennungen)* verwendet wurde. Außerdem ist festzustellen, dass einige Beiträge zunächst *Vorstudien (27)* beschrieben haben. *Fallstudien*, *Beobachtungsstudien* und *Feldexperimente* wurden jeweils in *6* Beiträgen durchgeführt. *Interviews (3)* und *Umfragen (1)* wurden ebenfalls

nur selten angewendet. Kontrollierte Laborstudien ermöglichen es, das Potential und die Grenzen von Informationsvisualisierungssystemen nachzuvollziehen, die entwickelten Informationsvisualisierungssysteme zu verbessern und signifikante Ergebnisse zu ermitteln (vgl. Plaisant, 2004, S. 110). Die Generierung statistisch belastbarer Aussagen und die Kontrollierbarkeit von Laborstudien begründen die eher geringe Verwendung von qualitativen Studien (vgl. Carpendale, 2008, S. 40). Allerdings ist festzustellen, dass Laborexperimente um qualitative Methoden ergänzt wurden (vgl. Anhang A). So finden sich in einigen Studien Methoden zur Beobachtung, Interviews oder Befragungen, die während der Durchführung des Experiments ebenfalls eingesetzt wurden. Hierdurch kann ein besseres und realistischeres Verständnis über den Einsatz des Informationsvisualisierungssystems im Anwendungsbereich erlangt werden (vgl. Carpendale, 2008, S. 30). Weitere wenig gebräuchliche Methoden wie Inhaltsanalyse wurden unter *Sonstige (5)* eingeordnet (vgl. 3.7).

(9) Datenerfassung (Operationalisierung): Die Operationalisierung der Nutzenmessung erfolgte größtenteils über manifeste Kennzahlen wie *Zeit (78 Nennungen)* für die Aufgabendurchführung zur Messung der Effizienz sowie die *Anzahl korrekter Aufgaben oder Fehlerquote (72 Nennungen)* zur Messung der Effektivität. Diese Kennzahlen wurden bereits von verschiedenen Autoren benannt (vgl. Scholtz, 2011, S. 212, Bertini et al., 2010, S. 4442, Robinson et al., 2005, S. 247 und Plaisant, 2004, S. 111). Ebenso wurde vielfach eine subjektive Bewertung latenter Konstrukte, z. B. Zufriedenheit, Bedienbarkeit oder Nützlichkeit, mit Hilfe einer *Bewertungsskala (55)* (vorwiegend Likertskala) oder mit Hilfe von *Nutzerkommentaren (43)* vorgenommen. Weniger auftretende Operationalisierungen waren *Audio-/Videomitschnitte (13)*, *Beobachtungsnotizen (10)*, *Think-Aloud-Protokolle (9)*, *Präferenzhäufigkeit (10)* und *Präferenzrangfolge (3)*. Diese Ergebnisse lassen sich durch die bereits angesprochene seltenere Anwendung von qualitativen Erhebungsmethoden begründen. Weitere Kennzahlen, z. B. Navigationsverhalten, Anzahl von Mausklicks oder Bildschirmmitschnitte, die spezifisch je nach Konstrukt und Informationsvisualisierungssystem gemessen wurden, sind unter *Sonstiges (94)* zusammengefasst (vgl. 3.8).

(10) Datenanalyse: Zur Analyse der Daten wurde vorwiegend auf die *Varianzanalyse (61 Nennungen)* zurückgegriffen. Der *t-Test (33)*, die *deskriptive Beschreibung (20)* oder die *deskriptive Statistik (17)* wurden ebenfalls etwas häufiger genutzt. *Regressionsanalyse (3)*, *Strukturgleichungsmodellierung (2)*, *Clusteranalyse (1)*, *Faktorana-*

lyse (1) oder die qualitative *Kategorisierung (4)* wurden dagegen kaum angewendet. In vielen Beiträgen wurden Unterschiede zwischen verschiedenen Informationsvisualisierungssystemen oder zwischen Verwendung und Nichtverwendung eines Informationsvisualisierungssystems durch die Analyse mehrere Konstrukte und z. T. auch mehrere Einflussfaktoren untersucht. Die Varianzanalyse ist dafür geeignet, da sie die Analyse von Einflüssen einer oder mehrerer Variablen auf eine oder mehrere abhängige Variablen ermöglicht. Der t-Test erlaubt hingegen nur die Analyse des Einflusses einer Variable auf eine abhängige Variable. In den Vorstudien wurden die Erkenntnisse aufgrund des Erprobungscharakters dieser Methode vorwiegend deskriptiv beschrieben oder mit Hilfe deskriptiver Statistik, z. B. Mittelwert, Median und Häufigkeiten, ausgewertet. Der Kategorie *Sonstige (36)* wurden weitere, weniger häufige Verfahren wie die Diskriminanzanalyse oder sogenannte Post-hoc-Tests zugeordnet (vgl. 3.8).

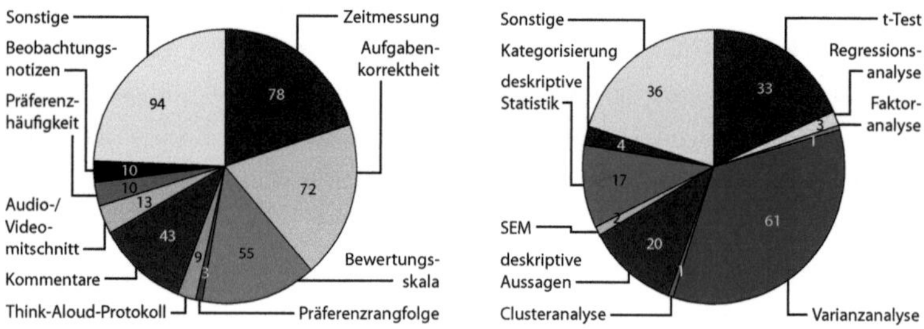

Abbildung 3.8: Klassifizierung der Literatur nach den Dimensionen „Datenerfassung“ (links) und „Datenanalyse“ (rechts)

3.5 Bewertung und Reflexion der bisherigen Forschung und Identifikation des Forschungsbedarfs

Aus der vorgenommenen Analyse und Bewertung wird in diesem Abschnitt ein Forschungsbedarf abgeleitet (*Phase 5*). Dieser Forschungsbedarf wird durch die genauere Betrachtung der Beiträge von Chan et al., Burigat/Chittaro und Malizia et al., die bereits den Einsatz von Geokarten für die Suchergebnisvisualisierung untersucht haben, weiter konkretisiert.

Die Auswertung der Beiträge hat gezeigt, dass Geokarten am häufigsten untersucht wurden. Hierbei konnte festgestellt werden, dass vorwiegend die Suchnavigation oder die Datenanalyse als Anwendungsbereich betrachtet wurden. Bei der Suchnavigation spielte allerdings weniger die Navigation in einer Dokumentenmenge, sondern eher die reale Routennavigation, z. B. in einer Stadt, eine Rolle. Ferner sind wenig Untersuchungen zum Einsatz von Geokarten für die Suchergebnisvisualisierung, die Abbildung realer Abläufe oder die Strukturierung von Informationsquellen unternommen worden. Hier besteht somit ein Forschungsbedarf, wodurch die Forschungsfrage dieser Arbeit bekräftigt werden kann. Geokarten sind demnach bezüglich des Anwendungsbereich der Suchergebnisvisualisierung im Rahmen der Informationssuche auf ihren Nutzen zu prüfen. In der Analyse konnte weiterhin festgestellt werden, dass bisher kaum eine theoriegestützte Nutzenmessung durchgeführt wurde. Vor allem die aus dem Bereich der Forschungsdisziplin der Wirtschaftsinformatik bekannten Nutzentheorien wurden (bis auf einen Beitrag) nicht angewendet. Eine Übertragung dieser Theorien auf die Forschungsdisziplin der Informationsvisualisierung ist somit bisher nicht erfolgt. Wohlfart weist darauf hin, dass in Studien zur Untersuchung von Informationsvisualisierungssystemen generell ein Theoriebezug fehlt (vgl. Wohlfart et al., 2008, S. 69). Die Verwendung theoretischer Nutzenmodelle ist dagegen in der Wirtschaftsinformatik-Forschung stärker verbreitet. Hier wird vorwiegend das DeLone/McLean Information Systems Success Modell angewendet (vgl. Urbach et al., 2009, S. 320). Eine theoriegestützte Nutzenmessung bietet die Möglichkeit, den Nutzen theoretisch begründet, strukturiert und auch umfassender zu analysieren. Durch Bezugnahme auf ein gebräuchliches Nutzenmodell können relevante Aspekte berücksichtigt werden, die ohne ein solches Modell eventuell nicht bedacht worden wären. Mit Hilfe einer Theorie können auch die zu untersuchenden Aspekte begründet eingeschränkt werden, z. B. hinsichtlich der zu analysierenden Einflussfaktoren. Bekannte und häufig angewendete Nutzenmodelle für Informationssysteme liefern zudem bereits validierte Messinstrumente. Es ist daher sinnvoll, die Anwendbarkeit theoretischer Nutzenmodelle und deren Messinstrumente für die Forschungsdisziplin Informationsvisualisierung zu prüfen und entsprechend anzupassen, um so eine rigorose Nutzenmessung zu unterstützen.

Die genaue Analyse der verwendeten Nutzenkonstrukte hat deutlich gemacht, dass aufgrund der fehlenden Theorien hauptsächlich Konstrukte wie Effektivität und Effizienz untersucht wurden. Die Untersuchung weiterer Konstrukte wie Nützlichkeit, Bedienbarkeit, Nutzerzufriedenheit oder Präferenz konnte zwar in mehreren Beiträgen nachgewiesen werden, bestätigt allerdings, dass generell keine umfassende Analyse des Nutzens vorgenommen wurde. Die Analyse weiterer Aspekte bzw. Dimensionen des Nutzens, wie sie in den Nutzenmodellen definiert sind, sollte im Rahmen der weiteren Forschung vorgenommen werden. Hierdurch kann ein viel umfassenderes und tiefgründiges Nutzenverständnis aufgebaut werden, so dass das Potential und auch die Grenzen eines Informationsvisualisierungssystems erkannt werden können. So schlagen Padda et al. bspw. vor, die Nachvollziehbarkeit seitens der Anwender hinsichtlich des verfolgten Zwecks des Informationsvisualisierungssystems stärker zu untersuchen. Nur wenn die visuell zu vermittelnden Informationen auch korrekt vom Anwender interpretiert werden, führt dies zu einem Nutzen (vgl. Padda et al., 2008, S. 84). Nach Plaisant sollte die Nutzerakzeptanz genauer analysiert werden, d. h. wie kann das Informationsvisualisierungssystem von Nutzern besser akzeptiert werden. Es ist zwar wichtig zu ermitteln, dass ein Informationsvisualisierungssystem zur Effizienz- und Effektivitätssteigerung führt, es ist allerdings wichtiger zu erkennen, wann ein Informationsvisualisierungssystem von Anwendern akzeptiert und dann auch wirklich genutzt wird (vgl. Plaisant, 2004, S. 109).

Hinsichtlich der beeinflussenden Faktoren konnte festgestellt werden, dass in vielen Beiträgen häufig nur das Informationsvisualisierungssystem untersucht wurde. Forschungsbedarf besteht jedoch auch für den Einfluss weiterer Faktoren und deren Interaktion. Gerade die Aufgabenkomplexität und der Aufgabentyp können einen Einfluss auf die Ergebnisse der Nutzenmessung haben. In Abhängigkeit von diesen Faktoren können verschiedene Nutzenergebnisse erzielt werden, so dass ein Informationsvisualisierungssystem fälschlicherweise als generell besser bewertet werden könnte (vgl. Carpendale, 2008, S. 20, Tory/Möller, 2005 und Plaisant, 2004, S. 110f). Laut Plaisant werden in vielen Studien nur einfache Aufgaben untersucht. Anwender sollten aber auch in der Lage sein, komplexe Aufgaben mit dem Informationsvisualisierungssystem durchzuführen, bspw. durch das Ausprobieren des Informationsvisualisierungssystems ohne konkret vorgegebene Aufgaben. Bei einer Informationssuche hätte der Anwender so die Möglichkeit, komplexe Suchanfragen zu formulieren oder Antworten durch exploratives Suchverhalten zu bekommen, von denen er davor noch nicht wusste, dass er danach sucht (vgl. Plaisant, 2004, S. 111). Dies würde eine realitätsnahe Forschung ermöglichen. Die Berücksichtigung der Benutzerkenntnisse und -fähigkeiten sowie weiterer in den theoretischen Nutzenmodellen enthaltenen Einflussfaktoren, z. B. Freiwilligkeit der Nutzung, subjektive Normen oder Erwartungen über den Nutzen des Informationsvisualisierungssystems, sollten ebenso Ziel einer Untersuchung sein. Wie bereits angemerkt, können dadurch falsche Priorisierungen eines Informationsvisualisierungssystems hinsichtlich ihres Nutzens vermieden werden und zudem kann der Nutzen tiefgründig analysiert werden.

Eine vielschichtige Untersuchung des Nutzens wird außerdem durch die Fokussierung verschiedener Untersuchungseinheiten und Evaluationsperspektiven erreicht. Die dominante Perspektive in den analysierten Beiträgen ist die Untersuchung des Individuums aus Anwendersicht. Der Nutzen wird folglich auf der Mikroebene, der Perspektive des späteren Anwenders des Informationsvisualisierungssystems, untersucht. Ein Forschungsbedarf ist darin zu sehen, weitere Untersuchungseinheiten und Perspektiven zu berücksichtigen, um mehrere Interessensgruppen einzubeziehen. So sollte bspw. der Nutzen für kollaborative Aufgaben im Team oder einer Gruppe sowie der Nutzen für das Unternehmen untersucht werden. Allerdings ist anzuführen, dass die Messung eines (wirtschaftlichen) Nutzens auf Unternehmensebene schwierig ist. Es gibt viele Faktoren, die den Nutzen eines Unternehmens, bspw. im Sinne einer Kostenreduzierung oder des Erhalts der Wettbewerbsfähigkeit, beeinflussen können. Auswirkungen auf den Unternehmensnutzen können somit nicht ausschließlich auf ein Informationsvisualisierungssystem zurückgeführt werden. Die Konzentration auf das Individuum als Untersuchungseinheit reduziert diese Komplexität der Nutzenmessung, so dass Auswirkungen auf den Nutzen besser nachvollzogen werden können. Bezüglich der eingenommenen Perspektive sollten neben dem Anwender weitere, z. B. Management oder IT-Personal, einbezogen werden. Hierdurch können andere Aspekte der Nutzenmessung, z. B. Performance und Wartbarkeit des Informationssystems aus Sicht des IT-Personals oder die Produktivität sowie Verhalten und Fähigkeiten der Anwender aus Sicht des Managements, analysiert werden (vgl. Grover et al., 1996, S. 183).

Ein Forschungsbedarf ist auch im Hinblick auf die verwendeten Methoden zur Datenerhebung zu erkennen. Viele der untersuchten Beiträge analysieren den Nutzen eines Informationsvisualisierungssystems mit Hilfe kontrollierter Laborexperimente. Diese sind zwar geeignet, um ein oder mehrere beeinflussende Faktoren sowie Störfaktoren hinsichtlich ein oder mehrerer abhängiger Variablen in einer kontrollierten Umgebung zu untersuchen, allerdings ermöglicht das nicht die Analyse realer, wenig kontrollierbarer und komplexer Anwendungsszenarien (vgl. North, 2006, S. 6). Viele Autoren monieren diese verstärkt quantitative Ausrichtung und fordern eine Analyse des Nutzens von Informationsvisualisierungssystemen in realen Situationen (vgl. Plaisant, 2004, S. 110, Perer/Shneiderman, 2008, S. 268, Tory/Möller, 2005, S. 8 und Carpendale, 2008, S. 30). Gerade die Analyse explorativer, wenig spezifizierter Aufgaben, z. B. Datenanalyse oder Informationssuche, erfordert die Anwendung qualitativer Methoden (vgl. Plaisant, 2004, S. 111 und Perer/Shneiderman, 2008, S. 268), z. B. Fallstudien (vgl. Plaisant, 2004, S. 112), Fokusgruppen, Expertenreviews (vgl. Tory/Möller, 2005, S. 8), Interviews oder Beobachtungen (vgl. Carpendale, 2008, S. 30 und Kang et al., 2011, S. 582). Diese wurden bereits von einigen wenigen ausgewerteten Beiträgen berücksichtigt, jedoch sollte hier noch eine stärkere Auseinandersetzung erfolgen. So können qualitative Methoden wie Beobachtung oder Interview während der Durchführung eines Laborexperiments zusätzlich eingesetzt werden (vgl. Carpendale, 2008, S. 37 und Plaisant, 2004, S. 110). Plaisant und Bertini et al. schlagen darüber hinaus die Durchführung von Langzeitstudien vor, um den Anwender über längere Zeit bezüglich seiner Nutzung des Informationsvisualisierungssystems zu beobachten. Durch die längere Beobachtung in einer realen Situation können andere Nutzenkonstrukte, z. B. Häufigkeit der Nutzung, genutzte Hilfestellungen oder Situationen der Unzufriedenheit untersucht werden (vgl. Plaisant, 2004, S. 110ff und Bertini et al., 2010, S. 4442). Die Wichtigkeit kontrollierter Laborexperimente für eine statistisch belastbare Nutzenmessung ist unbestritten (vgl. Bertini et al., 2010, S. 4442 und Carpendale, 2008, S. 25), jedoch sollten diese Ergebnisse nicht isoliert betrachtet werden. Neben der Ergänzung durch weitere qualitative Forschungsmethoden kann auch die zusätzliche Durchführung einer experimentellen Feldstudie weitere sinnvolle Erkenntnisse liefern (vgl. Morrison et al., 2011, S. 798 und Carpendale, 2008, S. 30).

Bei der Operationalisierung ist der Forschungsbedarf vor dem Hintergrund der verwendeten Datenerhebungsmethode zu sehen. Aufgrund der wenig genutzten qualitativen Methoden ist das Vorkommen entsprechender Operationalisierungen ebenso gering, z. B. Audio-/Videomitschnitte, Think-Aloud-Protokolle oder Beobachtungsnotizen. Ein Forschungspotential besteht nach Jarupathirun et al. ferner darin, die bisher vorwiegend genutzten objektiven Kennzahlen, z. B. Zeit zur Messung der Effizienz oder Aufgabenkorrektheit bzw. Fehlerquote zur Messung der Effektivität, um subjektive Kennzahlen, z. B. erwartete Effizienz und erwartete Effektivität, zu ergänzen. So ist es möglich, einen Vergleich zwischen der subjektiven Wahrnehmung eines Anwenders (erwartete Effizienz und Effektivität) und der objektiven Realität (Zeit und Aufgabenkorrektheit) vorzunehmen und mögliche Faktoren zu identifizieren, die diese Abweichungen verursachen (vgl. Jarupathirun/Zahedi, 2007, S. 945). Wie bereits dargestellt, ist ein weiterer Forschungsbedarf in der Messung des wirtschaftlichen Nutzens auf Unternehmensebene zu sehen. Allerdings besteht Unklarheit in Bezug darauf, wie dieser Nutzen quantifiziert werden kann, um eine direkte Auswirkung durch das Informationsvisualisierungssystem nachweisen zu können (vgl. Turetken/Sharda, 2007, S. 77). So liefert bspw. die Kennzahl über die Qualität einer Entscheidung keine genaue Aussage über den Einfluss eines Informationsvisualisierungssystems und damit den Nutzen. Da die Entscheidungsfindung und somit deren Qualität durch Informationen aus verschiedenen Quellen und nicht nur durch das Informationsvisualisierungssystem beeinflusst wird, ist die Messung eines Nutzens schwierig (vgl. Plaisant, 2004, S. 111).

Die Auswertung der Daten hat gezeigt, dass vorwiegend Varianzanalysen durchgeführt wurden. Ein expliziter Forschungsbedarf ist hieraus nicht ableitbar, da die gewählten Datenanalyseverfahren von der jeweiligen Forschungsfrage (explorative vs. hypothesenprüfende Forschung und Unterschiedshypothesen vs. Zusammenhangshypothesen vs. Änderungshypothesen) abhängen (vgl. Bortz/Döring, 2006), die wiederum die Methode der Datenerhebung und die Art der zu messenden Daten, z. B. quantitative Daten eines Experiments, Beobachtung, Think-Aloud-Protokoll etc., bestimmt. Ein konkreter Forschungsbedarf kann jedoch hinsichtlich der Validität der gemessenen Ergebnisse aufgezeigt werden. Perer/Shneidermann und Barkhus/Rode kritisieren die Qualität der Forschungsergebnisse vieler Studien. Häufig waren die Stichproben einer quantitativen Untersuchung nicht groß genug oder die Stichprobenzusammensetzung basierte auf der Wahl von Studenten und war bezüglich des Geschlechts nicht gleichmäßig verteilt. Das Erzielen von evidenten Ergebnisse ist daher kritisch zu sehen (vgl. Perer/Shneiderman, 2008, S. 268 und Barkhuus/Rode, 2007, S. 9ff, Hart, 2010, S. 49 und Abareshi/Martin, 2009, S. 139). Um die Validität der Ergebnisse zu erhöhen, sollten mehrere Datenquellen und Methoden der Datenerhebung verwendet werden. In sogenannten Mixed-Methods können quantitative und qualitative Daten trianguliert werden (vgl. Hart, 2010, S. 49 und Abareshi/Martin, 2009, S. 141). Die Durchführung einer Vorstudie bietet ebenfalls die Möglichkeit, die Validität und Reliabilität von Ergebnissen abzusichern, indem das Erhebungsinstrument zunächst getestet werden kann. Abareshi und Martin stellen fest, dass 55% der von ihnen analysierten Beiträge eine Vorstudie durchführten (vgl. Abareshi/Martin, 2009, S. 142).

Vorstellung der Forschungsergebnisse ausgewählter Beiträge zur Untersuchung von Geovisualisierungen

Im Folgenden werden die Beiträge von Chan et al., Burigat/Chittaro und Malizia et al. vorgestellt. In diesen Beiträgen wurden bereits Geokarten im Rahmen der Suchergebnisvisualisierung bezüglich ihres Nutzens untersucht. Die Forschungsergebnisse sollen daher genauer betrachtet werden, so dass der Forschungsbedarf weiter konkretisiert werden kann.

Chan et al., 2008:

Im Beitrag von Chan et al. (vgl. Anhang A) werden Geokarten neben weiteren anderen Informationsvisualisierungstechniken zu Darstellung von Wikipedia-Daten genutzt. Die Autoren führten eine Vorstudie (7 Probanden) durch mit dem Ziel, die Bedienbarkeit qualitativ zu messen. Hierbei konnten alle von den Autoren aufgeführten Aspekte zur Bedienbarkeit positiv nachgewiesen werden, u. a. Erlernbarkeit, Nutzbarkeit, Systemantwortzeit, Unterstützung beim Verständnis und bei der Analyse verschiedener Daten. Probleme ergaben sich hauptsächlich beim Umgang mit Wikipedia. Einige Probanden hatten Schwierigkeiten bei der Suche nach geeigneten Daten (z. B. Datentabellen eines Wikipedia-Artikels) zur Visualisierung oder bei der Navigation zu einem entsprechenden Wikipedia-Artikel. Ebenso verursachte eine inkorrekte Extraktion komplexer Datentabellen eines Wikipedia-Artikels Schwierigkeiten bei der Visualisierung. Die Autoren stellten fest, dass alle Probanden in der Lage waren, ihre Suchanfragen zu formulieren und zu verfeinern, wobei einige Probanden das jedoch nicht so wahrnahmen. Zeitweise zeigten einige Probanden eine sogenannte "Änderungsblindheit", d. h. sie konnten nicht erkennen, ob geänderte einzelne Suchbegriffe oder ganze Suchanfragen zu anderen visualisierten

Daten führten. Einige Probanden schlugen vor, dass die Visualisierungen auch mit anderen geteilt oder annotiert werden sollten (vgl. Chan et al., 2008). Zu kritisieren ist, dass die Ergebnisse dieser Vorstudie lediglich als erste Eindrücke betrachtet werden können. Darüber hinaus fand keine gesonderte Analyse der einzelnen Informationsvisualisierungstechniken und damit der Geokarten an sich statt. Das Visualisierungssystem wurde als Ganzes betrachtet und analysiert. Ebenso wurde die Art der Nutzenmessung nur eingeschränkt angewendet. Einerseits wurde kein theoretisch fundiertes Nutzenmodell verwendet und andererseits wurde das verwendete Konstrukt Bedienbarkeit nicht theoretisch begründet und dessen Bestandteile und deren Zusammenhänge nicht hergeleitet und erläutert. Aussagen über den Nutzen von Geokarten sind somit nur schwer zu treffen.

Burigat/Chittaro, 2008:
Burigat und Chittaro analysieren den Einsatz von Geokarten zur Visualisierung im Tourismusbereich auf mobilen Endgeräten, z. B. für die Hotel- oder Restaurantsuche. In einem Laborexperiment (15 Probanden) prüfen sie den Einfluss von drei Visualisierungsvarianten auf die Konstrukte Effektivität, Effizienz, Nützlichkeit und Zufriedenheit. Die drei geprüften Varianten unterscheiden sich nicht bezüglich des Informationsvisualisierungssystems (alle drei verwenden Geokarten), sondern bezüglich zusätzlicher Visualisierungselemente auf der Geokarte, z. B. Darstellung eines farblichen Balkens zu jedem Suchergebnis, welcher durch Farbcodierung angibt, inwieweit dieser Treffer relevant ist (Variante 2). Eine andere Alternative (Variante 3) ist die Nutzung kleiner, farbiger Boxen, um zu zeigen, welches Suchattribut erfüllt wurde. Jede Box ist dabei einem Suchattribut, z. B. Anzahl Sterne des Hotels oder Restaurants, zugeordnet. Die in Variante 1 benutzte Geokarte enthält keine zusätzlichen Visualisierungselemente. Die Ergebnisse der Untersuchung zeigen, dass die verschiedenen Varianten je nach Aufgabenkomplexität mehr oder weniger geeignet sind. Hinsichtlich der Effizienz konnte bei Durchführung einfacher Aufgaben ein signifikanter Effekt bei Variante 1 festgestellt werden. Jedoch wurden hier mehr Fehler gemacht. Variante 2 und 3 verursachten weniger Fehler. Wenn eine große Anzahl an Suchresultaten visualisiert wird, erhöht sich aber der Zeitaufwand für diese Varianten. Die erhobene Kennzahl Anzahl von Benutzeraktionen zeigt ebenso einen signifikanten Anstieg bei der Verwendung von Variante 1 für komplexe Suchaufgaben. Das am Ende durchgeführte Nutzerfeedback erfasst Angaben zur Nützlichkeit

und Präferenz. Obwohl keine signifikante Präferenz nachgewiesen werden konnte, wurde festgestellt, dass mehr als die Hälfte der Probanden Variante 1 (ohne Visualisierungselemente) bevorzugt (vgl. Burigat/Chittaro, 2008). Die Ergebnisse dieses Beitrags sind ebenfalls nur eingeschränkt zu betrachten. Die Autoren analysieren nicht die Geokarte als Informationsvisualisierungstechnik an sich, sondern verschiedene zusätzliche Visualisierungselemente auf der Geokarte. Dabei wird kein theoretisches Nutzenmodell verwendet und auch keine Zusammenhänge zwischen den vorgeschlagenen Konstrukten hergestellt. Darüber hinaus ist die Aussagekraft der Ergebnisse aufgrund der kleinen Stichprobe aus Studenten zu kritisieren.

Malizia et al., 2011:
Malizia et al. stellen in ihrem Beitrag ein webbasiertes, geografisches Katastrophenmanagementsystem vor, das sowohl privaten Nutzern als auch Fachexperten ermöglicht, Informationen (vorwiegend Fotos) über Unfälle und Katastrophen zu suchen und visuell darzustellen. Das System bietet neben räumlich-zeitlichen Suchfunktionen und der visuellen georeferenzierten Repräsentation der Suchergebnisse auch Empfehlungsfunktionen und ein Storyboard an. Die Autoren führten zunächst eine Analyse der Bedienbarkeit des Prototyps mit Hilfe einer Expertenevaluation durch. Hierzu schätzten 12 Experten die Bedienbarkeit des Prototyps anhand von theoretisch begründeten Bedienbarkeitsprinzipien, u. a. Flexibilität, Konsistenz, Erlernbarkeit, minimale Speicherbelastung und Nutzeranleitung ein. Die Experten notierten zu jedem Prinzip aufgetretene Probleme und auch positive Aspekte. Der Prototyp wurde dann diesbezüglich verbessert. In einem anschließendem Laborexperiment (34 Probanden) erfolgte die kontrollierte Untersuchung des Systems. Hierzu wurden verschiedene Aufgaben mit unterschiedlichem Komplexitätsgrad in Kombination mit dem System und deren Einfluss auf die Bedienbarkeit und Effektivität untersucht. Die Messung erfolgte mittels einer subjektiven Einschätzung durch die Probanden auf einer 5-stufigen Likertskala. Das Katastrophenmanagementsystem wurde zunächst allgemein bezüglich seiner Bedienbarkeit bewertet. Hierbei konnte festgestellt werden, dass sowohl die Benutzeroberfläche, die Art der Informationsdarstellung und die Qualität des Tutorials als positiv wahrgenommen wurden. Das Systemverhalten wurde negativ gesehen. Für weitere Aspekte wie Komfort, Antwortzeit und Funktionalitäten des Systems sowie Vollständigkeit der Informationen konnte keine eindeutige Aussage abgeleitet werden. Anschließend erfolgte die Be-

wertung hinsichtlich der erzielten Effektivität bei Durchführung der verschiedenen Aufgaben. Hier konnten für alle Aufgaben positive Effekte festgestellt werden. Lediglich bei der Aufgabenstellung mit mittlerer Komplexität wurde die Einfachheit des Systems als negativ eingestuft, die Effektivität konnte jedoch trotzdem festgestellt werden. Zuletzt erfolgte eine allgemeine Bewertung der Bedienbarkeit des Systems zur Durchführung aller Aufgaben. Die Antworten zeigten ebenfalls ein positives Bild, z. B. hinsichtlich Einfachheit der Nutzung, Integration aller Funktionalitäten, Durchführbarkeit der Aufgaben und Systemkomplexität. Aussagen zur Nützlichkeit, Auffindbarkeit von Informationen und zukünftigen Nutzung konnten nicht abgeleitet werden (vgl. Malizia et al., 2011). Insgesamt sind auch die Ergebnisse dieser Studie nur eingeschränkt zu berücksichtigen. Einerseits wurde das Katastrophenmanagementsystem als Ganzes untersucht und nicht mit dem Fokus auf die Informationsvisualisierungstechnik. Andererseits erfolgte die Untersuchung nur auf Basis einer kleinen Stichprobe und der Auswertung mittels deskriptiver Statistik (Häufigkeiten, Mittelwert), so dass keine evidenten Aussagen bezüglich des Nutzens getroffen werden können. Es kann somit nur ein ungefährer Eindruck des Nutzens von Geokarten aufgezeigt werden. Darüber hinaus wenden die Autoren ebenfalls kein theoretisches Nutzenmodell an und definieren nicht die zugrunde gelegten Konstrukte Effektivität und Bedienbarkeit.

3.6 Zusammenfassung

Das Kapitel lieferte einen Überblick über den aktuellen Stand der Forschung zur Nutzenmessung von Informationsvisualisierungssystemen. Mit Hilfe einer systematischen Literaturanalyse konnten insgesamt 128 relevante Beiträge aus verschiedenen Fachzeitschriften (u. a. 13 TOP-Fachzeitschriften der Wirtschaftsinformatik, 12 Fachzeitschriften für Wissensmanagement, 5 Fachzeitschriften für Informationsvisualisierung und Computergrafik) identifiziert und ausgewertet werden. Die Beiträge wurden dabei durch ein zuvor entwickeltes Kategoriensystem klassifiziert und strukturiert ausgewertet. Die Ergebnisse dieser Auswertung zeigten, dass:

- Geokarten als Informationsvisualisierungssystem am häufigsten untersucht wurden und dass der Anwendungsbereich überwiegend die Analyse von Mustern,

Trends und Zusammenhängen oder die Suchnavigation betrifft (Fokus der Studie),

- wenig theoretische Grundlagen im Sinne eines Nutzenmodells zur Nutzenmessung angewendet wurden und dass hauptsächlich die Konstrukte Effektivität und Effizienz und das Informationsvisualisierungssystem als beeinflussender Faktor untersucht wurden (Umfang der Studie),

- das Informationsvisualisierungssystem häufig auf individueller Ebene durch Einnahme der Anwenderperspektive analysiert wurden (Untersuchungseinheit und Evaluationsperspektive),

- die Datenerhebung vorwiegend durch ein Laborexperiment erfolgte, wobei häufig objektive Kennzahlen zur Zeitmessung (Effizienz) und zur Messung der Anzahl korrekter Aufgaben bzw. Fehlerrate (Effektivität) genutzt wurden (Datenerhebung und Operationalisierung),

- aufgrund des Forschungsvorgehens vor allem eine Varianzanalyse durchgeführt wurde (Datenanalyse).

Als wichtigstes Ergebnis konnte festgestellt werden, dass trotz vorliegender Teilergebnisse noch viele offene Fragen bestehen, aus denen sich folgender Forschungsbedarf ableitet:

- Untersuchung von Geokarten für den Anwendungsbereich der Suchergebnisvisualisierung und Suchnavigation im Sinne der vorgestellten Forschungsfrage der Arbeit

- Anwendung theoretischer Nutzenmodelle zur strukturierten, umfangreichen und vor allem theoretisch begründeten Nutzenmessung und damit einhergehend die Untersuchung weiterer Aspekte des Nutzens (z. B. Bedienbarkeit, Nützlichkeit) und der Einflussfaktoren (z. B. Aufgabentyp, Aufgabenkomplexität, Benutzerfähigkeiten, kognitive Belastung)

- Analyse weiterer Perspektiven (z. B. Management, IT-Personal) und Untersuchungseinheiten (z. B. Gruppe oder Organisationsebene)

- Neben der Verwendung quantitativer Verfahren zur Gewährleistung kontrollierter und evidenter Untersuchungen sind ebenso qualitative Studien für die Analyse realer, wenig kontrollierbarer und komplexer Anwendungssituationen bspw. mittels Fallstudien, Interviews oder Beobachtungen durchzuführen, wodurch der Einsatz qualitativer Messgrößen zur Datenerfassung notwendig wird (z. B. Think-Aloud-Protokolle, Beobachtungsnotizen, Audio- und Videomitschnitte)
- Vergleich subjektiver und objektiver Kennzahlen, um weitere Einflussfaktoren und Zusammenhänge zu erkennen (vgl. Jarupathirun/Zahedi, 2007, S. 945)
- Verbesserung der Validität und Reliabilität der Forschungsergebnisse z. B. durch Auswahl geeigneter Stichproben, Durchführung von Vorstudien oder Triangulation mehrerer Datenquellen

Dieser aufgezeigte Forschungsbedarf erlaubt einerseits die Bekräftigung der bereits motivierten Forschungsfrage zum Einsatz von Geokarten bei der Informationssuche und deren konkreter Nutzenmessung (vgl. 1). Andererseits wird dadurch das Forschungsvorgehen dieser Arbeit wesentlich beeinflusst. Die Wahl eines theoretischen Nutzenverständnisses bzw. eines Nutzenmodells sowie einer Bewertungsperspektive ist essentiell für die Hypothesenbildung (vgl. 4.3), die Operationalisierung und letztendlich das Experimentdesign (vgl. 6.1). Die Erkenntnisse hinsichtlich der Datenerhebungsmethoden sowie der Validität und Reliabilität von Forschungsergebnissen sind ebenfalls zu berücksichtigen (vgl. 7.1).

Die Ergebnisse dieser Literaturanalyse unterliegen allerdings einigen Einschränkungen. Die Analyse basierte nur auf ausgewählten Fachzeitschriften, die vorwiegend aus dem amerikanischen Raum stammen. Hierdurch könnten wichtige Beiträge versäumt worden sein. Eine weitere Einschränkung betrifft die Suchbegriffe. Da mit Hilfe vordefinierter Suchbegriffe in Datenbanken und auf Webseiten der Fachzeitschriften gesucht wurde, könnten relevante Beiträge, die diese Begriffe nicht beinhalten, ebenfalls verpasst worden sein. Ferner basiert die Kategorisierung der Beiträge auf der subjektiven Bewertung des Autors. Eine parallele Kategorisierung eines weiteren oder mehrerer Forscher könnte die Reliabilität und Validität der Einordnung erhöhen (vgl. Urbach et al., 2009, S. 322).

Kapitel 4

Hypothesen und Forschungsmodell

Wie die Auswertung der Literatur im vorangegangenen Kapitel ergab, wurden Informationsvisualisierungssysteme bisher kaum mit Hilfe von theoretisch fundierten Nutzenmodellen bzw. einer Nutzentheorie untersucht. Nur eine Studie verwendete das Task-Technology-Fit Modell und sieben Studien benutzten die Cognitive-Fit-Theory als Grundlage für die Nutzenmessung. Die Verwendung eines theoretisch begründeten Nutzenmodells ermöglicht es einerseits, verschiedene Aspekte des Nutzens zu erfassen und verschiedene Einflussfaktoren zu berücksichtigen, andererseits kann durch ein Nutzenmodell resp. die Nutzentheorie eine wissenschaftlich fundierte und stringente Nutzenmessung und Analyse auf der Basis bereits erforschter und validierter Einflussfaktoren und Wirkungsbeziehungen vorgenommen werden. Nach Hevner et al. (2004) dienen Theorien in der Forschung der Wirtschaftsinformatik zur Erklärung und Vorhersage von organisationalem und menschlichem Verhalten mit Bezug zur Analyse, Entwicklung, Implementierung, Management und Nutzung von Informationssystemen. Das Ziel eines performanten und nützlichen Informationssystems liegt demnach in der Berücksichtigung der Wechselwirkungen zwischen Mensch, Organisation und Technologie. Theorien bilden dabei eine wichtige Basis für die Entwicklung und Evaluation eines Informationssystems (vgl. Hevner et al., 2004, S. 76).

In Abschnitt 4.1 wird ein theoretisches Nutzenmodell zur Evaluation der Geovisualisierung ausgewählt. Abschnitt 4.2 beschreibt den Einfluss der Informationsvisualisierung auf die Informationssuche. Es ist anzunehmen, dass die Visualisierungstechnik den Nutzen eines Suchsystems beeinflusst. Hierbei dient die Cognitive-Fit-Theorie nach Vessey/Galletta (1991) als wesentlicher Erklärungsansatz. Bei der Informationssuche lassen sich zwei Phasen identifizieren, die durch eine Visualisierung beeinflusst werden können, die Phase der Anfrageformulierung und die Phase der Ergebnisdarstellung (vgl. 2.2.5). Neben diesen zwei wesentlichen Einflüssen sind darüber hinaus zwei weitere Faktoren, sogenannte Störfaktoren, zu untersuchen. Die kognitive Belastung und die kognitive Motivation haben nach den Theorien von Cacioppo et al. (1986) sowie Paas et al. (2003) einen Einfluss auf die Performanz des Suchvorgangs (vgl. Cacioppo et al., 1986 und Paas et al., 2003). Dadurch kann eine Verzerrung der eigentlichen Effekte, die durch die Visualisierung verursacht werden, eintreten. In Abschnitt 4.3 werden auf Basis des gewählten Nutzenmodells und der vorgestellten Einflussfaktoren Hypothesen formuliert. Diese Hypothesen bilden die Grundlage für die Überprüfung der dieser Arbeit zugrunde liegenden Forschungsfrage. Sie sind dann mit Hilfe anhand der experimentellen Untersuchungsergebnisse zu falsifizieren (vgl. 7). Zuletzt erfolgt im Abschnitt 4.4 eine Zusammenfassung der getroffenen Hypothesen durch die Abbildung in einem Forschungsmodell.

4.1 Auswahl eines theoretischen Modells zur Nutzenmessung

Ausgangspunkt für die Überprüfung der Forschungsfrage ist die Auswahl einer geeigneten Nutzentheorie bzw. eines Nutzenmodells. Nach Hevner et al. (2004) beschreibt und erklärt ein Nutzenmodell das menschliche Verhalten bezüglich der Verwendung eines Informationssystems in einem organisatorischen Kontext (vgl. Hevner et al., 2004, S. 77ff). Dieses Wissen über Verhaltenstheorien und bisherige empirische Forschungsarbeiten dient als Grundlage für die Entwicklung und Bewertung von Informationssystemen. In den Nutzenmodellen werden außerdem Metriken definiert, die zur Bewertung eines Informationssystems verwendet werden können. Die Bewertung und Analyse des Nutzens eines Informationssystems liefert wiederum Anhaltspunkte für die Theorieentwicklung. Dadurch wird die von Hevner et al. (2004) dargelegte Untrennbarkeit der beiden Forschungsparadigmen „Behavioural Science“ und „Design Science“ deutlich (vgl. Hevner et al., 2004, S. 87ff). Anhand eines geeigneten Nutzenmodells soll im Rahmen dieser Arbeit der Nutzen der Geovisualisierung analysiert und erklärt werden. Hierzu muss die Entscheidung getroffen werden, welche Sichtweise auf den Nutzen zur Bewertung der Geovisualisierung gewählt werden soll. Häufig werden im Bereich der Evaluation von Informationssystemen drei Bereiche untersucht. Dazu zählen die Nutzerakzeptanz, der individuelle Nutzen, z. B. der wahrgenommene Nutzen, und der Beitrag zum Unternehmenserfolg, was einem organisatorischen Nutzen entspricht (vgl. Wilde, 2008, S. 89 und Hevner et al., 2004, S. 77). Da der Nutzenbegriff, wie bereits in 2.4.1 ausführlich erläutert, ein komplexes Konstrukt ist, das verschiedene Ebenen (Individuum, Gruppe, Organisation, System) umfasst und durch verschiedene Kriterien wie Verhalten, Wahrnehmung und Wirtschaftlichkeit beeinflusst wird, ist es nicht trivial, diesen zu messen (vgl. Molla/Licker, 2001). Das Einbeziehen mehrerer Nutzendimensionen ist sinnvoll. Daher wurde das aktualisierte Nutzenmodell von DeLone/McLean (2003) ausgewählt (vgl. 2.4.2). Das Modell definiert den Nutzenbegriff auf verschiedenen, sich beeinflussenden Ebenen. Dadurch ist eine umfangreiche Bewertung und Analyse des Verhaltens und des Nutzens möglich. Modelle wie das Cognitive-Fit-Modell, TAM, UTAUT, SERVQUAL, EUCS oder UIS erfassen den Nutzen nur sehr eingeschränkt, z. B. nur die Zufriedenheit, die Servicequalität, die Performanz bzw. Nettonutzen oder die Nutzungsabsicht und die tatsächliche Nutzung. Ferner wird in vielen Modellen der Beitrag zum Unternehmenserfolg ausgeschlossen (vgl. 2.4). Die Adoptions-/Diffusionstheorie definiert darüber hinaus keine Wirkungszusammenhänge und Abhängigkeiten zwischen den einzelnen Phasen und den Einflussfaktoren. Die Aussagekraft dieser Theorien zum Verständnis des Nutzens und der beeinflussenden Faktoren ist daher eingeschränkt. Das DeLone/McLean-Modell (2003) ist aufgrund seines komplexen Nutzenbegriffs und der verschiedenen Analyseebenen gut geeignet, um eine umfassende Nutzenmessung durchzuführen und um die bisher nur geringe Verbreitung von Visualisierungstechniken im Rahmen der Informationssuche nachvollziehen zu können (vgl. Plaisant, 2004). Darüber hinaus ermöglicht der im Modell vorhandene Bezug zum organisatorischen Nutzen eine Nutzenmessung auf organisatorischer Ebene. Dies erlaubt einem Unternehmen die Rechtfertigung für eine Investition in ein derartiges Informationssystem.

Ein weitere Begründung für die Auswahl des Modells ist, dass die im Modell aufgestellten Zusammenhänge bereits durch eine Vielzahl an empirischen Studien geprüft und validiert wurden (vgl. DeLone/McLean (2003) und Petter et al. (2008). Darüber hinaus gibt es validierte und konsistente Messinstrumente, die verwendet werden können, um die einzelnen Nutzendimensionen zu messen. Das Modell wurde bereits für verschiedene Arten von Informationssystemen angewendet u. a. Entscheidungsunterstützende Systeme (vgl. Bharati/Chaudhury, 2004; Lee et al., 2006 und Moreau, 2006), E-Commerce Systeme (vgl. Ahn et al., 2004; Garrity et al., 2005 und Sharkey et al., 2010), webbasierte Systeme (vgl. McKinney et al., 2002; Yi/Jiang, 2007 und Negash et al., 2003) oder Wissensmanagementsysteme (vgl. Wu/Wang, 2006; Kulkarni et al., 2007 und Jennex/Olfman, 2003).

Das DeLone/McLean-Modell (2003) ist das aktuell dominante Nutzenmodell im Bereich der Wirtschaftsinformatik-Forschung. Dies rechtfertigt eine Verwendung im Vergleich zum ebenfalls komplexen, validierten und damit geeigneten TTF-Modell von Goodhue/Thompson (1995). Eine Übertragung des Nutzenmodells auf das Forschungsgebiet der Informationsvisualisierungssysteme, die eine spezielle Art von Informationssystemen darstellen, ist daher sinnvoll. Folglich werden die Hypothesen zur Nutzenmessung der Geovisualisierung auf Basis des DeLone/McLean (2003) abgeleitet.

4.2 Einfluss der Informationsvisualisierung

Die Informationsvisualisierung unterstützt den Nutzer bei der Wahrnehmung und der Bewusstmachung von Informationen, indem Informationen durch eine bestimmte Art und Weise manipuliert werden können (vgl. Card et al., 1999, S. 7). Eine Visualisierung repräsentiert somit nicht nur Informationen, sondern stimuliert auch die Nutzerinteraktion. Die Informationsvisualisierung sollte im Rahmen der Informationssuche bei der Phase der Anfrageformulierung und Reformulierung sowie der Phase der Ergebnisdarstellung eingesetzt werden (vgl. Landwich et al., 2009, S. 392 und Shneiderman/Plaisant, 2010, S. 538ff). In der Phase der Frageformulierung muss der Benutzer zur Erreichung seines Suchziels geeignete Stichwörter oder Suchkriterien anhand seines Wissens formulieren und diese in eine geeignete Anfrage an das Suchsystem übertragen. Ziel ist es, die Informationsmenge resp. Alternativenmenge sinnvoll einzuschränken. Die Suchanfrage erfolgt durch die Eingabe der Stichwörter oder durch die Verwendung einer vorgegebenen Suchmaske bzw. Menüstruktur (vgl. Hessel, 2009, S. 32). Die präzise Formulierung der Suchanfrage ist meistens schwierig, da der Benutzer aufgrund fehlenden Wissens über den Suchbereich die Anfrage nur unpräzise formulieren kann und kein Wissen darüber hat, wie die Informationen im System abgespeichert sind, um diese finden zu können (vgl. Smyth/Balfe, 2006, S. 166; Belkin et al., 1993, S. 330 und Salton/Buckley, 1990, S. 288). Die Informationsvisualisierung kann helfen, das Wissen über den Suchbereich und die Speicherung im System zu fördern und so zu einer präziseren Anfrageformulierung führen. Benutzeroberflächen von Suchsystemen sind demnach so zu gestalten, dass diese die Formulierung und Reformulierung von Suchanfragen adäquat unterstützen. Hierdurch werden die Ergebnisse der Suche verbessert (vgl. Wildemuth, 2006, S. 825).

In der Phase der Ergebnisdarstellung wertet der Benutzer die Ergebnisse hinsichtlich der Anzahl und der Anordnung aus. Bei einer großen Treffermenge muss er die Ergebnisse nach ihrer Relevanz bewerten. Zunächst werden alle Treffer oberflächlich betrachtet. Der Nutzer entscheidet, welche Treffer genauer analysiert werden und ob die Suchanfrage angepasst und wiederholt werden muss. Die selektierten Treffer werden schließlich detaillierter geprüft, indem diese gelesen, verglichen und mit dem vorhandenen Wissen verknüpft werden, so dass eine Entscheidung getroffen werden kann (vgl. Hessel, 2009, S. 33 und Drobne/Lisec, 2009, S. 460). Bei großen Treffer- bzw. Informationsmengen tritt häufig das Phänomen der Informationsüberflutung auf (engl.: Information Overload), so dass der Benutzer nur die ersten angezeigten Suchtreffer betrachtet mit dem Resultat, weitere relevante Informationen zu verlieren (vgl. Jansen et al., 2000, S. 214 und Koutrika/Ioannidis, 2005, S. 44). Die Informationsüberflutung bzw. kognitive Belastung kann durch die Informationsvisualisierung reduziert werden, da nicht mehr hauptsächlich die kognitiven Informationsverarbeitungsprozesse eingesetzt werden, sondern zusätzlich sensorische kognitive Prozesse, wodurch die Informationen besser verstanden werden können (vgl. Taylor et al., 2007, S. 2). Mit dem sogenannten „Information Seeking Mantra" nach Shneiderman, welches mehrere Prinzipien zu Visualisierungsfunktionalitäten vorgibt (vgl. 2.2.3), wird die Informationsüberlastung durch die Möglichkeiten der übersichtlichen Visualisierung der gesamten Treffermenge und gleichzeitig der detaillierten Darstellung einzelner Treffer weiter reduziert (vgl. Schmutz et al., 2009 und Shneiderman, 1996, S. 336ff). Ein Benutzer kann daher die Informationen, die er für eine Entscheidung benötigt, einfacher spezifizieren (vgl. Kulviwat et al., 2004, S. 248).

Eine interaktive Suche mit den Möglichkeiten zur Repräsentation von Informationen, zum Filtern und Vergleichen der Suchergebnisse kann die Informationssuche verbessern und zu schnelleren Entscheidungen führen. Allerdings ist nicht jede Visualisierungstechnik für alle Aufgaben zur Analyse von Daten geeignet. Koua et al. (2006) untersuchten verschiedene Visualisierungstechniken für die Aufgabentypen nach Wehrend/Lewis (1990)[24] und konnten Unterschiede bezüglich der Effektivität, Effizienz, Zufriedenheit, Bedienbarkeit, Verständlichkeit und Präferenz feststellen (vgl. Koua et al., 2006, S. 437ff). Diese Annahme wird auch durch die Cognitive-Fit-Theorie getroffen. Vessey/Galletta (1991) beschreibt mit der „Cognitive-Fit-Theorie“ die Eignung einer Visualisierung als Übereinstimmung eines zu lösenden Problems (z. B. eine Suchaufgabe) mit dessen Repräsentation resp. Darstellung. Der Nutzer erzeugt auf Basis des Problems und der Repräsentation eine kognitive Repräsentation, aufgrund derer er wiederum bestimmte Verarbeitungsprozesse zur Problemlösung anwendet. Gibt es eine Übereinstimmung, werden Lösungsprozesse angewendet, welche zu einer effektiveren und effizienteren Lösungsperformanz führen (vgl. Vessey/Galletta, 1991, S. 220ff). Gibt es keine Übereinstimmung, ist ein höherer kognitiver Aufwand notwendig, um die Informationen zu verstehen und zu verarbeiten, so dass die Performanz reduziert wird. Vessey konnte feststellen, dass räumliche Repräsentationen (z. B. Graphen, Diagramme etc.) gut für die Lösung räumlicher Probleme (z. B. Erkennen von Beziehungen in den Daten) und symbolische Repräsentationen (z. B. Tabellen), gut für die Lösung symbolischer Probleme (z. B. die Analyse der Bedeutung von Datenwerten) geeignet sind (vgl. Vessey/Galletta, 1991, S. 225ff). Die Lösung symbolischer Probleme erfolgt durch die Analyse der Bedeutung der Datenwerte, während zur Lösung räumlicher Probleme ganzheitliche und intuitive Wahrnehmungsprozesse stattfinden (vgl. Dennis/Carte, 1998, S. 197). Räumliche Repräsentationen sind somit besser für räumliche Probleme geeignet und symbolische Repräsentationen für symbolische Probleme. Dieser Cognitive-Fit resultiert in einer erhöhten Performanz und damit einem höheren Nutzen für den Be-

[24] Zu den Aufgabentypen gehören u. a. das Identifizieren, Unterscheiden, Kategorisieren und Clustern von Objekten oder das Erkennen von Beziehungen zwischen Objekten (vgl. Wehrend/Lewis, 1990)

nutzer. Die Cognitive-Fit-Theorie wird daher herangezogen, um die Auswirkungen verschiedener Visualisierungstechniken auf die Performanz zu erklären. Sie ergänzt damit die Nutzentheorie von DeLone und McLean, die aufgrund des umfangreichen Nutzenbegriffs und dessen Messung ausgewählt wurde.

Aufgaben mit geografischem Bezug sollten mit Hilfe einer Geovisualisierung bearbeitet werden. Geographische, interaktive Visualisierungen helfen, räumliche Daten zu erforschen, zu verstehen, Lösungen zu entwickeln und darauf basierend Wissen aufzubauen und zu kommunizieren (vgl. Nöllenburg, 2007, S. 257; MacEachren/Taylor, 1994, S. 8 und Kraak, 2003, S. 391). Durch die Stimulation des visuellen Denkens unterstützt die Geovisualisierung die Suche nach Mustern, Trends und Beziehungen in räumlichen Daten (vgl. Koua/Kraak, 2004 und Kraak, 2003, S. 391). Dies führt zu einem größeren Nutzen für den Benutzer (vgl. Smelcer/Carmel, 1997, S. 406; Dennis/Carte, 1998, S. 200 und Jo/Ryu, 2010).

Insgesamt kann angenommen werden, dass die erfolgreiche Informationssuche von der Unterstützung durch das Informationsvisualisierungssystem in der Phase der Anfrageformulierung und Reformulierung sowie der Phase der Ergebnisdarstellung abhängig ist und dass verschiedene Visualisierungstechniken einen unterschiedlichen Nutzen für die Informationssuche bieten. Die Geovisualisierung sollte dabei im Kontext eines geografischen Suchproblems zu einem höheren Nutzen führen.

4.3 Theoretische Hypothesen

Im Folgenden werden die Nutzendimensionen des DeLone/McLean (2003) vorgestellt. Dazu wird aufgezeigt, welchen Effekt die Geovisualisierung auf die einzelnen Nutzendimensionen haben kann. Hieraus werden schließlich Hypothesen abgeleitet, die als Grundlage für die Beantwortung der Zielstellung dieser Arbeit dienen.

4.3.1 Systemqualität und Informationsqualität

Die System- und die Informationsqualität werden im Nutzenmodell als die verursachenden Nutzendimensionen angeführt, die zur Messung des Nutzens von Informationssystemen analysiert werden müssen. Sie beeinflussen einzeln und gemeinsam die weiteren Nutzendimensionen „Nutzungsabsicht" und „Zufriedenheit" (vgl. DeLone/McLean, 1992, S. 83ff). Beide Qualitätsmerkmale sind daher als kritisch für den Nutzen eines Informationssystems zu sehen (vgl. DeLone/McLean, 1992, S. 83ff; McKinney et al., 2002, S. 297ff und Zhang et al., 2000, S. 173).

Die Systemqualität wird von DeLone/McLean (1992) auf Basis der Theorien von Shannon/Weaver (1949) und Mason (1978) definiert. Sie beschreibt den technischen Nutzen (vgl. Shannon/Weaver, 1949, S. 4) bzw. die Performanz eines Informationssystems zur Produktion von Informationen (vgl. Mason, 1978, S. 219ff). Zur Messung der Systemqualität werden verschiedene Aspekte wie die Genauigkeit, Flexibilität, Antwortzeit, Benutzbarkeit, Zuverlässigkeit (vgl. DeLone/McLean, 1992) sowie die Bedienbarkeit, Verfügbarkeit und Anpassbarkeit eines Informationssystems betrachtet (vgl. DeLone/McLean, 2003). Häufig wird in empirischen Studien jedoch nur die wahrgenommene Bedienbarkeit (engl.: Ease of use) erfasst und das multidimensionale Konstrukt „Systemqualität" somit auf einen einzelnen Aspekt reduziert (vgl. Petter et al., 2008, S. 243). Eine Begründung für dieses Vorgehen ist, dass die Bedienbarkeit auch ein wesentlicher Bestandteil anderer Nutzentheorien ist und daher bereits validierte Messinstrumente existieren. Die Bedienbarkeit wird z. B. als Dimension der Nutzerzufriedenheit (vgl. Doll/Torkzadeh, 1988, S. 268) oder im bekannten TAM-Modell von Davis (1989) erfasst. Ein weiterer Grund ist, dass die Bedienbarkeit, vor allem der Aspekt der darunter subsummierten Interaktivität, als kritisches Kriterium zur Adaption von Informationssystemen gesehen wird, weil hierdurch der Informationsaustausch wesentlich unterstützt wird (vgl. Kulviwat et al., 2004, S. 248). Die wahrgenommene Bedienbarkeit lässt sich als der Grad beschreiben, mit welchem eine Person glaubt, dass die Nutzung eines Systems ohne kognitiven Aufwand ist (vgl. Davis, 1989, S. 320). Interaktivität beschreibt wiederum das Ausmaß, mit welchem ein Benutzer die Form oder den Inhalt eines Systems modifizieren kann (vgl. Steuer, 1992, S. 10ff).

Die Informationsqualität misst dagegen den semantischen Nutzen, also den Output des Informationssystems in Form von Informationen (vgl. Shannon/Weaver, 1949, S. 4). Der Nutzen besteht hierbei in der erfolgreichen Übertragung der beabsichtigten Bedeutung einer Information an den Nutzer (vgl. Mason, 1978, S. 222). Die Qualität der Information ist dabei durch die Merkmale Genauigkeit, Bedeutung, Aktualität (vgl. DeLone/McLean, 1992, S. 62), Relevanz, Verständlichkeit, Vollständigkeit und Richtigkeit gekennzeichnet (vgl. Petter et al., 2008, S. 239). Im Bereich der Informationssuche wurden die beiden Nutzendimensionen bereits analysiert. McKinney et al. (2002) untersuchten in ihrer Studie den Nutzen einer E-Commerce Webseite. Die Autoren definieren die Informationsqualität als die Wahrnehmung der Qualität der Informationen, die auf der Webseite präsentiert werden, und die Systemqualität als die Wahrnehmung der Performanz der Webseite zur Informationsbereitstellung und zum Auffinden von Informationen. Der Nutzen der Informationssuche hängt dabei von der System- und Informationsqualität ab (vgl. McKinney et al., 2002, S. 297ff). Diese Annahme kann daher auch für die Informationssuche mittels Geovisualisierung übertragen werden.

Die Informationsvisualisierung kann wiederum beide Qualitätsdimensionen beeinflussen, denn die Art der Visualisierung von Informationen hat einen Einfluss auf die Wahrnehmung und die Bewertung von Benutzeroberflächen und Systemmerkmalen, z. B. auf die Bedienbarkeit (vgl. Tractinsky et al., 2000, S. 140 und Ben-Bassat et al., 2006, S. 225). Eine geeignete Visualisierung ermöglicht es dem Nutzer, Informationen schneller zu verstehen und mehr Informationen zu verarbeiten. Dadurch wird die Bedienbarkeit eines Systems als besser wahrgenommen (vgl. Chung et al., 2005b, S. 147). Die Eignung einer Visualisierung für die Lösung eines Problems, z. B. einer Suchaufgabe, wird durch die bereits weiter oben angeführte Cognitive-Fit-Theorie nach Vessey/Galletta (1991) begründet. Wenn es eine Übereinstimmung zwischen dem Problem und dessen visueller Darstellung gibt, kann der Nutzer eine kognitive Repräsentation davon erzeugen und hierdurch geeignete Lösungsprozesse anwenden. Bei fehlender Übereinstimmung werden ungeeignete Informationsverarbeitungsprozesse stattfinden, wodurch ein höherer kognitiver Aufwand zur Lösung entsteht (vgl. Vessey/Galletta, 1991, S. 220ff). Für die Lösung räumlicher Probleme sollten räumliche Visualisierungen gewählt werden und für die Lösung symbolischer Probleme symbolische Visualisierungen (vgl. Vessey/Galletta, 1991, S. 225ff). Räumliche Probleme und ihre Darstellungen lösen beim Nutzer ganzheitliche und intuitive Wahrnehmungsprozesse aus, während symbolische Probleme und Repräsentationen zu analytischen Prozessen führen, in denen die Bedeutung von Datenwerten analysiert wird (vgl. Dennis/Carte, 1998, S. 197).

Dieser Einfluss der Informationsvisualisierung auf die Bedienbarkeit eines Systems wird vor allem im Bereich der Human Computer Interaction (HCI) wissenschaftlich untersucht (vgl. Lavie et al., 2011, S. 90ff und Tractinsky et al., 2000, S. 140). In verschiedenen Studien konnte hierbei ein signifikanter Einfluss von Visualisierungsmethoden auf die Bedienbarkeit nachgewiesen werden. So untersuchten Lavie et al. (2011) verschiedene Abstraktionslevels und Farbkombinationen von Geokarten zur Unterstützung bei der Fahrzeugnavigation. Dabei wurde eine signifikante Korrelation zwischen visuellen Darstellungen und der Bedienbarkeit festgestellt (vgl. Lavie et al., 2011, S. 90ff)). Zhu/Watts (2010) verglichen verschiedene Visualisierungen für die soziale Netzwerkanalyse und konnten bei der von ihnen entwickelten interaktiven und erweiterten Netzvisualisierung im Vergleich zu einem statischem Knoten-Kanten-Netz als Benchmark eine signifikant höhere Bedienbarkeit ermitteln (vgl. Zhu/Watts, 2010, S. 159). Gretarsson et al. (2010) untersuchten eine graphbasierte Benutzeroberfläche zur Darstellung von empfohlenen Nutzerpräferenzen in Facebook im Vergleich zur standardmäßig implementieren textbasierten Benutzeroberfläche. Die Autoren konnten ebenfalls eine signifikant bessere Bedienbarkeit und auch eine verbesserte wahrgenommene Informationsqualität durch die graphbasierte Visualisierung messen (vgl. Gretarsson et al., 2010). Eine signifikant höhere Präferenz bezüglich der Bedienbarkeit konnten Elmqvist/Tsigas (2004) beim Vergleich verschiedener Diagrammtypen auf Basis geometrischer Figuren, Farbkombinationen und Animationen gegenüber einem Benchmark-Diagramm identifizieren (vgl. Elmqvist/Tsigas, 2004).

Ausgehend von der Cognitive-Fit-Theorie und den aufgezeigten Studien ist anzunehmen, dass die Geovisualisierung eine geeignete Repräsentation der Informationen erlaubt, wenn eine räumliche bzw. geografische Problemstellung zugrunde liegt. Das zu wählende Anwendungsszenario sollte somit einen geografischen Bezug aufweisen. Die Geovisualisierung führt dann aufgrund des Cognitive-Fit zu einem geringeren kognitiven Aufwand. Für die Phase der Anfrageformulierung und -reformulierung ist bei einer kartenbasierten Repräsentation der Eingabe eine bessere Systemqualität aufgrund einer verbesserten Bedienbarkeit zu erwarten, da durch die Formulierung der Suchkriterien mit Hilfe der Geokarte die Interaktivität positiv beeinflusst wird. Der Nutzer sieht ein Feedback auf der Karte und kann seine Suchanfrage bzw. seinen Problemlösungsprozess anpassen (vgl. Kettanurak et al., 2001, S. 577). Bezüglich der

Informationsqualität kann bei einer kartenbasierten Eingabe der Suchkriterien einer höhere Informationsqualität erzeugt werden, da der Benutzer seine Bedürfnisse präziser einschätzen kann, z. B. wo liegen die Stadtteile (nebeneinander oder voneinander entfernt), wie weit sind 5 km Entfernung oder wo ist eine schöne Lage (Grünanlagen, Stadtrand, Autobahn etc.), so dass relevante Informationen als Output erzeugt werden können (vgl. Shneiderman/Plaisant, 2010, S. 550 und Yi/Jiang, 2007, S. 144). In der Phase der Ergebnisdarstellung wird die Systemqualität ebenfalls durch eine bessere Bedienbarkeit erhöht. Bei einer Geovisualisierung der Suchtreffer können aufgrund der Übersichtsdarstellung auf der Karte einzelne Suchtreffer besser miteinander verglichen werden als durch die Scrolling-Funktion bei einer traditionellen Visualisierung in Listenform. Außerdem kann durch die Zoom-Funktionalitäten der Karte die Ansicht so geändert werden, dass nur noch ein Ausschnitt der Suchtreffer zu erkennen ist. Dies entspricht dem empfohlenen Mantra „Overview first, then details on demand" nach Shneiderman (vgl. Shneiderman, 1996, S. 336ff).

Bezüglich der Informationsqualität kann aufgrund der Geovisualisierung die Wahrnehmung des Nutzers in Bezug auf die Information verändert werden. So können Informationen wie z. B. Lage, Entfernung oder Stadtteil leichter zu verstehen sowie detaillierter und umfangreicher dargestellt sein, was einen Vergleich der Suchtreffer und die Einschätzung der Relevanz verbessert (vgl. Shneiderman/Plaisant, 2010, S. 550 und Yi/Jiang, 2007, S. 144). In der Phase der Ergebnisdarstellung wird die Systemqualität ebenfalls durch eine bessere Bedienbarkeit erhöht. Bei einer Geovisualisierung der Suchtreffer können aufgrund der Übersichtsdarstellung auf der Karte einzelne Suchtreffer besser miteinander verglichen werden als durch die Scrolling-Funktion bei einer traditionellen Visualisierung in Listenform. Außerdem kann durch die Zoom-Funktionalitäten der Karte die Ansicht so geändert werden, dass nur noch ein Ausschnitt der Suchtreffer zu erkennen ist. Dies entspricht dem empfohlenen Mantra „Overview first, then details on demand" nach Shneiderman (vgl. Shneiderman, 1996, S. 336ff). Bezüglich der Informationsqualität kann aufgrund der Geovisualisierung die Wahrnehmung des Nutzers in Bezug auf die Information verändert werden. So können Informationen wie z. B. Lage, Entfernung oder Stadtteil leichter zu verstehen sowie detaillierter und umfangreicher dargestellt sein, was einen Vergleich der Suchtreffer und die Einschätzung der Relevanz verbessert.

Für alle weiteren innerhalb der Systemqualität subsummierten Aspekte wie Genauigkeit, Antwortzeit, Zuverlässigkeit etc. wird die Annahme getroffen, dass diese aufgrund der Verwendung einer bestimmten Visualisierungsart nicht beeinflusst werden. Das Konstrukt Systemqualität sollte sich somit nur im Aspekt der wahrgenommenen Bedienbarkeit bei verschiedenen Visualisierungstechniken unterscheiden. Für die beiden Einflussfaktoren Eingabevisualisierung und Ergebnisvisualisierung sind daher folgende Hypothesen in Bezug auf die Systemqualität und Informationsqualität zu formulieren:

H1: Es gibt einen Effekt der Eingabevisualisierung auf die wahrgenommene Systemqualität. Bei Suchsystemen mit kartenbasierter Eingabevisualisierung wird die wahrgenommene Systemqualität höher eingeschätzt als bei Suchsystemen mit Eingabefeldern.

H2: Es gibt einen Effekt der Ergebnisvisualisierung auf die wahrgenommene Systemqualität. Bei Suchsystemen mit kartenbasierter Treffervisualisierung wird die Systemqualität höher eingeschätzt als bei Suchsystemen mit einer Listenvisualisierung.

H3: Es gibt einen Effekt der Eingabevisualisierung auf die wahrgenommene Informationsqualität. Bei Suchsystemen mit kartenbasierten Eingabefunktionalitäten wird die wahrgenommene Informationsqualität höher eingeschätzt als bei Suchsystemen mit Eingabefeldern.

H4: Es gibt einen Effekt der Ergebnisvisualisierung auf die wahrgenommene Informationsqualität. Bei Suchsystemen mit kartenbasierter Treffervisualisierung wird die Informationsqualität höher eingeschätzt als bei Suchsystemen mit einer Listenvisualisierung.

4.3.2 Zufriedenheit

Im Nutzenmodell von DeLone/McLean (2003) wird die Nutzendimension „Zufriedenheit“ von den vorgelagerten Konstrukten „System- und Informationsqualität“ kausal beeinflusst. Ein weiterer Zusammenhang besteht mit der Systemnutzung. So führen positive Erfahrungen aufgrund der Nutzung zu einer höheren Zufriedenheit. Die Zufriedenheit bestimmt wiederum die Absicht zur weiteren Nutzung des Systems. Infolgedessen wird ein bestimmter Nettonutzen bzw. eine wahrgenommene Nützlichkeit des Systems eintreten. Diese erzielte Nützlichkeit beeinflusst dann wieder die Zufriedenheit (vgl. DeLone/McLean, 1992, S. 83 und DeLone/McLean, 2003, S. 23). Die Zufriedenheit beschreibt also die Auswirkung auf einen Nutzer, verursacht durch das genutzte System und dessen produzierte Informationen sowie den erzielten Nettonutzen (vgl. DeLone/McLean, 1992, S. 62). Werden die Erwartungen bezüglich der Systemqualität, der Informationsqualität und des Nettonutzens infolge der Nutzung des Systems bestätigt, führt das zur Zufriedenheit.

Um das Konstrukt „Zufriedenheit" konkreter zu definieren ist anzuführen, dass die Zufriedenheit häufig nicht als Gesamtzufriedenheit mit dem Informationssystem erfasst wird, sondern als multidimensionales Konstrukt. Hier haben sich vor allem das von Doll et al. (1994) entwickelte End User Computing Support (EUCS) Instrument und das User Information Satisfaction (UIS) Instrument von Ives et al. (1983) zur Messung durchgesetzt (vgl. Petter et al., 2008, S. 241; Doll/Torkzadeh, 1988, S. 268 und Ives et al., 1983, S. 793). Bei beiden Instrumenten werden verschiedene Aspekte wie die Zufriedenheit mit der Bedienbarkeit, der Erlernbarkeit, der Informationsqualität etc. abgefragt, was den Zusammenhang zu den vorgelagerten Konstrukten im DeLone/McLean Modell aufzeigt. Die Zufriedenheit sollte daher nicht losgelöst von den Konstrukten Systemqualität, Informationsqualität und Nutzung untersucht werden (vgl. DeLone/McLean, 1992, S. 87).

In den im Kapitel 3 untersuchten Studien wurde häufig nur der direkte Einfluss der Informationsvisualisierung auf die Zufriedenheit mit Hilfe der erwähnten Messinstrumente oder als Gesamtzufriedenheit erfasst. Die Ergebnisse zeigen größtenteils signifikante Effekte der Visualisierungstechniken auf die Zufriedenheit. So wurden in einigen Studien verschiedene Baumvisualisierungen untersucht und festgestellt, dass durch eine kompakte und dynamische Baumvisualisierung die Zufriedenheit gegenüber den Referenzvisualisierungen signifikant erhöht werden konnte (vgl. Shin et al., 2011, S. 1139; Gretarsson et al., 2010; Lee et al., 2007, S. 243ff und Kumar et al., 1997, S. 121). Lin/Chien (2010) untersuchten verschiedene Autonavigationsgeräte und stellten ebenfalls fest, dass verschiedene Geovisualisierungen, z. B. 2D vs. 3D Geokarten, einen signifikant unterschiedlichen Einfluss auf die Zufriedenheit haben (vgl. Lin/Chien, 2010, S. 784). Die Analyse verschiedener Visualisierungstechniken zur Darstellung von Binärdaten (Chernoff Gesichter, Sternvisualisierung und räumliche Punktdiagramme) ergab ebenso signifikant unterschiedliche Zufriedenheitswerte, wobei für die Punktdiagramme die höchste Zufriedenheit erzielt wurde (vgl. Lee et al., 2003, S. 582). Beim Vergleich räumlicher Planungsprobleme mit und ohne visuelle Unterstützung konnten Swaab et al. (2002) feststellen, dass durch den Einsatz eines geografischen Visualisierungssystems die Zufriedenheit mit dem Ergebnis und dem Verlauf des Planungsprozesses signifikant erhöht werden konnte (vgl. Swaab et al., 2002, S. 142).

Vor diesem Hintergrund und durch den im DeLone und McLean Modell postulierten Zusammenhang zwischen der Informationsqualität und der Systemqualität ist eine Erhöhung der Zufriedenheit bei der Verwendung der Geovisualisierung zu erwarten. Denn die Geovisualisierung erlaubt eine realistischere Einschätzung von Suchkriterien in der Phase der Anfrageformulierung und -reformulierung sowie eine bessere Vergleichbarkeit für die Auswahl relevanter Treffer in der Phase der Ergebnisdarstellung. Hierdurch können die Erwartungen an das Suchsystem und die Ergebnisse besser erfüllt werden als bei einer traditionell listenbasierten Visualisierung und der Eingabe von Suchkriterien mittels Eingabefeldern. Ebenfalls ist aufgrund des wahrgenommenen Nettonutzens des Systems von einer Erhöhung der Zufriedenheit auszugehen. Wenn die Eigenschaften der Visualisierungstechnik den Nutzern bei der Suche helfen, indem sie die Suche einfacher und besser machen, also die Nutzerbedürfnissen erfüllen, wird dies zu einer höheren Nutzerzufriedenheit führen (vgl. Song et al., 2007). Es lassen sich somit folgende Hypothesen formulieren:

H5: Es gibt einen Effekt der Eingabevisualisierung auf die Zufriedenheit. Bei Suchsystemen mit kartenbasierten Eingabefunktionalitäten ist die Zufriedenheit höher als bei Suchsystemen mit Eingabefeldern und Dropdown-Funktionalitäten.

H6: Es gibt einen Effekt der Ergebnisvisualisierung auf die Zufriedenheit. Bei Suchsystemen mit kartenbasierter Treffervisualisierung ist die Zufriedenheit höher als bei Suchsystemen mit einer Listenvisualisierung.

4.3.3 Nutzungsabsicht

Die Nutzungsabsicht ist ein Konstrukt, welches DeLone/McLean erst in ihrem aktualisierten Nutzenmodell (2003) integriert haben, um das komplexe Konstrukt Nutzung besser erfassen zu können. Die Nutzungsabsicht ist eine Einstellung, welche die Voraussetzung für die Nutzung ist und die erwartete zukünftige Nutzung eines Informationssystems oder seines Outputs beschreibt (vgl. Petter/McLean, 2009, S. 161 und Davis, 1989, S. 331). Die Nutzungsabsicht ist wiederum abhängig von der Systemqualität, der Informationsqualität und der Zufriedenheit. Wenn diese hoch sind, wird ebenso die Absicht zur weiteren Nutzung des Systems steigen. Die Nutzungsabsicht hängt auch vom erzielten Nettonutzen ab (vgl. DeLone/McLean, 2003, S. 23ff). In einer Meta-Analyse von Petter/McLean (2009) konnte gezeigt werden, dass stärkere Beziehungen zwischen der Nutzungsabsicht und den anderen Nutzendimensionen bestehen als zwischen der Nutzung und diesen Dimensionen. Das kann zum Einen durch konsistente und reliable Messinstrumente zur Erfassung der Nutzungsabsicht erklärt werden. Zum Anderen umfasst das Konstrukt Nutzung weiterhin viele Aspekte wie Nutzungshäufigkeit, Nutzungsintensität, Nutzungswichtigkeit etc., die es erschweren, die Zusammenhänge mit den anderen Konstrukten vollständig zu verstehen und zu erklären (vgl. Petter/McLean, 2009, S. 163ff). Aufgrund dieser Erkenntnisse soll im Rahmen der Arbeit nur das Konstrukt der Nutzungsabsicht untersucht werden.

Die Ergebnisse der Literaturanalyse in Kapitel 3 zeigen, dass nur eine geringe Anzahl an Studien vorhanden ist, welche die Nutzungsabsicht oder die Nutzung gemessen haben. So erfassten Risden et al. (2000) die Häufigkeit der Nutzung von 3D-Graphen im Vergleich zu einer Listendarstellung, um Verzeichnisstrukturen besser verwalten zu können. Dabei wurde festgestellt, dass die Listendarstellung signifikant häufiger genutzt wurde (vgl. Risden et al., 2000, S. 709ff). In der Studie von Pretorius/van Wijk (2008) wurde mit Hilfe eines Think-Aloud-Protokolls qualitativ die Nutzungsabsicht erfasst. Alle Probanden äußerten sich dahingehend, dass sie die Graphvisualisierung zur Analyse von Verkehrsregelungssystemen wieder benutzen würden (vgl. Pretorius/van Wijk, 2008).

Im Hinblick auf das zugrunde liegende Nutzenmodell von DeLone/McLean (1992) sollte eine höhere System- und Informationsqualität in beiden Phasen einen positiven

Effekt auf die Zufriedenheit haben und damit auch zu einer höheren Nutzungsabsicht führen. Es lassen sich daher folgende Hypothesen formulieren:

H7: Es gibt einen Effekt der Eingabevisualisierung auf die Nutzungsabsicht. Bei Suchsystemen mit kartenbasierten Eingabefunktionalitäten ist die Nutzungsabsicht höher als bei Suchsystemen mit Eingabefeldern.

H8: Es gibt einen Effekt der Ergebnisvisualisierung auf die Nutzungsabsicht. Bei Suchsystemen mit kartenbasierter Treffervisualisierung ist die Nutzungsabsicht höher als bei Suchsystemen mit einer Listenvisualisierung.

4.3.4 Nettonutzen

Das Konstrukt „Nettonutzen" wird von DeLone/McLean für verschiedene Ebenen definiert. So kann u. a. der individuelle Nettonutzen, der Nettonutzen einer Arbeitsgruppe oder der organisationale Nettonutzen gemessen werden (vgl. DeLone/McLean, 2003, S. 19). Der Nettonutzen beschreibt das Ausmaß, in dem ein Informationssystem zum Erfolg von Individuen, Gruppen, Organisationen, Industrien oder Nationen beitragen kann (vgl. Petter et al., 2008, S. 239). Auf welcher Ebene der Einfluss gemessen wird, hängt dabei von dem System und seinem Verwendungszweck ab (z. B. eine E-Commerce Anwendung für Kunden oder ein internes ERP-System). Neben der Ebene ist die Zielgruppe, für die der Nutzen gemessen werden soll, z. B. Nutzer, Manager, Kunden etc., ein wichtiger Aspekt. Der konkrete Fokus der Nutzenmessung muss daher vorher definiert werden (vgl. DeLone/McLean, 2003, S. 19ff).

Darüber hinaus können unterschiedliche Aspekte des Nettonutzens gemessen werden, z. B. die wahrgenommene Nützlichkeit, verbesserte Entscheidungsfähigkeit, erhöhte Produktivität, reduzierte Kosten, höhere Verkaufszahlen oder Gewinne (vgl. Petter et al., 2008, S. 239ff). Der Nettonutzen ist das wichtigste Konstrukt zur Erfassung des Nutzens eines Informationssystems. Ohne die weiteren vorgelagerten Nutzendimensionen kann der Nutzen aber nicht vollständig analysiert und verstanden werden (vgl. DeLone/McLean, 2003, S. 25). So wird der Nettonutzen durch die Zufriedenheit und die Nutzung beeinflusst, welche wiederum von der System- und

Informationsqualität abhängen. Der eingetretene Nettonutzen hat wiederum einen Effekt auf die weitere Nutzungsabsicht und die Zufriedenheit (vgl. DeLone/McLean, 2003, S. 23).

In der vorliegenden Arbeit soll der Nutzen auf individueller Ebene gemessen werden, denn der Nutzen entsteht direkt beim Individuum durch die Nutzung des Suchsystems. Ferner konnte der Nachweis einer Auswirkung auf den Unternehmensnutzen bzw. -erfolg bisher nicht eindeutig bestimmt werden, da es viele Einflussfaktoren gibt, die den Erfolg eines Unternehmens, z. B. Gewinn, ausmachen. So ist eine Messung auf dieser Ebene schwieriger durchzuführen. Dieses Vorgehen wurde häufig in der bisherigen Literatur gewählt (vgl. Kapitel 3) und soll auch in dieser Arbeit angewendet werden. Der individuelle Nutzen ergibt sich aus der Verbesserung der Leistung eines Individuums. Dies kann sich durch ein besseres Verständnis des Kontextes einer Entscheidung, eine produktivere Entscheidungsfindung, eine Veränderung von Nutzeraktivitäten oder eine veränderte Wahrnehmung der Nützlichkeit eines Informationssystems äußern (vgl. DeLone/McLean, 1992, S. 69).

Viele Autoren verwenden zur Messung des individuellen Nettonutzens die wahrgenommene Nützlichkeit (vgl. Petter et al., 2008, S. 248ff). Das kann auf die existierenden, validen und konsistenten Messinstrumente zurückgeführt werden, da die wahrgenommene Nützlichkeit ebenso ein Konstrukt des bekannten und gut erforschten TAM-Modells ist (vgl. Petter et al., 2008, S. 256). Die wahrgenommene Nützlichkeit ist definiert als „der Grad, mit welchem eine Person glaubt, dass die Nutzung eines bestimmten Systems ihre oder seine Arbeitsleistung verbessern würde." (Davis, 1989, S. 320). Die Nützlichkeit wurde in Rahmen der Literaturanalyse als dritthäufigstes Konstrukt zur Messung des Nettonutzens identifiziert (vgl. Kapitel 3). Signifikante Aussagen zur Nützlichkeit, beeinflusst durch verschiedene Informationsvisualisierungssysteme, konnten bei Gretarsson et al. (2010) und Chung et al. (2005b) festgestellt werden. Im Vergleich zu einem Benchmarksystem und einer hyperbolischen Baumvisualisierung konnte für die vorgeschlagene Baumvisualisierung zur Darstellung von empfohlenen Nutzerpräferenzen in Facebook eine signifikant höhere Nützlichkeit ausgemacht werden (vgl. Gretarsson et al., 2010). Für das von Chung et al. (2005b) für die Analyse von Kriminalitätsdaten entwickelte Visualisierungssystem auf Basis einer Geovisualisierung, eines Kreisdiagramms und einer Zeitreihenvisualisierung konnte eine signifikant erhöhte Nützlichkeit im Vergleich zum Benchmarksystem auf Basis von Microsoft Excel festgestellt werden (vgl. Chung et al., 2005b, S. 147ff). Ferner konnten weitere Autoren wie Xiang et al. (2005), Archambault et al. (2011), Tuttle et al. (2010) und Cao et al. (2010) Unterschiede bezüglich der wahrgenommenen Nützlichkeit durch die Anwendung verschiedener Visualisierungstechniken identifizieren. Die Analysen erfolgten jedoch deskriptiv, so dass keine Aussagen über die Signifikanz der Ergebnisse getroffen werden können. Xiang et al. (2005) verglichen eine hierarchische Listenvisualisierung mit einer hyperbolischen Baumvisualisierung zur Analyse von Kriminalitätsdaten und konnten für die Baumvisualisierung eine höhere Nützlichkeit feststellen (vgl. Xiang et al., 2005, S. 80). Für die Analyse einer Ahnenforschungsdatenbank konnte die Baumvisualisierung ebenfalls im Vergleich mit einem Netzdiagramm und einem Fächerdiagramm eine höhere Nützlichkeit erzielen (vgl. Tuttle et al., 2010). In einer Studie zur Analyse verschiedener Graphvisualisierungen (animierter Graph vs. mehrere kleine statische Graphen) für die Visualisierung von Newsgroup Diskussionen wurde ebenfalls die wahrgenommene Nützlichkeit gemessen und Unterschiede bezüglich der Visualisierungsform identifiziert (vgl. Archambault et al., 2011, S. 10ff). Cao et al. (2010) stellten in ihrer Studie fest, dass für die Suchvisualisierung und die Clustervisualisierung in einem Dokumentensuchsystem eine höhere Nützlichkeit erzielt wird als bei den restlichen Funktionalitäten (vgl. Cao et al., 2010, S. 1180).

Neben der wahrgenommenen Nützlichkeit wird vor allem die verbesserte Entscheidungsfähigkeit im Sinne einer effektiveren und effizienteren Entscheidung zur Messung des Nettonutzens herangezogen (vgl. DeLone/McLean, 1992, S. 71). Die in Kapitel 3 durchgeführte Literaturanalyse zeigt ebenfalls, dass die Effizienz und die Effektivität als häufigste Nutzenkonstrukte gemessen wurden. Mit der Effizienz wird meist der zeitliche Aufwand zur Bearbeitung einer Aufgabe mit Hilfe der Visualisierungstechnik erfasst. Die Effektivität beschreibt das Erzielen des gewünschten Ergebnisses, z. B. das Finden relevanter Informationen oder die korrekte Lösung des zu bearbeitenden Problems unabhängig vom Aufwand. Viele der untersuchten Studien zeigen, dass die Art der Informationsvisualisierung einen Einfluss auf die Effektivität und die Effizienz hat. Dennis/Carte (1998) konnten zeigen, dass eine kartenbasierte Darstellung zur Bearbeitung geografischer Aufgaben besser hinsichtlich einer effizienten und effektiven Entscheidung geeignet war als eine tabellenbasierte (symbolische) Darstellung (vgl. Dennis/Carte, 1998, S. 200). Für die Navigation von georeferenzierten Fotos konnten Jo/Ryu (2010) feststellen, dass Geokarten eine effizientere Suche ermöglichten als eine Listenvisualisierung der Fotos (vgl. Jo/Ryu, 2010). Smelcer/Carmel (1997) untersuchten die Geovisualisierung und Tabellen für die Analyse und Auswahl eines neuen Standortes. Hierbei konnte abgeleitet werden, dass die Geovisualisierung zu einer signifikant effizienteren Entscheidung führte (vgl. Smelcer/Carmel, 1997, S. 406). Weitere signifikante Ergebnisse für geeignete Visualisierungen konnten u. a. Burigat/Chittaro (2008), Butavicius/Lee (2007), Huang et al. (2006), Keller et al. (2006), Chung et al. (2005b), Ong et al. (2005), Zhu/Chen (2005),Elmqvist/Tsigas (2004), Yang et al. (2003), Nilsson/Mayer (2002) und Crossland et al. (1995) nachweisen.

Die bereits weiter oben aufgeführte Cognitive-Fit-Theorie nach Vessey beschreibt, dass durch eine Übereinstimmung zwischen der visuellen Repräsentation und dem zu lösenden Problem, z. B. eine Suchaufgabe, eine kognitive Repräsentation beim Nutzer entsteht, wodurch Lösungsprozesse angewendet werden, welche zu einer effektiveren und effizienteren Lösungsperformanz führen (vgl. Vessey/Galletta, 1991, S. 220ff). Während bei symbolischen Problemen (in Form von alphanumerischen Zeichen) analytische Prozesse durchgeführt werden, indem die Bedeutung der Zeichen analysiert wird, werden zur Lösung räumlicher Probleme Wahrnehmungsprozesse angewendet, um Beziehungen in den Daten zu erkennen. Die Wahrnehmungsprozesse sind dabei ganzheitlich und umfassen die visuelle Bewertung von Daten und ihren Beziehungen (vgl. Dennis/Carte, 1998, S. 197). Somit sind räumliche Repräsentationen besser für räumliche Probleme geeignet sein und symbolische Repräsentationen für symbolische Probleme. Die Anwendung geeigneter Repräsentationen und somit geeigneter Lösungsprozesse verbessert die Effektivität und Effizienz der Problemlösung. Die Effizienz wird durch den Zeitaufwand für die Problemlösung erfasst. Die Effektivität beschreibt die Entscheidungsgenauigkeit (vgl. Vessey, 1994, S. 107). Diese wird häufig durch die Abweichung der erzielten Lösung von der korrekten Lösung des Problems ermittelt (vgl. Kapitel 3).

Wenn kein „Fit“ zwischen der visuellen Präsentation und dem Problem besteht, wird der Nutzer entweder die präsentierten Informationen so transformieren, dass diese der Problemstellung entsprechen, wobei hier ein Zeitverlust und Fehler bzw. eine reduzierte Korrektheit aufgrund der Transformation auftreten können (vgl. Vessey/Galletta, 1991, S. 221ff). Oder der Nutzer wird versuchen, seine Verarbeitungsprozesse der Repräsentation anzupassen, wodurch ebenfalls eine geringe Korrektheit und ein höherer Zeitaufwand verursacht werden, weil die präsentierten Informationen nicht unbedingt den Bedürfnissen der Problemstellung entsprechen (vgl. Perrig/Kintsch, 1985, S. 509ff und Dennis/Carte, 1998, S. 195).

Das Vorgehen bei der Informationssuche beinhaltet die Formulierung einer geeigneten Suchanfrage und infolgedessen die Auswahl von relevanten Informationen aus einer Menge an Suchtreffern. Bei der Formulierung der Suchanfrage können mit Hilfe einer Geovisualisierung die Auswirkungen der geografischen Suchkriterien stärker wahrgenommen werden. Durch die räumliche Repräsentation der Kriterien werden Wahrnehmungsprozesse ausgelöst, so dass die geografischen Suchkriterien und ihre Beziehungen besser eingeschätzt werden können, z. B. die Einschätzung der Distanz von zwei Stadtteilen im Rahmen der Immobiliensuche. Daraus resultiert eine effizientere und effektivere Problemlösungsperformanz. Zur Auswahl der relevanten Informationen führt der Nutzer einen Vergleich der Suchtreffer durch, indem er diese zueinander in Beziehung setzt, also prüft, welche Ähnlichkeiten zwischen den einzelnen Suchtreffern bestehen. Für diese Teilaufgabe der Informationssuche kann somit ebenfalls abgeleitet werden, dass es sich um eine räumliche Problemstellung handelt. Zur Lösung des Problems werden daher räumliche Wahrnehmungsprozesse benutzt (vgl. Dennis/Carte, 1998, S. 197). Die räumliche Wahrnehmung führt zu einem fast automatischen Erkennen von räumlichen Mustern, ohne die dahinterliegenden individuellen Elemente auszuwerten (vgl. MacEachren, 1992, S. 13). Räumliche Wahrnehmungsprozesse sind somit schneller als analytische Prozesse, weil sie intuitiver und ganzheitlicher sind. Bei einer symbolischen Repräsentation in Form einer Listenvisualisierung müssen paarweise Vergleiche der symbolischen Daten durchgeführt werden, die länger dauern. Die räumliche Wahrnehmung ist auch weniger fehleranfällig, um Beziehungen zwischen den Daten zu verstehen, als der paarweise Vergleich durch analytische Prozesse (vgl. Dennis/Carte, 1998, S. 197ff). Mit Hilfe der Geovisualisierung können die Suchtreffer ganzheitlich visualisiert werden, so dass der Nutzer die Beziehungen zwischen den Suchtreffern und damit den Vergleich effizienter und effektiver durchführen kann.

Es ist daher anzunehmen, dass eine geografische Repräsentation für eine Suchaufgabe mit geografischem Kontext besser geeignet ist und somit mehr Effizienz, Effektivität und wahrgenommene Nützlichkeit bei der Bearbeitung der Suchaufgabe erzielt werden kann. Die drei Aspekte Effektivität, Effizienz und die wahrgenommene Nützlichkeit sind aufgrund ihrer verbreiteten Messung und der zur Verfügung stehenden validen Messinstrumente zusammen zu analysieren. Dies ermöglicht es, verschiedene Aspekte des Nettonutzens zu betrachten, da die wahrgenommene Nützlichkeit nur einen subjektiven Eindruck des Nutzers erfasst. Mit der Effektivität und Effizienz ist es möglich, objektive Kennzahlen zu erheben und diese dann den subjektiven Wahrnehmungen gegenüberzustellen (vgl. Jarupathirun/Zahedi, 2007, S. 945). Für die Eingabevisualisierung und die Ergebnisvisualisierung können daher folgende Hypothesen formuliert werden:

H9a: Es gibt einen Effekt der Eingabevisualisierung auf die wahrgenommene Nützlichkeit. Bei Suchsystemen mit kartenbasierter Eingabevisualisierung wird die wahrgenommene Nützlichkeit höher eingeschätzt als bei Suchsystemen mit Eingabefeldern.

H9b: Es gibt einen Effekt der Ergebnisvisualisierung auf die wahrgenommene Nützlichkeit. Bei Suchsystemen mit kartenbasierter Treffervisualisierung wird die Nützlichkeit höher eingeschätzt als bei Suchsystemen mit einer Listenvisualisierung.

H10a: Es gibt einen Effekt der Eingabevisualisierung auf die Effektivität. Bei Suchsystemen mit kartenbasierter Eingabevisualisierung wird die Effektivität höher eingeschätzt als bei Suchsystemen mit Eingabefeldern.

H10b: Es gibt einen Effekt der Ergebnisvisualisierung auf die Effektivität. Bei Suchsystemen mit kartenbasierter Treffervisualisierung wird die Effektivität höher eingeschätzt als bei Suchsystemen mit einer Listenvisualisierung.

H11a: Es gibt einen Effekt der Eingabevisualisierung auf die Effizienz. Bei Suchsystemen mit kartenbasierter Eingabevisualisierung wird die Effizienz höher eingeschätzt als bei Suchsystemen mit Eingabefeldern.

H11b: Es gibt einen Effekt der Ergebnisvisualisierung auf die Effizienz. Bei Suchsystemen mit kartenbasierter Treffervisualisierung wird die Effizienz höher eingeschätzt als bei Suchsystemen mit einer Listenvisualisierung.

4.3.5 Kognitive Belastung und kognitive Motivation

Die Informationssuche entspricht einer anspruchsvollen und komplexen Aufgabe, die häufig die kognitiven Informationsverarbeitungskapazitäten eines Nutzers überschreiten kann (vgl. Schmutz et al., 2009). Die Suche nach geeigneten Informationen beinhaltet mehrere Teilaufgaben, wie die Formulierung der Suchanfrage, den Vergleich und die Bewertung einer großen Menge an Alternativen hinsichtlich mehrerer Kriterien und letztendlich die Auswahl bzw. die Entscheidung für bestimmte Informationen. Je mehr Teilaufgaben oder Unterziele eine Aufgabe hat, umso komplexer ist diese und umso höher ist der kognitive Bedarf zur Verarbeitung der Informationen. Da die menschliche Informationsverarbeitungskapazität begrenzt ist, ist die Wahrscheinlichkeit hoch, dass komplexe Aufgaben diese Kapazität überschreiten. Hierdurch werden die Performanz der Aufgabenbearbeitung und das Lernen eingeschränkt (vgl. Paas et al., 1994, S. 122). Die aus der Lernforschung stammende Cognitive-Load-Theorie beschreibt dieses Phänomen. Die Performanz einer zu bearbeitenden Aufgabe ist von den kognitiven Ressourcen abhängig, die für die Informationsverarbeitung zur Verfügung stehen (vgl. Chandler/Sweller, 1991, S. 294). Eine während einer Informationssuche auftretende Informationsüberlastung wird daher zu einem hohen kognitiven Aufwand führen, wodurch die Verarbeitungs- und Entscheidungsstrategien des Nutzers beeinflusst werden und letztendlich die Performanz der zu treffenden Entscheidung (vgl. Taylor, 1975, S. 409ff). Schmutz et al. (2009) konnten signifikant nachweisen, dass eine hohe kognitive Belastung zu längeren Bearbeitungszeiten, größeren Fehlerraten, einer höheren Präferenz für die direkte Suche anstatt der navigierenden Suche und zu einer geringeren Zufriedenheit führten (vgl. Schmutz et al., 2009).

Nach Paas et al. (1994) besteht das Konstrukt „Cognitive Load“ aus drei Dimensionen; der kognitiven Belastung („Mental Load“), dem kognitiven Aufwand („Mental Effort“) und der Performanz. Der „Mental Load“ beschreibt den erwarteten Bedarf an eine kognitive Kapazität ausgehend von der Aufgabenstellung. Der „Mental Effort“ erfasst hingegen die tatsächliche kognitive Belastung während der Aufgabenbearbeitung. Mit der Performanz wird letztendlich das Ergebnis der Aufgabenbearbeitung betrachtet. Der „Cognitive Load“ beschreibt somit die Belastung, welche durch die Bearbeitung einer bestimmten Aufgabe auf das kognitive System eines

Menschen ausgeübt wird und die Auswirkungen auf die Performanz der Aufgabe hat (vgl. Paas et al., 1994, S. 122). Ungeeignete Informationsvisualisierungssysteme können häufig zu einer hohen kognitiven Belastung führen. Informationen sollten daher so repräsentiert werden, dass keine hohe kognitive Belastung erzeugt wird (vgl. Chandler/Sweller, 1991, S. 295). Diese Annahme wird auch im Rahmen der Cognitive-Fit-Theorie postuliert. Eine geeignete Informationsvisualisierung resultiert in einer reduzierten kognitiven Belastung und in einer höheren Performanz (vgl. Vessey/Galletta, 1991).

Die Höhe der kognitiven Belastung eines Individuums während der Informationsverarbeitung ist jedoch auch von situativen Merkmalen, wie der kognitiven Motivation, abhängig (vgl. Paas et al., 1994, S. 122 und Bless et al., 1990). Crossland et al. (2000) behaupten, dass, wenn ein Individuum zwischen unterschiedlichen Visualisierungen zur Bearbeitung einer Aufgabe wählen kann, die Performanz trotzdem von seiner kognitiven Motivation abhängt (vgl. Crossland et al., 2000, S. 17). Die kognitive Motivation oder auch das Bedürfnis nach Kognition („Need for Cognition") bedeutet „an individual's tendency to engage in and enjoy effortful cognitive processing." (Cacioppo et al., 1986, S. 1033), also die Neigung eines Individuums, kognitiv anspruchsvolle Aufgaben zu bearbeiten und sich daran zu erfreuen. Das Konstrukt beschreibt demnach, dass sich Individuen hinsichtlich ihrer Neigung, kognitiven Aufwand zu betreiben, unterscheiden, wodurch Performanzunterschiede erklärt werden können. Individuen mit einem hohen Kognitionsbedürfnis werden in der Regel eine umfangreichere Informationssuche durchführen und eine größere Menge an Informationen verarbeiten, um eine Entscheidung zu treffen, da sie sich mehr und auch gern mit dem Problem auseinandersetzen wollen (vgl. Cacioppo et al., 1996, S. 198). Aus dem Interesse an der Bearbeitung kognitiv anspruchsvoller Aufgaben resultiert schließlich eine höhere Effektivität, allerdings auch ein größerer zeitlicher und kognitiver Aufwand (vgl. Davis et al., 1992; Mennecke et al., 2000, S. 608; Crossland et al., 2000, S. 21 und Todd/Benbasat, 1999). Bei einer niedrigen Motivation wird hingegen weniger Effektivität erwartet bei gleichzeitig geringerem zeitlichem und kognitivem Aufwand.

Im Sinne der kognitiven Kosten-Nutzen-Theorie wird allerdings die Aussage getroffen, dass ein Individuum an einem „Tradeoff" zwischen kognitivem Aufwand (Kosten) und Performanzsteigerung (Nutzen) interessiert ist. Die Performanz einer

Aufgabe soll also maximiert werden und gleichzeitig soll die kognitive Belastung minimiert werden (vgl. Johnson/Payne, 1985). Dieser Tradeoff kann durch die Aufgabe, die Entscheidungsunterstützung, z. B. mittels einer Informationsvisualisierung, und durch die Motivation des Entscheiders beeinflusst werden (vgl. Todd/Benbasat, 1999, S. 357). Der Nutzen einer Informationsvisualisierung hängt somit von dem kognitiven Aufwand ab, den ein Individuum leisten will und der für eine Interaktion mit dem System notwendig ist. Eine geeignete Informationsvisualisierung, die den kognitiven Aufwand reduziert, wird somit dazu führen, dass bei einem nicht motivierten Nutzer effektivere Ergebnisse erzielt werden können und bei einem motivierten Nutzer ein geringer zeitlicher Aufwand.

Das Kognitionsbedürfnis hängt somit eng mit der kognitiven Belastung zusammen. Eine hohe kognitive Belastung reduziert demnach die Effektivität, Effizienz und die wahrgenommene Nützlichkeit. Die Berücksichtigung beider Konstrukte wurde in bisherigen Studien vernachlässigt (vgl. Tory/Möller, 2004 und Abschnitt 3.4). Um einen Einfluss beider Konstrukte auf den Nettonutzen analysieren zu können, werden daher die kognitive Belastung und die kognitive Motivation als sogenannte Kovariaten erfasst. Von einer Erfassung als unabhängige Variablen wird abgesehen, da beide Variablen hier gezielt hätten verändert werden müssen (hohe vs. niedrige Belastung). Das hätte die Komplexität des Experiments (verschiedene Gruppen mit hohem und niedrigem NFC) stark erhöht.

4.4 Zusammenfassung

Basierend auf dem Nutzenmodell von DeLone/McLean (2003) und ergänzenden theoretischen Grundlagen wie der Theorie des Cognitive-Fit nach Vessey/Galletta (1991), der Cognitive-Load-Theorie nach Paas et al. (1994) und dem Kognitionsbedürfnis von Cacioppo et al. (1986) wird nachfolgendes Forschungsmodell abgeleitet. Dabei wird angenommen, dass in der Phase der Anfrageformulierung und Ergebnisdarstellung die Art der Informationsvisualisierung einen Einfluss auf die Systemqualität, die Informationsqualität, die Zufriedenheit, die Nutzungsabsicht und den Nettonutzen hat. Im Sinne der Cognitive-Fit-Theorie wird die Geovisualisierung dabei als geeignete Visualisierungsart für eine Informationssuche mit geografischem

Bezug, z. B. die Immobiliensuche, betrachtet. Es wird somit ein positiver Einfluss der Geovisualisierung auf die einzelnen Nutzendimensionen postuliert. Im Gegensatz zum Nutzenmodell von DeLone/McLean wird im abgeleiteten Forschungsmodell jedoch nicht der Zusammenhang zwischen den einzelnen Nutzendimensionen gemessen, sondern die Dimensionen werden einzeln für einen Vergleich zweier Visualisierungsarten herangezogen. Da die Zusammenhänge des DeLone/McLean-Modells bereits vielfach empirisch geprüft und validiert wurden (vgl. Petter et al., 2008), wird auf eine weitere Überprüfung der Zusammenhänge verzichtet. Um weitere Einflüsse auf den Nettonutzen zu prüfen, wurden die zwei Konstrukte „kognitive Belastung" und „kognitive Motivation" vorgestellt. Diese haben einen moderierenden Effekt auf den Nettonutzen und werden daher als Kovariablen zusätzlich erfasst. Sie sind allerdings nicht Bestandteil der Untersuchungshypothesen (vgl. Bortz/Döring, 2006, S. 12). Des Weiteren wurde für die Messung des Nettonutzens dem Vorschlag von Jarupathirun/Zahedi (2007) gefolgt, nämlich einen Vergleich objektiver und subjektiver Kennzahlen, also des objektiv messbaren Nutzens und der subjektiven Wahrnehmung durch den Nutzer, anzustreben (vgl. Jarupathirun/Zahedi, 2007, S. 945). Dadurch kann eine weitere Erklärungsgrundlage für den Nutzen der Geovisualisierung geschaffen werden.

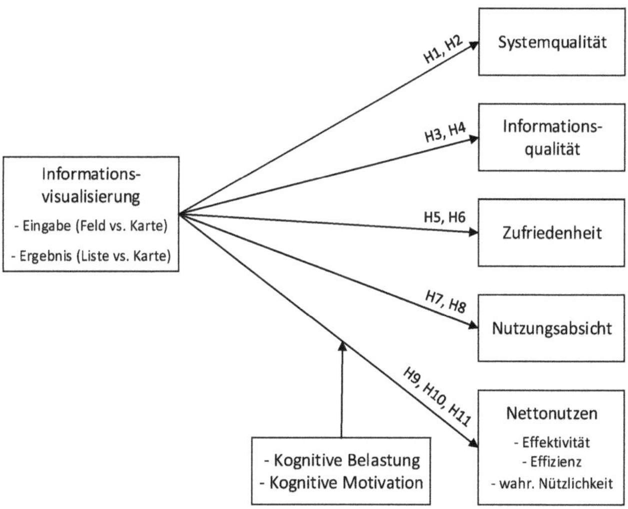

Abbildung 4.1: Abgeleitetes Forschungsmodell

Die vorgestellten Hypothesen werden in Abbildung 4.1 zusammengefasst dargestellt. Das aufgestellte, theoretisch fundierte Forschungsmodell erlaubt es, die Zielstellung der vorliegenden Arbeit zu untersuchen. Auf Basis der zugrunde liegenden Theorien kann das Modell das menschliche Verhalten bezüglich der Verwendung einer Geovisualisierung für die Informationssuche erklären (vgl. Hevner et al., 2004, S. 77ff). Das Forschungsmodell ist dazu in einem Experiment zu untersuchen. Hierfür ist eine Operationalisierung durchzuführen, indem geeignete Messinstrumente ausgewählt werden und operative Hypothesen formuliert werden (vgl. 6.1). Zusätzlich kann durch die Anwendung des Modells eine Übertragung der Theorie von DeLone/McLean und der genutzten Messinstrumente auf den Forschungsbereich der Informationsvisualisierung geprüft werden.

Kapitel 5

Entwicklung der Prototypen zur Untersuchung des Nutzens von Geovisualisierung

Auf Basis der im vorherigen Kapitel aufgestellten Hypothesen müssen vier verschiedene Prototypen konzipiert werden, die eine experimentelle Untersuchung der Einflussfaktoren ermöglichen. Ziel ist es, eine funktionsfähige Software zu entwickeln, die aber noch keine Anforderungen an ein marktfähiges Softwareprodukt erfüllen muss (vgl. Balzert, 1998, S. 115ff). Kapitel 5 beschreibt die Entwicklung der Prototypen. Ausgehend von einem ausgewählten Vorgehensmodell zur Softwareentwicklung (vgl. 5.1) werden die einzelnen Phasen in den folgenden Abschnitten beschrieben. Zunächst zeigt Abschnitt 5.2 die Planungsphase auf. Darin wird der Anwendungsbereich der empirischen Untersuchung vorgestellt und im Rahmen einer Vorstudie eine Kontextanalyse dieses Anwendungsbereichs vorgenommen. Dadurch lassen sich erste Anforderungen an die zu entwickelnden Prototypen erkennen. Diese Anforderungen werden dann in Abschnitt 5.3 genauer spezifiziert und dokumentiert. Hierbei wird zwischen funktionalen (vgl. 5.3.3) und nicht-funktionalen Anforderungen (vgl. 5.3.4) unterschieden. Ein wesentlicher Aspekt ist die Anwendung der „Multi Attribute Utility Theory (MAUT)“ zur Umsetzung der Suchfunktionalität (vgl. 5.3.2). Anhand der definierten Anforderungen erfolgt schließlich ein konzeptioneller Entwurf des Systems. Die Konzepte zur Softwarearchitektur und zur Datenverwaltung werden in Abschnitt 5.4 vorgestellt. In Abschnitt 5.5 werden die Implementierung und Funktionsweise der Benutzeroberfläche und der MAUT-basierten Suchfunktion dargestellt. Abschließend fasst Abschnitt 5.6 die wesentlichen Ergebnisse des Kapitels zusammen.

5.1 Vorgehen bei der Softwareentwicklung

Für eine effektive und effiziente Entwicklung der Prototypen ist ein genauer Ablaufplan, ein sogenanntes Vorgehensmodell, anzuwenden (vgl. Lehner et al., 2007, S. 134). Da die Software zunächst für experimentelle Zwecke verwendet werden soll, bietet sich das Prototyping oder Prototypenmodell als Vorgehensmodell an. Hierbei werden ablauffähige Modelle bzw. Prototypen eines zukünftigen Softwareprodukts systematisch und zeitnah entwickelt. Der zu entwickelnde Prototyp soll dazu alle Ebenen einer Software (Benutzeroberfläche, Anwendungslogik, Datenhaltung und Systemsoftware) vollständig implementieren (vgl. Balzert, 1998, S. 115ff). Vorgehensmodelle bestehen aus einzelnen Phasen, die festlegen, welche Aktivitäten wie und in welcher Reihenfolge durchgeführt werden sollen.

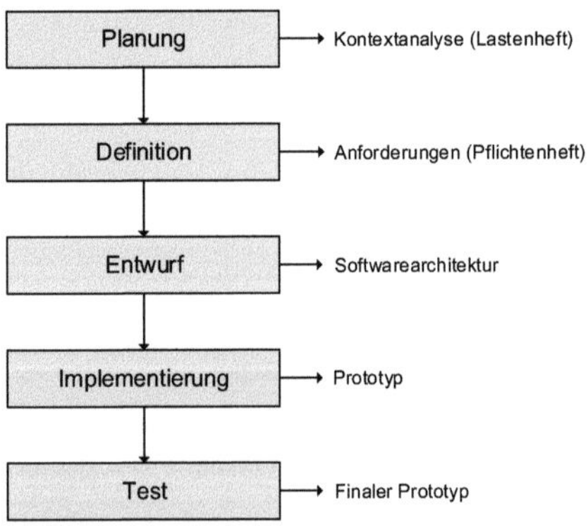

Abbildung 5.1: Vorgehensmodell zur Entwicklung der Prototypen

Für das Prototyping gibt Balzert die Phasen Planung, Definition, Entwurf und Implementierung an (vgl. Balzert, 1998, S. 118). Zu den klassischen Phasen der Softwareentwicklung, die in weiteren Vorgehensmodellen zu finden sind, zählen darüber hinaus noch die Test- und Einführungsphase und die Wartungs- und Pflegephase (vgl. Balzert, 1998, S. 1). Die Einführungs- sowie die Wartungs- und Pflegephase werden beim Prototyping vernachlässigt, da der Prototyp für experimentelle Untersuchungen genutzt wird und kein marktfähiges Softwareprodukt entsteht, das eingeführt und gewartet werden muss. Die Testphase ist allerdings sinnvoll, um die Funktionsfähigkeit für das Experiment gewährleisten zu können, so dass die Experimentteilnehmer nicht durch fehlerhafte Funktionen und unzureichende Bedienbarkeit beeinflusst werden. Die dadurch mögliche Verzerrung von Experimentergebnissen ist zu vermeiden. Abbildung 5.1 fasst die sequentiell zu bearbeitenden Phasen der Softwareentwicklung zusammen.

Die Planungsphase beinhaltet die Einschätzung der ökonomischen, technischen und personellen Durchführbarkeit. Dazu gehört die Analyse bisheriger Vorgängersoftware und wesentlicher Nutzeranforderungen an die Software sowie das Aufstellen von Zeit-, Kosten- und Personalplänen (vgl. Lehner et al., 2007, S. 135). Im Rahmen der Arbeit erfolgte eine grobe Zeitplanung. Auf die Planung der Kosten- und Personalaufwände konnte verzichtet werden, da es sich um ein Promotionsprojekt handelt. Die Analyse bisheriger Softwareprodukte und wesentlicher Nutzeranforderungen wird in Abschnitt 5.2 beschrieben. Basierend auf den Erkenntnissen der Planungsphase werden in der Definitionsphase die konkreten Anforderungen an die Prototypen formuliert (vgl. 5.3). Die Anforderungen werden dann in der Entwurfsphase umgesetzt. Ziel ist die Spezifikation einer Software-Architektur, welche die einzelnen Komponenten und Beziehungen zwischen diesen aufzeigt. Ein weiteres Artefakt dieser Phase ist das Datenmodell zur Beschreibung einer Datenbank (vgl. Lehner et al., 2007, S. 137). Aufgrund der minimalen Anforderungen des Anwendungsszenarios an die zu speichernden Daten konnte auf das Datenmodell verzichtet werden.

Abschnitt 5.4 beschreibt die Software-Architektur der Prototypen. Die in Abschnitt 5.5 dargestellte Implementierungsphase dient schließlich der Umsetzung der konzeptionellen Modelle in den Code auf Basis einer spezifischen Programmiersprache. Das umfasst auch die Erstellung einer Datenbank (vgl. Lehner et al., 2007, S. 139). In der letzten Phase ist die Software hinsichtlich der funktionalen (Funktionstest) und nicht-funktionalen Anforderungen (Leistungstest) zu testen (vgl. Balzert, 1998,

S. 537ff). Der Funktionstest wurde mit Hilfe eines Pilottests durchgeführt (vgl. 6.2). Umfassende Leistungstests wurden vor dem Hintergrund des zu Experimentzwecken konzipierten Prototyps nicht durchgeführt. Dies müsste für die Überführung in ein marktreifes Softwareprodukt nachgeholt werden. Es wurde jedoch getestet, welche Reaktionszeit für die einzelnen Prototypen zur Durchführung der Suche und zur Darstellung der Suchergebnisse benötigt wird. Die Antwortzeiten variierten zwischen 0,5 Sekunden und 3,49 Sekunden, wobei bei wenig Suchtreffern (15) bei einer Listenvisualisierung ca. 0,5 Sekunden benötigt werden und bei mehr Suchtreffern (90) ca. 0,56 Sekunden. Prototypen mit Geokarte hatten eine Antwortzeit von ca. 0,85 Sekunden bei wenigen Suchtreffern. Viele Suchtreffer führten zu einer Verzögerung von ca. 3,49 Sekunden. Da die Reaktionszeiten jedoch im akzeptablen Bereich <5 Sekunden liegen, ist nicht von einer Beeinflussung der Nutzer bei der Durchführung des Experiments und damit einer Verzerrung der Ergebnisse auszugehen.

5.2 Planung

In der Planungsphase müssen die Anforderungen an die Software analysiert werden. Es muss also verstanden und beschrieben werden, was die Nutzer wünschen oder brauchen, wie sie genau arbeiten, was ihre Einstellungen zur Arbeitsaufgabe und was ihre Ziele sind. Dazu ist zunächst festzulegen, für welchen konkreten Anwendungsbereich die Prototypen zu entwickeln sind. Zur Untersuchung der Geovisualisierung für die Unterstützung bei der Informationssuche wurde das Szenario Immobiliensuche gewählt. Es umfasst die Suche und Analyse strukturierter und unstrukturierter Immobilienbeschreibungen, wobei ein räumlicher Bezug und damit die Darstellung auf einer Geokarte mittels Adress- und Koordinatendaten hergestellt werden kann. Das Szenario ist aufgrund seiner alltagsnahen Situation für eine große Anwendergruppe nachvollziehbar und damit gut geeignet. Diese große Anwendergruppe ermöglicht schließlich eine umfassende Untersuchung der vorgestellten Hypothesen.

Die Anforderungsanalyse ist häufig mit Problemen verbunden, da Softwareentwickler Schwierigkeiten beim Verständnis der Nutzer und deren Aufgaben haben. Aus dem Forschungsbereich der Gebrauchstauglichkeit von Software (Usability Engineering) bzw. der nutzerorientierten Gestaltung von Benutzerschnittstellen (User-Centered

System Design) stammt das Vorgehen zur Analyse des Nutzungskontexts einer Software (vgl. Hackos/Redish, 1998 und Norman/Draper, 1986). Die Kontextanalyse ist eine Methode, um die Nutzer und ihren Aufgabenbereich zu verstehen. Dabei werden bspw. Interviewtechniken, Beobachtungen oder Gruppendiskussionen angewendet (vgl. Beyer/Holtzblatt, 1999, S. 34). Um das genaue Verhalten der Nutzer während der Informationssuche zu beobachten und nachvollziehen zu können, wird die Think-Aloud-Methode angewendet (vgl. Jankun-Kelly et al., 2011, S. 136). Die Think-Aloud-Methode ist weit verbreitet im Bereich der Human-Computer-Interfaces-Forschung (vgl. Denning et al., 1990). Die Methode besteht darin, Probanden zu beobachten, während sie eine Software verwenden und vorgegebene Aufgaben durchführen. Dabei müssen die Probanden ihre Vorgehensweise sowie Gedanken und Anmerkungen laut verbalisieren. Das Verhalten und die Bedürfnisse, die während der Bearbeitung auftreten, können dann analysiert werden. Bei einer Erfassung im Anschluss an eine Aufgabe wäre das nicht möglich (vgl. Ericsson/Simon, 1984). Die Ergebnisse dienen schließlich als Ausgangspunkt für die Definition von Anforderungen an die Software (vgl. Abschnitt 5.3).

Die Kontextanalyse wurde mit 16 Probanden durchgeführt. Diese erhielten einen Laptop und die Aufgabe, in einem vorgegebenen Immobilien-Internetportal nach einer für ihre Ansprüche geeigneten Wohnung zu suchen. Die Probanden wurden in zwei Gruppen aufgeteilt, so dass das Verhalten bei der Suche in einer bekannten Stadt im Vergleich zum Suchverhalten bei einer unbekannten Stadt analysiert werden konnte. Das verwendete Immobilien-Internetportal bot die Möglichkeit, bestimmte Suchkriterien einzuschränken und die Ergebnisse der Suche als Liste zu visualisieren. Während der Suche wurde die Think-Aloud-Methode angewendet und die Gedanken und Anmerkungen mit einem Audioaufnahmegerät aufgezeichnet. Dadurch konnten aufgabenspezifische Informationen während des Denkprozesses erfasst werden, so dass eine detaillierte Sicht auf die Problemlösung und den Entscheidungsvorgang bei der Suche ermöglicht wurde. Im Anschluss an die zu bearbeitende Aufgabe beantworteten die Probanden auf einer 5-stufigen Likert-Skala Fragen zur Relevanz allgemeiner Suchkriterien wie Mietpreis, Wohnfläche etc. und raumbezogener Kriterien, z. B. Stadtteil, Straße, Lage, Umgebung, Entfernung, sowie zur generellen Nützlichkeit von Geokarten für die Immobiliensuche und dem möglichen Effektivitäts- und Effizienzgewinn bei Verwendung von Geokarten (vgl. Abbildung

5.2 - 5.5). Hierdurch konnten weitere Eindrücke über den Suchvorgang und die Interaktion mit dem Immobilienportal erfasst werden.

Aufgrund der kleinen Stichprobe lassen sich jedoch nur qualitative Aussagen ableiten. Eine valide quantitative Auswertung ist nicht möglich, an dieser Stelle aber auch nicht erforderlich. Die Ergebnisse der Verhaltensbeobachtung zeigen, dass der Großteil der Probanden während der Suche **Informationen zur Lage** (13 Probanden) benötigte, um die Relevanz der Suchtreffer einzuschätzen. Dies wird beispielsweise durch folgende Kommentare der Probanden untermauert:

- „... ich würde allerdings jetzt gern auf einer Karte nachschauen, wo die Wohnung genau liegt."
- „... ich kenne mich ja in Halle/Saale nicht aus und würde mir jetzt gern die Karte anschauen, weil ich gern wüsste, wo Halle-Lettin liegt."
- „... zur Lage steht ein bisschen was da, aber halt nur wieder sehr allgemein... "
- „... aber ich weiß ungefähr, da ich schon Hintergrundwissen habe, wo diese Wohnung liegt."
- „... jetzt stelle ich fest, mir ist die Lage relativ wichtig und versuche da eine Einschränkung zu treffen,..., die finde ich nicht..., es gibt doch ein Suchkriterium: Stadtkreis höchste zuerst, ich weiß aber nicht was das ist ..., hilft mir nicht weiter."
- „... eine Karte gibt es nicht ... ich kopiere mir die Adresse und würde dann bei Google Maps gucken."
- „... die Lage gut das steht dran ..., dadurch dass ich jetzt mich in Passau ein bisschen auskenne, da kann ich es etwas eingrenzen, wobei ... da hätte mir so eine kleine Karte schon geholfen, dass ich zumindest mal genau sehen könnte wo das jetzt ist."
- „... ich werde mich auf die Lage konzentrieren ... und später werde ich mich auf den Preis, Maße konzentrieren."

- „...nachdem ich jetzt Halle/Saale nicht kenne, würde ich vermutlich erst mal eigentlich auf eine Karte schauen und gucken, was ist die Innenstadt, weil das für mich ein relevantes Kriterium wäre...“

Ebenfalls ist die **Entfernung** zu einem bestimmten Bezugspunkt wie der Arbeitsstelle eine wichtige Information für die meisten Probanden (12 Probanden). Folgende Kommentare zeigen das beispielhaft auf:

- „...wenn ich weiß wo meine Arbeitsstelle ist, ...wie weit es weg ist.“
- „...jetzt sehe ich zwar nicht wie weit das vom Zentrum weg ist...“
- „...ich finde aber nicht die Möglichkeit irgendwie den Umkreis vom Stadtzentrum anzugeben.“
- „...bei Google Maps könnte ich jetzt die Strecke von eben der Wohnung ...zur Uni mal berechnen...“
- „...ich würde auch die von der Stadtmitte entfernten Wohnungen löschen...“
- „...dann hab ich immer noch 68 [Treffer], was immer noch eine Menge ist, an dem Punkt hätte ich wirklich gern eine Karte ...oder auch eine Möglichkeit, das hier auf einen Kilometerkreis einzugrenzen.“
- „...da ich ja zentral arbeite, suche ich auch eine Wohnung, die einigermaßen zentral ist.“

Ferner sind **Informationen zur Umgebung** wichtig (11 Probanden). Hierzu wurden unter anderem folgende Kommentare genannt:

- „...bevor ich mit dem Immobilienmakler hinfahre, schon mal einen Blick darauf werfen zu können, in welchem Umfeld die Wohnung liegt ..., ob mir auch die Nachbarschaft gefällt.“
- „...mich interessiert natürlich auch ...was ist das für eine Wohngegend, sind dort eher Wohnblöcke, sind dort eher kleine Einfamilienhäuser oder eine neugebaute Wohnsiedlung ....“

- „... mich außerhalb des Portals zu informieren, was ist in dem Stadtteil alles, was gibt es da... “
- „... wo das alles ist, in der Stadt, oder ist das trotzdem an einem Park oder in irgendetwas Grünem.“
- „... weil ich die Stadt nicht kenne, würde ich normalerweise in Google Maps schauen, um zu sehen, wo es Wälder oder Grünes gibt und ich würde diese Viertel dann bevorzugen.“

8 Probanden nutzten die **Stadtteilauswahl als Suchkriterium**, um Wohnungen ausschließen zu können. Dies ist jedoch nur vorteilhaft, wenn der Proband die Stadt bereits kennt.

- „... und dann kriege ich die Stadtteile angezeigt, was halbwegs günstig ist, da ich manche Stadtteile kategorisch ausschließen kann, wenn sie zu weit weg bspw. von der Autobahn sind oder mir generell nicht gefallen.“
- „... eine schöne Auswahl der einzelnen Stadtteile ..., da ich mich in Halle überhaupt nicht auskenne, nehme ich den Überpunkt.“
- „... welche Stadtteile ... ich nehme jetzt nicht alle, sondern irgendwie bloß einmal Altstadt... um vorher schon die Suche einzugrenzen ..., weil ich möchte ja irgendwo noch in der Nähe von Passau wohnen und nicht außen Drumherum... “
- „... Auswahl Stadtteil/Gemeinde, ich nehme einfach alles, weil ich die Stadt nicht kenne.“

Wie sich zeigte, bestanden die Schwierigkeiten bei der Auswahl relevanter Wohnungen darin, relevante Informationen zur Lage, Entfernung und Umgebung zu finden. Die Möglichkeit der Eingrenzung durch die Angabe von Stadtteilen wird in der Regel nur genutzt, wenn sich jemand in der Stadt auskennt und so bereits eine Vorstellung von der Lage, Entfernung und Umgebung durch die Auswahl eines Stadtteils bekommt. Gerade bei unbekannten Städten werden der Suchprozess und die damit verbundene Auswahl von relevanten Wohnungen durch die fehlenden Informationen erschwert.

Die Ergebnisse der anschließenden Befragung zeigten, dass neben den allgemeinen Suchkriterien wie Zimmeranzahl, Kaltmiete, Wohnfläche, Nebenkosten, Balkon/Terrasse, Einbauküche, Stellplatz, Mietbeginn, Zustand, Bilder und Wohnungsskizze (Nennungen > 50%) auch die räumlichen Kriterien wie Stadtteil, Umgebung, Lage und Entfernung mit jeweils 10 Nennungen als wichtig oder sehr wichtig eingeschätzt wurden (vgl. Abbildung 5.2).

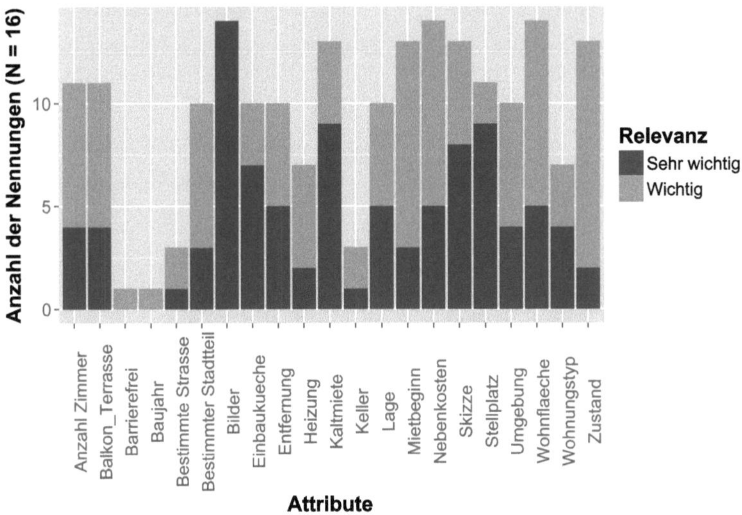

Abbildung 5.2: Ergebnisse der Befragung zur Relevanz der Wohnungsattribute

Auf die Frage „Wie hilfreich wäre die Darstellung aller Wohnungsergebnisse auf einer Geokarte, um einen Überblick über alle Suchergebnisse zu erhalten?“ äußerten 12 Probanden, dies sei hilfreich oder sehr hilfreich (vgl. Abbildung 5.3a). Die Frage „Wie hilfreich wäre eine Darstellung aller Wohnungsergebnisse auf einer Geokarte für den Vergleich und damit die Auswahl relevanter Wohnungen?“ wurde mit insgesamt 13 Nennungen als hilfreich oder sehr hilfreich bewertet (vgl. Abbildung 5.3b). Bei Nutzung einer Geokarte halten 14 Probanden eine verbesserte Wohnungsauswahl für wahrscheinlich oder sehr wahrscheinlich (vgl. Abbildung 5.4a). 12 Probanden halten einen reduzierten zeitlichen Aufwand für wahrscheinlich oder sehr wahrscheinlich (vgl. Abbildung 5.4b).

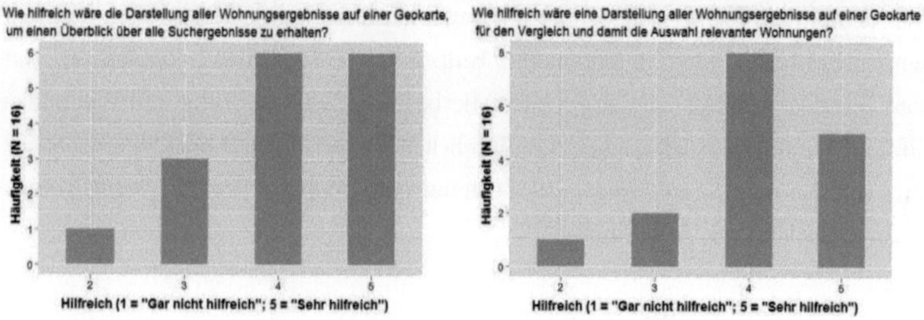

Abbildung 5.3: Überblick Suchergebnisse (a); Vergleich und Auswahl relevanter Wohnungen (b)

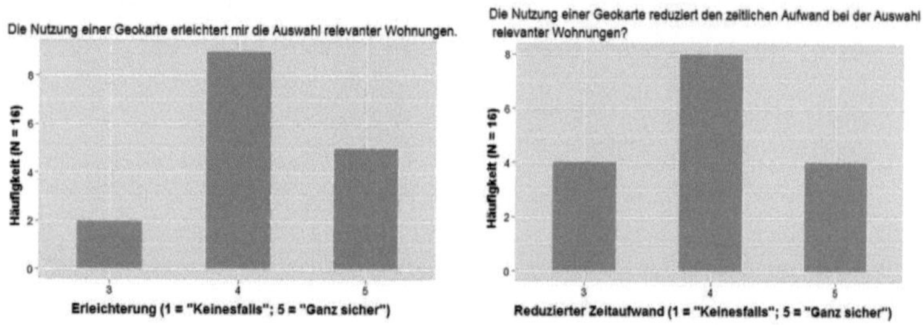

Abbildung 5.4: Verbesserte Wohnungsauswahl (a); Reduzierter Zeitaufwand (b)

Die Frage „Wie hilfreiche wäre eine Geokarte für die Wohnungssuche in einer unbekannten Stadt?" wurde überwiegend (12 Probanden) mit hilfreich und sehr hilfreich beantwortet (vgl. Abbildung 5.5). Die Ergebnisse der Kontextanalyse verdeutlichen die Eignung des Anwendungsszenarios und das mögliche Potenzial der Geovisualisierung zur Unterstützung bei der Informationssuche. Die intuitivere Visualisierung mit Hilfe einer Geokarte wird von den Probanden als hilfreich empfunden und kann zu einer verbesserten Auswahl von Wohnungen und einem reduzierten Zeitaufwand führen, vor allem bei der Suche in einer unbekannten Stadt. Das größte Potential geht dabei von der Geokarte zur Festlegung von Suchkriterien aus (Proband: „...eine Karte zu Beginn ...hätte meinen Suchprozess schon wesentlich erleichtert."). So kann durch Angabe eines Umkreises bzw. einer Entfernung sofort eine Einschränkung der Treffermenge vorgenommen werden (Proband: „...ich finde aber nicht die Möglichkeit irgendwie den Umkreis vom Stadtzentrum anzugeben.").

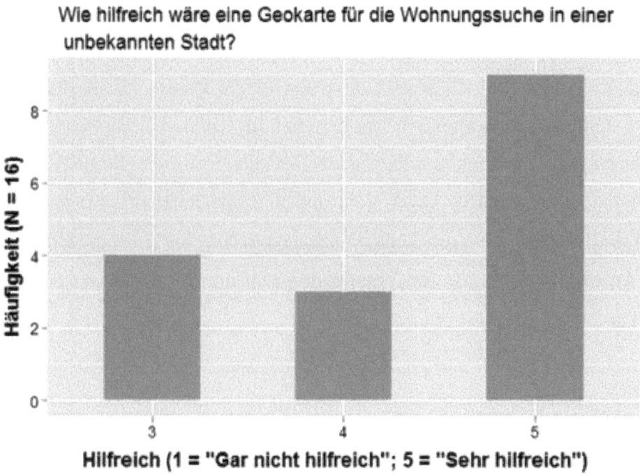

Abbildung 5.5: Verwendung von Geokarten bei der Wohnungssuche in unbekannten Städten

Auch die frühzeitige Kenntnis über bestimmte Stadtteile, deren Lage und Umgebung werden als wichtig empfunden (Proband: „...mich außerhalb des Portals zu informieren, was ist in dem Stadtteil alles, was gibt es da...“). Als sinnvoll wird ebenso die Darstellung der Wohnungstreffer auf der Geokarte wahrgenommen. So kann die Entfernung zu einem bestimmten Bezugspunkt besser eingeschätzt werden (Proband: „...jetzt sehe ich zwar nicht wie weit das vom Zentrum weg ist...“). Ferner wird die Einschätzung von Lage und Umgebung der Suchtreffer als wesentlich gesehen (Proband: „...bevor ich mit dem Immobilienmakler hinfahre, schon mal einen Blick darauf werfen zu können, in welchem Umfeld die Wohnung liegt ..., ob mir auch die Nachbarschaft gefällt.“).

5.3 Definition der Anforderungen

Basierend auf den Ergebnissen der Kontextanalyse sind nach dem verwendeten Vorgehensmodell im nächsten Schritt die Anforderungen an die zu entwickelnden vier

Prototypen zu spezifizieren[25]. Anforderungen umfassen einerseits Dienste, die das System den Nutzern bieten sollte (funktionale Anforderungen) und andererseits zusätzliche Anforderungen an die Funktionsweise des Systems (nicht-funktionale Anforderungen). Die Anforderungen werden meist in einem Pflichtenheft als Vertrag zwischen Kunde und Entwicklern festgehalten (vgl. Sommerville, 2012, S. 116 und Pomberger/Pree, 2004, S. 13). Da keine kommerzielle Softwareentwicklung Gegenstand der Arbeit ist und somit keine Vertragspartner in diesem Sinne bestehen, werden die Anforderungen nur für Verständniszwecke dokumentiert, aber nicht als Pflichtenheft ausgearbeitet.

5.3.1 Allgemeine Anforderungen an visuelle Benutzeroberflächen

Im Bereich der Informationsvisualisierung wird zur Definition von Anforderungen häufig auf das „Visual Information Seeking Mantra: Overview first, zoom and filter, then details-on-demand" zurückgegriffen. Dieses von Shneiderman (1996) vorgeschlagene Prinzip dient als Grundlage für die Entwicklung visueller Benutzeroberflächen für die Informationssuche. Es benennt sieben Funktionalitäten, die durch eine Informationsvisualisierung unterstützt werden sollten: Übersicht über die Informationsmenge, Zoomen, Filtern, Details-on-demand, Relationen, Verlaufshistorie und Extrahieren (vgl. Shneiderman, 1996, S. 336ff und Gretarsson et al., 2010). Die Informationsvisualisierungsmethode sollte dem Nutzer zunächst einen generischen Überblick über die gesamte Informationsmenge ermöglichen. Durch Hinein- und Herauszoomen sollte es dann möglich sein, zu einem bestimmten Ausschnitt der Informationsmenge zu navigieren, der interessant erscheint. Das Filtern ermöglicht eine Reduzierung der Informationsmenge und somit weniger Informationsüberlastung, indem uninteressante Informationsobjekte ausgeschlossen werden können. Bei der Suche nach Informationen wird ein Benutzer immer zunächst versuchen, die Informationsmenge zu reduzieren, um diese handhabbarer zu machen. Dieses Vorgehen erfolgt meist iterativ und wird auch als hierarchische Entscheidungsfindung bezeichnet (vgl. Kumar et al., 1997, S. 103). Wenn die Informationsmenge ausrei-

[25] Auf Basis der in Kapitel 4 vorgestellten Hypothesen sind vier Prototypen zu entwickeln, die jeweils verschiedene Ausprägungen der beiden Einflussfaktoren „Eingabevisualisierung" und „Ergebnisvisualisierung" umsetzen.

chend eingeschränkt wurde, sollte es auch möglich sein, detaillierte Informationen zu einem Suchtreffer über eine „Details-on-demand"-Funktion abzurufen. Eine weitere Aufgabe besteht darin, ähnliche Informationsobjekte finden zu können. Dazu müssen Beziehungen zwischen diesen definiert sein, so dass ausgehend von einem gewählten Informationsobjekt ähnliche Objekte angezeigt werden. Weitere Funktionen, die weniger die Visualisierung betreffen, sind eine Verlaufshistorie und das Extrahieren. Über eine Verlaufshistorie sollte es dem Nutzer ermöglicht werden, Nutzeraktionen rückgängig zu machen und diese zu speichern, um die Informationssuche zu einem späteren Zeitpunkt nachvollziehen zu können. Unter Extrahieren ist zu verstehen, dass eine relevante Informationsmenge abgespeichert, ausgedruckt oder weiterverarbeitet werden kann (vgl. Shneiderman, 1996, S. 367ff).

Die Ergebnisse der Kontextanalyse aus dem vorherigen Abschnitt zeigen, dass bisherige Immobiliensuchportale zwar die Möglichkeit bieten, durch die Einschränkung von Attributen die Informationsmenge zu filtern sowie für die ermittelten Suchtreffer eine „Details-on-demand"-Funktion anzuwenden. Der Überblick über die Informationsmenge, eine Zoom-Funktion und Ähnlichkeitsbeziehungen werden jedoch nicht angeboten. Im Vergleich dazu hat die Geokarte das Potential, weitere Funktionalitäten des „Information Seeking Mantras" zu erfüllen. Durch Verknüpfung der Suchtreffer mit der Geokarte kann die gesamte Informationsmenge auf der Karte angezeigt werden. Mittels einer Zoom-Funktion der Geokarte und des Verschiebens des Kartenausschnitts kann in der Informationsmenge navigiert werden und somit nur eine bestimmte Teilmenge der Suchtreffer angezeigt werden. Die Visualisierung der Suchtreffer auf der Karte erlaubt es, über die geografische Dimension Beziehungen zwischen den Suchtreffern abzubilden, z. B. können ähnliche Treffer über ihre Lage in der Karte oder die Umgebung in der Karte identifiziert werden.

5.3.2 Anforderungen an eine MAUT-basierte Suchfunktionalität

Um eine Suchfunktion zu implementieren, ist zu berücksichtigen, dass bei der Immobiliensuche sowohl strukturierte Informationen (Angaben wie Miete, Wohnfläche, Zimmeranzahl etc.) als auch semi-strukturierte Informationen wie Wohnungs- und

Lagebeschreibungen oder Photos eine Rolle spielen. Diese Informationsmenge erschwert den Such- und Entscheidungsprozess, da die verschiedenen Informationen ausgewertet und verglichen werden müssen. Die von Shneiderman vorgeschlagene Funktionalität des Filterns ist somit eine wesentliche Anforderung an eine Suchfunktion, um uninteressante Informationen auszuschließen und damit die Informationsüberlastung zu reduzieren (vgl. Gretarsson et al., 2010; Wallenius et al., 2008, S. 1345 und Shneiderman, 1996, S. 336ff). Bekannte Immobiliensuchportale[26] ermöglichen die Einschränkung vorgegebener Suchkriterien. Es werden dann nur die Immobilien als Suchmenge dargestellt, welche die gewählten Einschränkungen, z. B. 3 bis 4 Zimmer, erfüllen. Der Nutzer versucht dann anhand dieser reduzierten Alternativenmenge, eine Entscheidung zu treffen. Dabei handelt er Nutzen maximierend (vgl. Wallenius et al., 2008, S. 1337 und Rinner/Raubal, 2004).

Das beschriebene Suchproblem wird im Kontext von der multikriteriellen Analyse und Entscheidungsunterstützenden Systemen (EUS) als multikriterielles Entscheidungsproblem bezeichnet und erforscht (vgl. Götze, 2008, S. 173 und Malczewski, 1999, S. 82).

Die multikriterielle Analyse ist eine Entscheidungshilfe und mathematisches Werkzeug, welches den Vergleich verschiedener Alternativen oder Szenarien bezüglich mehrerer, oft widersprüchlicher Kriterien ermöglicht, um einen Entscheider hinsichtlich einer vernünftigen Wahl resp. Entscheidung zu unterstützen (vgl. Roy, 1996 nach Chakar/Mousseau; Rinner, 2007, S. 86 und Malczewski, 2009, S. 369). Vor allem räumliche Entscheidungsprobleme wie die Immobiliensuche erfordern oft die Bewertung einer großen Anzahl von Alternativen auf Basis multipler Kriterien (vgl. Drobne/Lisec, 2009, S. 459). Zu den bekanntesten Verfahren gehört die Multi-Attribute-Utility-Theorie (MAUT), welche zur Einschränkung von Alternativen und zur Unterstützung bei der Entscheidung für eine Alternative unter Unsicherheit eingesetzt werden kann. Bei Unsicherheit sind die Auswirkungen der Auswahl einer Alternative nicht bekannt (vgl. Wallenius et al., 2008, S. 1344 und Weber, 1983, S. 85)[27]. MAUT-basierte Verfahren finden bereits Anwendung im Bereich der geografischen

[26] z. B. http://www.immobilienscout24.de/; http://www.immowelt.de/ oder http://www.immonet.de/

[27] Weitere Verfahren sind das Multi-Objective-Decision-Making (MDOM), das Multi-Attribute-Decision-Making (MADM), die Multi-Attribute-Value-Theory, die Public Choice Theory und die kollaborative Entscheidungsfindung (vgl. Drobne/Lisec, 2009, S. 459).

Informationssysteme und GIS-basierten Entscheidungsprobleme (vgl. Malczewski, 2006, S. 715ff; Rinner/Raubal, 2004 und Andrienko/Andrienko, 2003). MAUT ermittelt auf Basis von einzelnen kardinalen Nutzenfunktionen für jedes Kriterium einen Gesamtnutzenwert für jede Alternative, so dass anschließend die beste Alternative identifiziert werden kann. Hierdurch kann eine Rangreihung nach Nutzenwert oder Relevanz der einzelnen Alternativen vorgenommen werden (vgl. Dyer et al., 1992, S. 647 und Götze, 2008, S. 205ff). Die Ordnung der Suchtreffer nach Relevanz wird in den bisherigen bekannten Portalen zur Immobiliensuche nicht abgedeckt. Dies bestätigt die in Abschnitt 2.1.3 aufgezeigten Probleme bei der Informationssuche. Im Sinne der Forschungsfrage dieser Arbeit ist das Potential der MAUT für das Anwendungsgebiet der Immobiliensuche in webbasierten Suchportalen zu untersuchen. Das MAUT-Verfahren besteht aus drei Schritten, die nachfolgend vorgestellt werden.

1. Schritt: Bestimmung relevanter Suchkriterien

Im ersten Schritt sind Entscheidungskriterien bzw. Attribute auszuwählen, die für den Nutzer relevant sind und anhand derer dann die Informationsmenge eingeschränkt werden soll. Um relevante Kriterien zu ermitteln, ist eine Nutzerbefragung durchzuführen (vgl. Meeks/Dasgupta, 2004, S. 59ff und Götze, 2008, S. 173). Im Rahmen der Think-Aloud-Vorstudie wurden daher die Nutzer hinsichtlich der Relevanz verschiedener Immobilienkriterien befragt (vgl. Abbildung 5.2). Es wurden die kardinalskalierten Kriterien Kaltmiete, Zimmeranzahl, Wohnfläche und Entfernung als Grundlage für die Ermittlung der Einzelnutzenfunktionen selektiert. Die Verwendung weiterer Kriterien wie Zustand, Balkon oder Stellplatz hätte für die Berechnung eines Gesamtnutzenwertes eine Transformation der verschiedenen Datentypen (nominal, ordinal und kardinal) in eine einheitliche ordinale Skala zur Folge gehabt. Die Anwendung des MAUT-Verfahrens setzt aber kardinalskalierte Kriterien voraus (vgl. Götze, 2008, S. 179 und Weber, 1983, S. 89). Ein quantitativer Gesamtnutzenwert lässt zudem konkrete Aussagen über den Abstand zwischen zwei Alternativen zu (vgl. Rinner/Raubal, 2004 und Götze, 2008, S. 177).

Vor dem Hintergrund des zu untersuchenden Einflussfaktors „Eingabevisualisierung“ ist es notwendig, geografische Kriterien auszuwählen. Neben der „Entfernung“ wurde daher das Kriterium „Stadtteil“ gewählt. Jedoch wird letzteres nur als Ausschlusskriterium (K.O.-Kriterium) behandelt und geht nicht in die Berechnung des Gesamtnutzenwerts mit ein. Dieses Vorgehen entspricht dem sogenannten Checklistenverfahren und schließt unzulässige Alternativen von vornherein aus (vgl. Blohm/Lüder, 1995, S. 176-199). Durch die Verwendung der geografischen Kriterien „Entfernung" und „Stadtteil" kann der Einflussfaktor „Eingabevisualisierung" mit den verschiedenen Visualisierungsmöglichkeiten untersucht werden. Die Auswahl der vorgestellten Kriterien ist auch dadurch zu begründen, dass diese Kriterien üblicherweise für die Suche in webbasierten Immobilienportalen verwendet werden. Alle weiteren relevanten Kriterien, die nominal sind und lediglich ein K.O.-Kriterium darstellen, z. B. Stellplatz, Balkon und Garten, wurden nicht als einschränkende Kriterien berücksichtigt, sondern diese werden nur in den detaillierten Angaben zu einer Wohnung aufgeführt. Ferner wurden Bilder und Skizzen von Immobilien aus dem Datenbestand entfernt, um keine Verzerrung der Experimentergebnisse zu erhalten. Diese beiden Kriterien haben einen erheblichen Einfluss auf die Auswahl einer Immobilie und führen dazu, dass Detail- oder Lagebeschreibungen und die restlichen Kriterien vom Nutzer weniger ausgewertet und verglichen werden.

2. Schritt: Bestimmung von Einzelnutzenfunktionen

Als nächstes werden auf Basis von Nutzerpräferenzen die Einzelnutzenfunktionen für jedes Kriterium bestimmt. Eine Einzelnutzenfunktion ordnet den Ausprägungen eines Kriteriums einen kardinalen Nutzenwert zu. Hierbei ist eine Normierung der Nutzenwerte im Intervall [0;1] durchzuführen, so dass die ungünstigste Ausprägung den Wert 0 und die beste Ausprägung den Wert 1 erhält. Der Verlauf der Einzelnutzenfunktionen kann mit Hilfe einer Befragung festgelegt werden (vgl. Götze, 2008, S. 207). Die Einzelnutzenfunktionen für die Kriterien Zimmeranzahl, Kaltmiete, Wohnfläche und Entfernung wurden auf Basis einer Vorstudie mit 11 Probanden geschätzt. Hierzu wurden die minimalen und maximalen Präferenzen der Probanden erfasst. Daraus wurde dann jeweils eine Nutzenfunktion abgeleitet. Dieses Vorgehen reduziert einerseits den Erfassungsaufwand, da das sonst im eigentlichen Experiment durchgeführt werden müsste. Andererseits tun sich die Nutzer häufig schwer, solche Einschätzungen zu geben, gerade wenn auch noch weitere Bewertungen vorzunehmen sind, z. B. die Gewichtung der Kriterien und das eigentliche Experiment (vgl. Hajokowicz/Higgins, 2008, S. 263). Nachteilig an der Schätzung mit Hilfe einer Vorstudie ist die geringe Anzahl der erhobenen Präferenzwerte, so dass die geschätzten Funktionen nur bedingt aussagekräftig für die Grundgesamtheit der Anwender sind.

Zur Schätzung der Funktionen aus den erfassten Präferenzdaten wurden zunächst mit Hilfe eines Boxplots Ausreißer in den Daten identifiziert und entfernt. Hiermit kann eine Verzerrung der Funktionsschätzung reduziert werden. Da für die Daten keine lineare Annahme getroffen werden konnte, wurden der Levenberg-Marquardt-Schätzer (LM) und zum Vergleich der Nonlinear-Least-Squares-Schätzer (NLS) als nichtlineare Schätzverfahren verwendet. Beide Verfahren versuchen die unbekannten Parameter einer Funktion numerisch so anzunähern, dass diese gut zu den vorgegebenen Datenwerten passen bzw. diese gut abbilden. Hierbei wird versucht, die Abweichung zwischen den vorgegebenen Daten und den über die ermittelte Funktion bestimmbaren Datenpunkten zu minimieren. Es soll also ein minimaler χ^2-Wert (Summe der Fehlerquadrate) erzielt werden (vgl. Backhaus, 2011, S. 513ff). Beide Verfahren wurden auf verschiedene nichtlineare Funktionen (logarithmische, exponentielle, Potenz, Gauß, hyperbolische und logistische Funktion) mit den vorgegebenen Daten angewendet. Der NLS-Schätzer war bezüglich mancher Funktionen nicht durchführbar. Der LM-Schätzer konnte für alle vorgegebenen nichtlinearen Funktionen ein konvergiertes χ^2 berechnen.

Beide Schätzer kamen zu gleichen Ergebnissen hinsichtlich des χ^2. Die Eignung der geschätzten Funktionen kann nicht bestätigt werden. Das ermittelte Bestimmtheitsmaß R^2 zur Erklärung der Varianz des Funktionswerts durch die Varianz der vorgegebenen Daten sowie der darauf basierende F-Test führen zur Annahme der Nullhypothese[28] und damit zu der Aussage, dass R^2 nicht verschieden von Null ist (vgl. Kähler, 2010, S. 430ff). Die schlechten Ergebniswerte des Bestimmtheitsmaßes sind auf die kleine Datenbasis zurückzuführen. Die geschätzten Nutzenfunktionen sind daher nur bedingt geeignet, um die für einen Nutzer relevanten Immobilien zu ermitteln. In der Literatur wurden jedoch ähnliche Funktionen vorgestellt (vgl. Butler et al., 2001 und Behnsen, 1980), so dass die geschätzten Funktionen trotzdem verwendet und in den Prototypen implementiert wurden.

Für das Kriterium Miete wurde folgende Exponentialfunktion geschätzt (5.1). Der Nutzenwert sinkt mit steigenden Kosten exponentiell (vgl. Butler et al., 2001, S. 812).

[28]Miete: F-Wert=0,001; Entfernung: F-Wert=0,003; Zimmeranzahl: F-Wert=0,005; Wohnfläche: F-Wert=0,0007

$$f(x) = 0,3288 - (-0,7006)e^{x(-0,003282)} + \epsilon \tag{5.1}$$

Für das Kriterium Entfernung wurde, auch in Anlehnung an Behnsen (1980), eine Exponentialfunktion identifiziert (vgl. 5.2). Der Nutzen sinkt exponentiell mit zunehmender Entfernung.

$$f(x) = 0,8085e^{(-0,08287x)} + \epsilon \tag{5.2}$$

Für die Zimmeranzahl wurde ebenfalls eine Exponentialfunktion bestimmt (vgl. 5.3). Der Nutzenwert steigt exponentiell mit zunehmender Zimmeranzahl.

$$f(x) = 0,7211 - (4998,8815)e^{x(-9,5867)} + \epsilon \tag{5.3}$$

Für die Wohnfläche konnte eine Potenzfunktion ermittelt werden (vgl. 5.4). Diese lieferte das kleinste χ^2. Der Nutzenwert steigt hierbei potentiell mit zunehmender Wohnfläche.

$$f(x) = 0,1954x^{0,2635} + \epsilon \tag{5.4}$$

3. Schritt: Gewichtung der Kriterien und Ermittlung der Gesamtnutzenfunktion

Im dritten Schritt bewertet der Nutzer schließlich, wie wichtig ihm jedes der Kriterien ist, und bestimmt dazu Gewichtungsfaktoren. Die Gewichte werden dazu im Intervall zwischen 0 und 1 normiert, so dass die summierten Gewichte maximal den Wert 1 erzielen. Die berechneten Teilnutzenwerte werden dann mit den Gewichten multipliziert und schließlich additiv zu einem Gesamtnutzenwert zusammengefasst (vgl. Formel 5.5)[29]. Der Gesamtnutzenwert kann maximal den Wert 1 erreichen.

[29]Da es sich um eine Mehrzielentscheidung unter Sicherheit handelt, ist eine additive Gesamtnutzenfunktion anwendbar (vgl. Götze, 2008, S. 206).

Auf Basis des Gesamtnutzenwerts ist dann eine Rangreihung der Suchtreffer möglich (vgl. Rinner/Raubal, 2004 und Götze, 2008, S. 209ff).

$$N_M = \sum_{k=1}^{K} w_k * v(n_k) \tag{5.5}$$

mit w_k = Gewichtungsfaktor für Zielkriterium k
v = Nutzenwert für k

Die Gewichte wurden auf Basis des Rank-Order-Centroid-Verfahrens (ROC) nach Barron/Barrett (1996) bestimmt. Hierbei bestimmt der Nutzer für jedes Attribut einen Rang, indem er entscheidet, ob Kriterium i besser als Kriterium j ist. Der Nutzer weist dem wichtigsten Kriterium den Rang 1, dem zweitwichtigsten den Rang 2 und dem unwichtigsten den Rang N zu. Das Gewicht jedes Kriteriums ergibt sich dann aus der Summe der umgekehrten Ränge aller unwichtigeren Kriterien und des momentanen Kriteriums. Diese Summe wird schließlich durch die Anzahl aller Kriterien dividiert, so dass eine Normalisierung stattfindet (vgl. Barron/Barrett, 1996, S. 1516ff). Vorteilhaft an diesem Vorgehen gegenüber anderen Verfahren wie Verhältnis-, Bandbreite- oder Paarvergleichsverfahren ist, dass der Nutzer lediglich eine ordinale Präferenzinformation abgeben muss und der Erfassungsaufwand daher sehr gering ist (vgl. Lifka, 2009, S. 64ff und Götze, 2008, S. 216). An diesem Verfahren wird kritisiert, dass keine tatsächlichen Abstände zwischen der Bedeutung der einzelnen Kriterien berücksichtigt werden und dass gleiche Gewichte von Kriterien nicht möglich sind. Darüber hinaus werden hochrangige Kriterien sehr stark gewichtet (vgl. Lifka, 2009, S. 72). Die rangfolgenbasierte Gewichtung ist jedoch geeignet, wenn erwartet wird, dass die Präferenzinformationen und Vorstellungen des Nutzers zu ungenau sind und somit ein hoher Aufwand bei der Erfassung und Verständnisschwierigkeiten des Nutzers bezüglich der Präferenz bestehen (vgl. Laukkanen, 2006, S. 3).

Die Bildung einer additiven Gesamtnutzenfunktion ist jedoch auch an verschiedene Voraussetzungen geknüpft. Die Kriterien müssen gegenseitig präferenzunabhängig sein, substituierbar sein und für die Alternativen muss eine schwache Ordnung gebildet werden können. Präferenzabhängigkeit besteht, wenn für jedes Kriterium gilt, dass die Präferenzeinschätzung bezüglich der Ausprägungen eines Kriteriums unabhängig von den Ausprägungen der anderen Kriterien ist. Substituierbarkeit bedeutet, dass Änderungen in einem Kriterium durch Änderungen eines anderen Kriteriums ausgeglichen werden können (vgl. Götze, 2008, S. 205ff). Die Präferenzunabhängigkeit ist bei den Kriterien Zimmeranzahl und Wohnfläche allerdings nur eingeschränkt gegeben. Bei einer größeren Anzahl an Zimmern sind nicht alle Wohnflächen in m^2 sinnvoll, z. B. 4-Raum Wohnung mit 20 m^2 oder 3-Raum Wohnung sollte nicht kleiner als 45 m^2 sein etc. Somit besteht eine Abhängigkeit in bestimmten Intervallen. Diese Präferenzabhängigkeit wird jedoch an dieser Stelle vernachlässigt, da es nach Schneeweiß ausreichend ist, wenn diese annähernd erfüllt ist (vgl. Schneeweiß, 1991, S. 132).

5.3.3 Spezifikation der funktionalen Anforderungen

Aus den vorgestellten Anforderungen an visuelle Benutzeroberflächen und an die MAUT-basierte Suchfunktion werden nun die funktionalen Anforderungen an die Prototypen genau spezifiziert und dokumentiert. Ein zusätzlicher Aspekt, der für die Spezifikation von Anforderungen eine Rolle spielt, ist die Festlegung der Zielgruppe der zu entwickelnden Software (vgl. Sommerville, 2012, S. 114ff). Als Zielgruppe sind ausschließlich die Anwender der Prototypen zu berücksichtigen. Da der Nutzen von Geovisualisierung geprüft werden soll und das System nicht für den produktiven Einsatz gedacht ist, sind Administratoren als Zielgruppe auszuschließen. Die Anforderungen beziehen sich daher nur auf den Anwendungskontext, d. h. die Unterstützung bei der Immobiliensuche und die Erfassung von Kennzahlen im Rahmen der experimentellen Untersuchung. Dies schließt auch Anforderungen an die zu verwaltenden Daten mit ein. Es ergeben sich dabei folgende Anforderungen an Funktionen und Daten:

- F10: Die Benutzer können die Informationsmenge anhand von Kriterien einschränken, indem sie für die vorgegebenen Kriterien Präferenzen festlegen.
- F20: Die Prototypen müssen anhand der Eingaben geeignete Suchtreffer ermitteln und diese in einer Rangfolge darstellen.
- F30: Zur Ermittlung der Rangfolge müssen Nutzenwerte für jeden Suchtreffer berechnet werden.

- F40: Damit Nutzenwerte berechnet werden, muss die Wichtigkeit der Suchkriterien durch den Nutzer festgelegt werden.
- F50: Liegen Präferenzen für Entfernungen zu einem bestimmten Bezugspunkt oder einer Adresse vor, müssen für diesen Bezugspunkt bzw. die Adresse Koordinaten ermittelt werden, so dass dann die Distanz zu den Wohnungen berechnet werden kann.
- F60: Es müssen, wenn gewünscht, alle Detailinformationen zum Suchtreffer angezeigt werden.
- F70: Es muss ausgehend von den angezeigten Suchtreffern eine erneute Suche, also eine Änderung der Kriterien und Gewichtung möglich sein.
- F80: Geokarten mit Zoomfunktionen und Verschiebefunktionen müssen integriert werden.
- F90: Experimentell zu erhebende Kennzahlen müssen erfasst werden.
- D10: Es müssen Wohnungen mit ihren Eigenschaften gespeichert werden.
- D20: Zu jeder Wohnung sind Koordinaten in Form von Latitude und Longitude abzuspeichern.
- D30: Die berechneten Rangfolgen der Suchtreffer müssen gespeichert werden.
- D40: Es müssen alle erfassten Kennzahlen gespeichert werden.
- D50: Es müssen alle Nutzeraktionen inklusive Zeitstempel gespeichert werden.

5.3.4 Spezifikation der nicht-funktionalen Anforderungen

Nicht-funktionale Anforderungen beziehen sich auf wichtige Eigenschaften wie Zuverlässigkeit, Antwortzeit und Speicherbedarf der Software (vgl. Sommerville, 2012, S. 119ff). Die Zuverlässigkeit beinhaltet, dass die Software nicht abstürzen sollte, dass mehrere Benutzer gleichzeitig damit arbeiten können und dass keine Fehler auftreten dürfen. So sollten die Suchtreffer und die Rangfolge korrekt ermittelt werden. Die detaillieren Beschreibungen sowie jede Art von Interaktion, z. B. Buttons,

Drag&Drop etc., sollten fehlerfrei funktionieren und angezeigt werden. Hinsichtlich der Antwortzeit darf es nicht zu langen Wartezeiten kommen (z. B. bei der Durchführung der Suche oder beim Aufrufen der Detailbeschreibung). Die Antwortzeit der Prototypen sollte weniger als 5 Sekunden betragen. Der Speicherbedarf der Software kann allerdings aufgrund der gewählten Architektur vernachlässigt werden, da hier nur Serverkapazität benötigt wird (vgl. Abschnitt 5.4). Die Benutzbarkeit sollte durch Hinweise, u. a. bei Falscheingaben, und einen strukturierten Aufbau der Software gewährleistet werden. Werden die nicht-funktionalen Anforderungen nicht berücksichtigt, kann dies zu Unzufriedenheit führen und damit Auswirkungen auf die Experimentergebnisse haben. Folgende nicht-funktionalen Anforderungen sind daher zu spezifizieren:

- NF10: Es muss gewährleistet sein, dass mindestens eines der vorgegebenen Suchkriterien und maximal 5 Suchkriterien ausgewählt werden.
- NF20: Es muss gewährleistet sein, dass die Kriterien gewichtet werden.
- NF30: Es dürfen keine Falscheingaben akzeptiert werden.
- NF40: Die Rangfolge muss korrekt berechnet werden.
- NF50: Die Koordinaten von Wohnungen und Bezugspunkten müssen korrekt abgefragt werden und die Berechnung der Distanz muss korrekt erfolgen.
- NF60: Die Antwortzeit sollte <5 s liegen.
- NF70: Die Software sollte nicht abstürzen.

5.4 Entwurf einer Softwarearchitektur

Eine Softwarearchitektur beschreibt die Menge aller Komponenten eines Softwaresystems zusammen mit ihren Beziehungen (vgl. Pomberger/Pree, 2004, S. 156). Eine für webbasierte Anwendungen häufig verwendete Architekturform ist die Client-Server-Architektur. Client-Server-Architekturen sind größtenteils verteilte Systeme, die miteinander in Beziehung stehen und Internetprotokolle nutzen. Die Softwarefunktionen werden dazu als Dienste von den Servern bereitgestellt. Die Clients sind die Benutzer dieser Dienste, wobei bei einer webbasierten Anwendung der Browser die Rolle des Clients übernimmt. Über den Browser ist es möglich, verschiedenen Geräten wie PC, Laptop, Smartphone, PDA oder Handy einen Zugriff zu erlauben. Ein Vorteil dieser Architektur ist die Skalierbarkeit durch das einfache Hinzufügen und die Integration weiterer Server. Zudem ist es nicht erforderlich, eine Software auf den Clients zu installieren, was die Wartbarkeit und die Verteilung der Anwendungslogik vereinfacht (vgl. Sommerville, 2012, S. 198ff und S. 545ff und Gretarsson et al., 2010). Aufgrund dieser Vorteile und der einfacheren und intuitiveren Bedienung webbasierter Geokarten im Vergleich zu umfangreichen und ressourcenaufwändigen GIS-Lösungen ist es sinnvoll, die Prototypen als webbasierte Anwendung auf Basis einer Client-Server-Architektur zu entwickeln. Dadurch sind keine GIS-Experten notwendig, sondern die Software kann von allen Nutzern bedient werden (vgl. Chang et al., 2007, S. 1170; Clarkson et al., 2009, S. 1060 und Malizia et al., 2011, S. 152ff).

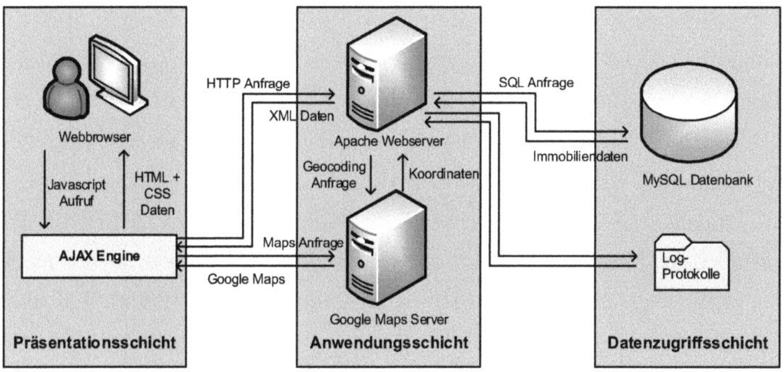

Abbildung 5.6: Softwarearchitektur der Prototypen

Client-Server-Architekturen werden wiederum häufig als 3-Schichten-Architektur implementiert. Dabei wird zwischen der Präsentationsschicht, der Anwendungsschicht und der Datenzugriffsschicht unterschieden. Die Datenzugriffsschicht gewährleistet die Speicherung, das Laden und die Suche von Daten in Datenverwaltungssystemen, z. B. Dateisysteme oder Datenbanksysteme. Die Anwendungsschicht verarbeitet die Daten mit Hilfe von Algorithmen. Dabei wird die Anwendungsfunktionalität umgesetzt. Die Präsentationsschicht stellt die Ergebnisse der Anwendungsschicht dar und dient zur Interaktion mit dem Benutzer (vgl. Lehner et al., 2007, S. 138 und Sommerville, 2012, S. 194ff). Je nach Art der Ausprägung kann der Client neben der Präsentationsschicht auch Teile oder die gesamte Anwendungsschicht übernehmen. Letzteres wird als Fat Client bezeichnet, während ein Client, der nur die Präsentationsschicht abdeckt, als Thin Client bezeichnet wird (vgl. Sommerville, 2012, S. 545ff). Als Client wurde für das Experiment der Browser Mozilla Firefox Version 20.0.1 verwendet und die Prototypen wurden hinsichtlich der Darstellung für eine Auflösung von 1280 x 1024 Pixel optimiert. Als Webserver diente der Apache Web Server. Abbildung 5.6 zeigt die 3-schichtige Client-Server-Architektur der Prototypen (vgl. Abbildung 5.6). Die einzelnen Komponenten und Beziehungen dieser Softwarearchitektur werden im Folgenden erläutert.

Die Prototypen basieren hauptsächlich auf den Technologien Asynchronous JavaScript and XML (AJAX), Javascript und PHP[30]. Darüber hinaus spielt bei den drei Prototypen mit Geovisualisierung die Google Maps API eine Rolle. Javascript ist eine Programmiersprache zur Erweiterung von Webseiten um kleine interaktive Objekte, die clientseitig ausgeführt werden (vgl. Fischer/Hofer, 2008, S. 433). PHP ist dahingegen eine serverseitig interpretierte Open Source Programmiersprache zur Erstellung dynamischer Webseiten und für den Zugriff auf Datenbanken (vgl. Fischer/Hofer, 2008, S. 627). AJAX ist eine Kombination aus Extensible HyperText Markup Language (XHTML), Cascading Style Sheets (CSS), Javascript, Extensible Markup Language (XML), Document Object Model (DOM) und XMLHttpRequest, die es ermöglicht, Daten mit dem Server dynamisch auszutauschen, so dass nicht die gesamte Webseite neu geladen werden muss, sondern nur bestimmte Teilbereiche. Dadurch fällt weniger Wartezeit für das Laden und Aktualisieren der Webseite an (vgl. El Moussaoui/Zeppenfeld, 2008, S. 25ff).

AJAX wurde daher verwendet, um die Ergebnisse der Suche dynamisch auf der gleichen Webseite anzeigen zu können, ohne die komplette Webseite neu laden zu müssen. So hat der Nutzer die Möglichkeit, die Eingaben der Suchkriterien immer wieder anzupassen. Es wird dann lediglich der Bereich mit den Suchergebnissen aktualisiert. Auch der Abruf der Detailinformationen zu einem Suchtreffer wird mit AJAX unterstützt. Je nachdem, welcher Suchtreffer ausgewählt wird, erfolgt in einem bestimmten Bereich der Webseite eine entsprechende Anzeige der Detailinformationen. Dieser Bereich wird bei Auswahl eines anderen Treffers neu geladen. Die Präsentationsschicht wird somit als einzelne Webseite implementiert, so dass die

[30]PHP Hypertext Preprocessor (PHP), ursprünglich „Personal Home Page Tools“

Probanden jede Aktion hier durchführen können, ohne die Seite und damit die Ansicht zu wechseln. Hierdurch bleibt die Visualisierung der Suchtreffer immer präsent, so dass eine Anpassung der Kriterien einfach durchgeführt werden kann. AJAX unterstützt auch die Interaktion innerhalb der angezeigten Google Map. Der Nutzer kann den Kartenausschnitt verschieben oder die Zoom-Funktion nutzen, ohne dass die Karte neu geladen werden muss. Die Nutzung von AJAX ermöglicht somit eine effiziente und benutzerfreundliche Interaktion, da ein Teil der Anwendungslogik zum Client verlagert wird. Diese teilweise Verlagerung wird als Rich Thin Client bezeichnet (vgl. Crane et al., 2006, S. 43ff). Für die Nutzung einer Geokarte wurde auf die Google Maps API und die Dienste des Google Maps Servers zurückgegriffen. Dieser stellt für Forschungszwecke einen kostenlosen Geokartendienst bereit, um Geokarten auf einer Webseite dynamisch einbinden und um Geokoordinaten abfragen zu können. Der Zugriff erfolgt über die Google Maps API Schnittstelle, die eine enge Integration mit Javascript erlaubt, so dass interaktive geobasierte Benutzeroberflächen einfach umzusetzen sind (vgl. Forsén et al., 2010, S. 146).

Die Beziehungen resp. die Funktionsweise der einzelnen Komponenten können wie folgt beschrieben werden (vgl. Abbildung 5.6): Um den Ausgangsbildschirm eines Prototyps zu laden, wird ausgehend vom Browser (Client) eine HTTP Anfrage an den Apache Web Server gesendet. Da für jeden Prototyp eine eigene Präsentationsschicht definiert wird, liefert der Web Server als Antwort eine entsprechende Webseite, die HTML, CSS, Javascript, AJAX und PHP Code enthält. Bei den beiden Prototypen mit kartenbasierter Eingabe sendet das clientseitig ausgeführte Javascript über die AJAX-Engine eine Anfrage an den Google Maps Server. Dieser liefert eine Google Map zurück, die dann in die Webseite mit eingebettet wird. Die kombinierte Antwort beider Webserver wird dann im Browser dargestellt. Bei einer feldbasierten Eingabe der Suchkriterien wird zunächst keine Anfrage an den Google Maps Server gesendet. Der Benutzer hat die Möglichkeit, die Suchkriterien über die Eingabefelder oder die Geokarte vorzugeben und die Suche mit einem Button auszulösen. Hierdurch wird wiederum über die AJAX-Engine eine Anfrage an den Apache Webserver ausgelöst, um die Suchtreffer zu ermitteln, deren Nutzenwerte zu berechnen und die Reihenfolge der Suchtreffer zu bestimmen. Dies erfolgt serverseitig über ein PHP-Skript. Der Webserver stellt dazu zunächst eine Verbindung zur MYSQL-Datenbank her und ruft die den Suchkriterien entsprechenden Wohnungsdaten ab. Für die einzelnen Treffer werden dann die Entfernungen zum vorgegebenen Bezugspunkt bzw. zur Adresse berechnet. Dafür ist es notwendig, Koordinaten zur ermitteln. Über die Google Maps API wird auf einen Geokodierungsdienst auf dem Google Maps Server zugegriffen, der anhand der übergebenen Bezugspunkte oder Adressangaben Latitude und Longitude als Koordinatenwerte zurückliefert. Die jeweiligen Entfernungen der Wohnungstreffer zu dieser Koordinate werden dann berechnet und Wohnungstreffer, die nicht innerhalb der gewünschten Entfernung liegen, werden aussortiert. Anschließend erfolgen die Berechnung von Nutzenwerten und die Sortierung der Wohnungen absteigend nach diesem Nutzenwert (vgl. Abschnitt 5.3.2). Das Ergebnis wird über die AJAX-Engine als Antwort zurückgegeben und im Browser dargestellt. Nach der Darstellung der Suchtreffer kann mit einem weiteren AJAX-Aufruf ein PHP-Skript auf dem Webserver ausgeführt werden, welches zu einem gewählten Wohnungstreffer alle Details zur Wohnung aus der Datenbank abruft und die Ergebnisse dann als Antwort zurückgibt. Innerhalb der angezeigten Wohnungsdetails hat der Benutzer im Rahmen des Experiments die Möglichkeit, Relevanzwerte für eine Wohnung zu vergeben und zu speichern. Auch hier wird über die AJAX-Engine ein PHP-Skript auf dem Webserver aufgerufen, welches die Relevanzwerte in einer Logdatei auf dem Webserver speichert.

Die Speicherung der Immobiliendaten erfolgte in einer relationalen Datenbank. Zur Verwaltung der Datenbank wurde das verbreitete Open Source Datenbankmanagementsystem MySQL eingesetzt. Die Daten wurden von einer Regensburger Immobilienagentur zur Verfügung gestellt. Es handelt sich somit um reale Immobilienangebote. Die Datenbasis wurde jedoch aufgrund der Stichprobenzusammensetzung des Experiments (vgl. Abschnitt 6.3.1) auf Mietwohnungen eingegrenzt, da Eigentumswohnungen und Häuser für Studenten weniger relevant sein dürften. Insgesamt enthielt die Datenbank 365 Einträge. Für den Entwurf der Datenbank wurde kein Datenmodell erstellt, da die Immobilien mit allen Attributen in nur einer Tabelle zu speichern sind. Anhang B.1 zeigt eine Übersicht über die einzelnen Attribute der Tabelle. Die Attribute beinhalten auch die Geokoordinaten (Latitude und Longitude) zu einer Immobilie. Diese waren in der ursprünglichen Datenbasis nicht enthalten und wurden nachträglich mit einem Geokodierungsdienst ermittelt und in der Datenbank abgespeichert.

Weitere zu speichernde Daten betreffen die im Rahmen des Experiments stattfindenden Benutzeraktionen. Dazu gehört das Starten und Beenden des Experiments, jede durchgeführte Suche sowie jeder angeklickte Suchtreffer. Für diese Benutzeraktionen werden in einer Logdatei Zeitstempel gespeichert. Ebenso erfolgt die Speicherung der vergebenen Relevanzwerte zu einer Wohnung und die berechnete Trefferfolge eines Suchvorgangs in einer Logdatei.

5.5 Implementierung und Funktionsweise der Prototypen

Die definierten Anforderungen an die Benutzeroberfläche und die Suchfunktion werden schließlich auf Basis des konzeptionellen Architekturentwurfs implementiert. Um keine Verzerrung der Experimentergebnisse zu erhalten, ist es sinnvoll, die Anwendung als eine Webseite zu implementieren, so dass der Benutzer diese Webseite nicht verlassen muss. Durch das Verlassen einer Webseite würde der kognitive Aufwand erhöht und die Bedienbarkeit reduziert werden, da der Nutzer sich beispielsweise merken muss, welche Suchtreffer erzielt wurden, um dann die Kriterien neu anpassen zu können. Ebenso müsste er sich bei einer separaten Detailseite merken, in welchem Bezug diese Wohnung zu den anderen Wohnungstreffern, z. B. auf der Karte oder in der Liste, steht. Die Benutzeroberfläche der Prototypen besteht daher aus drei Bereichen (vgl. Abbildungen 5.7, 5.9, 5.10 und 5.13):

- Linker Bereich: Einschränkung und Gewichtung der Suchkriterien
- Mittlerer Bereich: Darstellung der Suchtreffer
- Rechter Bereich: Darstellung von Detailinformationen zu einer ausgewählten Wohnung

Die Bereiche sind miteinander verknüpft. Die im linken Bereich festgelegten und gewichteten Kriterien werden genutzt, um eine Treffermenge zu erzeugen, die im mittleren Bereich dargestellt wird. Diese Treffermenge stellt zunächst einen groben Überblick über die gefundenen Wohnungen dar. Durch Klick auf einen Suchtreffer werden schließlich detaillierte Informationen zur einzelnen Wohnung im rechten Bereich dargestellt. Nachfolgend werden die einzelnen Bereiche und die Funktionsweise mit Bezug zu den verschiedenen Prototypvarianten erläutert.

Linker Anzeigebereich

Im linken Bereich definiert der Benutzer seine Präferenzen für die Wohnungssuche. Dazu sind zunächst anhand der vorgegebenen Suchkriterien Einschränkungen festzulegen und in einem weiteren Schritt die Wichtigkeit der Suchkriterien durch eine Reihenfolge anzugeben. Zur Angabe minimaler und maximaler Präferenzen bieten sich Eingabefelder an. Bei allen Prototypen erfolgt daher die Präferenzangabe für die Suchkriterien „Zimmeranzahl“, „Kaltmiete“ und „Wohnfläche“ mit Hilfe von Eingabefeldern (vgl. Abbildungen 5.7, 5.9, 5.10 und 5.13).

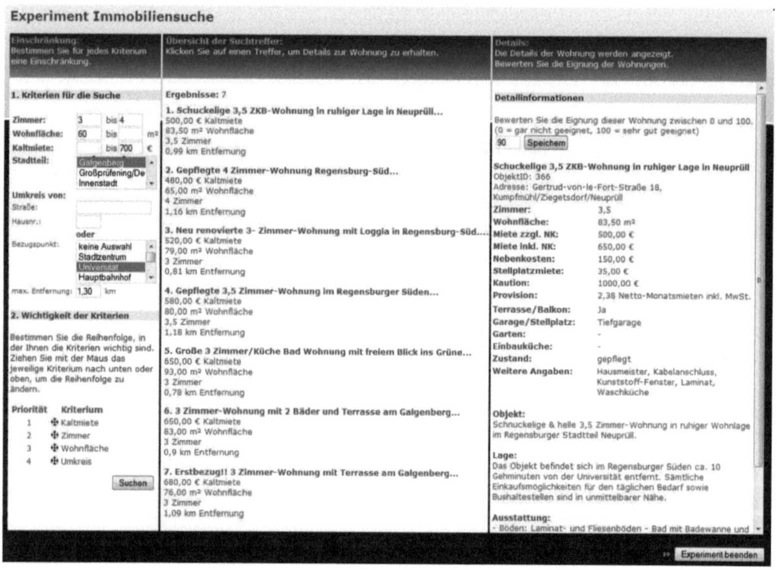

Abbildung 5.7: Prototyp 1 - Feldbasierte Eingabe und Listenvisualisierung

Die Prototypen mit feldbasierter Eingabevisualisierung erfassen darüber hinaus die maximale Entfernung zu einer angegebenen Adresse (Straße und Hausnummer) durch Eingabefelder. Alternativ kann die Entfernung zu einem Bezugspunkt bestimmt werden. Dieser wird aus einer vorgegebenen Drop-Down-Liste ausgewählt. Die Drop-Down-Liste wurde auf Basis der in der Geokarte vermerkten zentralen Punkte und Sehenswürdigkeiten der Stadt Regensburg, z. B. Stadtmitte, Bahnhof etc., erstellt. Somit haben die Benutzer dieser Prototypen die gleiche Ausgangssituation wie Benutzer von Prototypen mit kartenbasierter Eingabe. Sie können die Entfernung zu einem bestimmten Bezugspunkt in einer ihnen unbekannten Stadt festlegen. Die Auswahl eines oder mehrerer Stadtteile (nominales Kriterium) ist anhand einer Drop-Down-Liste vorzunehmen (vgl. Abbildungen 5.7 und 5.10).

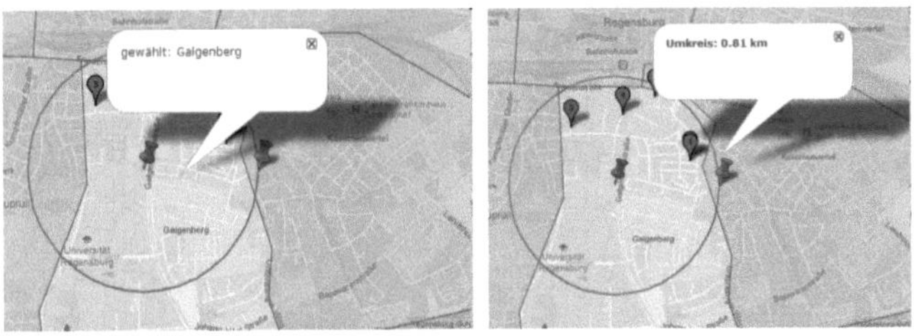

Abbildung 5.8: Auswahl eines Stadtteils (a); Festlegung eines Umkreises (b)

Im Gegensatz dazu kann bei der kartenbasierten Eingabevisualisierung die Auswahl von Stadtteilen, Bezugspunkten und der maximalen Entfernung direkt in der Geokarte vorgenommen werden. Die Geokarte wird von Beginn an im mittleren Bereich dargestellt. Die Karte wird mit einer hohen Zoomstufe geladen, so dass zunächst ein Überblick über die Stadt Regensburg möglich ist. Der Benutzer kann dann mit Hilfe der durch die Google Maps API bereitgestellten Toolbar (linker oberer Kartenrand) in die Karte hinein und heraus zoomen (Plus und Minus Symbole). Über die Pfeile kann der Ausschnitt der Karte verändert werden. Des Weiteren kann zwischen der voreingestellten Kartenansicht, der Satellitenansicht und einer Hybridansicht gewechselt werden (rechter oberer Kartenrand). Die Auswahl der Stadtteile erfolgt durch einen Klick auf den entsprechenden Bereich in der Karte. Die Stadtteile wurden hierzu farblich umrandet, so dass sie einfach zu erkennen und zu selektieren sind. Die Selektion und Deselektion wird in einem Popup-Fenster bestätigt (vgl. Abbildung 5.8a). Für die Auswahl des Bezugspunktes oder einer gewünschten Adresse kann ein Kreis auf der Karte platziert werden. Per Drag&Drop kann der Kreis auf der Karte verschoben und die Größe des Kreises festgelegt werden (vgl. Abbildung 5.8b). Die blaue Pinnnadel wird dabei zum Verschieben benutzt und die rote Pinnnadel zum Ändern der Größe. Durch die Größe des Kreises ist es möglich, die Entfernung anzugeben. Ein Popup-Fenster gibt dann Auskunft über die gewählte Kilometeranzahl (vgl. Abbildungen 5.9 und 5.13).

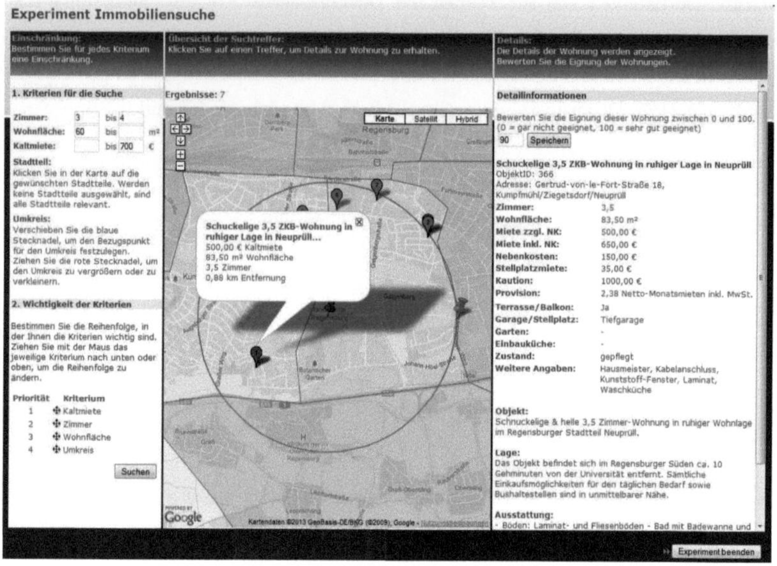

Abbildung 5.9: Prototyp 3 - Kartenbasierte Eingabe und Geovisualisierung

In einem weiteren Schritt ist die Wichtigkeit der Suchkriterien im linken Bereich festzulegen. Diese Gewichtung erfolgt wie in Abschnitt 5.3.2 erläutert durch die Festlegung einer Rangfolge der Kriterien durch den Nutzer. Dazu wird eine Reihenfolge vorgegeben, die durch den Nutzer verändert werden kann. Zur Änderung der Reihenfolge wird die Drag&Drop Funktionalität genutzt. Die Kriterien können einzeln nach oben oder unten gezogen werden (vgl. Abbildung 5.7, 5.9, 5.10 und 5.13). Um die Suche zu starten, ist dann ein entsprechender Button zu klicken. Es wurde darauf geachtet, dass bestimmte Eingabebedingungen geprüft werden. Es ist daher nicht möglich, keine Suchkriterien anzugeben. Es erscheint in diesem Fall eine entsprechende Fehlermeldung. Ebenso erscheint eine Fehlermeldung, wenn eine Adresse und ein Bezugspunkt festgelegt wurden (nur eines von beiden ist möglich) bzw. wenn zwar eine Adresse oder ein Bezugspunkt, aber keine Entfernungsangabe (oder umgekehrt) angegeben wurde. Fehlerhafte Eingaben, z. B. Sonderzeichen oder unzulässige Zahlenkombinationen, werden ebenfalls abgefangen und der Benutzer wird darüber informiert. Die Suche wird in solchen Fällen nicht durchgeführt.

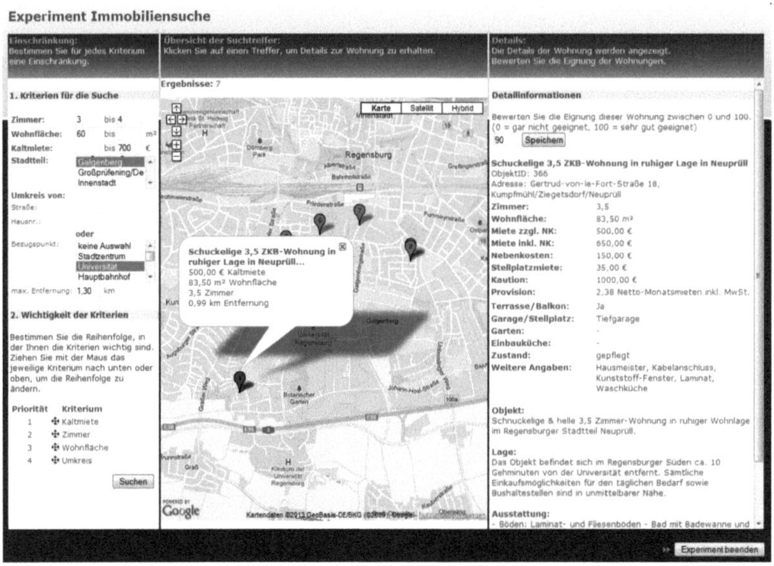

Abbildung 5.10: Prototyp 2 - Feldbasierte Eingabe und Geovisualisierung

```
//FUNKTIONEN ZUR BERECHNUNG DER TEILNUTZENWERTE

function Zimmer($anzahl){    //Schätzfunktion Zimmer: f(x)=0,7211-(4998,8815)e^(x*(-9,5867))+ε
    $ergZ = floatval(0.7211)-(floatval(4998.8815)*(pow(floatval(2.71828182),(floatval(-9.5867)*$anzahl))));
    return $ergZ;
}
function Flaeche($wohnfl){   //Schätzfunktion Wohnfläche: f(x)=0,1954*x^0,2635+ε
    $ergF = floatval(0.1954)*pow($wohnfl,floatval(0.2635));
    return $ergF;
}
function Miete($miete){   //Schätzfunktion Kaltmiete: f(x)=0,3288-(-0,7006)ex*(-0,003282)+ε
    $ergM = floatval(0.3288)-(floatval(-0.7006))*pow(floatval(2.71828182),(floatval(-0.003282)*$miete));
    return $ergM;
}
function Distanz($entf){   //Schätzfunktion Distanz: f(x)=0,8085*e(-0,08287*x)+ε
    $ergD = floatval(0.8085)*pow(floatval(2.71828182),(-0.08287*$entf));
    return $ergD;
}
```

Abbildung 5.11: Implementierung der Einzelnutzenfunktionen in Javascript

Durch Klick auf den Button „Suchen" werden dann die Kriterienpräferenzen und die festgelegte Gewichtung an die Funktion zur Ermittlung der Treffermenge und deren Reihenfolge übergeben. Abbildung 5.11 zeigt die Implementierung der vier Einzelnutzenfunktionen für jedes Kriterium in Javascript. Die übergebenen Kritenausprägungen einer Immobilie werden dazu in die vorgegebenen Einzelnutzenfunktionen eingesetzt. Die Funktionen liefern dann den einzelnen Nutzenwert jedes Kriteriums zurück (vgl. Abbildung 5.11).

Die Berechnung des Gesamtnutzenwertes wurde ebenfalls mittels Javascript umgesetzt. Hierbei werden zunächst die Gewichte der einzelnen Kriterien in Abhängigkeit der übergebenen Rangfolge berechnet. Diese Gewichte und die zuvor berechneten Teilnutzenwerte werden dann multipliziert und additiv zu einem Gesamtnutzenwert für jeden Suchtreffer zusammengefasst (vgl. Abbildung 5.12).

```
//FUNKTION ZUR BERECHNUNG DES GESAMTNUTZENWERTES

function Gesamtnutzen($TeilnutzenZ, $TeilnutzenF, $TeilnutzenM, $TeilnutzenD, $rangfolge){

    //Rangwerte zunächst ermitteln (mittels ROC-Verfahren)
    if ($rangfolge[0]=="z"){$rangwert_z = 0.520833;}
    else if ($rangfolge[0]=="w"){$rangwert_w = 0.520833;}
    else if ($rangfolge[0]=="k"){$rangwert_k = 0.520833;}
    else if ($rangfolge[0]=="d") {$rangwert_d = 0.520833;}

    if ($rangfolge[2]=="z"){$rangwert_z = 0.270833;}
    else if ($rangfolge[2]=="w"){$rangwert_w = 0.270833;}
    else if ($rangfolge[2]=="k"){$rangwert_k = 0.270833;}
    else if ($rangfolge[2]=="d"){$rangwert_d = 0.270833;}

    if ($rangfolge[4]=="z"){$rangwert_z = 0.145833;}
    else if ($rangfolge[4]=="w"){$rangwert_w = 0.145833;}
    else if ($rangfolge[4]=="k"){$rangwert_k = 0.145833;}
    else if ($rangfolge[4]=="d"){$rangwert_d = 0.145833;}

    if ($rangfolge[6]=="z"){$rangwert_z = 0.0625;}
    else if ($rangfolge[6]=="w"){$rangwert_w = 0.0625;}
    else if ($rangfolge[6]=="k"){$rangwert_k = 0.0625;}
    else if ($rangfolge[6]=="d"){$rangwert_d = 0.0625;}

    $nutzen_gesamt = ($rangwert_z*$TeilnutzenZ)+($rangwert_w*$TeilnutzenF)+($rangwert_k*$TeilnutzenM)+($rangwert_d*$TeilnutzenD);
    return $nutzen_gesamt;
}
```

Abbildung 5.12: Gewichtung der Kriterien und Berechnung des Gesamtnutzenwerts in Javascript

Mittlerer Anzeigebereich

Im mittleren Block werden die auf Basis der MAUT ermittelten Suchtreffer entweder als Liste (vgl. Abbildungen 5.7 und 5.13) oder auf einer Geokarte (vgl. Abbildungen 5.9 und 5.10) angezeigt. Die Listendarstellung enthält alle Suchtreffer in absteigender Reihenfolge ihres Nutzens resp. ihrer Relevanz. Die Wohnung mit dem größten Nutzenwert wird als erster Suchtreffer in der Liste dargestellt. Über eine Scroll-Funktion können alle Listentreffer angesehen werden. Jeder Listentreffer enthält Angaben zu den Kriterien Zimmeranzahl, Kaltmiete, Wohnfläche, die berechnete Entfernung sowie den Titel der Wohnungsanzeige. Über einen Klick auf den Titel können die Detailinformationen der Wohnung abgefragt werden. Bereits geklickte Titellinks werden lilafarben dargestellt. Zur Darstellung der Suchtreffer auf der Geokarte werden die Treffer absteigend nach ihrem Nutzenwert nummeriert. Jeder Suchtreffer wird dabei als blauer, nummerierter Punkt auf der Karte dargestellt. Sobald ein Wohnungstreffer angeklickt wird, erscheint der Punkt rot und es wird ein Popup-Fenster mit den jeweiligen Trefferinformationen bezüglich Zimmeranzahl, Kaltmiete, Wohnfläche, Entfernung und Titel der Wohnungsanzeige angezeigt. Über den Titel kann wiederum auf weitere Informationen zur Wohnung zugegriffen werden. Der Link des Titels wird nach einem Klick ebenfalls lilafarben angezeigt. Zur Darstellung aller Suchtreffer wird die Karte entsprechend gezoomt. Es wird dabei immer die größtmögliche Zoomstufe genutzt, so dass sofort Details der Karte erkennbar sind, die vom Anwender zur Einschätzung der Suchtreffer genutzt werden können. Des Weiteren können die durch die Google Maps API standardmäßig bereitgestellten Bedienungsfunktionen der Karte genutzt werden, z. B. Verschieben des Kartenausschnitts, herein und heraus zoomen sowie die Umstellung zwischen Kartenansicht, Satellitenansicht und hybrider Ansicht.

Rechter Anzeigebereich

Auf der rechten Seite werden schließlich die Detailinformationen zu einer einzelnen Wohnung angezeigt. Hierzu muss der Anwender den Titel eines Suchtreffers anklicken. Die Detailinformationen enthalten weitere Kriterien wie Garten, Stellplatz etc., und vom Vermieter oder Makler verfasste Beschreibungen zur Wohnung, zur Lage und Umgebung sowie zur Ausstattung. Über ein Eingabefeld haben die Experimentteilnehmer die Möglichkeit, einen Relevanzwert zwischen 0% und 100% für diese Wohnung abzuspeichern. Mit einem Button kann die Speicherung vorgenommen werden. Die gespeicherten Relevanzwerte werden bei jedem Aufruf der Detailinformation wieder angezeigt. Die Relevanzwerte werden zur Prüfung der Hypothesen benötigt. Am unteren rechten Bildrand findet sich ein Button, mit dem das Experiment schließlich beendet werden kann (vgl. Abbildungen 5.7, 5.9, 5.10 und 5.13).

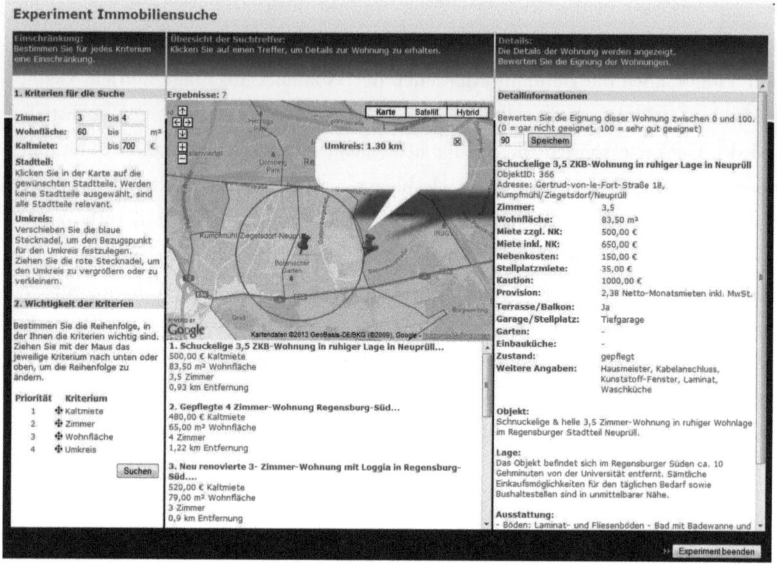

Abbildung 5.13: Prototyp 4 - Kartenbasierte Eingabe und Listenvisualisierung

5.6 Zusammenfassung

Kapitel 5 stellte das Vorgehen zur Entwicklung von Prototypen für die experimentelle Überprüfung der Hypothesen vor. Hierbei diente das Prototyping als Vorgehensmodell, da damit relativ zeitnah eine lauffähige Software entwickelt werden kann, was für experimentelle Zwecke wichtig ist. In einem ersten Schritt wurde eine Vorstudie zur Analyse des Anwendungskontexts und bisheriger Softwarelösungen durchgeführt. Die Ergebnisse zeigten das Potential geobasierter Suchportale und verdeutlichten auch die Eignung für das gewählte Anwendungszenario der Immobiliensuche. Auf Basis der Vorstudie, den allgemeinen Anforderungen an visuelle Benutzeroberflächen – dem Information Seeking Mantra von Shneiderman (1996) – sowie den Erfordernissen der MAUT-Theorie wurden funktionale und nicht-funktionale Anforderungen an die Prototypen spezifiziert. Die MAUT-Theorie wurde herangezogen, um eine Suchfunktionalität zu implementieren, die es erlaubt, die Informationsmenge sinnvoll einzuschränken und die Treffer nach Relevanz zu sortieren. Somit kann neben der eigentlichen Forschungsfrage auch die Anwendbarkeit der MAUT-Theorie für das Anwendungsszenario der webbasierten Immobiliensuche untersucht werden. Anhand der Anforderungen wurde dann eine dreischichtige Client-Server-Architektur konzipiert und implementiert. Das Ergebnis der Softwareentwicklung sind schließlich vier verschiedene Prototypen, die zur empirischen Überprüfung der Hypothesen eingesetzt werden. Durch die Vorstudie, die Auswahl einer geeigneten Architektur und das Sicherstellen der Zuverlässigkeit, der Antwortzeiten, des Speicherbedarfs der Software (nicht-funktionale Anforderungen) sowie der Bedienbarkeit der Benutzeroberfläche können mögliche Einflüsse auf die Experimentteilnehmer begrenzt werden, z. B. Unzufriedenheit mit der Antwortzeit oder mit der Bedienung der Benutzeroberfläche. Damit können Verzerrungen der Experimentergebnisse vermieden werden und die Ergebnisse bezüglich der zu untersuchenden Hypothesen interpretiert werden.

Für die Ergebnisse der Softwareentwicklung sind dennoch Einschränkungen zu benennen:

- Die Analyse der Vorstudie sowie die Erhebung von Daten zur Schätzung der Einzelnutzenfunktionen basieren nur auf einer kleinen Stichprobe. Somit lassen sich nur qualitative Aussagen zur Relevanz von Geokarten im Anwendungsszenario treffen. Dennoch konnte hier ein eindeutiger Eindruck gewonnen werden. Die Schätzung der Einzelnutzenfunktionen ist hingegen kritischer zu sehen. Hier ist es möglich, dass Nutzenwerte berechnet werden, die nicht den Vorstellungen eines Experimentteilnehmers entsprechen. Die Schätzung geeigneter Nutzenfunktionen kann mit einer größeren Stichprobe bei einer Wiederholung verbessert werden.

- Hinsichtlich der Platzierung der Wohnungstreffer auf der Geokarte kann es vorkommen, dass an der gleichen Wohnadresse mehrere Wohnungsangebote vorliegen. Die Punkte für die Suchtreffer müssten somit aufgrund der gleichen Koordinate übereinander platziert werden. Dieses Problem des Überdeckens wurde manuell durch Korrektur der Daten gelöst, indem Treffer mit gleichen Koordinaten durch geringe Änderung der Koordinaten etwas versetzt nebeneinander platziert wurden. Es wäre sinnvoll, Suchtreffer mit gleichen Koordinaten als Gruppe unter einem Punkt zusammenzufassen und diesen Punkt auf der Karte farblich anders darzustellen. So wäre sofort ersichtlich, wenn mehrere Suchtreffer an dieser Adresse existieren.

- Da die Prototypen nur experimentellen Zwecken dienen, erfolgte die Implementierung nur für den bekannten und am häufigsten genutzten Webbrowser Mozilla Firefox. Um eine marktfähige Softwarelösung bereitzustellen, wäre es notwendig, auch weitere Webbrowser zu unterstützen.

- Ebenso wäre es für eine marktfähige Software wichtig, weitere Lasttests durchzuführen. So erfolgten die Tests zur Messung der Zugriffszeit auf Basis der Daten, die im Experiment verwendet wurden. Es sind ggf. weitere Tests mit größeren Datenbanken durchzuführen. Ebenfalls sind Lasttests durchzuführen, die den gleichzeitigen Zugriff durch viele Benutzer simulieren. Aussagen über die technische Performanz und die Zuverlässigkeit des Systems sind daher nur eingeschränkt möglich, für das hier durchgeführte Experiment allerdings ohne Bedeutung.

Kapitel 6

Empirische Untersuchung

Zur Beantwortung der Frage, welche Auswirkungen geobasierte Funktionalitäten auf die Informationssuche haben, wurden die in Kapitel 5 dargestellten Prototypen entwickelt. In diesem Kapitel sollen nun der Aufbau und das Vorgehen der empirischen Untersuchung vorgestellt werden. Die Untersuchung wurde als Laborexperiment konzipiert. Laborexperimente ermöglichen es, den Einfluss der unabhängigen Variablen auf die abhängigen Variablen differenziert zu untersuchen und mögliche Störeinflüsse zu kontrollieren. Im Unterschied zu einem Feldexperiment kann die interne Validität besser gewährleistet werden, da durch die Kontrolle der Störeinflüsse die eigentlich zu untersuchenden Effekte nicht verzerrt werden. Jedoch ist ein Laborexperiment mit einer eingeschränkten externen Validität (Generalisierbarkeit der Ergebnisse) behaftet (vgl. Bortz/Döring, 2006, S. 56ff und Schnell et al., 2005, S. 224). Das Experimentdesign wird in 6.1 beschrieben. Hierbei werden die zu untersuchenden unabhängigen Variablen (Einflussfaktoren), die abhängigen Variablen (Ergebnisgrößen) und die Kontrollvariablen vorgestellt. Kontrollvariablen erfassen vermutete mögliche Störeinflüsse und werden daher mit berücksichtigt. Abschnitt 6.1.5 beschreibt schließlich die konkrete Aufgabenstellung des Experiments. Diese erlaubt eine realitätsnahe Untersuchung und damit eine Verbesserung der externen Validität. In Abschnitt 6.2 werden der Experimentablauf, der Fragebogen sowie die Prototypen in einem Pilottest erprobt. Die hieraus gewonnenen Hinweise und Anmerkungen werden für die Anpassung des Ablaufs und der Prototypen sowie zur Validierung des Fragebogens genutzt. Der überarbeitete Experimentablauf und die

Auswahl einer geeigneten Stichprobe werden in 6.3 dargestellt. Abschließend erfolgt in 6.4 eine Zusammenfassung wichtiger Ergebnisse und Limitationen.

6.1 Experimentdesign

Im Experiment sollen die beiden Einflussfaktoren „Art der Eingabevisualisierung" und „Art der Ergebnisvisualisierung" variiert werden. Daher ist für das Experiment ein 2 x 2 Faktordesign ohne Messwiederholung (engl.: between subject design) zu wählen. Für beide Einflussfaktoren werden jeweils zwei Bedingungen untersucht (Faktorstufen). Somit ergeben sich vier Stufenkombinationen (vgl. Tabelle 6.1).

Tabelle 6.1: Stufenkombinationen der Einflussfaktoren

Gruppe	Faktorstufe Eingabevisualisierung	Faktorstufe Ergebnisvisualisierung
1	Feldbasiert	Listenvisualisierung
2	Feldbasiert	Geovisualisierung
3	Kartenbasiert	Geovisualisierung
4	Kartenbasiert	Listenvisualisierung

Bei einem Design ohne Messwiederholung werden die einzelnen Stufenkombinationen von verschiedenen Probanden bzw. Experimentgruppen bearbeitet. Designs mit Messwiederholungen benötigen weniger Experimentgruppen, da die gleichen Probanden mehrere Stufenkombinationen absolvieren. Jedoch können hier Übertragungseffekte (engl.: Carry-Over-Effects), z. B. Lerneffekte, Ermüdung oder Motivationsverlust, auftreten (vgl. Bortz/Döring, 2006, S. 548ff). Zur Analyse der einzelnen Faktorkombinationen ohne Messwiederholung sind daher vier Experimentgruppen notwendig. Gruppe 1 vertritt als Referenzgruppe die traditionellen Suchsysteme mit feldbasierter Eingabe und Listenvisualisierung der Suchtreffer. Das Experiment wurde am Individuum als Analysesubjekt durchgeführt.

6.1.1 Unabhängige Variablen

Wie bereits in Abschnitt 4.2 erläutert ist zu vermuten, dass die Art der Eingabevisualisierung und der Ergebnisvisualisierung die Informationssuche wesentlich beeinflussen. Daher werden die zwei Faktoren als unabhängige Variablen im Rahmen dieser Arbeit untersucht. Die zweifachgestufte Variable „Eingabevisualisierung“ soll den Effekt einer kartenbasierten Eingabe im Vergleich zu einer bisher üblichen feldbasierten Eingabe untersuchen. Der feldbasierte Prototyp bietet dem Nutzer die Möglichkeit, die Suchkriterien Kaltmiete, Zimmeranzahl und Wohnfläche über ein Eingabefeld selbstständig zu definieren. Hierbei können minimale und maximale Angaben gemacht werden. Die Wahl eines Stadtteils kann mit Hilfe einer Drop-Down-Liste vorgenommen werden. Ebenfalls kann in Abhängigkeit des Umkreises zu einer angegebenen Straße und Hausnummer oder zu einem speziellen Bezugspunkt gesucht werden. Der Bezugspunkt ist über ein Drop-Down-Menü auszuwählen. Der zu berücksichtigende Umkreis kann in einem Eingabefeld definiert werden. Die kartenbasierte Eingabe unterscheidet sich dahingehend, dass Stadtteile direkt in der Karte angeklickt und ausgewählt werden können und dass der Umkreis sowie der Bezugspunkt direkt auf der Karte eingezeichnet werden können. Hierdurch können geografische Merkmale intuitiv wahrgenommen und besser eingeschätzt werden (vgl. Abschnitt 5.3).

Mit der Variablen „Ergebnisvisualisierung“ sollen die beiden Stufen Listenvisualisierung und Geovisualisierung analysiert werden. Der listenbasierte Prototyp stellt die Ergebnisse der Suche mit Hilfe einer Liste dar. Dabei werden die Treffer nach ihrer Relevanz sortiert und durchgängig nummeriert. Die Liste enthält für jeden Suchtreffer die Angaben zu den getroffenen Suchkriterien. Durch Klick auf den Titel der Wohnung können die detaillierten Wohnungsbeschreibungen abgerufen werden. Die Geovisualisierung stellt die Suchtreffer als nummerierte Pinnnadeln auf einer Google Map dar. Dadurch wird ein Überblick über die Suchtreffer ermöglicht, so dass kein Herunterscrollen der Liste notwendig ist. Die Angaben zu den Suchkriterien werden durch Klick auf einen Suchtreffer bzw. eine Pinnadel angezeigt. Bei Klick auf den Titel werden ebenfalls Detailinformationen zur entsprechenden Wohnung angezeigt. Im Gegensatz zur Listenvisualisierung können über die Kartenansicht zusätzliche Informationen wahrgenommen und Treffer einfacher verglichen werden (vgl. Abschnitt 5.3).

6.1.2 Abhängige Variablen

Zur Messung der aufgestellten Hypothesen ist es notwendig, abhängige Variablen zu definieren, die durch den Einfluss der unabhängigen Variablen verändert werden. Die Auswirkungen der Manipulation der unabhängigen Variablen „Eingabevisualisierung“ und „Ergebnisvisualisierung auf eine abhängige Variable kann entweder objektiv oder subjektiv gemessen werden. Als objektive Kennzahlen werden in diesem Experiment die Bearbeitungszeit, die Anzahl durchgeführter Suchvorgänge, die Anzahl relevanter Wohnungen, die Trefferqualität und die First Choice Hit Rate (FCHR) gemessen. Diese Kennzahlen erfassen die Effizienz und die Effektivität als verschiedene Aspekte des Nettonutzens.

- Effektivität: Die Effektivität kann durch die Variable „Anzahl relevanter Wohnungen“ gemessen werden. Je mehr relevante Wohnungen gefunden werden, umso effektiver ist die Suche. Ähnliche Kennzahlen finden sich u. a. bei Montoya et al. (2011) und Swink/Speier (1999). Die Anzahl an relevanten Wohnungen wird dabei von jedem Probanden selbst eingeschätzt und dokumentiert. Die Aussagekraft dieser Kennzahl ist allerdings beschränkt. Einerseits kann aufgrund des verwendeten Datenbestands der Wert verzerrt sein, da eventuell keine Wohnungen zu den gewünschten Anforderungen existieren und deswegen keine relevanten Wohnungen gefunden werden können. Andererseits kann es für einen Probanden ausreichend sein, eine relevante Wohnung zu finden, während ein anderer Proband mehrere relevante Wohnungen benötigt, um eine Entscheidung zu treffen. Die Analyse dieser Kennzahl kann trotzdem Hinweise hinsichtlich der Effektivität liefern. Darüber hinaus sind jedoch weitere Kennzahlen zu wählen. Die in der durchgeführten Literaturanalyse häufig identifizierte Fehlerquote oder Anzahl korrekt gelöster Suchaufgaben kann aufgrund der frei definierten Suchaufgabe nicht verwendet werden. Da keine konkret zu findende Wohnung vorgegeben wird, kann keine Fehler- oder Korrektheitsquote bestimmt werden. Aus dem Bereich der Conjoint Analyse kann allerdings ein Messinstrument adaptiert werden. Mit den beiden Variablen Trefferqualität und FCHR die Übereinstimmung von berechneten Suchtreffern und den eigentlichen Präferenzen des Probanden (vgl. Baier/Brusch, 2009) bestimmt werden. Zur Ermittlung der Trefferqualität werden die prognostizierte Rangfolge und die von den Probanden eingeschätzte Trefferrangfolge benötigt. Der Prototyp berechnet die prognostizierte Rangfolge anhand der vom Probanden vorgegebenen Werte für die Suchkriterien und anhand der hinterlegten Nutzenfunktionen. Die Probanden haben dann die Aufgabe, für die maximal ersten 10 Suchtreffer Relevanzwerte zwischen 0% und 100% zu vergeben. Hieraus wird die tatsächliche Rangfolge der Suchtreffer gebildet. Die Relevanzwerte werden dazu für jeden Probanden in einem Log-Protokoll abgespeichert. Die tatsächliche Rangfolge der Suchtreffer wird mit der prognostizierten Rangfolge der Suchtreffer verglichen. Je höher die Übereinstimmung ist, umso effektiver ist der Prototyp. Die FCHR (Erste-Wahl-Treffer) erlaubt es zusätzlich eine Trefferrate von den prognostizierten erstrangigen Wohnungen und den durch die Probanden vergebenen Rängen zu ermitteln (vgl. Meißner/Decker, 2009, S. 9). Im Vergleich zur Trefferqualität wird hierbei nur die Übereinstimmung der tatsächlichen Ränge mit den prognostizierten erstplatzierten Wohnungen verglichen.

- Effizienz: Die Effizienz kann einerseits durch die Bearbeitungszeit und andererseits durch die Anzahl an durchgeführten Suchen gemessen werden. Die Bearbeitungszeit ist definiert als die Zeit in Sekunden, die der Proband benötigt, um Suchtreffer zu generieren, diese zu vergleichen, zu bewerten und die relevantesten auszuwählen. Ein Großteil der Studien, die in der Literaturanalyse betrachtet wurden, verwendet diese objektive Kennzahl. Die Bearbeitungszeit wurde automatisiert gemessen und für jeden Proband in einer Log-Datei protokolliert. Die Probanden hatten keine zeitliche Einschränkung zur Bearbeitung der Suchaufgabe. Durch Klick auf einen Start-Button wurde die Erfassung gestartet und durch Klick auf einen Stopp-Button beendet. Im Gegensatz dazu erfasst die Variable „Anzahl an durchgeführten Suchen", wie häufig eine Suchanfrage angepasst werden muss. Der Prototyp ist umso effizienter, je weniger Suchen durchgeführt werden, also je weniger die Kriterien angepasst werden.

Die latenten Konstrukte des ausgewählten Information Systems Success Modells von DeLone und McLean (vgl. 4.1) müssen mit Hilfe von manifesten Indikatoren operationalisiert werden. Hierzu werden die Konstrukte subjektiv mit mehreren Items über einen Fragebogen erfasst. Für die Auswahl geeigneter Items ist es sinnvoll, auf bereits in der Literatur verwendete und validierte Messinstrumente zurückzugreifen. Die ausgewählten Items sind dann im Hinblick auf die Formulierung anzupassen. Alle Items wurden mit einer 7-stufigen Likertskala (1 = Stimme überhaupt nicht zu, 7 = Stimme voll zu) gemessen.

- Systemqualität: Das am meisten verwendete Instrument zur Messung der Systemqualität ist die Erfassung des Teilaspekts der Bedienbarkeit (vgl. Petter et al., 2008, S. 241). Viele Studien benutzen hierbei die von Davis im Rahmen des TAM-Modells formulierten Items (vgl. Davis, 1989). Die Literaturanalyse zeigt, dass sich Anlehnungen daran unter anderem bei Crossland et al., (1995), Chung et al. (2005a), Lavie et al. (2011), Gee et al. (2011) und Malizia et al. (2011) finden. Jedoch spiegelt diese Kennzahl nicht das gesamte Konstrukt der Systemqualität wieder. Nach DeLone und McLean werden noch weitere Aspekte betrachtet, z. B. Datenzugriff, Funktionalitäten, Fehleranfälligkeit und Reaktionszeit (vgl. DeLone/McLean, 2003 und DeLone/McLean, 1992). Da im vorliegenden Experiment die Visualisierungskomponenten untersucht werden sollen, ist die Einschränkung auf den Aspekt der Bedienbarkeit sinnvoll. Die grundlegenden Funktionalitäten des Prototyps spielen nur eine untergeordnete Rolle und sind bei allen vier Varianten des Prototyps gleich ausgeprägt, z. B. gleicher Datenzugriff, Reaktionszeiten etc. Allerdings könnten die Probanden diese Teilaspekte trotzdem unterschiedlich wahrnehmen, so dass es hier zu einem sogenannten Spill-Over-Effekt kommen kann. Spill-Over-Effekte sind externe Einflüsse, die den eigentlich zu untersuchenden Effekt verzerren können. Durch die Hinzunahme dieser Teilaspekte zur Messung des Konstrukts Systemqualität können die Störeinflüsse kontrolliert werden. Die Teilaspekte wurden im Pilottest noch nicht berücksichtigt, sondern wurden erst in der eigentlichen experimentellen Untersuchung einbezogen (vgl. Abschnitt 6.2.2).

- Informationsqualität: Hinsichtlich eines Messinstruments für das Konstrukt Informationsqualität zeigte die Literaturanalyse keine Ergebnisse. Um geeignete Items für die Erfassung auszuwählen, wurden daher die umfangreiche Studie von DeLone/McLean (1992) und die darauf aufbauende Literaturanalyse zur Messung des Erfolgs von Informationssystemen von Gable et al. (2003) herangezogen. Beide Literaturstudien erfassen eine Vielzahl von Items (vgl. DeLone/McLean, 1992 und Gable et al., 2003). Aus diesen wurden verschiedene

Items wie Relevanz, Vollständigkeit, Korrektheit, Struktur und Verständlichkeit der Informationen ausgewählt, so dass mehrere Aspekte des Konstruktes einbezogen werden können. Bei der Auswahl wurde berücksichtigt, dass viele der erfassten Items semantisch ähnlich oder redundant sind.

- Zufriedenheit: Hinsichtlich der Messung der Zufriedenheit gibt es verschiedene Ansätze in der Literatur (vgl. DeLone/McLean, 2003 und DeLone/McLean, 1992). Die Ergebnisse der Literaturanalyse bestätigen diese Erkenntnis. So messen einige Forscher nur Teilaspekte, wie die Zufriedenheit mit dem Ergebnis der Nutzung (vgl. Butavicius et al., 2012, Wong et al., 2009 und Leitner/Buttenfield, 2000), die Zufriedenheit mit der Bedienbarkeit (vgl. Lee et al., 2010, Del Fatto et al., 2007 und Andrienko et al., 2002), die Zufriedenheit mit der Erlernbarkeit (vgl. Lee et al., 2007) oder die Nutzungsabsicht (vgl. Tan et al., 2007). In anderen Studien wird die Gesamtzufriedenheit mit einem System gemessen (vgl. Lin/Chien, 2010, Paolino et al., 2009 und Risden et al., 2000). Dabei werden Items verwendet, die Gefühle erfassen, z. B. Frustration, Begeisterung oder Enttäuschung. Im Rahmen dieser Untersuchung wurde die Gesamtzufriedenheit der Prototypen erfasst, da die Messung von Teilaspekten zu kurz greift und die Teilaspekte darüber hinaus bereits mit Hilfe der anderen Konstrukte erfasst werden (vgl. Petter et al., 2008, S. 241ff). Das erneute Aufgreifen von bspw. der Nutzungsabsicht ist daher nicht notwendig. Der Proband muss eine Einschätzung zum gesamten Prototyp abgeben.

- Nutzungsabsicht: Ein Instrument zu Erfassung der Nutzungsabsicht wird von Venkatesh et al. vorgeschlagen, welches allerdings nur aus 3 Items besteht (vgl. Venkatesh et al., 2003, S. 460). Da mehr Items für eine aussagekräftige Messung eines latenten Konstrukts notwendig sind (vgl. Bühner, 2006), müssen weitere Instrumente zur Messung der Nutzungsabsicht geprüft werden. Im Rahmen der Literaturanalyse konnten jedoch keine Messinstrumente diesbezüglich identifiziert werden. Daher wurden ähnlich gelagerte Studien herangezogen, die den Erfolg von webbasierten E-Commerce Systemen messen (vgl. Garrity et al., 2005, Ahn et al., 2004 und Gefen/Straub, 2000). Hierdurch konnten weitere Items selektiert werden, die verschiedene Aspekte der Nutzungsabsicht abbilden, z. B. wiederholte Nutzung, häufige Nutzung, Empfehlung an andere und Wichtigkeit der Nutzung.

- Wahrgenommene Nützlichkeit (Nettonutzen): Die Messung des Nettonutzens kann auf der individuellen, der gruppenorientierten oder der organisatorischen Ebene erfolgen (vgl. DeLone/McLean, 1992). Im durchzuführenden Experiment soll der Nutzen aus individueller Sicht gemessen werden. Petter et al. stellen fest, dass für die individuelle Erfassung häufig die wahrgenommene Nützlichkeit gemessen wird (vgl. Petter et al., 2008, S. 242). Das wurde auch in einigen Studien im Rahmen der Literaturanalyse festgestellt (vgl. Alper et al., 2011, Kumar et al., 1997, Hilton et al., 2011, Cao et al., 2010 und Spritzer/Dal Sasso Freitas, 2012). Die Items zur Messung der wahrgenommenen Nützlichkeit basieren dabei wiederum auf den Arbeiten von Davis (1989). Dabei werden unter anderem die Erhöhung der Produktivität, der Effektivität sowie die schnellere und einfachere Bearbeitung von Aufgaben abgefragt.

6.1.3 Operationalisierte Hypothesen

Die operationalen Hypothesen werden aus den allgemeinen Forschungshypothesen abgeleitet, um für eine konkrete Untersuchung eine Prognose aufstellen zu können (vgl. Bortz/Döring, 2006, S. 492). Auf Basis der definierten Variablen werden die in 4.3 benannten Forschungshypothesen im Folgenden als operationalisierte Hypothesen formuliert.

Systemqualität

H1: Es gibt einen Effekt der Eingabevisualisierung auf die wahrgenommene Systemqualität. Bei Suchsystemen mit kartenbasierter Eingabevisualisierung wird die wahrgenommene Systemqualität höher eingeschätzt als bei Suchsystemen mit Eingabefeldern.

H2: Es gibt einen Effekt der Ergebnisvisualisierung auf die wahrgenommene Systemqualität. Bei Suchsystemen mit kartenbasierter Treffervisualisierung wird die Systemqualität höher eingeschätzt als bei Suchsystemen mit einer Listenvisualisierung.

Operationalisierte Hypothesen:

H1: wahrgenommene Systemqualität$_{\text{Karte}}$ > *wahrgenommene Systemqualität*$_{\text{Feld}}$

H2: wahrgenommene Systemqualität$_{\text{Karte}}$ > *wahrgenommene Systemqualität*$_{\text{Liste}}$

Informationsqualität

H3: Es gibt einen Effekt der Eingabevisualisierung auf die wahrgenommene Informationsqualität. Bei Suchsystemen mit kartenbasierten Eingabefunktionalitäten wird die wahrgenommene Informationsqualität höher eingeschätzt als bei Suchsystemen mit Eingabefeldern.

H4: Es gibt einen Effekt der Ergebnisvisualisierung auf die wahrgenommene Informationsqualität. Bei Suchsystemen mit kartenbasierter Treffervisualisierung wird die Informationsqualität höher eingeschätzt als bei Suchsystemen mit einer Listenvisualisierung.

Operationalisierte Hypothesen:

H3: wahrgenommene Informationsqualität$_{\text{Karte}}$ > *wahrgenommene Informationsqualität*$_{\text{Feld}}$

H4: wahrgenommene Informationsqualität$_{\text{Karte}}$ > *wahrgenommene Informationsqualität*$_{\text{Liste}}$

Zufriedenheit

H5: Es gibt einen Effekt der Eingabevisualisierung auf die Zufriedenheit. Bei Suchsystemen mit kartenbasierten Eingabefunktionalitäten ist die Zufriedenheit höher als bei Suchsystemen mit Eingabefeldern und Dropdown-Funktionalitäten.

H6: Es gibt einen Effekt der Ergebnisvisualisierung auf die Zufriedenheit. Bei Suchsystemen mit kartenbasierter Treffervisualisierung ist die Zufriedenheit höher als bei Suchsystemen mit einer Listenvisualisierung.

Operationalisierte Hypothesen:

H5: Zufriedenheit$_{\text{Karte}}$ > *Zufriedenheit*$_{\text{Feld}}$

H6: Zufriedenheit$_{\text{Karte}}$ > *Zufriedenheit*$_{\text{Liste}}$

Nutzungsabsicht

H7: Es gibt einen Effekt der Eingabevisualisierung auf die Nutzungsabsicht. Bei Suchsystemen mit kartenbasierten Eingabefunktionalitäten ist die Nutzungsabsicht höher als bei Suchsystemen mit Eingabefeldern.

H8: Es gibt einen Effekt der Ergebnisvisualisierung auf die Nutzungsabsicht. Bei Suchsystemen mit kartenbasierter Treffervisualisierung ist die Nutzungsabsicht höher als bei Suchsystemen mit einer Listenvisualisierung.

Operationalisierte Hypothesen:
H7: $Nutzungsabsicht_{\text{Karte}} > Nutzungsabsicht_{\text{Feld}}$
H8: $Nutzungsabsicht_{\text{Karte}} > Nutzungsabsicht_{\text{Liste}}$

Nettonutzen

H9a: Es gibt einen Effekt der Eingabevisualisierung auf die wahrgenommene Nützlichkeit. Bei Suchsystemen mit kartenbasierter Eingabevisualisierung wird die wahrgenommene Nützlichkeit höher eingeschätzt als bei Suchsystemen mit Eingabefeldern.

H9b: Es gibt einen Effekt der Ergebnisvisualisierung auf die wahrgenommene Nützlichkeit. Bei Suchsystemen mit kartenbasierter Treffervisualisierung wird die Nützlichkeit höher eingeschätzt als bei Suchsystemen mit einer Listenvisualisierung.

H10a: Es gibt einen Effekt der Eingabevisualisierung auf die Effektivität. Bei Suchsystemen mit kartenbasierter Eingabevisualisierung wird die Effektivität höher eingeschätzt als bei Suchsystemen mit Eingabefeldern.

H10b: Es gibt einen Effekt der Ergebnisvisualisierung auf die Effektivität. Bei Suchsystemen mit kartenbasierter Treffervisualisierung wird die Effektivität höher eingeschätzt als bei Suchsystemen mit einer Listenvisualisierung.

H11a: Es gibt einen Effekt der Eingabevisualisierung auf die Effizienz. Bei Suchsystemen mit kartenbasierter Eingabevisualisierung wird die Effizienz höher eingeschätzt als bei Suchsystemen mit Eingabefeldern.

H11b: Es gibt einen Effekt der Ergebnisvisualisierung auf die Effizienz. Bei Suchsystemen mit kartenbasierter Treffervisualisierung wird die Effizienz höher eingeschätzt als bei Suchsystemen mit einer Listenvisualisierung.

Operationalisierte Hypothesen:
H9a: Wahrgenommene Nützlichkeit$_{\text{Karte}}$ $>$ *Wahrgenommene Nützlichkeit*$_{\text{Feld}}$
H9b: Wahrgenommene Nützlichkeit$_{\text{Karte}}$ $>$ *Wahrgenommene Nützlichkeit*$_{\text{Liste}}$
H10a1: Trefferqualität$_{\text{Karte}}$ $>$ *Trefferqualität*$_{\text{Feld}}$
H10a2: FCHR$_{\text{Karte}}$ $>$ *FCHR*$_{\text{Feld}}$
H10a3: Anzahl relevante Wohnungen$_{\text{Karte}}$ $>$ *Anzahl relevante Wohnungen*$_{\text{Feld}}$
H10b1: Trefferqualität$_{\text{Karte}}$ $>$ *Trefferqualität*$_{\text{Liste}}$
H10b2: FCHR$_{\text{Karte}}$ $>$ *FCHR*$_{\text{Liste}}$
H10b3: Anzahl relevante Wohnungen$_{\text{Karte}}$ $>$ *Anzahl relevante Wohnungen*$_{\text{Liste}}$
H11a1: Bearbeitungszeit$_{\text{Karte}}$ $<$ *Bearbeitungszeit*$_{\text{Feld}}$
H11a2: Anzahl Suchvorgänge$_{\text{Karte}}$ $<$ *Anzahl Suchvorgänge*$_{\text{Feld}}$
H11b1: Bearbeitungszeit$_{\text{Karte}}$ $<$ *Bearbeitungszeit*$_{\text{Liste}}$
H11b2: Anzahl Suchvorgänge $_{\text{Karte}}$ $<$ *Anzahl Suchvorgänge*$_{\text{Liste}}$

6.1.4 Kontrollvariablen

Es gibt viele Störgrößen, welche die eigentlich zu untersuchenden Effekte beeinflussen können und so zu verzerrten Ergebnissen führen. Zu diesen Störgrößen gehören im Rahmen dieser Untersuchung individuelle Eigenschaften wie die kognitive Motivation und die kognitive Belastung bei der Durchführung von Aufgaben sowie persönliche Erfahrungen und Kompetenzen. Wie bereits in Kapitel 4 erläutert (vgl. 4.3.5), können die kognitive Motivation und die kognitive Belastung einen erheblichen Einfluss auf die abhängigen Variablen haben. Diese Störfaktoren haben sich in mehreren Studien als einflussreich gezeigt (vgl. Swink/Speier, 1999, Mennecke et al., 2000 und Shen et al., 2012). Um diese möglichen Einflüsse zu kontrollieren, sind sie im Experimentdesign als sogenannte Kontroll- oder Drittvariablen zu erfassen (vgl. Bortz/Döring, 2006, S. 544). Das Konstrukt kognitive Motivation wird dazu anhand eines standardisierten und verbreiteten Messinstruments von Cacioppo und Petty gemessen (vgl. Cacioppo/Petty, 1982). Eine validierte kürzere Form des Fragebogens besteht aus 18 Items (vgl. Cacioppo et al., 1996). Die deutschsprachige Version wurde von Bless et al. (1994) entwickelt und validiert. Diese Version wird für die Messung der kognitiven Motivation verwendet.

Die Messung des Konstrukts „kognitive Belastung" erfolgt entweder subjektiv über eine Befragung oder objektiv durch die Dual-Task-Methode (vgl. Paas et al., 2003 und Schmutz et al., 2009). Die Methode eine zweite Aufgabe während der Bearbeitung der primären Aufgabe zu lösen, bezweckt eine Aufteilung der kognitiven Ressourcen auf beide Aufgaben. Die sonst nur der primären Aufgabe zugeteilten kognitiven Ressourcen werden reduziert. Dadurch kann dann die Auswirkung auf die Effektivität oder Effizienz der primären Aufgabe gemessen werden. Bei einer kognitiv stark belastenden primären Aufgabe ist ein großer Effekt bei einer simultanen zweiten Aufgabe zu erwarten. Wenn die primäre Aufgabe nur wenige kognitive Ressourcen benötigt, ist die simultane Bearbeitung einer zweiten Aufgabe nicht anstrengend. Daher wird hier kein bzw. nur ein geringer Effekt festzustellen sein (vgl. Baddeley, 1986, Gwizdka, 2009 und Brünken et al., 2002). Neben dieser verwendeten Methode wird häufig auch die Messung mit Hilfe einer Post-Befragung durchgeführt. Hierbei wird einerseits auf den NASA-TLX Fragebogen oder das von Paas et al. (1994) entwickelte Messinstrument zurückgegriffen. Der NASA-TLX Fragebogen besteht aus 6 Items, welche einerseits die kognitiven, physischen und zeitlichen Anforderungen und andererseits die Performanz, die Frustration und den Aufwand messen. Der Fragebogen stammt aus dem Bereich der Luftfahrt und des Cockpit-Designs und enthält auch den Aspekt physischer Arbeitsaufwand. Paas et al. entwickelten ebenso ein Instrument zur Erfassung der allgemeinen kognitiven Belastung. Hier wird auf einer semantischen Differentialskala die Gesamtbelastung nach der Bearbeitung einer Aufgabe eingeschätzt (vgl. Paas et al., 1994). Aufgrund eines kostenintensiveren Experimentdesigns bei Anwendung der Dual-Task-Methode – größere Anzahl benötigter Experimentalgruppen oder Experimentdesign mit Messwiederholung wobei Übertragungseffekte und ein enormer zeitlicher Aufwand entstehen – wird eine subjektive Erfassung der kognitiven Belastung vorgenommen. Hierbei kommt das Messinstrument von Paas et al. zum Einsatz, da es als valide und reliabel gilt (vgl. Paas et al., 1994). Der NASA-TLX Fragebogen erscheint angesichts seines ursprünglichen Anwendungsbereichs weniger geeignet. Die Messung der kognitiven Belastung erfolgte auf Basis einer 7-stufigen Differentialskala.

Weitere mögliche Störvariablen wie Erfahrungen mit Immobilienportalen und Geokarten, Geschlecht, Alter und Semesteranzahl werden im Fragebogen ebenfalls erfasst, so dass deren Einfluss auf die abhängigen Variablen im Nachhinein bereinigt werden kann (vgl. Bortz/Döring, 2006, S. 544 und Montgomery, 1991, S. 569).

6.1.5 Experimentaufgabe

Die Probanden wurden gebeten sich in das Szenario Immobiliensuche hineinzuversetzen. Sie bekamen den konkreten Hinweis, sich vorzustellen, für einen neuen Job oder für ein Studium nach Regensburg zu ziehen und dafür eine Wohnung zu suchen. Es ist davon auszugehen, dass die meisten Experimentteilnehmer nur geringes Wissen über die Stadt haben. Somit liegt eine Problemstellung vor, wie sie in Abschnitt 2.1.3 beschrieben wurde. So haben die Teilnehmer zunächst kein Wissen bspw. über die vorherrschenden Mietpreise, Entfernungen oder zentralen Orte. Die Experimentaufgabe wurde als offene Suchaufgabe gestellt, um so eine möglichst realitätsnahe Situation zu schaffen und den Suchprozess des einzelnen Probanden nicht einzuschränken (vgl. Andrienko et al., 2002). Bei offenen Suchaufgaben investiert der Proband mehr Zeit, geeignete Suchkriterien auszuwählen und zu verfeinern, Informationen zu filtern und die Suchresultate zu identifizieren (vgl. Mennecke et al., 2000 und Kumar et al., 1997). Wenn genaue Suchvorgaben gemacht werden, finden diese kognitiven Prozesse nicht oder nur begrenzt statt. Ein weiterer Nachteil ist, dass bei festgelegten Suchaufgaben die Experimentergebnisse nicht generalisiert werden können, sondern nur für eine konkrete Suchaufgabe gültig sind (vgl. Crossland et al., 1995, S. 232). Die Suche auf Basis eigener Präferenzen ist zudem für die Probanden eine Motivation das Experiment durchzuführen. Die Aufgabe kann außerdem als komplexe Aufgabenstellung klassifiziert werden. Komplexe Aufgaben bestehen aus einer Menge von verschiedenen miteinander in Bezug stehenden Einzelaufgaben, wie sie nach Morse et al. definiert sind (vgl. Morse et al., 2000, S. 12). Das Vorgehen zur Lösung dieser Menge an Einzelaufgaben wird als Suchstrategie verstanden. Werden im Vergleich dazu die Einzelaufgaben isoliert untersucht, kann nur begrenzt eine Aussage über die Unterstützung des Suchsystems in einer realen Suchsituation getroffen werden. Die Analyse einzelner Suchaufgaben dient eher dazu, die Systemfunktionen zu überprüfen. Die zugrunde liegenden Daten liegen in multidimensionaler Form größtenteils strukturiert vor. Zusätzliche Lage- und Wohnungsbeschreibungen sind unstrukturiert. Aufgrund eine räumlichen Bezugs, der einerseits über die Adressdaten und andererseits über Koordinaten hergestellt werden kann, ist die Verknüpfung mit einer Geovisualisierung möglich.

Die konkrete Aufgabenstellung wurde schließlich wie folgt definiert. Jeder Proband hatte die Aufgabe auf Basis seiner eigenen Präferenzen und den vorgegebenen Suchkriterien, nach einer oder mehreren für ihn relevanten Wohnung(en) zu suchen. Hierzu musste der Proband zunächst für mindestens eines der vorgegebenen Suchkriterien wie Zimmeranzahl, Wohnfläche, Kaltmiete, Stadtteil und Umkreis, eine Präferenz festlegen. Des Weiteren musste die Wichtigkeit der Kriterien über eine Rangfolge bestimmt werden. Die daraus ermittelten Suchtreffer konnten zunächst grob analysiert und verglichen werden, da diese nur Informationen zu den vorgegebenen Kriterien anzeigen. Für die genaue Suche mussten auch die Detailinformationen der Suchtreffer geprüft, verglichen und bewertet werden. Weitere Schritte waren, die in Frage kommenden relevanten Wohnungen zu notieren und die Relevanz der Wohnungen anzugeben. Dazu mussten die max. ersten 10 Suchtreffer mit einem Relevanzwert bewertet werden. Dies ermöglicht es, eine Aussage über die tatsächliche Priorität bzw. Rangfolge der Wohnungen im Vergleich zur berechneten Trefferfolge zu machen.

6.2 Pilottest

In einem Pilottest wurden der Experimentablauf, die Prototypen und die Datenerhebungsinstrumente getestet. 16 Probanden nahmen teil und wurden randomisiert den vier Gruppen gleichmäßig zugeteilt. Der Pilottest wurde in eine Pre-Befragung, eine Trainingsphase, eine Experimentphase und eine Post-Befragung unterteilt. In der Pre-Befragung wurden die demografischen Angaben und die persönlichen Eigenschaften und Erfahrungen der Teilnehmer erfasst. Die Post-Befragung diente zur Bewertung des verwendeten Prototyps im Hinblick auf die definierten Konstrukte. In der Trainingsphase hatten die Teilnehmer zunächst die Aufgabe sich mit dem Prototyp vertraut zu machen. In der Experimentphase wurde dann die Aufgabe gestellt, mit Hilfe des jeweiligen Prototyps nach einer für sie geeigneten Wohnung zu suchen und diese hinsichtlich ihrer Relevanz zu bewerten. Währenddessen sollten

Unverständlichkeiten, Schwächen und Verbesserungshinweise hinsichtlich des Experimentablaufs, des Prototyps und des Fragebogens, z. B. missverständliche Fragen, Beantwortbarkeit der Fragen, Probleme bei der Auffassung und Eignung der Antwortkategorien, auf einem Papier notiert werden. Im Anschluss hatten die Teilnehmer die Möglichkeit, mündlich die Probleme anzusprechen und Hinweise zur Verbesserung zu geben. Die Teilnehmer des Pilottests wurden nicht für das eigentliche Experiment herangezogen.

6.2.1 Eignung des Prototyps und des Experimentablaufs

Bei der Durchführung des Pilottests traten vor allem Verständnisprobleme hinsichtlich des Ablaufs auf. So füllten einige Teilnehmer im Anschluss an die Trainingsphase sofort den Post-Fragebogen aus, anstatt zunächst die Experimentaufgabe durchzuführen. Da die Teilnehmer sowohl in der Trainingsphase als auch in der Experimentphase jeweils die Möglichkeit hatten, nach Wohnungen zu suchen, die den eigenen Präferenzen entsprachen, kam es zu diesem Missverständnis. Darüber hinaus kann durch die gleiche Aufgabenstellung keine genaue Trennung der Bearbeitungszeit der Suchaufgabe vorgenommen werden. Wenn bereits in der Trainingsphase nach den gleichen Kriterien gesucht werden konnte, sind die gemessenen Bearbeitungszeiten für die Experimentphase verzerrt. Die Beendigung der Experimentphase sollte mit Hilfe eines Stopp-Buttons vorgenommen werden, was jedoch nicht allen Teilnehmern bewusst war. Des Weiteren äußerten die Teilnehmer, dass das Ziel des Experiments nicht ganz klar war. Vor allem die Gewichtung der Kriterien und die Angabe eines Relevanzwertes für eine geeignete Wohnung wurden teilweise nicht verstanden. Ferner war einigen Probanden nicht bewusst, dass mehrere relevante Wohnungen ausgewählt werden konnten und die Suche daher auch erneut durchgeführt und angepasst werden konnte. Ebenfalls trat bisweilen ein Verständnisproblem auf, wenn für den Start der Experimentphase ein neues Browserfenster geöffnet und die URL eingegeben werden musste, um den Prototyp neu aufzurufen.

Auch bezüglich des Prototyps wurden Hinweise und Verbesserungsvorschläge gegeben. Die Teilnehmer hatten zum Teil Probleme mit den grundlegenden Funktionen des Prototyps. So wünschten sich Einige die Möglichkeit, weitere Suchkriterien einschränken zu können, z. B. Garten, Garage etc., und die vorhandenen Suchkriterien nicht zwingend verwenden zu müssen (bspw. keine Angabe der Wohnfläche). Andererseits wurden Funktionen kritisiert, welche die Bedienbarkeit der Prototypen betreffen. Die durch die Umkreisangabe entstandene blaue Überblendung auf der Karte empfanden einige Probanden als störend. Des Weiteren waren Systemmeldungen bei der Speicherung von Relevanzwerten oder bei nicht vorhandenen Straßen nur unzureichend. Ebenfalls fielen Rechtschreibfehler in den Immobilienbeschreibungen negativ auf.

Die geäußerten Probleme und Hinweise wurden analysiert und größtenteils eliminiert. Der zunächst zweigeteilte Fragebogen wurde als ein Fragebogen an das Ende der Experimentphase gestellt, so dass der Ablauf insgesamt weniger komplex war. Der genaue Ablauf und das Ziel des Experiments wurden genauer erläutert, vor allem die Gewichtung der Kriterien und die Relevanzbewertung. Hierzu wurden Beschreibungen angefertigt, die einerseits eine Bedienungsanleitung für den Prototyp und andererseits die Suchaufgabe für die Trainingsphase sowie die Anweisungen für die Experimentphase enthielten. Die Beschreibungen wurden an den Arbeitsplätzen bereitgelegt. Das Vorgehen der Experimentphase wurde erst nach der Trainingsphase erläutert, so dass die Probanden dem Ablauf besser folgen konnten. Hinsichtlich der Aufgabenstellungen wurden verschiedene Aufgaben für die Trainingsphase und die Experimentphase festgelegt. Um den Prototyp in der Trainingsphase kennenzulernen, sollte nach vorgegebenen Kriterien gesucht werden. In der Experimentphase erfolgte dann die Suche auf Basis eigener Präferenzen (vgl. Abschnitt 6.3.2).

Schließlich wurde der Prototyp im Hinblick auf die Hinweise angepasst. Die Grundfunktionalität zur Berechnung der Trefferliste setzt nicht mehr die Angabe aller Kriterien voraus. Die Bedienbarkeit der Geokarte zur Festlegung eines Umkreises wurde optimiert. Anstatt einer blauen, kreisflächigen Überblendung der Karte, die durch die Festlegung des Umkreises entstand, wird nur der Umriss dieser Kreisfläche blau hervorgehoben. Die Kreisfläche ist transparent, so dass der darunterliegende Kartenausschnitt erkennbar bleibt. Ferner wurden die Systemmeldungen zur Speicherung der Relevanzwerte und zu den Trefferergebnissen überarbeitet. Der Benutzer erhält bei einer präferierten, aber nicht vorhandenen Straße eine entsprechende Meldung, anstatt nur die Meldung, dass keine Treffer gefunden wurden. Für das Speichern, Ändern oder Löschen eines Relevanzwertes wird ebenso eine Meldung angezeigt. Der Prototyp wurde auch mit einem Start-Button für die Experimentphase versehen. Hierdurch muss kein neues Browserfenster geöffnet und die URL neu eingegeben werden, was wiederum einen besseren Ablauf ermöglicht. Die in den Immobilienbeschreibungen vorhandenen Rechtschreibfehler wurden durch eine automatische Rechtschreibkorrektur reduziert. Allerdings war es nicht möglich, die Menge an Beschreibungen manuell hinsichtlich grammatikalischer und inhaltlicher Fehler zu durchsuchen.

6.2.2 Eignung des Fragebogens

Die in Abschnitt 6.1.1 und 6.1.4 ausgewählten Items zur Messung der latenten Konstrukte wurden mit Hilfe von Limesurvey[31] als Online-Fragebogen konzipiert. Um die Qualität des Fragebogens zu prüfen, wurden die Ergebnisse des Pilottests einer Itemanalyse unterworfen. Die einzelnen Fragen bzw. Items wurden separat auf ihre Eignung bezüglich eines Konstrukts geprüft und dann gegebenenfalls entfernt. Hierzu wurde zunächst die Itemschwierigkeit analysiert. Die Itemschwierigkeit drückt generell aus, wie schwierig ein Item zu beantworten war. Bei einer subjektiven Einschätzung von Konstrukten mittels einer Ratingskala bedeutet das, wie viele Personen einer Aussage im Sinne des Konstrukts zugestimmt haben (vgl. Bortz/Döring, 2006, S. 217ff). Der zu berechnende Schwierigkeitsindex P_i eines Items i berechnet sich aus der Summe der Antworten x_{iv} aller Probanden n dividiert durch die maximal erreichbare Antwortsumme aller Probanden (vgl. Formel 6.1). Der Wertebereich von P_i liegt daher zwischen 0 und 1. Somit bedeutet $P_i = 0$, dass keine Person im Sinne des Konstrukts, also positiv, geantwortet hat. Ein $P_i = 1$ besagt, dass alle Personen im Sinne des Konstrukts geantwortet haben. Beide Extremausprägungen führen jedoch zu keiner Differenzierung der Personen. Es ist daher ein mittlerer Index von $P_i = 0,5$ anzustreben. Es sollen mit einer Befragung Personen mit einer hohen Ausprägung eines Merkmals von Personen mit einer niedrigen Ausprägung dieses Merkmals unterschieden werden können. Wenn alle Personen die gleiche Antwort geben, ist das nicht möglich. Die Items sind daher zu entfernen. Dennoch kann für einige wenige Items eines Konstrukts eine Extremausprägung sinnvoll sein, um auch in den extremen Bereichen des gesamten Konstrukts zwischen Personen differenzieren zu können. Zur Ermittlung der Itemschwierigkeit bei Ratingskalen sind

[31]http://www.limesurvey.org/

diese zunächst auf den Skalenwert 0 zu transformieren (Rekodierung bei 1 bis 7 zu 0 bis 6), so dass ein Minimum analog einer Leistungsskala von Null richtigen Lösungen angenommen werden kann (vgl. Marcus/Bühner, 2009, S. 65ff).

$$P_i = \frac{\sum_{v=1}^{n} x_{vi}}{n(k-1)} \tag{6.1}$$

x_{iv} = Antwort von Proband v für Item i, wobei $1 \leq x_{iv} \leq 7$ und $x_{iv} \in \mathbb{N}$

k = Anzahl der Antwortstufen von Item i

In einem nächsten Schritt wurden die Items bezüglich ihrer Zusammenhänge untersucht. Dazu wurden die Trennschärfe und die interne Konsistenz ermittelt. Die Itemtrennschärfe beschreibt, wie gut ein Item die Differenzierung von Probanden im Vergleich zum gesamten Testwert eines Konstrukts abbildet. Also ob das Item und der aus allen Items gebildete Testwert dasselbe Konstrukt messen. Es wird zwischen Eigen- und Fremdtrennschärfe unterschieden. Eigentrennschärfe beschreibt die Korrelation des Items mit dem Testwert. Fremdtrennschärfe ist die Korrelation des Items mit den Testwerten fremder Konstrukte oder Fragebögen. Bei der Prüfung der Eigentrennschärfe wird zur Ermittlung des Testwerts das jeweilige Item aus der Berechnung ausgeschlossen (part-whole-Korrektur), da sonst der Testwert nach oben verzerrt wird. Voraussetzung zur Berechnung des Testwerts ist zunächst die Kodierung aller Items und gegebenenfalls die Umpolung anders gerichteter Items, so dass ein einheitlicher Testwert ermittelt werden kann. Jeder über alle Probanden erfasste Itemwert wird dann mit dem gesamten Testwert korreliert. Die Höhe der Korrelation ist ein Ausdruck dafür, wie gut das einzelne Item das misst, was der gesamte Testwert misst. Somit werden Items beibehalten, die hoch korrelieren. Items mit geringer Trennschärfe ermöglichen keine Unterscheidung der Probanden und sind daher nicht zu berücksichtigen. Formel 6.2 zeigt die Berechnungsvorschrift zur Ermittlung der korrigierten Trennschärfe $r_{it(i)}$, folglich die Berechnung des Testwerts ohne das zu vergleichende Item i (vgl. Marcus/Bühner, 2009, S. 68 und Bortz/Döring, 2006, S. 219).

$$r_{it(i)} = \frac{r_{it}SD_t - SD_i}{\sqrt{SD_t^2 + SD_i^2 - 2r_{it}SD_tSD_i}} \tag{6.2}$$

r_{it} = Korrelation von Item i mit Testwert t

SD_i = Standardabweichung von Item i

$$SD_t = \text{Standardabweichung von Testwert t}$$

Es wird über alle Probanden n der Zusammenhang von Item i mit dem Testwert t bestimmt. Bei einer Ratingskala wird zur Ermittlung des Zusammenhangs die Produkt-Moment-Korrelation angewendet. Der ermittelte Korrelationskoeffizient bzw. die Trennschärfe kann dann Werte zwischen -1 und +1 annehmen. Bei einer hohen positiven Trennschärfe misst das Item etwas Ähnliches wie der gesamte Testwert (vgl. Bortz/Döring, 2006, S. 219ff). Trennschärfen zwischen 0,20 und 0,70 sind als mittlerer Zusammenhang einzustufen. Trennschärfen nahe 0 weisen keine Ähnlichkeiten des Items zum Testwert auf. Während negative Trennschärfen bedeuten, dass das Item nur von Probanden mit niedriger Merkmalsausprägung gelöst wird, also dass es entgegen der Erwartung mit dem Testwert korreliert. In diesem Fall ist zu prüfen, ob das Item korrekt gepolt wurde. Eine nachträgliche Umpolung des Items könnte bei einer erneuten Berechnung zu anderen Ergebnissen führen. Allerdings sollte zuvor geprüft werden, ob das Item mit den anderen Items des Konstrukts hoch korreliert. Besteht keine Korrelation mit den anderen Items oder wurde das Item korrekt gepolt, ist es zu entfernen. Als Voraussetzung zur Bestimmung einer Trennschärfe muss generell die Homogenität der Items gewährleistet sein. Alle Items müssen inhaltlich dasselbe messen.

Tabelle 6.2: Ergebnisse der Itemanalyse für die untersuchten Konstrukte

Konstrukte	**Mittelwert M (Standard-abweichung SD)**	**Item-schwierig-keit P_i**	**Trenn-schärfe-koeffizient $r_{it(i)}$**	**Cronbach's Alpha (Gesamt und wenn Item eliminiert)**
Systemqualität				**0,94**
Item 1: „Die Benutzung des Prototyps ist einfach zu erlernen."	6,13 (1,088)	0,85	0,72	0,94
Item 2: „Meine Interaktion mit dem Prototyp war klar und verständlich."	5,25 (1,483)	0,71	0,91	0,92
Item 3: „Der Prototyp ist einfach zu benutzen."	5,69 (1,352)	0,78	0,84	0,93
Item 4: „Es ist einfach für mich, erfahren im Umgang mit dem Prototyp zu	5,88 (1,147)	0,81	0,82	0,93
Item 5: „Es ist einfach den Prototyp dazu zu bringen, das zu tun, was ich will."	5,19 (1,559)	0,7	0,81	0,93
Item 6: „Der Prototyp ist flexibel in Bezug auf die Interaktion."	4,36 (1,455)	0,56	0,69	0,94
Item 7: „Der Prototyp ist benutzerfreundlich."	4,75 (1,77)	0,63	0,88	0,92

Tabelle 6.3: Ergebnisse der Itemanalyse für die untersuchten Konstrukte - Fortsetzung

Informationsqualität				**0,84**
Item 8: „Die vom Prototyp bereitgestellten Informationen sind leicht	5,63 (0,957)	0,77	0,46	0,83
Item 9: „Die vom Prototyp bereitgestellten Informationen sind relevant zur Suche nach einer Wohnung."	5,94 (1,063)	0,82	0,36	0,84
Item 10: „Die vom Prototyp bereitgestellten Informationen sind vollständig, um nach einer Wohnung zu suchen."	4,13 (1,784)	0,52	0,73	0,79
Item 11: „Die vom Prototyp bereitgestellten Informationen sind widerspruchsfrei."	5,75 (1,00)	0,79	0,58	0,82
Item 12: „Die vom Prototyp bereitgestellten Informationen sind korrekt."	5,44 (1,209)	0,74	0,32	0,84
Item 13: „Die vom Prototyp bereitgestellten Informationen sind ausreichend, um nach einer Wohnung zu suchen."	4,38 (1,668)	0,56	0,5	0,82
Item 14: „Die vom Prototyp bereitgestellten Informationen werden in einem für mich geeigneten Format bereitgestellt."	5,12 (1,544)	0,69	0,83	0,78
Item 15: „Die vom Prototyp bereitgestellten Informationen werden kontextbezogen angezeigt."	5,25 (1,612)	0,71	0,68	0,8
Item 16: „Die vom Prototyp bereitgestellten Informationen sind gut strukturiert."	5,13 (1,746)	0,69	0,49	0,83
Zufriedenheit				**0,83**
Item 17: „Ich bin mit dem Prototyp zufrieden."	4,81 (1,515)	0,64	0,81	0,72
Item 18: „Das Benutzen des Prototyps macht mich froh."	3,81 (1,471)	0,47	0,55	0,83
Item 19: „Das Benutzen des Prototyps frustriert mich."	5,88 (1,455)	0,81	0,83	0,71
Item 20: „Die Benutzung des Prototyps ist furchtbar."	6,06 (1,692)	0,84	0,87	0,83
Nutzungsabsicht				**0,96**
Item 21: „Ich würde den Prototyp in Zukunft weiter benutzen."	4,75 (1,483)	0,63	0,91	0,95
Item 22: „Ich würde den Prototyp eher als andere Webseiten zur Wohnungssuche benutzen."	3,94 (1,692)	0,49	0,84	0,96
Item 23: „Ich würde den Prototyp benutzen, um die Informationen zu erhalten, die ich benötige."	4,81 (1,424)	0,64	0,79	0,96

Tabelle 6.4: Ergebnisse der Itemanalyse für die untersuchten Konstrukte - Fortsetzung II

Item 24: „Ich würde den Prototyp für eine ähnliche Aufgabe wieder benutzen."	4,75 (1,528)	0,63	0,97	0,94
Item 25: „Die Benutzung des Prototyps wäre für meine zukünftigen Entscheidungen ausschlaggebend."	3,75 (1,528)	0,46	0,78	0,96
Item 26: „Ich würde den Prototyp weiterempfehlen."	5,00 (1,713)	0,67	0,95	0,94
Wahrgenommene Nützlichkeit				**0,95**
Item 27: „Durch die Benutzung des Prototyps verbessert sich meine Leistung bei der Suche nach Wohnungen."	4,25 (1,612)	0,54	0,84	0,95
Item 28: „Das Benutzen des Prototyps vereinfacht die Suche nach Wohnungen."	4,81 (1,642)	0,64	0,9	0,94
Item 29: „Der Prototyp hilft mir die Suche nach Wohnungen schneller durchzuführen."	4,56 (1,59)	0,59	0,78	0,95
Item 30: „Durch die Benutzung des Prototyps erhöht sich meine Produktivität bei der Suche nach Wohnungen."	4,19 (1,471)	0,53	0,79	0,95
Item 31: „Der Prototyp ist nützlich, um nach Wohnungen zu suchen."	5,36 (1,36)	0,73	0,81	0,95
Item 32: „Der Prototyp ermöglicht es mir effektiv zu suchen."	4,63 (1,586)	0,6	0,75	0,95
Item 33: „Der Prototyp ermöglicht es mir effizient zu suchen."	4,63 (1,668)	0,6	0,91	0,94
Item 34: „Das Benutzen des Prototyps hilft mir dabei bessere Entscheidungen zu treffen."	4,19 (1,223)	0,53	0,85	0,95
Kognitive Motivation				**0,51**
Item 35: „Ich würde komplizierte Aufgaben einfachen Aufgaben	3,56 (1,59)	0,43	0,06	0,52
Item 36: „Ich trage gerne die Verantwortung für eine Situation, die sehr viel Denken erfordert."	5,00 (1,16)	0,67	0,7	0,39
Item 37: „Denken entspricht nicht dem, was ich unter Spaß verstehe."	4,56 (1,09)	0,59	0,25	0,48
Item 38: „Ich würde lieber etwas tun, das wenig Denken erfordert, als etwas, das mit Sicherheit meine Denkfähigkeit herausfordert."	5,63 (1,26)	0,77	0,76	0,36
Item 39: „Ich versuche Situationen vorauszuahnen und zu vermeiden, in denen die Wahrscheinlichkeit groß ist, dass ich intensiv über etwas nachdenken muss."	5,88 (1,09)	0,81	0,09	0,51
Item 40: „Ich finde Befriedigung darin, angestrengt und stundenlang nachzudenken."	3,44 (1,46)	0,41	0,26	0,47
Item 41: „Ich denke nur angestrengt nach, wenn ich muss."	5,25 (1,29)	0,71	0,33	0,46

Tabelle 6.5: Ergebnisse der Itemanalyse für die untersuchten Konstrukte - Fortsetzung III

Item 42: „Ich denke lieber über kleine, alltägliche Vorhaben nach, als über langfristige."	4,19 (1,42)	0,53	0,15	0,5
Item 43: „Ich mag Aufgaben, wenn ich sie einmal erlernt habe, die wenig Denken erfordern."	4,44 (1,26)	0,57	-0,03	0,53
Item 44: „Die Vorstellung mich auf mein Denkvermögen zu verlassen, um es zu etwas zu bringen, spricht mich an."	5,44 (1,09)	0,74	0,25	0,48
Item 45: „Die Aufgabe neue Lösungen für Probleme zu finden, macht mir wirklich Spaß."	5,56 (1,03)	0,76	0,22	0,48
Item 46: „Ich finde es nicht sonderlich aufregend, neue Denkweisen zu lernen."	5,86 (0,89)	0,81	0,26	0,48
Item 47: „Ich habe es gern, wenn mein Leben voller kniffliger Aufgaben ist, die ich lösen muss."	4,00 (0,97)	0,5	0,38	0,46
Item 48: „Abstrakt zu denken reizt mich."	4,63 (1,41)	0,6	0,33	0,45
Item 49: „Ich würde lieber eine Aufgabe lösen, die Intelligenz erfordert, schwierig und bedeutend ist, als eine Aufgabe, die zwar irgendwie wichtig ist, aber nicht viel Nachdenken erfordert."	4,69 (1,25)	0,62	-0,04	0,53
Item 50: „Wenn ich eine Aufgabe erledigt habe, die viel geistige Anstrengung erfordert hat, fühle ich mich eher erleichtert als befriedigt."	3,94 (1,44)	0,49	0,35	0,45
Item 51: „Es genügt, dass etwas funktioniert, mir ist es egal, wie oder warum."	5,00 (1,32)	0,67	-0,05	0,53
Item 52: „Ich ende normalerweise damit über Fragen nachzudenken, gerade wenn sie mich nicht persönlich betreffen."	3,00 (1,46)	0,33	-0,69	0,66

Die gesamte Homogenität des Tests kann mit der mittleren Inter-Item-Korrelation festgestellt werden. Je höher die Korrelation zwischen zwei Items ist, desto homogener ist der Test. Allerdings bedeutet eine zu hohe Korrelation auch, dass Items redundant sind und denselben Verhaltensausschnitt erfassen, was ebenfalls einen möglichen Ausschluss eines Items begründen kann (vgl. Marcus/Bühner, 2009, S. 68 und Bortz/Döring, 2006, S. 220). Die innere Konsistenz gibt Aufschluss über die Reliabilität der Messung. Hierzu wird das Cronbach's Alpha auf Basis der mittleren Testhomogenität ermittelt. Items mit auffallend geringer Homogenität führen zu einem geringeren Alpha-Wert des Tests. Items sind demnach zu entfernen, wenn das Cronbach's Alpha für den Testwert erhöht werden kann (vgl. Bortz/Döring,

2006, S. 220 und Bühner, 2006, S. 132ff). Tabellen 6.2 - 6.5 zeigen die Ergebnisse der Itemanalyse bezüglich der ermittelten Itemschwierigkeiten, Trennschärfen, Reliabilitäten, Mittelwerte und Standardabweichungen. Nach Bühner sollten Items so gewählt werden, dass sie eine mittlere Schwierigkeit, eine hohe Streuung und eine hohe Trennschärfe haben (vgl. Bühner, 2006). Die Eignung der Konstrukte wird im Anschluss betrachtet.

Die Prüfung der Messgenauigkeit zeigt für das Konstrukt Systemqualität einen sehr hohen Reliabilitätswert ($\alpha = 0,94$). Es ist zu erkennen, dass sich das Cronbach's Alpha bei Weglassen von Items nicht verbessern würde, sondern sich dieses teilweise sogar geringfügig verringern würde. Für alle Items konnten mittlere bis hohe Trennschärfekoeffizienten ermittelt werden ($0,69 < r_{it(i)} < 0,91$). Die Items erfassen somit das gesamte Konstrukt gut. Die ermittelte Testhomogenität nach Spearman[32] zeigt ebenfalls mittlere bis stark korrelierende Items. Wobei einige wenige Korrelationen nur marginal signifikant mit $0,05 < \alpha < 0,1$ sind (vgl. Anhang C.1). Der Großteil der Itemschwierigkeiten liegt im mittleren Bereich zwischen 0,20 und 0,80 (vgl. Marcus/Bühner, 2009, S. 67). Das bedeutet, dass diese Items gut zwischen den Probanden differenzieren. Item 1 und 4 haben eine leicht erhöhte Itemschwierigkeit und somit eine tendenziell höhere Zustimmung. Item 1 weist zudem eine Tendenz hinsichtlich eines Deckeneffektes auf (M = 6,13; Itemkodierung von 1 bis 7)[33]. Die Mehrzahl der Probanden findet es demnach leicht, den Prototyp zu erlernen, unabhängig davon, welcher der vier Prototypen eingesetzt wurde. Dieses Item könnte für eine Entfernung in Frage kommen. Allerdings würde das Entfernen von Item 1 dazu führen, dass der Testwert inhaltlich verkürzt wird, da der Aspekt des Erlernens eines Systems anderweitig nicht erfasst wird. Darüber hinaus wurden von den Probanden keine Verständnisschwierigkeiten berichtet. Die kleine Stichprobe kann außerdem zu verzerrten Kennwerten der Itemanalyse führen. Unter Berücksichtigung dieser Aspekte sind die Items zur Erfassung des Konstrukts Systemqualität beizubehalten. Allerdings wurden weitere Items zu Erfassung der Systemqualität hinzugenommen, da die bisherigen Items nur den Teilaspekt der Bedienbarkeit des Systems erfassen.

[32] Die Annahme einer Normalverteilung mittels Shapiro-Test sind bei Item 1 (p = 0,0009), Item 3 (p = 0,015) und Item 4 (p = 0,006) nicht gegeben. Daher wurde der parameterfreie Rangkorrelationskoeffizient nach Spearman ermittelt.

[33] Ein Deckeneffekt tritt ein, wenn ein Test so leicht zu lösen ist, dass alle Probanden den höchsten Wert (Decke) erzielen. Bei einem Bodeneffekt erzielen alle Probanden den schlechtesten Wert (Boden). Der Test ist dann schwer zu lösen (vgl. Bühner, 2006)

Unter Systemqualität werden nach DeLone und McLean noch weitere Aspekte betrachtet, z. B. Fehleranfälligkeit und Reaktionszeit (vgl. DeLone/McLean, 2003 und DeLone/McLean, 1992). Hierdurch können sogenannte Spill-over-Effekte, also mögliche externe Störeinflüsse, berücksichtigt werden (vgl. Sachs, 2004, S. 172). Diese weiteren Items sollten bei allen Prototypen aufgrund der gleichen Grundfunktionen gleiche Ergebnisse liefern und die Ergebnisse des Konstrukts Systemqualität nicht verzerren. Folgende Items wurden ergänzt:

- „Das Suchportal ist zuverlässig."
- „Das Suchportal ist fehleranfällig."
- „Das Suchportal läuft stabil."
- „Das Suchportal stellt geeignete Funktionen zur Verfügung."
- „Das Suchportal hat kurze Reaktionszeiten."

Für das Konstrukt „Informationsqualität" wurde ein guter Reliabilitätswert von 0,84 festgestellt. Durch die Entfernung eines Items kann kein höherer Reliabilitätswert erzielt werden, sondern dieser maximal verschlechtert werden. Die ermittelten Itemschwierigkeiten liegen im mittleren Bereich. Lediglich Item 9 weist eine leichte Tendenz zu eher positiven Ausprägungen der Antworten auf. Die Trennschärfen sind nicht auffällig und liegen im mittleren und hohen Bereich. Item 9 („... Informationen sind relevant...") und Item 12 („... Informationen sind korrekt.") weisen eher geringere Trennschärfen von 0,36 bzw. 0,32 auf und bilden somit das Konstrukt nicht genau ab. Eine mögliche Erklärung bei Item 9 ist, dass die Teilnehmer nicht nach allen möglichen Kriterien, z. B. Balkon oder Garage, suchen konnten. Des Weiteren beklagten einige Probanden fehlerhafte Angaben in den Wohnungsdetails, was die geringere Trennschärfe bei Item 12 erklären könnte. Da die Probanden aber explizit die Aufgabe hatten, Probleme und Schwachstellen zu identifizieren, kann das bewusste Wahrnehmen solcher Fehler die Kennwerte verzerren. Die Prüfung der Homogenität der Items mittels Spearman's Rangkorrelationskoeffizient[34] ergab, dass zwischen Item 9 und Item 16 sowie zwischen Item 12 und Item 16 („... Informationen

[34]Die Annahme einer Normalverteilung kann bei Item 9 (p = 0,012), Item 11 (p = 0,002), Item 12 (p = 0,01), Item 14 (p = 0,04), Item 15 (p = 0,02) und Item 16 (p = 0,01) nicht bestätigt werden.

sind gut strukturiert.") keine Korrelation ermittelt wurde. Die Ergebnisse sind jedoch nicht signifikant. Generell wurden für die Items 9 und 12 nur schwach signifikante oder nicht signifikante $(0,05 < p >= 0,1)$ Korrelationen mit den anderen Items ermittelt. Auch weitere Korrelationen zwischen Items sind nur schwach oder nicht signifikant (vgl. Anhang C.1). Des Weiteren äußerten ein paar Probanden Verständnisprobleme mit Item 12 und Item 15 („...Informationen werden kontextbezogen angezeigt."). Vor dem Hintergrund der geringen Stichprobe und den damit verbundenen möglichen Verzerrungen können keine genauen Ableitungen getroffen werden. Allerdings sprechen bei Item 12 mehrere Gründe für einen Ausschluss. Neben den aufgezeigten Kennwerten der Itemanalyse, ist festzustellen, dass die Korrektheit der Informationen nicht beeinflusst werden kann, da es sich um reale Daten von Immobilienhändlern handelt. Ferner ist die Korrektheit von Informationen in einem kontrollierten Experimentszenario als weniger wichtig für die Messung des Konstrukts zu sehen. Das Item 12 wird daher entfernt.

Item 17 bis Item 20 erfassen das Konstrukt „Zufriedenheit" relativ gut. Die Trennschärfe der vier Items liegt fast ausschließlich in einem hohen Bereich. Für Item 18 ist ein mittlerer Bereich zu verzeichnen. Das Cronbach's Alpha des gesamten Konstrukts beträgt 0,83 und zeigt eine gute Messgenauigkeit. Diese kann durch das Entfernen eines der Items nicht weiter verbessert werden. Item 19 und 20 zeigen eine leicht erhöhte Itemschwierigkeit und Item 20 („Die Benutzung des Prototyps ist furchtbar.") zusätzlich eine Tendenz zu einem Deckeneffekt (M = 6,06; Itemkodierung von 1 bis 7). Die Mehrzahl der Probanden findet demnach die Benutzung des Prototyps nicht furchtbar, unabhängig davon welcher Prototyp verwendet wurde. Der Test auf Homogenität mittels Spearman's Rangkorrelationskoeffizient[35] zeigt, dass zwischen allen Items Korrelationen auftreten. Jedoch sind die Korrelationen zwischen Item 18 und 19 sowie Item 18 und 20 nicht signifikant (vgl. Anhang C.1). Ferner wurden Bedenken von einem Probanden bei der Formulierung von Item 18 geäußert. Dieses Item wird daher umformuliert: „Das Benutzen des Prototyps begeistert mich." Insgesamt betrachtet kann kein Grund für die Verkürzung des Tests festgestellt werden. Alle Items sind daher zu verwenden.

[35]Die Annahme einer Normalverteilung kann bei Item 19 (p = 0,001) und Item 20 (p < 0,000) nicht belegt werden.

Das Konstrukt „Nutzungsabsicht“ zeigt einen sehr hohen Reliabilitätswert von 0,96. Kein Item führt zu einer weiteren Erhöhung des Cronbach’s Alpha für den Testwert. Die Itemschwierigkeiten der einzelnen Items liegen im mittleren Bereich zwischen 0,46 bis 0,67 und differenzieren daher gut. Die Trennschärfekoeffizienten weisen ebenfalls sehr hohe Werte auf, so dass die einzelnen Items das Konstrukt sehr gut widerspiegeln. Die Testhomogenität wurde ermittelt.[36] Es wurden für alle Items signifikant starke Korrelationen ermittelt (vgl. Anhang C.1). Die Korrelation zwischen Item 21 und 24, Item 21 und 26, Item 22 und 24 sowie Item 24 und 26 zeigen darüber hinaus eine sehr hohe Korrelation ($r_{it} > 0,91$), was ein Hinweis auf redundante Items sein kann. Item 21 („Ich würde den Prototyp in Zukunft weiter benutzen.“) wurde aufgrund dieses Hinweises umformuliert: „Ich würde das Suchportal in Zukunft öfter benutzen.“ Hierdurch kann besser ausgedrückt werden, dass ein anderer Verhaltensaspekt als bei Item 24 („Ich würde den Prototyp für eine ähnliche Aufgabe wieder benutzen.“) und bei Item 26 („Ich würde den Prototyp weiterempfehlen.“) gemessen werden soll. Hinsichtlich des Items 24 und 26 kann kein redundanter Verhaltensausschnitt festgestellt werden. Item 22 („Ich würde den Prototyp eher als andere Webseiten zur Immobiliensuche benutzen.“) unterscheidet sich ebenfalls von Item 24, indem hier zusätzlich der Bezug zu anderen Suchmöglichkeiten hergestellt wird. Insgesamt kann somit die Entfernung von Items nicht begründet werden. Hinsichtlich weiterer Anmerkungen äußerte ein Proband Verständnisprobleme mit Item 25. Die Aussage „…zukünftige Entscheidungen…“ sollte etwas detaillierter getroffen werden. Item 25 wird daher angepasst: „Die Benutzung des Suchportals wäre für meine zukünftige Entscheidung bezüglich der Auswahl einer Wohnung ausschlaggebend.“

Für die wahrgenommene Nützlichkeit konnte ebenfalls ein hoher Reliabilitätswert erzielt werden, der nicht weiter verbessert werden kann. Auch die Trennschärfekoeffizienten lieferten hohe Werte ($r_{it} > 0,75$). Das Konstrukt wird daher gut abgebildet. Die Items weisen zudem eine mittlere Schwierigkeit zwischen 0,53 und 0,73 auf, so dass gut zwischen den Probanden differenziert werden kann. Der Test auf Homogenität[37] zeigt, dass zwischen allen Items eine hohe Korrelation besteht (vgl. Anhang C.1). Zwischen Item 28 und Item 31 ist diese allerdings nicht signifikant. Außerdem

[36]Die Annahme einer Normalverteilung kann für alle Items des Konstrukts (p < 0,000) nicht bestätigt werden.

[37]Die Annahme einer Normalverteilung kann für das Item 30 (p = 0,027) nicht bestätigt werden.

ist zu erkennen, dass zwischen Item 27 („...verbessert sich meine Leistung...“) und Item 29 („...schneller durchzuführen.“) sowie zwischen Item 32 („...effektiv zu suchen.“) und Item 33 („...effizient zu suchen.“) eine sehr starke Korrelation besteht, die auf eine redundante Erfassung desselben Verhaltensausschnitts hindeuten könnte. Es ist zu vermuten, dass bei den Probanden keine eindeutige Abgrenzung der Begriffe effektiv und effizient vorgenommen wurde, die jedoch theoretisch besteht. Bei Item 27 und 30 wurden zudem vermehrt Verständnisprobleme in der Hinsicht geäußert, dass diese Fragen auf einen Vergleich mit einer anderen Suchmethode abzielen. Aufgrund dessen wurden Item 27 und Item 30 entfernt. Ein neues Item wurde hinzugefügt: „Das Benutzen des Suchportals ist sinnvoll für die Wohnungssuche.“ Hierdurch kann ein weiterer Aspekt zur Messung des Konstrukts berücksichtigt werden.

Das Konstrukt „kognitive Motivation“, welches zur Kontrolle eines möglichen Störeinflusses erfasst wurde, weist eine schlechte Messgenauigkeit von 0,51 auf. Es ist zu erkennen, dass Item 35, 43, 49, 51 und vor allem Item 52 das Cronbach's Alpha bei Entfernung des jeweiligen Items erhöhen würden. Die Itemschwierigkeiten liegen zwar größtenteils im mittleren Bereich mit zwei Items die einen leicht erhöhten Schwierigkeitswert von 0,81 (Item 39 und 46) aufweisen, jedoch zeigen die Trennschärfekoeffizienten relativ schlechte Ergebnisse. Der Großteil der Items liegt eher im unteren Bereich (zwischen 0,20 und 0,40) der mittleren Trennschärfe. Item 35, 39, 42, 43, 49 und 51 weisen keine Trennschärfe auf und bilden somit das Konstrukt nicht ab. Item 52 besitzt darüber hinaus einen erhöhten negativen Koeffizient. Dieser könnte durch eine ungenau formulierte Frage resultieren. Es wird empfohlen Items mit negativer Trennschärfe zu entfernen oder diese umzupolen (vgl. Marcus/Bühner, 2009, S. 68 und Bortz/Döring, 2006, S. 220). Durch eine Entfernung von Item 52 würde sich das Cronbach's Alpha von 0,51 auf 0,66 verbessern. Neben den negativen Items sind vor allem diejenigen zu entfernen, die keine Trennschärfe aufweisen. Die Korrelation der Items wurde auf Basis des Spearman Rangkorrelationskoeffizient ermittelt[38]. Die Gesamttesthomogenität, was dem Mittelwert der Itemhomogenitäten entspricht, beträgt 0,07 und fällt damit sehr gering aus. Dies ist ein Hinweis darauf, dass die Items inhaltlich nicht dasselbe messen. Verständnisprobleme wurden

[38]Die Annahme einer Normalverteilung kann für das Item 38 (p = 0,011), Item 39 (p = 0,014), Item 45 (p = 0,049), Item 46 (p = 0,036), Item 48 (p = 0,016), Item 50 (p = 0,043) und Item 51 (p = 0,018) nicht bestätigt werden.

hauptsächlich bei Item 35 („Ich würde komplizierte Aufgaben einfachen Aufgaben vorziehen."), Item 38 („Ich würde lieber etwas tun, das wenig Denken erfordert, als etwas, das mit Sicherheit meine Denkfähigkeit herausfordert.") und Item 52 („Ich ende normalerweise damit über Fragen nachzudenken, gerade wenn sie mich nicht persönlich betreffen.") festgestellt. Die Probanden äußerten, dass zunächst nicht ganz klar war, was mit dem Konstrukt kognitive Motivation erfasst werden soll. Sie hätten jedoch bei einer anderen Reihenfolge der Fragen vermutlich ein besseres Verständnis gehabt. Die schlechten Kennwerte der Itemanalyse sind daher so zu begründen, dass die gestellten Fragen einerseits missverständlich formuliert worden und andererseits die Probanden die Sinnhaftigkeit dieses Konstrukts nicht verstanden haben. Item 52 wurde daher aufgrund des hohen negativen Trennschärfekoeffizienten, der resultierenden Erhöhung des Cronbach's Alpha sowie des mehrfach geäußerten Missverständnisses entfernt. Die Probanden waren sich bei diesem Item nicht sicher, ob damit auch gemeint ist: „... über Fragen nachzudenken, die einem nichts angehen." Die restlichen Items wurden für eine bessere Verständlichkeit bzw. einen besseren Einstieg zur Beantwortung des Konstrukts umgestellt und teilweise umformuliert. Item 39 wurde aufgrund der umständlichen Formulierung geändert: „Ich suche nach Gelegenheiten, wo es sehr wahrscheinlich ist, dass ich mich intensiv mit etwas auseinandersetzen kann." Item 43 wurde ebenfalls hinsichtlich der Formulierung umgeändert: „Ich mag Aufgaben, die wenig Denken erfordern, sobald ich sie einmal erlernt habe." Gleichermaßen wurde Item 49 umformuliert: „Ich präferiere Aufgaben, die Intelligenz erfordern, schwierig und wichtig sind, gegenüber Aufgaben, die zwar wichtig sind, aber nicht viel Denken erfordern."

Aufgrund der aufgezeigten Ergebnisse der Itemanalyse wurde die Reihenfolge der Items überdacht und bei jedem Konstrukt soweit angepasst, dass ein leichter Einstieg zur Beantwortung der Fragen gegeben ist. Dies betrifft vor allem das Konstrukt kognitive Motivation. Des Weiteren wurde der Begriff „Prototyp" durch den Begriff „Suchportal" ersetzt. Der Begriff „Prototyp" kann ein Auslöser für Verständnisschwierigkeiten sein. Das entwickelte System sollte im Rahmen des Experimentszenarios auch als Suchportal angesprochen werden. Der im Experiment verwendete finale Fragebogen ist in Anhang C.2 aufgeführt.

6.3 Durchführung des Experiments

Auf Basis der Ergebnisse des Pilottests erläutert Abschnitt 6.3.1 die Auswahl einer geeigneten Stichprobe und die Bestimmung der Stichprobengröße. Abschnitt 6.3.2 beschreibt den genauen Ablauf der experimentellen Untersuchung und das Vorgehen bei der Datenerfassung.

6.3.1 Auswahl und Umfang der Stichprobe

Zur Festlegung einer geeigneten Stichprobe ist zunächst die Grundgesamtheit zu bestimmen, also auf welche Gruppe von Personen sich die experimentelle Untersuchung beziehen soll und wie der Geltungsbereich definiert ist (vgl. Sarris/Reiss, 2005, S. 98). Generell können Suchsysteme mit Geofunktionalitäten als Internet- oder Unternehmensanwendung implementiert sein. Somit können sowohl Privatpersonen als auch die Mitarbeiter eines Unternehmens, je nach konkretem Anwendungskontext als Nutzergruppe definiert werden. Mit der Festlegung des Experimentszenarios auf die Immobiliensuche wird der private Internetnutzer angesprochen. Die Grundgesamtheit ist daher auf Personen zu beschränken, die im Internet nach einer neuen Wohnung suchen. Auf Basis dieser festgelegten Grundgesamtheit wird schließlich randomisiert eine repräsentative Stichprobe gezogen. Dieses Vorgehen sichert die statistische Validität der Untersuchung (vgl. Sarris/Reiss, 2005, S. 98ff und Kähler, 2010, S. 232ff). Im Rahmen der angestrebten Untersuchung wurden als Stichprobe Studenten verschiedener Fakultäten der Universität Passau eingeladen, da Studenten einfacher zu erreichen sind und über das Experimentallabor „PAULA“ der Universität Passau eine geeignete Infrastruktur zur Rekrutierung von Studenten und zur Durchführung von Experimenten zur Verfügung stand. PAULA bietet dabei die Möglichkeit einer randomisierten Einladung von Studierenden unter der Berücksichtigung verschiedener Studiengänge und Fakultäten. Diese sogenannten Gelegenheitsstichproben werden im Bereich der universitären Forschung häufig auf Basis von Studenten herangezogen (vgl. Sarris/Reiss, 2005, S. 99ff). Die Einschränkung auf Studenten führt allerdings vor dem Hintergrund dieses Experiments dazu, dass nur eine bestimmte Altersgruppe berücksichtigt wird – Studenten sind in der Regel zwischen 18 und 29 Jahren alt – und andere Altersgruppen nicht. Gerade in Bezug auf das Informationsverhalten und die Bedienung der Prototypen könnten sich ältere Nutzer anders verhalten. Somit können die Ergebnisse nur auf die Altersgruppe der Studenten beschränkt werden. Dennoch ist festzuhalten, dass bei Studenten die Suche nach einer neuen Wohnung eine häufiger anzutreffende Situation ist. Sie können sich daher gut in das Experimentszenario hineinversetzen. Darüber hinaus sind sie die Zielgruppe, die das Internet regelmäßig nutzen und die mit Internettechnologien besser umgehen können. Sie sollten daher weniger Probleme bei der Bewältigung der Suchaufgabe haben. Trotz der nicht repräsentativen Stichprobe können in diesem beschränkten Umfang Erkenntnisse über den Nutzen der Geovisualisierung im Rahmen der Informationssuche getroffen werden.

In einem nächsten Schritt muss schließlich die Größe der zu untersuchenden Stichprobe bestimmt werden. Um keine zufallsbedingten Ergebnisse zu erzielen, ist es sinnvoll eine große Stichprobe zu wählen. Allerdings führen zu große Stichproben dazu, dass auch kleine Unterschiede signifikant erkannt werden, die aber eventuell keine praktische Relevanz haben. Es kann nahezu jeder kleine Effekt statistisch abgesichert werden, wenn die Stichprobe ausreichend groß ist (vgl. Bühner/Ziegler, 2009, S. 196). Es ist daher notwendig, den genauen Stichprobenumfang zu ermitteln, um praktisch relevante Effekte erkennen zu können. Bei einer hypothesenprüfenden Untersuchung müssen zur Ermittlung des Stichprobenumfangs die zu erwartenden Effekte abgeschätzt werden (vgl. Bortz/Döring, 2006, S. 600ff). Anhand eines minimal zu erwartenden Effekts, also welcher Effekt soll mindestens erkannt werden, sowie Angaben zum α- und β-Fehler wird die optimale Stichprobengröße ermittelt (vgl. Bühner/Ziegler, 2009, S. 197). Cohen empfiehlt ein Signifikanzniveau von $\alpha = 0,05$ und $\beta = 0,20$ und die daraus resultierende Teststärke $(1-\beta)$ von 0,80, da ein α-Fehler als viermal gravierender als ein β-Fehler eingeschätzt wird. Der optimale Stichprobenumfang sichert dem Signifkanztest somit eine Teststärke von 80% zu (vgl. Cohen, 1988, S. 5). Auf Basis der drei festgelegten Größen Effekt, α- und β-Fehler kann nachfolgend der Stichprobenumfang bestimmt werden.

Lorenzen und Anderson schlagen folgende Berechnungsvorschrift zur Ermittlung eines optimalen Stichprobenumfangs vor. Dazu werden die Ergebnisse des Pilottests varianzanalytisch ausgewertet und für die Bestimmung verwendet. Zunächst wird die Anzahl der Probanden pro Stufe eines konkreten Einflussfaktors X berechnet $(\tilde{n})$. Hierzu ist es notwendig eine Mindestdifferenz bzw. einen Effekt $\hat{\delta}$, der durch diesen Faktor verursacht wird, festzulegen. In Abhängigkeit von der Anzahl der Freiheitsgrade v_x des gewählten Faktors X, der geschätzten Fehlervarianz σ^2 und dem Nichtzentralitäts-Parameter ϕ wird $\tilde{n}$ ermittelt (vgl. Formel 6.3). Die Schätzung der Fehlervarianz erfolgt auf Basis der erfassten Daten des Pilottests. Für ϕ finden sich in der Literatur verschiedene Approximationen. Für $v_x = 1$, $v_E = 12$ (Freiheitsgrade des Fehlerterms) und festgelegten $\alpha = 0,05$ und $\beta = 0,20$ kann ein $\phi = 2,2$ bestimmt werden (vgl. Odeh/Fox, 1991, S. 156).

$$\tilde{n} = \left\lceil \frac{\phi^2(v_x + 1)\sigma^2}{v_x\hat{\delta}^2} \right\rceil \tag{6.3}$$

Die Probandenanzahl pro Faktorkombination bzw. pro Experimentalgruppe ergibt sich dann durch die Multiplikation von $\tilde{n}$ mit der Anzahl an Stufen x von Faktor X dividiert durch die Gesamtzahl aller Faktorkombinationen (vgl. Formel 6.4), wobei f_p die Anzahl der Stufen eines Faktors F_p angibt (p = 1,...,X,...,K).

$$n = \left\lceil \frac{\tilde{n}x}{\prod_{p=1}^{K} f_p} \right\rceil \tag{6.4}$$

Zur Ermittlung des gesamten Stichprobenumfangs gilt dann:

$$N^T = n \prod_{p=1}^{K} f_p \tag{6.5}$$

Die Berechnung wird für alle Einflussfaktoren X wiederholt, die von Interesse sind. Es wird dann der größte Stichprobenumfang realisiert (vgl. Lorenzen/Anderson, 1993, S. 107). Tabelle 6.6 zeigt die ermittelten Mindesteffekte und Stichprobenumfänge der im Pilottest erfassten abhängigen Variablen. Für die beiden Einflussfaktoren Eingabevisualisierung und Ergebnisvisualisierung werden die gleichen Annahmen getroffen, so dass sich die Stichprobenumfänge nicht unterscheiden.

Tabelle 6.6: Geschätzte Effekte und Stichprobenumfänge der abhängigen Variablen

Abhängige Variable	Mindestdifferenz δ'	Stichprobenumfang N^T
Systemqualität	3 Indexpunkte	140
Informationsqualität	4 Indexpunkte	100
Zufriedenheit	2 Indexpunkte	136
Nutzungsabsicht	3 Indexpunkte	172
Wahrgenommene Nützlichkeit	4 Indexpunkte	152
Anzahl Suchvorgänge	2 Klicks	152
Bearbeitungszeit	5 Minuten	36

Für die Systemqualität, Informationsqualität, Zufriedenheit, Nutzungsabsicht und wahrgenommene Nützlichkeit werden die Mindestdifferenzen als Indexpunkte angegeben. Die Indexpunkte ergeben sich durch die Berechnung eines additiven Indexwerts auf Basis der erfassten Itemrohwerte pro Proband (vgl. Bortz/Döring, 2006, S. 143ff). Hierbei werden die einzelnen Itemergebnisse aufsummiert, z. B. werden für das Konstrukt Zufriedenheit vier Items über eine Likertskala (von 1 bis 7 kodiert) erfasst, so dass durch das Aufsummieren Indexwerte von 4 bis 28 möglich sind. Somit entspricht jeweils ein Intervall von vier Indexpunkten einer Stufe der ursprünglichen Likertskala. Für einen Indexwert zwischen 4 und 7 Punkten kann daher eine sehr schlechte Zufriedenheit (Stufe 1) angenommen werden, für 8 bis 11 Punkte eine schlechte Zufriedenheit (Stufe 2) etc. Die festgelegte Mindestdifferenz von zwei Indexpunkten erlaubt es somit, halbe Stufen auf der Likertskala zu erkennen, z. B. 1,5. Die Indexpunkte der restlichen Konstrukte wurden analog bestimmt. Die durch den Pilottest momentan erkennbare Mindestdifferenz beträgt 12 Indexpunkte für die wahrgenommene Nützlichkeit, 10 Indexpunkte für Nutzungsabsicht und Informationsqualität, 9 Indexpunkte für Systemqualität und 6 Indexpunkte für die Zufriedenheit. Die Differenz wird in Abhängigkeit von $\tilde{n}$, der Fehlervarianz, der Freiheitsgrade für Faktor X sowie des Parameters ϕ bestimmt (vgl. Formel 6.6).

$$\hat{\delta} = \phi\sqrt{\frac{(v_x + 1)\sigma^2}{v_x\tilde{n}}} \tag{6.6}$$

Weitere festgelegte Mindestdifferenzen beziehen sich auf die Anzahl an Suchvorgängen und die Bearbeitungszeit. Die Ergebnisse aus dem Pilottest erlauben es, eine Differenz von 7 Minuten und 10 Sekunden Bearbeitungszeit sowie 7 Suchvorgänge zu erkennen. Beide Differenzen sind hinsichtlich einer praktischen Relevanz anzupassen. Bei der Bearbeitungszeit sollte mindestens ein Unterschied von 5 Minuten erkannt werden. Die Anzahl an Suchvorgängen sollte so gering wie möglich sein. Eine Anzahl von 2 Klicks liefert hierbei eine durchführbare Stichprobengröße (vgl. Tabelle 6.6) im Vergleich zu 1 Klick mit einer Stichprobengröße von N = 600. Eine Stichprobenbestimmung sollte immer auch die möglichen Kosten der Untersuchung berücksichtigen (vgl. Bühner/Ziegler, 2009, S. 201). Vor diesem Hintergrund wird schließlich der ermittelte Stichprobenumfang von 172 Probanden als optimale Stichprobengröße ausgewählt. Aufgrund von möglichen Ausfällen ist es ratsam, mehr Teilnehmer zu rekrutieren. Für das Experiment wird daher eine Stichprobe von 200 Personen angesetzt. Jeder Experimentalgruppe werden somit 50 Probanden zugeteilt.

6.3.2 Experimentablauf

Das Experiment fand vom 07. bis 14. Mai 2012 an der Universität Passau im Experimentallabor PAULA statt. Der Laborraum verfügt über 25 Arbeitsplätze mit identisch ausgestatteten Laptops, so dass die Arbeitsbedingungen für alle Teilnehmer gleich waren. Aufgrund der begrenzten Raumgröße wurden im angegebenen Zeitraum 8 Experimentsessions zur Handhabung der 200 Probanden durchgeführt. In jeder Session wurden die Probanden gleichmäßig auf alle vier Experimentalgruppen aufgeteilt. Jeder Proband wurde zufallsbasiert einem Arbeitsplatz zugewiesen. An jedem Arbeitsplatz lagen ein Experimentcode, eine Anleitung für die Trainingsphase und eine Anleitung für die Experimentphase sowie ein Stift bereit. Alle Sessions wurden von einer Versuchsleiterin durchgeführt, um einen Bias durch verschiedene Versuchsleiter zu vermeiden. Die Experimentzeit betrug 1 Stunde. Die Probanden erhielten für ihre Teilnahme eine Aufwandsentschädigung von 7,- Euro.

Zu Beginn des Experiments wurden die Probanden begrüßt und es wurden eine kurze Einführung sowie Hinweise zum Ablauf gegeben. Der Ablauf gliederte sich in 3 Phasen. Zunächst erfolgte die Trainingsphase. Die Versuchsleiterin erläuterte das Ziel dieser Phase und gab die entsprechenden Instruktionen. Jeder Teilnehmer musste den Experimentcode in das Eingabefeld der bereits geöffneten Webseite eingeben und bekam daraufhin den ihm zugeteilten Prototyp angezeigt. In einem nächsten Schritt war die Anleitung zur Trainingsphase zu lesen. Diese enthielt eine Kurzanleitung zur Bedienung des Prototyps mit den wichtigsten Funktionalitäten und eine Testaufgabe (vgl. Anhang C.3). Die Bedienungsanleitung war dabei je nach Prototyp etwas anders. Die Testaufgabe war für alle Gruppen gleich. Diese war dann mit Hilfe des Prototyps zu bearbeiten. Hierzu war auf Basis von vorgegebenen Suchkriterien und einer vorgegebenen Gewichtung der Kriterien nach einer Wohnung zu suchen. Die Suchaufgabe war so gestellt, dass hierzu auch die Detailinformationen der Wohnungstreffer gelesen und ausgewertet werden mussten. Schließlich waren die ersten drei angezeigten Suchtreffer hinsichtlich ihrer Eignung mit einem Prozentwert zwischen 0 und 100 zu bewerten. Die Probanden hatten die Möglichkeit, Fragen zu stellen, falls Probleme bei der Bearbeitung der Suchaufgabe und der Bedienung des Prototyps auftraten. Nach Beendigung der Aufgabe wurden die Probanden gebeten, zu warten bis alle soweit waren. Die Trainingsphase dauerte ca. 10 Minuten.

Im Anschluss an die Trainingsphase erfolgte die eigentliche Experimentphase. Die Versuchsleiterin erläuterte das Vorgehen dieser Phase. Die bereitliegende Anleitung zur Experimentphase enthielt die Instruktionen für die Bearbeitung der Experimentaufgabe (vgl. Anhang C.4). Der Start der Experimentphase wurde daraufhin durch Klick auf einen Start-Button durch den einzelnen Probanden ausgelöst. Die Teilnehmer hatten nun die Aufgabe, nach einer geeigneten Wohnungen auf Basis ihrer eigenen Präferenzen für die Suchkriterien als auch der Gewichtung der Kriterien zu suchen. Hierbei wurde keine Zeitbeschränkung vorgegeben. Eine Zeitvorgabe wurde nicht gegeben, damit kein Einfluss durch den Faktor Zeit besteht. Lediglich die gesamte Dauer des Experiments war den Teilnehmern bewusst. Alle relevanten Wohnungen, für die der Teilnehmer einen Besichtigungstermin vereinbaren würde, sollten dann auf der Anleitung in einem vorgesehenen Feld als relevant notiert werden. In einem letzten Schritt sollten die ersten 10 Suchtreffer bzw. bei weniger Gesamttreffern alle Suchtreffer hinsichtlich ihrer Eignung mit einem Prozentwert zwischen 0 und 100 bewertet werden. Sobald die Aufgabe bearbeitet wurde, konnte das Experiment mit einem Stopp-Button beendet werden. In der dritten Phase erfolgten dann die Bewertung des Prototyps und die Erfassung demografischer sowie persönlicher Eigenschaften der Probanden, z. B. die kognitive Belastung. Die Probanden wurden dazu, nach dem Klick auf den Stopp-Button, automatisiert zu einem Fragebogen weitergeleitet. Alle Fragen mussten beantwortet werden. Die Befragung konnte dann, nach der letzten Frage, durch einen Klick auf einen Sende-Button abgeschlossen werden. Die Ergebnisse wurden umgehend per E-Mail an die Versuchsleiterin gesendet und in Limesurvey abgespeichert. Nachdem alle Teilnehmer den Fragebogen beantwortet hatten, erhielten sie die Aufwandsentschädigung und wurden verabschiedet.

Während des Experiments wurden alle Aktionen eines Teilnehmers in einem individuellen Logprotokoll automatisiert dokumentiert. Für jede Aktion wurde ein Zeitstempel gespeichert. Die Anzahl relevanter Wohnungen wurde durch Angabe der jeweiligen Wohnungs-IDs papierbasiert ermittelt. Alle subjektiven Konstrukte inklusive der Störeinflüsse und demografische Angaben wurden über den Fragebogen erfasst. Die Zuordnung der drei Datenquellen konnte mittels des Experimentcodes vorgenommen werden. Dieser wurde zu Beginn auf der Webseite eingegeben und dann bei Weiterleitung an den Fragebogen automatisiert übergeben. Die Teilnehmer mussten den Code auch auf der Anleitung, welche die Angaben zu den relevanten Wohnungen enthielt, notieren.

6.4 Zusammenfassung

Das Kapitel stellte das Design und den Ablauf der experimentellen Untersuchung vor. Zur Prüfung der Hypothesen wurde ein Laborexperiment mit einem 2x2 Faktordesign ohne Messwiederholung eingesetzt. Die zwei unabhängigen Variablen „Art der Eingabevisualisierung“ und „Art der Ergebnisvisualisierung“ sind dabei zu variieren und deren Auswirkungen auf die abhängigen Variablen zu untersuchen. Für die abhängigen Variablen wurden Instrumente zur Operationalisierung selektiert. Die latenten Konstrukte „Systemqualität“, „Informationsqualität“, „Zufriedenheit“, „Nutzungsabsicht“ und „wahrgenommene Nützlichkeit“ werden hierbei mit Hilfe mehrerer Frageitems erfasst. Das objektiv erfassbare Konstrukt „Effizienz“ wird durch die Bearbeitungszeit und die Anzahl der Suchvorgänge gemessen. Die Anzahl der relevanten Wohnungen, die Trefferqualität und die FCHR sind objektiv messbare Variablen zur Erfassung der Effektivität. Als Kontrollvariablen werden die kognitive Motivation und die kognitive Belastung berücksichtigt. Weitere individuelle Störeinflüsse wie Geschlecht, Alter, Semesteranzahl und Erfahrungen mit Immobilienportalen und Geokarten sind ebenfalls zu erheben, um so einen möglichen Einfluss auf die abhängigen Variablen kontrollieren und untersuchen zu können.

Das Design, der Prototyp und der konzipierte Fragebogen wurden folglich in einem Pilottest im Hinblick auf ihre Eignung erprobt. Die resultierenden Hinweise und Probleme betrafen sowohl den Ablauf des Experiments als auch den Prototyp und den Fragebogen. Die Hinweise wurden geprüft und es wurden Anpassungen diesbezüglich vorgenommen. Der genaue Ablauf wurde schließlich aufgezeigt. Hierbei wurde die Experimentaufgabe als offene Aufgabe konzipiert, so dass die Probanden auf Basis ihrer eigenen Präferenzen nach einer Wohnung suchen konnten. Dies ermöglicht eine komplexe und realitätsnahe Analyse der Informationssuche, was auch zu einer verbesserten Generalisierbarkeit der Ergebnisse führt. Zudem werden die Probanden stärker motiviert am Experiment teilzunehmen.

Schließlich erfolgte die Planung des Stichprobenumfangs. Anhand der Ergebnisse des Pilottests wurden Mindesteffekte abgeleitet, aus denen für jede Variable eine Stichprobengröße geschätzt werden konnte. Daraus wurde dann eine optimale Stichprobengröße von 200 Probanden ermittelt, die gleichmäßig auf die vier Experimentalgruppen verteilt wird. Aufgrund einer besseren Zugänglichkeit und aus Kostengründen wurden Studenten als Stichprobe aus der festgelegten Grundgesamtheit der Internetnutzer herangezogen. Vor diesem Hintergrund und infolge des Experimentdesigns sind jedoch Einschränkungen bezüglich der Experimentergebnisse zu erwähnen:

- Die gewählten Messinstrumente können unangemessen sein und daher die Ergebnisse des Experiments beeinflussen. So können andere oder weitere Items zur Erfassung der latenten Konstrukte geeignet sein. Das Konstrukt Zufriedenheit hätte ebenfalls detaillierter gemessen werden können, z. B. Zufriedenheit mit den Suchergebnissen, mit den Informationen, der Bedienbarkeit etc. Die kognitive Belastung könnte ebenfalls durch andere bereits vorgestellte Instrumente gemessen werden. Obwohl gezeigt werden konnte, dass Probanden relativ gut eine subjektive Einschätzung ihrer kognitiven Belastung geben können (vgl. Paas, 1992), bestehen die Nachteile dieses Messinstruments in einer subjektiven Wahrnehmung der kognitiven Belastung, die zudem erst nach der Beendigung der Aufgabe erfasst wird (vgl. Schmutz et al., 2009, S. 3).

- Die Ergebnisse der Itemanalyse basieren auf einer sehr kleinen Stichprobe des Pilottests. Die Kennwerte der Itemanalyse, z. B. Trennschärfe oder Korrelation, können somit verzerrt sein. Das führt dazu, dass Items fälschlicherweise entfernt oder nicht entfernt wurden. Die Eignung des Fragebogens zur Erhebung der Daten kann daher eingeschränkt sein.

- Die gewählte Stichprobe kann nicht als repräsentativ angenommen werden, da nur auf eine Teilgruppe der Grundgesamtheit zurückgegriffen wird. Studenten können sich hierbei von anderen Internetnutzern, z. B. älteren Personen, hinsichtlich ihrer individuellen Eigenschaften unterscheiden. Die Ergebnisse des Experiments können daher nicht auf die Grundgesamtheit generalisiert werden.

Kapitel 7

Statistische Auswertung der Experimentergebnisse

In diesem Kapitel werden die Ergebnisse der durchgeführten Untersuchung vorgestellt. Abschnitt 7.1 beschreibt zunächst das Vorgehen bei der Datenauswertung und die Güte der Ergebnisse. Im Rahmen der Befragung wurden im Anschluss an die Experimentaufgabe demografische Merkmale und benutzerspezifische Kenntnisse erfasst, um so einen möglichen Einfluss dieser Merkmale auf die abhängigen Variablen zu untersuchen. Die Ergebnisse werden in Abschnitt 7.2 vorgestellt. Die Auswertung der einzelnen objektiven und subjektiven abhängigen Variablen erfolgt in 7.3. Anschließend werden die Ergebnisse in 7.4 interpretiert und mit Bezug zu den aufgestellten Hypothesen diskutiert. Abschließend erfolgt in 7.5 eine Zusammenfassung der wesentlichen Erkenntnisse und die Betrachtung möglicher Einschränkungen.

7.1 Vorgehen bei der Datenauswertung

Die Auswertung der Daten erfolgte mit Hilfe der freien Statistik-Software R. Alle subjektiven Konstrukte wurden mit mehreren Items gemessen, um eine valide Messung durchzuführen. Die Konstrukte wurden auf Basis verschiedener empirisch geprüfter und validierter Messinstrumente erfasst (vgl. Abschnitt 6.1.1). Die einzelnen Fragebogenitems zur Erfassung von Benutzerkenntnissen und weiteren subjektiven

Variablen wurden dazu umkodiert, z. B. mit der Skala 0 bis 6 zur Erfassung der Systemqualität. Für die als Konstrukte definierten Variablen kognitive Motivation, Systemqualität, Informationsqualität, Zufriedenheit, Nutzungsabsicht und wahrgenommene Nützlichkeit wurden schließlich Indexwerte ermittelt. Diese basieren auf einem ungewichteten additiven Mittelwert der einzelnen Frageitems des jeweiligen Konstrukts (vgl. Bortz/Döring, 2006, S. 143ff). Zur Auswertung der Variable Bearbeitungszeit wurde die uhrzeitbasierte Angabe in einen Sekundenwert transformiert. Die Auswertung der vom Prototyp berechneten Trefferfolge im Vergleich zu der vom Teilnehmer präferierten Trefferfolge basiert auf der Ermittlung von Rängen der einzelnen Suchtreffer. Die Einflussfaktoren Eingabevisualisierung und Ergebnisvisualisierung wurden jeweils als Binärvariable aufgenommen. Die Anwendung einer Listenvisualisierung und einer Feldeingabe wurden jeweilig mit 0 kodiert. Kartenbasierte Eingabe und Kartenvisualisierung wurden mit 1 kodiert. Die Daten wurden zunächst deskriptiv untersucht, um extreme Ausreißerwerte zu erkennen und sie aus der Datenmenge zu entfernen. Für die Auswertungen wurde allgemein ein Signifikanzniveau von $\alpha = 0{,}05$ festgelegt. Bei einem Signifikanzniveau zwischen 0,05 und 0,1 ($0{,}05 \leq \alpha \geq 0{,}1$) ist von einer Tendenz auszugehen.

Um die Güte eines Tests nachzuweisen, müssen Kriterien wie Objektivität, Reliabilität und Validität erfüllt sein. Die **Objektivität** besagt, dass die Messergebnisse nicht vom Untersucher abhängig sein dürfen (vgl. Sarris/Reiss, 2005, S. 90). Die Objektivität bei der Durchführung des Experiments wurde daher durch standardisierte Instruktionen sichergestellt (vgl. Anhang C). Des Weiteren wurden alle Experimente vom selben Experimentleiter durchgeführt, sodass hier ebenfalls ein standardisiertes Vorgehen garantiert werden konnte. Die objektive Auswertung der Untersuchung wird dadurch gewährleistet, dass die im Fragebogen zu beantwortenden Items mit vordefinierten Likertskalen, Einfachauswahl, Mehrfachauswahl oder Anzahlwerten, z. B. Alter, gemessen wurden. Die restlichen Kennzahlen wie Anzahl relevanter Wohnungen, Anzahl der Suchvorgänge, Bearbeitungszeit, Trefferqualität und FCHR wurden objektiv gemessen. Somit konnten gleiche Leistungswerte pro Proband ermittelt werden (vgl. Bühner, 2006, S. 34ff). Alle Leistungswerte wurden mitgeloggt und in R importiert. Um eine objektive Interpretation der Ergebnisse vorzunehmen, wurden Bezüge zu den bisherigen Studienergebnissen hergestellt (vgl. Bortz/Döring, 2006, S. 195).

Die **Messgenauigkeit** des Fragebogens (Reliabilität) wurde mit Hilfe der internen Konsistenz bestimmt. Wie bereits im Pretest durchgeführt, kann die interne Konsistenz auf Basis des Cronbach's Alpha geschätzt werden (vgl. Bortz/Döring, 2006, S. 198 und Hair et al., 2010, S. 125ff). Das Cronbrach's Alpha wurde für alle Konstrukte sowie den Gesamttest ermittelt (vgl. Tabelle 7.1). Da die Werte über den empfohlenen Grenzwert von 0,8 liegen, sind die Konstrukte hoch reliabel (vgl. Bortz/Döring, 2006, S. 708).

Tabelle 7.1: Cronbach's Alpha der Konstrukte

Konstrukt	Cronbach's Alpha
Systemqualität	0,861
Informationsqualität	0,829
Zufriedenheit	0,812
Nutzungsabsicht	0,94
wahrgenommene Performanz	0,919
Kognitionsbedürfnis	0,847
Gesamtfragebogen	0,931

Die **Validität** beschreibt allgemein das Ausmaß, in dem ein Test das misst, was er zu messen vorgibt. Es werden dabei die Inhaltsvalidität, die Kriteriumsvalidität und die Konstruktvalidität unterschieden (vgl. Bühner, 2006, S. 36ff). Die Inhaltsvalidität beschreibt die inhaltlich ausführliche Erfassung des Konstrukts durch die gewählten Items (vgl. Bortz/Döring, 2006, S. 200ff und Bühner, 2006, S. 36ff). Zur Messung der Konstrukte wurde auf bereits vorhandene und validierte Messinstrumente zurückgegriffen. Im Pretest wurde darüber hinaus die Eignung der einzelnen Items zur Messung eines Konstrukts nochmalig geprüft und Items entfernt, die keinen Beitrag lieferten (vgl. Hair et al., 2010, S. 125). Somit ist von einer inhaltlichen Validität auszugehen.

Die Kriteriumsvalidität gibt an, ob ein latent gemessenes Konstrukt mit einem manifest gemessenen korrespondierenden Merkmal übereinstimmt, mit welchem es auch übereinstimmen sollte (vgl. Bühner, 2006, S. 38). Die Übereinstimmungsvalidität wird als Korrelation zwischen den beiden Werten festgestellt. Aufgrund der schwierigen Bestimmung des Außenkriteriums resp. manifesten Merkmals kann die Kriteriumsvalidität nur eingeschränkt untersucht werden (vgl. Bortz/Döring, 2006,

S. 200ff). Das Konstrukt Nettonutzen wurde zwar subjektiv als wahrgenommene Nützlichkeit erfasst, allerdings messen die objektiven Kennzahlen Anzahl der Suchvorgänge, Anzahl relevanter Wohnungen, Bearbeitungszeit, Trefferqualität und FCHR nur einen Teilaspekt des Konstrukts, z. B. nur die Effizienz oder die Effektivität. Die Eignung als Außenkriterium, um eine Korrelation mit der wahrgenommenen Nützlichkeit zu prüfen, ist daher beschränkt. Die übrigen Konstrukte Systemqualität, Informationsqualität, Zufriedenheit und Nutzungsabsicht konnten nicht mit manifesten Kriterien gemessen werden. Es ist daher schwierig, Aussagen zur Kriteriumsvalidität zu treffen.

Hinsichtlich der Konstruktvalidität ist ein Test dann valide, wenn aus einem Konstrukt Hypothesen und Relationen zu manifesten und latenten Variablen abgeleitet werden, die dann durch die Messung bestätigt werden. Es soll also geprüft werden, ob der Test die Eigenschaften oder Fähigkeiten misst, die er messen soll. Die gemessenen unabhängigen und abhängigen Variablen müssen das jeweilige theoretische Konzept tatsächlich repräsentieren (vgl. Sarris/Reiss, 2005, S. 40). Logisch-inhaltlich kann die Aussage getroffen werden, dass die verwendeten Messinstrumente zur Erfassung der Konstrukte bereits empirisch getestet und validiert sind. Im Pretest wurden außerdem die einzelnen Items jedes Konstrukt hinsichtlich ihrer Eignung zur Messung des Konstrukts überprüft (vgl. Bortz/Döring, 2006, S. 201ff, Bühner, 2006, S. 39ff und Hair et al., 2010, S. 92). Es kann davon ausgegangen werden, dass das jeweilige Konstrukt auch erfasst wird und somit Konstruktvalidität vorliegt.

7.2 Demografische Angaben

Von 200 eingeladenen Studierenden nahmen am Experiment 190 Personen teil (95%). Davon waren 137 (72,1%) der Teilnehmer weiblich und 53 männlich (27,9%). Alle Teilnehmer bearbeiteten die Experimentaufgabe und beantworteten anschließend den Fragebogen. Die Teilnehmer waren nahezu gleich auf alle vier Experimentalgruppen verteilt (vgl. Tabelle 7.2). Das durchschnittliche Alter der Teilnehmer betrug 22,5 Jahre (Min = 19, Max = 32, SD = 2,66615). Die durchschnittliche Semesteranzahl betrug 4,142857 (SD = 2,554869) Semester. Die Teilnehmer waren größtenteils den Studiengängen Informatik oder Internet Computing (N = 23), Betriebswirtschaft (N = 30), European Studies (N = 20), Kulturwirtschaft (N = 37), Rechtswissenschaften (N = 21) oder Staatswissenschaften (N = 18) zuzuordnen. Ihre Erfahrung im Umgang mit Immobilienportalen zur Wohnungssuche schätzten die Teilnehmer als „eher erfahren“ und somit durchschnittlich mit 3,673684 (SD = 1,360377) ein. Die Häufigkeit der Nutzung solcher Immobilienportale kann bei einem Durchschnittswert von 2,873684 (SD = 0,9342638) als überwiegend eingestuft werden. Die Erfahrung in der Nutzung von Geokarten gaben die Teilnehmer im Durchschnitt mit 4,7 (SD = 0,9970857) als „erfahren“ an. Die Häufigkeit der Nutzung von Geokarten wurde durchschnittlich mit 1 Mal pro Woche angegeben (M = 2,963158, SD = 0,7228036). Die Teilnehmer hatten geringe Kenntnisse über die Stadt Regensburg (M = 1,231579, SD = 1,458075).

Tabelle 7.2: Deskriptive Statistiken

	Prototyp 1 (Feldeingabe, Listen-visualis.)	**Prototyp 2 (Feldeingabe, Geo-visualis.)**	**Prototyp 3 (Karteneingabe, Geo-visualis.)**	**Prototyp 4 (Karteneingabe, Listen-visualis.)**	χ^2	**Signifikanz**
Stichprobengröße	47	48	48	47	-	-
Geschlecht	68% weiblich	71% weiblich	75% weiblich	75% weiblich	0,7428	0,8631
Alter	22,77 (3,150)	22,77 (2,70)	21,96 (2,153)	22,47 (2,578)	2,0616	0,5597
Semesteranzahl	4,34 (2,325)	4,33 (3,165)	3,96 (2,297)	3,94 (2,370)	2,0836	0,5552
Nutzungshäufigkeit Immobilienportale	3,19 (0,647)	2,85 (0,989)	2,73 (1,005)	2,72 (0,994)	7,2151	0,06535
Erfahrung mit Immobilienportalen	3,89 (0,938)	3,94 (1,479)	3,35 (1,537)	3,51 (1,349)	6,2858	0,09851
Nutzungshäufigkeit von	3,02 (0,675)	3,04 (0,713)	2,79 (0,743)	3,0 (0,752)	3,4996	0,3208
Erfahrung mit Geokarten	**4,81 (0,924)**	**4,90 (0,857)**	**4,33 (0,930)**	**4,77 (1,184)**	**11,174**	**0,01082****
Erfahrung mit Stadt Regensburg	1,13 (1,424)	1,5 (1,571)	1,0 (1,272)	1,30 (1,545)	2,9886	0,3934

Mittelwert (Standardabweichung)

Signifikanzniveau: * p<0,1 ** p<0,05 *** p<0,01

Die Annahme einer Normalverteilung konnte für die Variablen Alter, Semesteranzahl und die Variablen, die auf einer Likert-Skala basieren, nicht bestätigt werden. Für den Vergleich der vier Experimentalgruppen hinsichtlich möglicher Gruppenunterschiede bezüglich der demographischen Angaben und der Benutzerkenntnisse wurde deswegen der parameterfreie Kruskal-Wallis-Test für Mehrgruppenvergleiche angewendet (vgl. Tabelle 7.2).

Die Auswertung zeigt bis auf die Variable Erfahrung mit Geokarten keine signifikanten Unterschiede zwischen den vier Experimentalgruppen. Die Variable Erfahrung mit Geokarten unterscheidet sich signifikant zwischen den Gruppen. Ein Einfluss auf die abhängigen Variablen und somit eine Verzerrung der Experimentergebnisse ist somit von dieser Variablen zu erwarten. Um einen möglichen Zusammenhang zu untersuchen, wurde in Tabelle 7.3 eine Korrelationsanalyse nach Spearman mit den jeweiligen abhängigen Variablen vorgenommen. Eine signifikante Korrelation ergibt sich nur mit der abhängigen Variable Systemqualität (vgl. Tabelle 7.3). Hier zeigt sich ein geringer positiver Zusammenhang. Die Variable wird deswegen hinsichtlich ihres Einfluss als Moderatorvariable geprüft (vgl. 7.3.8).

Tabelle 7.3: Spearmans Rho Rangkorrelationskoeffizient für die Variable Erfahrung mit Geokarten

Abhängige Variablen	r	Signifikanz
Systemqualität	**0,1663433**	**0,0218****
Informationsqualität	0,03371745	0,6442
Zufriedenheit	-0,01267378	0,8622
Nutzungsabsicht	0,02404902	0,7419
wahrgenommene Performanz	-0,0265642	0,716

Signifikanzniveau: * p<0,1 ** p<0,05 *** p<0,01

7.3 Ergebnisse der experimentellen Untersuchung

In den folgenden Abschnitten werden die Ergebnisse der untersuchten abhängigen Konstrukte und Variablen vorgestellt. Hierbei wurde vorwiegend das Verfahren der Regressionsanalyse angewendet, um den Zusammenhang zwischen den Einflussfaktoren Eingabevisualisierung und Ergebnisvisualisierung (im Weiteren als EingabeVis und ErgebnisVis bezeichnet) und den jeweiligen abhängigen Variablen zu untersuchen. Die Analyse der einzelnen Variablen erfolgte mit Hilfe verschiedener multipler Regressionsanalysen wie Poissonregression, Negativ-Binomial-Regression, Ordered Logit Regression oder Gammaregression auf Basis robuster Standardfehler. In Abhängigkeit von den Eigenschaften einer abhängigen Variable wurde eine entsprechende Regressionsart gewählt.

Die Regressionsanalyse setzt zunächst voraus, ein geeignetes Regressionsmodell zu bestimmen. Dazu wurden mit Hilfe eines Selektionsverfahrens Modelle von verschiedenen Kombinationen der Einflussfaktoren geschätzt. Die Modelleignung wurde dann durch das „An Information Criterion (AIC)-Kriterium" nach Akaike festgestellt, welches auf dem Maximum-Likelihood Ansatz basiert. Das AIC stellt ein Maß für die Anpassungsqualität eines Modells dar. Ein geringer AIC-Wert deutet auf ein Modell mit besserer Anpassung hin (vgl. Gross, 2010, S. 214 und Sachs/Hedderich, 2009, S. 685). Nach Auswahl eines Modells wurde schließlich mit Hilfe des Likelihood-Ratio-Test die generelle Modellgüte im Vergleich zu einem Nullmodell ohne Einflussfaktoren geprüft. Die Nullhypothese trifft die Annahme, dass beide Modelle gleich sind und somit das aufgestellte Regressionsmodell keinen relevanten Erklärungsbeitrag im Vergleich zum Nullmodell liefert (vgl. Backhaus, 2011, S. 268). Wurde die Nullhypothese verworfen, kann das Regressionsmodell hinsichtlich möglicher Effekte auf die abhängige Variable interpretiert werden.

Für alle ordinalen abhängigen Variablen wurde neben der Ordered Logit Regression auch die multinomiale Regression durchgeführt. Die multinomiale Regression trifft nicht die Annahme paralleler Anstiege für jede Ergebniskategorie der ordinalen Variable, sondern ermittelt für jede Kategorie einen eigenen Regressionskoeffizienten (vgl. Norušis, 2012, S. 74). Die geschätzten multinominalen Regresssionsmodelle wurden mit den Ordered Logit Modellen verglichen. Es konnte jedoch keine bessere Eignung des Modells auf Basis des AIC-Kriteriums festgestellt werden, so dass die Ordered Logit Regression angewendet wurde (vgl. Anhang B).

Regressionsmodelle setzen voraus, dass keine Multikollinearität besteht, d. h. dass zwei oder mehr unabhängige Variablen nicht perfekt bzw. sehr hoch miteinander zusammenhängen sollten. Das kann zu unzuverlässigen Schätzungen der Regressionsparameter führen, da sich die Varianzen der Regressionskoeffizienten vergrößern und damit ungenaue Schätzwerte entstehen. Für eine Prüfung auf Multikollinearität wurden die Korrelationskoeffizienten nach Spearman für ordinale Merkmale ermittelt. Ab einem Korrelationskoeffizient von 0,3 ist Multikollinearität anzunehmen (vgl. Moosmüller, 2004, S. 22). Die Korrelationskoeffizienten der einzelnen unabhängigen Variablen zeigen keine Multikollinearität (vgl. Anhang C).

7.3.1 Nettonutzen

Der Nettonutzen der Prototypen kann mit Hilfe verschiedener Kennzahlen gemessen werden (vgl. 4.3.4). Einerseits wurden die objektiv messbaren Kennzahlen Anzahl der Suchvorgänge, Bearbeitungszeit, Anzahl relevanter Wohnungen und Trefferqualität erfasst. Andererseits wurde die wahrgenommene Nützlichkeit durch den Teilnehmer subjektiv eingeschätzt. Die Ergebnisse der einzelnen Variablen zur Messung des Nettonutzens werden im Folgenden dargestellt.

Anzahl der Suchvorgänge:
Aufgrund ihrer Eigenschaft als Zählvariable kann die Variable Anzahl der Suchvorgänge mit Hilfe einer Poissonregression oder Negativ-Binomal-Regression geschätzt werden. Die Poissonfunktion basiert auf einer logarithmischen Transformation, um den Mittelwert der abhängigen Variable (μ) durch eine lineare Funktion erklärender Variablen (x_j) abbilden zu können (vgl. Formel 7.1). Der Parameter λ entspricht sowohl dem Erwartungswert ($E(y) = \mu$) als auch der Varianz ($Var(y) = \mu$). Beide Werte stimmen somit überein. Negativ-Binomial-Regressionen finden dann Anwendung, wenn diese Voraussetzung nicht erfüllt ist und eine Überstreuung (auch Überdispersion) der Variablen vorliegt (vgl. Sachs/Hedderich, 2009, S. 688ff).

$$ln(\lambda) = \hat{\beta}_0 + \sum_{y=1}^{J} \hat{\beta}_j x_j \qquad (7.1)$$

Nach Prüfung des Erwartungswertes (E(y)= 6,98) und der Varianz (Var(y)= 92,97) konnte mittels χ^2-Test eine signifikante Überstreuung (p = 0***, α = 0,01) festgestellt werden. Für einen Vergleich der Modelleignung wurden dennoch beide Regressionsarten durchgeführt. Das AIC-Kriterium (vgl. 7.3) kann auch verwendet werden, um die Modelle verschiedene Regressionsarten zu vergleichen. Aufgrund des geringeren AIC ($AIC_{Poisson} = 1881{,}5$ und $AIC_{Negativ-Binomial} = 1131{,}6$) und der festgestellten Überstreuung des Poissonmodells ist die Negativ-Binomial-Regression anzuwenden. Zur Bestimmung eines geeigneten Negativ-Binomial-Regressionsmodells wurden für alle Kombinationen der Einflussfaktoren Modelle ermittelt und schließlich jenes gewählt, welches den geringsten AIC-Wert und damit die höchste Modellgüte aufweist. Als Grundlage für die weitere Analyse wurde das Modell mit den beiden additiv wirkenden Faktoren identifiziert (vgl. Tabelle 7.4).

Tabelle 7.4: Modellselektion für die abhängige Variable Anzahl der Suchvorgänge

Konstante $\hat{\beta}_0$	**EingabeVis** $\hat{\beta}_1$	**ErgebnisVis** $\hat{\beta}_2$	**EingabeVis x ErgebnisVis** $\hat{\beta}_3$	**df**	**AIC**
1,641	0,2721	0,2921	-	4	1130,6
1,703	0,1475	0,169	0,242	5	1131,9
1,779	-	0,3041	-	3	1132,6
1,792	0,285	-	-	3	1133,2
1,944	-	-	-	2	1135,5

df: Freiheitsgrade

Tabelle 7.5: Effekte von Eingabevisualisierung und Ergebnisvisualisierung auf die Anzahl der Suchvorgänge

	Parameter	$\hat{\sigma}_j(\hat{\beta}_j)$	**IRR**$_j$	**Signifikanz**
Konstante $\hat{\beta}_0$	1,641	0,118	-	<2e-16 ***
EingabeVis $\hat{\beta}_1$	0,2721	0,1337	1,3127	0,0419**
ErgebnisVis $\hat{\beta}_2$	0,2921	0,1338	1,3392	0,0290**
Log Likelihood	**-561,19**			0,0106**

Signifikanzniveau: * p<0,1 ** p<0,05 *** p<0,01

Tabelle 7.5 präsentiert die Ergebnisse der Regressionsschätzung des gewählten Modells. Die Tabelle enthält die Regressionskoeffizienten ($\hat{\beta}_j$), deren Standardabweichungen ($\hat{\sigma}_j$), Incident Rate Ratio (IRR) und p-Werte zur Feststellung der Signifikanz. Mit Hilfe des Likelihood-Ratio-Tests wurde die Modellgüte im Vergleich zum geschätzten Nullmodell ohne Einflussfaktoren geprüft. Mit einem signifikanten Prüfwert von -561,19 ist die Nullhypothese abzulehnen und die Alternativhypothese zu akzeptieren. Beide Modelle sind nicht gleich. Das Regressionsmodell liefert einen relevanten Erklärungsbeitrag. Die beiden relevanten Einflussfaktoren sind daher in ihrem Effekt auf die abhängige Variable Anzahl der Suchvorgänge zu interpretieren.

Für beide Einflussfaktoren EingabeVis und ErgebnisVis ist ein signifikanter positiver Einfluss auf die Anzahl der Suchvorgänge festzustellen. Der Regressionskoeffizient beschreibt jeweils die Wirkung eines Einflussfaktors, also die Verwendung der geobasierten Funktionalität im Vergleich zur Basisfunktionalität. Die Feldeingabe wird daher im Vergleich zur Karteneingabe ($\hat{\beta}_1$) und die Listenvisualisierung im Vergleich zur Kartenvisualisierung ($\hat{\beta}_2$) betrachtet. Der verursachte Effekt ist bei beiden Faktoren ähnlich. Zur Abbildung der Wirkungsbeziehung kann folgende Regressionsfunktion gebildet werden:

$$ln(\lambda) = 1,641 + 0,2721x_1 + 0,2921x_2 \tag{7.2}$$

Das Regressionsmodell zeigt aufgrund der logarithmischen Link-Funktion die log-transformierten Effekte. Somit ist das Ergebnis der Funktionsgleichung immer das logarithmierte Verhältnis der erwarteten Anzahl an Suchvorgängen ($ln(\lambda)$). Durch Exponenzieren kann ein sogenanntes Incident Rate Ratio (Verhältnis der Eintrittsrate) ermittelt werden. Dieses gibt die Effektgröße an (vgl. Bortz/Döring, 2006, S. 612). Die Variablen x_1 und x_2 (7.2) entsprechen den Binärvariablen der Einflussfaktoren EingabeVis und ErgebnisVis. Bei Anwendung einer kartenbasierten Eingabe erhöht sich der Erwartungswert für die Anzahl der Suchvorgänge um 31,3%. Damit werden 1,3127 mal mehr Suchvorgänge bei einer kartenbasierten Eingabe durchgeführt unter der Voraussetzung, dass alle anderen Faktoren konstant sind. Bei Nutzung einer Geovisualisierung erhöht sich die erwartete Anzahl der Suchvorgänge um 33,9%. Es werden 1,3392 mal mehr Suchvorgänge durchgeführt unter Berücksichtigung des konstanten Faktors EingabeVis.

Da keine Interaktion im Modell definiert wird, ist von einem additiven Effekt bei Anwendung beider geobasierter Funktionalitäten auszugehen. Somit ergibt sich bei der Nutzung der Basisfunktionalitäten (Feldeingabe und Listenvisualisierung) ein Erwartungswert von 5,2 Suchvorgängen. Der erwartete Wert für Suchvorgänge beträgt 6,8, wenn anstatt der Feldeingabe eine kartenbasierte Eingabe und weiterhin die Listenvisualisierung genutzt wird. Ein Prototyp, der auf einer Feldeingabe und einer Geovisualisierung basiert, führt zu einer erwarten Anzahl von 6,9 Suchvorgängen. Bei Verwendung einer Geovisualisierung und einer kartenbasierten Eingabe erhöht sich die Anzahl erwarteter Suchvorgänge auf 9,1 (vgl. Abbildung 7.1).

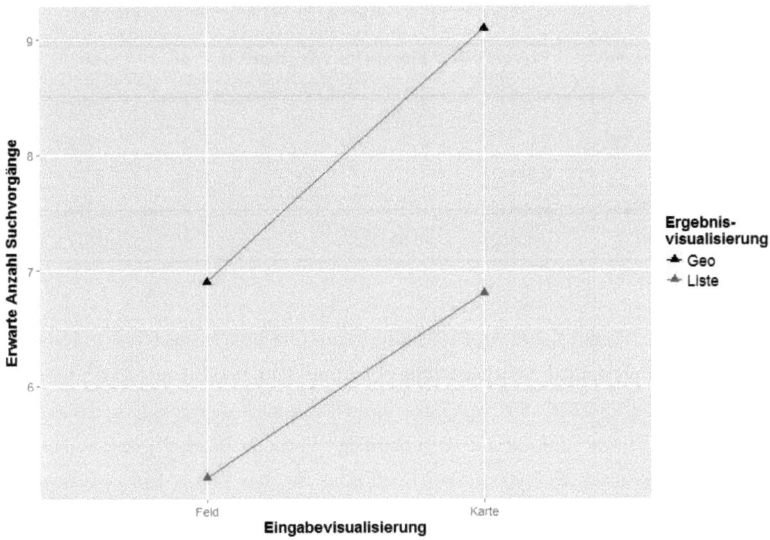

Abbildung 7.1: Interaktionsdiagramm Anzahl der Suchvorgänge

Die Ergebnisse zeigen somit ein anderes Bild als die in Abschnitt 4.3 postulierten Hypothesen H11a2[39] und H11b2[40]. Beide Faktoren führen zu einer Erhöhung der Anzahl an Suchvorgängen. Die erwartete Effizienzsteigerung, die durch eine geringe Anzahl an Suchvorgängen unterstellt wird, tritt nicht ein. Der Effekt wirkt entgegengesetzt. Beide Hypothesen sind daher zu verwerfen.

Bearbeitungszeit:

Abhängige Variablen, die zeitbezogene Daten abbilden, sind mittels einer Gamma-Regression zu analysieren (vgl. Sachs/Hedderich, 2009, S. 247). Tabelle 7.6 zeigt die für die verschiedenen Regressionsmodelle ermittelten AIC-Werte. Die Ergebnisse bestätigen, dass das Nullmodell gegenüber allen anderen Modellen besser geeignet ist. Somit kann die Aussage getroffen werden, dass die Einflussfaktoren keinen relevanten Einfluss auf die abhängige Variable haben. Um diese Aussage zu bekräftigen, wurde das nächstbessere Modell mit dem Einflussfaktor EingabeVis geschätzt und anschließend ein Likelihood-Ratio-Test durchgeführt.

[39] H11a2: Anzahl $\text{Suchvorgänge}_{\text{Karte}}$ < Anzahl $\text{Suchvorgänge}_{\text{Feld}}$

[40] H11b2: Anzahl Suchvorgänge $_{\text{Karte}}$ < Anzahl $\text{Suchvorgänge}_{\text{Liste}}$

Tabelle 7.6: Modellselektion für die abhängige Variable Bearbeitungszeit

Konstante $\hat{\beta}_0$	EingabeVis $\hat{\beta}_1$	ErgebnisVis $\hat{\beta}_2$	EingabeVis x ErgebnisVis $\hat{\beta}_3$	df	AIC
6,788	-	-	-	2	2732,3
6,797	-0,01839	-	-	3	2734,3
6,786	-	0,004434	-	3	2734,4
6,795	-0,01839	0,004432	-	4	2736,3
6,795	-0,0182	0,004625	-0,0003857	5	2738,5

df: Freiheitsgrade

Wie in Tabelle 7.7 ersichtlich, zeigt sich anhand des Likelihood-Ratio-Tests, dass kein signifikanter Unterschied zwischen Nullmodell und dem gewähltem Modell besteht (Log Likelihood = -1364,1 ; p = 0,736). Somit kann auch hier gesagt werden, dass die Faktoren keinen Einfluss auf die abhängige Variable Bearbeitungszeit haben. Der im Regressionsmodell geschätzte Koeffizient für den Faktor EingabeVis zeigt ebenfalls keinen signifikanten Einfluss.

Tabelle 7.7: Effekte von Eingabevisualisierung auf die Bearbeitungszeit

	Parameter	$\hat{\sigma}_j(\hat{\beta}_j)$	**Signifikanz**
Konstante $\hat{\beta}_0$	6,79719	0,03577	<2e-16 ***
EingabeVis $\hat{\beta}_1$	-0,01839	0,05058	0,717
Log Likelihood	**-1364,1**		0,736

Signifikanzniveau: * p<0,1 ** p<0,05 *** p<0,01

Wie auch Abbildung 7.2 zeigt, konnten unabhängig von der Art der Eingabe und der Visualisierung der Suchtreffer keine signifikanten Unterschiede (Varianzanalyse: p = 0,987) in den Bearbeitungszeiten festgestellt werden. Somit sind die Hypothesen H11a1[41] und H11a2[42] zu verwerfen.

Anzahl der relevanten Wohnungen:

Die Variable Anzahl relevanter Wohnungen hat ebenso die Eigenschaften einer Zählvariablen, so dass die Anwendung einer Poisson- oder Negativ-Binomial-Regression gerechtfertigt werden kann.

[41]H11a1: $\text{Bearbeitungszeit}_{\text{Karte}} < \text{Bearbeitungszeit}_{\text{Feld}}$

[42]H11b1: $\text{Bearbeitungszeit}_{\text{Karte}} < \text{Bearbeitungszeit}_{\text{Liste}}$

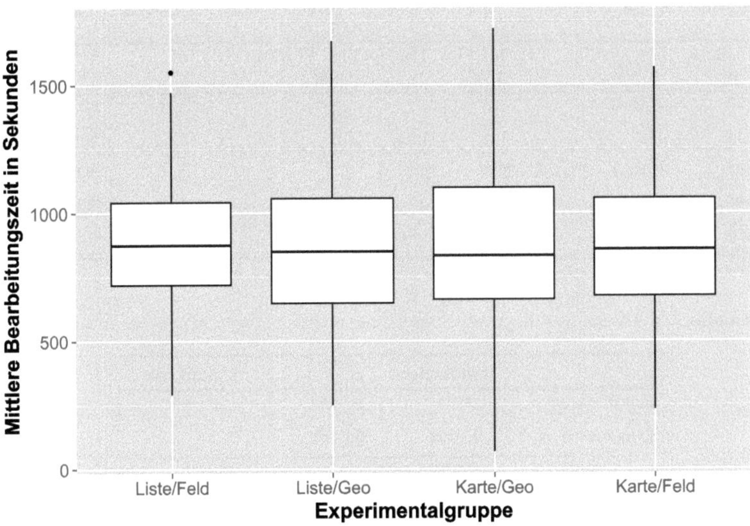

Abbildung 7.2: Boxplot Bearbeitungszeit

Die Variable wurde zunächst auf Überstreuung getestet. Dabei konnte keine signifikante Überstreuung mittels χ^2-Test festgestellt werden (E(y) = 3,87 und VAR(y) = 2,95; p = 1,97). Die Poissonregression kann demzufolge angewendet werden. Allerdings sind auch Negativ-Binomiale-Regressionen geeignet, wenn keine Überstreuung vorliegt. Im Folgenden wurden beide Regressionsmodelle geschätzt und hinsichtlich des AIC-Kriteriums geprüft. Der Vergleich zeigt keine klaren Unterschiede ($AIC_{Poisson}$ = 743,92 und $AIC_{Negativ-Binomial}$ = 745,92). Auch die betrachtete Residuenabweichung ist bei beiden Modellen identisch (RD = 144,9). Es besteht somit kein Unterschied zwischen beiden Modellen. Die Poisson-Regression wird aufgrund des minimal kleineren AIC ausgewählt und analysiert. Dazu wird zunächst durch das Selektionsverfahren wiederum mit Hilfe des AIC eine geeignete Regressionsfunktion bestimmt. Tabelle 7.8 zeigt die Ergebnisse des Selektionsverfahrens.

Das Modell mit nur einem Einflussfaktor EingabeVis hat den kleinsten AIC von 740,6. In Tabelle 7.9 sind die Ergebnisse der Regressionsschätzung für das Modell abgebildet.

Tabelle 7.8: Modellselektion für die abhängige Variable Anzahl relevanter Wohnungen

Konstante $\hat{\beta}_0$	EingabeVis $\hat{\beta}_1$	ErgebnisVis $\hat{\beta}_2$	EingabeVis x ErgebnisVis $\hat{\beta}_3$	df	AIC
1,407	-0,1098	-	-	2	740,6
1,354	-	-	-	1	740,8
1,404	-0,1098	0,007097	-	3	742,7
1,351	-	0,006507	-	2	742,8
1,376	-0,05095	0,06147	-0,1157	4	744,1

df: Freiheitsgrade

Tabelle 7.9: Effekte von Eingabevisualisierung auf die Anzahl relevanter Wohnungen

	Parameter	$\hat{\sigma}_j(\hat{\beta}_j)$	Signifikanz
Konstante $\hat{\beta}_0$	1,4071	0,0508	<2e-16 ***
EingabeVis $\hat{\beta}_1$	-0,1098	0,0741	0,138
Log Likelihood	**-368,27**		0,1379

Signifikanzniveau: * p<0,1 ** p<0,05 *** p<0,01

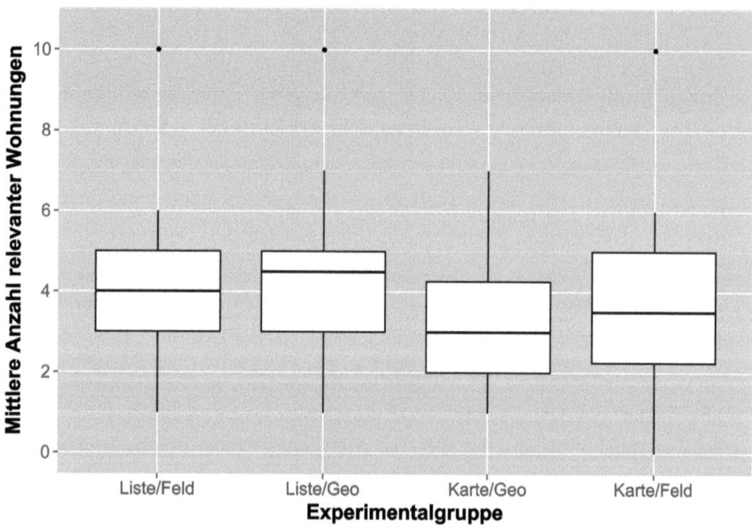

Abbildung 7.3: Boxplot Anzahl relevante Wohnungen

Der Log Likelihood ist nicht signifikant, so dass die Nullhypothese nicht verworfen werden kann. Das Modell ist gegenüber dem Nullmodell (ohne Einflussfaktoren) somit nicht signifikant zu unterscheiden. Ein Vergleich der beiden AIC-Werte von selektierten Modell und Nullmodell in Tabelle 7.8 zeigt ebenfalls, dass es kaum Unterschiede zwischen den beiden Modellen gibt. Die Faktoren haben demnach keinen Einfluss auf die abhängige Variable Anzahl an relevanten Wohnungen. Der ermittelte Regressionskoeffizient für EingabeVis zeigt ebenso keinen signifikanten Einfluss (vgl. Tabelle 7.9).

Der Boxplot in Abbildung 7.3 zeigt zwar leichte Unterschiede zwischen den Gruppen, jedoch sind diese nicht signifikant (Varianzanalyse: $p = 0{,}297$). Die Hypothesen H10a3[43] und H10b3[44], welche einen Einfluss beider Faktoren auf die Anzahl der relevanten Wohnungen postulieren, werden daher verworfen.

Trefferqualität:
Die Trefferqualität beschreibt die Übereinstimmung von ermittelter Trefferfolge (vorhergesagte Trefferfolge) mit der vom Teilnehmer präferierten Trefferfolge (beobachtete Trefferfolge). Beobachtete und vorhergesagte Treffer wurden jeweils als Rangfolge transformiert. Für eine Analyse des Zusammenhangs wurden die beobachteten Ränge als abhängige Variable definiert. Die beiden Faktoren EingabeVis und ErgebnisVis sowie die vorhergesagten Ränge wurden als unabhängige Variablen eingeführt, die einen Einfluss auf die beobachtete Rangfolge haben. Aufgrund der ordinalen Eigenschaft der beobachteten Ränge wurde eine Ordered Logit Regression basierend auf der Maximum-Likelihood-Methode durchgeführt.

Die Ordered Logit Regression, auch kumulative Logit Regression, basiert ebenfalls auf der Verwendung einer logistischen Link-Funktion. Der Funktionswert beschreibt das logarithmierte Verhältnis der Wahrscheinlichkeit (P), dass der beobachtete Rang in die Kategorie c oder kleiner fällt oder der Wahrscheinlichkeit, dass er in einer höheren Kategorie ist (engl.: cumulative logits). Dies wird auch als die Wahrscheinlichkeit für das Auftreten in der Kategorie c und kleiner im Verhältnis zur Wahrscheinlichkeit des Nichtauftretens bezeichnet (vgl. Formel 7.3).

---

[43]H10a3: Anzahl relevante $\text{Wohnungen}_{\text{Karte}}$ > Anzahl relevante $\text{Wohnungen}_{\text{Feld}}$
[44]H10b3: Anzahl relevante $\text{Wohnungen}_{\text{Karte}}$ > Anzahl relevante $\text{Wohnungen}_{\text{Liste}}$

Aufgrund der logistischen Link-Funktion sind die Funktionswerte durch Exponenzieren zu entlogarithmieren. Die entlogarithmierten Werte werden als Chancen bzw. Odds bezeichnet. Um anhand der Regressionskoeffizienten eine Interpretation des Zusammenhangs der abhängigen und unabhängigen Variablen durchführen zu können, sind die Koeffizienten ebenfalls als entlogarithmierte Werte anzugeben. Diese werden als Chancenverhältnis bzw. Odds Ratio (OR) bezeichnet, da sie zwei Chancen ins Verhältnis setzen. Beispielsweise entspricht das Chancenverhältnis für den Faktor EingabeVis den Chancen für den Fall der kartenbasierten Eingabe im Verhältnis zu den Chancen für den Fall der Feldeingabe. Hierdurch kann eine Veränderung in den Chancen für die beobachteten Ränge durch Einfluss eines Faktors angezeigt werden. Die Regressionskoeffizienten als auch die entlogarithmierten Chancenverhältnisse gelten für alle Kategorien der ordinalen Variable, in diesem Fall für alle beobachteten Ränge, während die durch die Regression ermittelten Konstanten β_c für jede ordinale Kategorie unterschiedlich sind.

$$ln\left[\frac{P(y \leq c)}{P(y > c)}\right] = ln\left[\frac{P(c)}{1 - P(c)}\right] = ln(\Theta) = \beta_c - (\sum_{j=1}^{J} \beta_j x_j), c = 1, ..., C - 1 \tag{7.3}$$

In der Literatur wird die Regressionsgleichung (vgl. Formel 7.3) auch mit einem Pluszeichen definiert. Das Minuszeichen wurde hier verwendet, da das verwendete Programmpaket in R zur Durchführung der Ordered Logit Regression diese Variante implementiert hat. Aufgrund dieser Parametrisierung kann bei einem β_j>0 eine positive Verknüpfung von x und y unterstellt werden. Höhere Werte für x führen zu höheren Werten für y. Es ist also mit steigendem x weniger wahrscheinlich kleine Ränge zu beobachten als große Ränge (vgl. Agresti/Finlay 2009, S. 705 und Berridge/Crouchley 2011, S. 28f).

Tabelle 7.10 zeigt die Ergebnisse des Selektionsverfahrens zur Festlegung eines geeigneten Regressionsmodells. Die größte Modellgüte mit dem kleinsten AIC-Wert zeigt das Regressionsmodell mit den Variablen vorhergesagte Ränge und Eingabevisualisierung. Die Ergebnisse für die Regressionsschätzung des selektierten Modells werden in Tabelle 7.11 aufgeführt. Der Likelihood-Ratio-Test zeigt im Vergleich zum geschätzten Nullmodell ohne Einflussfaktoren einen signifikanten Prüfwert, so dass die H0-Annahme abgelehnt werden kann.

Die Modelle sind nicht gleich. Die Relevanz des Modells ist daher bestätigt und die beiden Einflussfaktoren sind hinsichtlich ihres Effekts auf die abhängige Variable zu interpretieren. Tabelle 7.11 zeigt die Regressionskoeffizienten ($\hat{\beta}_j$), deren Standardabweichung ($\hat{\sigma}(\hat{\beta}_j)$), die exponenzierten Chancenverhältnisse (OR_j) und die Signifikanzwerte.

Tabelle 7.10: Modellselektion für die abhängige Variable Rangbeobachtung

Rangvorhersage $\hat{\beta}_0$	**EingabeVis** $\hat{\beta}_1$	**ErgebnisVis** $\hat{\beta}_2$	**EingabeVis x ErgebnisVis** $\hat{\beta}_3$	**df**	**AIC**
0,1903	-0,2166	-0,1464	-	28	8177,1
0,1892	-0,2176	-	-	27	8177,5
0,1901	-0,1012	-0,03998	-0,227	29	8177,7
0,1917	-	-0,1478	-	27	8180,5
0,1907	-	-	-	26	8180,9
-	-0,2321	-	-	26	8346,2
-	-0,2314	-0,08297	-	27	8347,5
-	-0,1345	0,006055	-0,1897	28	8348,5
-	-	-	-	25	8350,4
-	-	-0,08486	-	26	8351,6

df: Freiheitsgrade

Tabelle 7.11: Effekte von Rangvorhersage, Eingabevisualisierung und Ergebnisvisualisierung auf die Rangbeobachtung

Faktoren	**Parameter**	$\hat{\sigma}_j(\hat{\beta}_j)$	**OR$_j$**	**Signifikanz**
Rangvorhersage $\hat{\beta}_1$	0,19028	0,01528	1,209588	<2e-16 ***
EingabeVis $\hat{\beta}_2$	-0,21662	0,09273	0,8052359	0,0195 **
ErgebnisVis $\hat{\beta}_3$	-0,14642	0,09249	0,8637948	0,1134
Log Likelihood	**-4060,0**			< 2,2e-16 ***

Signifikanzniveau: * p<0,1 ** p<0,05 *** p<0,01

Die Variablen Rangvorhersage und EingabeVis und haben einen signifikanten Einfluss auf die beobachteten Ränge, wobei der Faktor EingabeVis eine negative Wirkungsrichtung hat. Die Wirkungsbeziehung kann mit folgender Regressionsfunktion abgebildet werden:

$$ln(\Theta) = \hat{\beta}_0 - 0,19028x_1 + 0,21662x_2 \qquad (7.4)$$

Das Chancenverhältnis vom Einflussfaktor Eingabevisualisierung beträgt 0,8052. Bei Anwendung einer kartenbasierten Eingabe ($x_2 = 1$) ist eine Reduzierung der Chancen um 19,5% für das Auftreten des höchsten beobachteten Ranges im Verhältnis zu allen zusammen betrachteten kleineren Rängen zu erwarten. Gleichzeitig ergibt sich eine Reduzierung der Chancen für alle zusammen betrachteten höheren beobachteten Ränge im Verhältnis zum kleinsten Rang. Dies entspricht in umgekehrter Betrachtungsweise einer Erhöhung der Chancen für den kleinsten beobachteten Rang.

Die Einflussvariable Rangvorhersage beschreibt ein Odds Ratio von 1,2095. Mit jeder Erhöhung des Faktors um einen Wert, z. B. $x_1 = 1$, werden daher die Chancen um 21% größer für den höchsten beobachteten Rang im Verhältnis zu allen kleineren Rängen. Die Chancen für das Auftreten der kumulierten höheren Ränge im Verhältnis zum kleinsten Rang steigen ebenfalls. Demnach reduzieren sich die Chancen für den kleinsten beobachteten Rang. Je größer also der vorhergesagte Wert (x_1) gewählt wird, umso kleiner wird die Chance für einen beobachteten Rang von 1. Die Chance für einen beobachteten Rang von 1 ist damit bei einem vorhergesagten Wert von 1 größer als bei einem vorhergesagten Wert von 2.

Da beide Faktoren additiv wirken und das Modell keine Interaktion enthält, erfolgt eine gemeinsame Interpretation beider Faktoren. Die Chancen bei einem vorhergesagten Rang von 1 für einen Suchtreffer einen ebenfalls beobachteten Rang von 1 für diesen Suchtreffer zu erzielen, sind gemäß dieses Einflussfaktor höher als bei größeren vorhergesagten Rängen. Unter Einfluss des Faktors EingabeVis führt die kartenbasierte Eingabe zu einer Erhöhung der Chance, für einen vorhergesagten Rang von 1 auch Rang 1 bei einem Suchtreffer zu beobachten. Insgesamt lässt sich somit die Aussage treffen, dass die vorgeschlagenen Wohnungen bei einer kartenbasierten Eingabe mehr den präferenzierten Wohnungen entsprechen. Für den Faktor ErgebnisVis zeigen die Ergebnisse ein ähnliches Bild, allerdings ist der Einfluss nicht signifikant.

Für den signifikanten Einflussfaktor Eingabevisualisierung ist die aufgestellte Hypothese H10a1[45] anzunehmen. Die kartenbasierte Eingabe der Suchkriterien führt zu einer höheren Trefferqualität von vorhergesagten und tatsächlichen relevanten Wohnungen. Im Gegensatz dazu muss die Hypothese H10b1[46] für den Einflussfaktor

[45]H10a1: $\text{Trefferqualität}_{\text{Karte}} > \text{Trefferqualität}_{\text{Feld}}$
[46]H10b1: $\text{Trefferqualität}_{\text{Karte}} > \text{Trefferqualität}_{\text{Liste}}$

Ergebnisvisualisierung verworfen werden. Der Effekt auf die Trefferqualität durch die Art der Ergebnisvisualisierung ist nicht signifikant.

First Choice Hit Rate:

Die First Choice Hit Rate (FCHR) beschreibt das Verhältnis, mit welchem die für einen Teilnehmer relevanten Wohnungen korrekt vorhergesagt bzw. durch den Prototyp ermittelt wurden. Die FCHR zählt hierbei die Übereinstimmungen zwischen der vorhergesagten erstrangigen bzw. besten Wohnung und dem für diese Wohnung durch den Nutzer vergebenen Rang (vgl. Meißner/Decker, 2009, S. 9). Tabelle 7.12 zeigt die Ergebnisse des FCHR. Die Prototypen, welche mindestens eine Geofunktionalität verwenden, erzielen keine signifikant bessere Vorhersagegenauigkeit relevanter Wohnungen als das Referenzsystem (Prototyp 1). Die Signifikanzen wurden mit Hilfe des exakten Tests von Fisher ermittelt, dessen Nullhypothese besagt, dass keine Unterschiede zwischen den Verhältniswerten bestehen (vgl. Gross, 2010, S. 169).

Tabelle 7.12: Ergebnisse der FCHR

Einflussfaktoren	First Choice Hit Rate	Signifikanz
Prototyp 1 (Feldeingabe, Listenvisualisierung)	32,60%	
Prototyp 2 (Feldeingabe, Geovisualisierung)	27,10%	0,8298 ns
Prototyp 3 (Kartenbasierte Eingabe, Geovisualisierung)	36,20%	0,8398 ns
Prototyp 4 (Kartenbasierte Eingabe, Listenvisualisierung)	37%	0,8385 ns

Signifikanzniveau: ns (nicht signifikant) p>0,1 * p<0,1 ** p<0,05 *** p<0,01

Die FCHR wird schließlich mit einem Zufallswert in Bezug gesetzt. Dabei wird die FCHR mit dem kontrastiert, was durch reinen Zufall erreicht werden könnte. Die Ermittlung des maximalen Zufallswerts ist eine Methode für diesen Vergleich (vgl Hair et al., 1998, S. 268). Der maximale Zufallswert liegt hier bei 16%. Alle Prototypen haben eine signifikant höhere Vorhersagegenauigkeit.[47] Die größte prozentuale Verbesserung zeigt Prototyp 4 mit 25% ((37-16)/(100-16)) (vgl. Baier/Brusch, 2009, S. 229).

Die Ergebnisse zeigen, dass bei den Prototypen mit kartenbasierter Eingabe eine höhere Vorhersagegenauigkeit für die beste Wohnung eintritt. Jedoch können keine

[47]Signifikanzprüfung anhand der Press's Q-Statistik (vgl. Hair et al., 1998, S. 270)

signifikanten Unterschiede festgestellt werden. Die postulierten Hypothesen H10a2[48] und H10b2[49] können somit zu verwerfen.

Wahrgenommene Nützlichkeit:

Die subjektive Einschätzung des Nettonutzens durch die Teilnehmer basiert auf einer Likertskala. Demnach hat die Variable wahrgenommene Nützlichkeit ein ordinales Niveau, so dass eine Ordered Logit Regression geschätzt werden kann. Nach Entfernung extremer Ausreißer zeigen die Ergebnisse des Selektionsverfahrens (vgl. Tabelle 7.13) den geringsten AIC für das Nullmodell. Ein zusätzlich durchgeführter Likelihood-Ratio-Test für den Vergleich des Nullmodells und des Modells mit EingabeVis als Einflussfaktor (vgl. Tabelle 7.14) zeigt ebenfalls keine Signifikanz (p = 0,21). Die Modelle unterscheiden sich daher nicht, so dass die Einflussfaktoren keine Erklärung bezüglich der wahrgenommenen Nützlichkeit liefern.

Tabelle 7.13: Modellselektion für die abhängige Variable wahrgenommene Nützlichkeit

EingabeVis $\hat{\beta}_1$	ErgebnisVis $\hat{\beta}_2$	EingabeVis x ErgebnisVis $\hat{\beta}_3$	df	AIC
-	-	-	3	449,5
-0,3498	-	-	4	450
-	0,2038	-	4	451
-0,3387	0,1833	-	5	451,7
-0,2057	0,3182	-0,2578	6	453,6

df: Freiheitsgrade

Tabelle 7.14: Effekte von Eingabevisualisierung auf die wahrgenommene Nützlichkeit

Faktoren	Parameter	$\hat{\sigma}_j(\hat{\beta}_j)$	Signifikanz
EingabeVis $\hat{\beta}_1$	-0,3498	0,2798	0,211
Log Likelihood	**-220,88**		0,21

Signifikanzniveau: * p<0,1 ** p<0,05 *** p<0,01

In Bezug auf die wahrgenommene Nützlichkeit kann kein Unterschied in den Gruppen nachgewiesen werden. Die Hypothesen H9a[50] und H9b[51] sind somit nicht beizubehalten.

[48] H10a2: $FCHR_{Karte} > FCHR_{Feld}$
[49] H10b2: $FCHR_{Karte} > FCHR_{Liste}$
[50] H9a: Wahrgenommene $\text{Nützlichkeit}_{Karte}$ > Wahrgenommene $\text{Nützlichkeit}_{Feld}$
[51] H9b: Wahrgenommene $\text{Nützlichkeit}_{Karte}$ > Wahrgenommene $\text{Nützlichkeit}_{Liste}$

7.3.2 Systemqualität

Die subjektiv erhobene Systemqualität erfordert ebenfalls die Anwendung der Ordered Logit Regression. Nach Entfernung von extremen Ausreißerwerten wurde ein geeignetes Modell selektiert (vgl. Tabelle 7.15). Der geringste AIC-Wert und somit die größte Modellgüte zeigt sich für das Regressionsmodell mit den beiden Einflussfaktoren EingabeVis und ErgebnisVis. Dieses wurde für die weitere Analyse ausgewählt.

Tabelle 7.15: Modellselektion für die abhängige Variable Systemqualität

EingabeVis $\hat{\beta}_1$	ErgebnisVis $\hat{\beta}_2$	EingabeVis x ErgebnisVis $\hat{\beta}_3$	df	AIC
-0,4751	-0,5931	-	8	577,6
-0,1283	-0,2271	-0,7134	9	578,1
-	-0,5804	-	7	578,4
-0,4598	-	-	7	580,1
-	-	-	6	580,8

df: Freiheitsgrade

Tabelle 7.16 zeigt die Ergebnisse für die Regressionsschätzung des selektierten Modells. Die Überprüfung der Modellgüte mit Hilfe des Likelihood-Ratio-Test zeigt im Vergleich zum geschätzten Nullmodell ohne Einflussfaktoren einen signifikanten Prüfwert von -280,38. Somit kann vor dem Hintergrund des Hypothesentests die H0-Annahme abgelehnt werden, dass beide Modelle gleich sind. Das selektierte Modell ist daher als relevant einzustufen und die beiden Einflussfaktoren sind hinsichtlich ihres Effekts auf die abhängige Variable Systemqualität zu interpretieren. Die Effekte werden als Regressionskoeffizienten ($\hat{\beta}_j$), deren Standardabweichungen ($\hat{\sigma}(\hat{\beta}_j)$), Odds Ratios ($OR_j$) und Signifikanzen in Tabelle 7.16 aufgeführt.

Tabelle 7.16: Effekte von Eingabevisualisierung und Ergebnisvisualisierung auf die Systemqualität

Faktoren	Parameter	$\hat{\sigma}_j(\hat{\beta}_j)$	OR_j	Signifikanz
EingabeVis $\hat{\beta}_1$	-0,4751	0,2739	0,62	0,0828*
ErgebnisVis $\hat{\beta}_2$	-0,5931	0,276	0,55	0,0317**
Log Likelihood	**-280,38**			0,02329**

Signifikanzniveau: * p<0,1 ** p<0,05 *** p<0,01

Der Faktor ErgebnisVis hat einen signifikanten Einfluss auf die wahrgenommene Systemqualität, während beim Faktor EingabeVis nur von einer Tendenz auszugehen ist. Die Wirkungsbeziehung wird mit folgender Regressionsfunktion für die Variable Systemqualität abgebildet:

$$ln(\Theta) = \hat{\beta}_0 + 0,4751x_1 + 0,5931x_2 \tag{7.5}$$

Odds bzw. Chancen beschreiben hier die Wahrscheinlichkeiten für das Auftreten einer Bewertungskategorie, z. B. „Stimme nicht zu", im Verhältnis zur Wahrscheinlichkeit deren Nichtauftretens. Das Odds Ratio des Faktors EingabeVis beträgt 0,62. Hierbei werden die Chancen für den Fall der kartenbasierten Eingabe mit den Chancen bei Feldeingabe ins Verhältnis gesetzt bei konstantem Faktor ErgebnisVis. Das Chancenverhältnis von 0,62 beschreibt, dass sich bei Anwendung einer kartenbasierten Eingabe eine Reduzierung der Chancen um 38% für die höchste Bewertungskategorie („Stimme voll zu") im Verhältnis zu den kumulierten kleineren Kategorien ergibt. Ebenso werden die Chancen für die kumulierten höheren Bewertungskategorien im Verhältnis zur kleinsten Kategorie reduziert. Diese Veränderung entspricht gleichzeitig einer Erhöhung der Chancen und somit der Auftrittswahrscheinlichkeit für die kleinste Bewertungskategorie („Stimme überhaupt nicht zu"). Die Wahrscheinlichkeiten für das Auftreten von hohen Bewertungen ist somit geringer bei Systemen mit kartenbasierter Eingabe.

Der Wert des Odds Ratios der Faktorvariable ErgebnisVis beträgt 0,55. Dabei wurden die Chancen bei Anwendung einer Geovisualisierung mit den Chancen bei Anwendung der Listenvisualisierung ins Verhältnis gesetzt. Bei Anwendung der Geovisualisierung ist somit eine Reduzierung um 45% der Chancen der höchsten Bewertungskategorie im Verhältnis zu den kumulierten kleineren Kategorien zu erwarten. Gleichzeitig erhöhen sich wiederum die Chancen für die kleinste Kategorie im Verhältnis zu den kumulierten höheren Bewertungskategorien. Dieses Chancenverhältnis deutet daher auf eine geringere Chance hoher Bewertungen der Systemqualität bei einer Geovisualisierung hin.

Für den Faktor Ergebnisvisualisierung konnte bei Anwendung der geobasierten Funktionalität ein reduzierender Effekt auf eine hohe Bewertung der wahrgenommenen Systemqualität festgestellt werden. Die Chancen für eine bessere Bewertung der Systemqualität bei Nutzung einer Listenvisualisierung, unabhängig vom Faktor EingabeVis, sind demnach höher. Bei der Eingabevisualisierung kann lediglich eine Tendenz angegeben werden kann, da hier kein signifikantes Ergebnis ($\alpha > 0,05$) vorliegt. Für den Faktor EingabeVis wurden, unabhängig vom Faktor ErgebnisVis, bessere Chancen für die Feldeingabe im Verhältnis zur kartenbasierten Eingabe festgestellt. Ein Interaktionseffekt zwischen Eingabevisualisierung und Ergebnisvisualisierung wird auf Grundlage des gewählten Regressionsmodells ausgeschlossen (vgl. Abbildung 7.4).

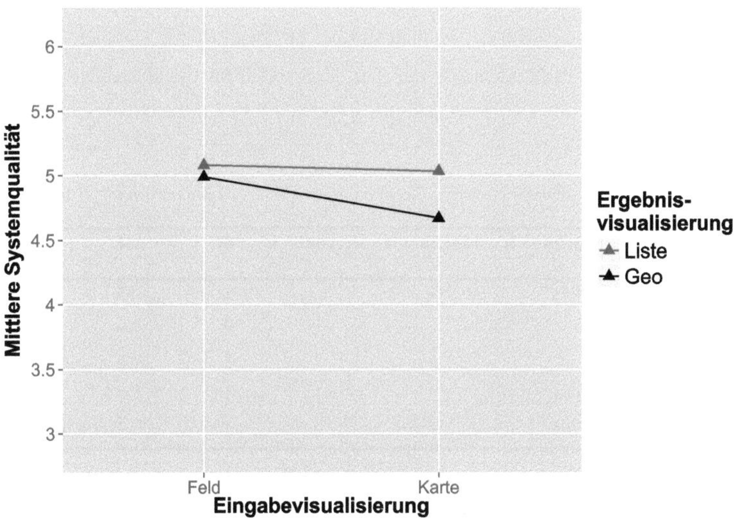

Abbildung 7.4: Interaktionsdiagramm Systemqualität

Die postulierten Annahmen, dass geobasierte Funktionalitäten einen positiven Effekt auf die wahrgenommene Systemqualität haben, können nicht beibehalten werden. Die Ergebnisse zeigen für die Hypothese H2[52] einen gegenläufigen Effekt. Aufgrund der Geovisualisierung nahmen die Benutzer eine schlechtere Systemqualität wahr. Die Hypothese H1[53] ist nicht signifikant. H1 und H2 sind daher zu verwerfen.

[52] H2: wahrgenommene $\text{Systemqualität}_{\text{Karte}}$ > wahrgenommene $\text{Systemqualität}_{\text{Liste}}$
[53] H1: wahrgenommene $\text{Systemqualität}_{\text{Karte}}$ > wahrgenommene $\text{Systemqualität}_{\text{Feld}}$

7.3.3 Informationsqualität

Tabelle 7.17 beinhaltet die durch das Selektionsverfahren ermittelten Gütewerte für die Ordered Logit Regressionsmodelle der abhängigen Variable Informationsqualität. Das AIC-Kriterium zeigt hier den geringsten Wert für das vollständige Regressionsmodell mit den beiden Faktoren EingabeVis und ErgebnisVis und deren Interaktion. Das Modell wurde für die Analyse der Effekte ausgewählt.

Der Log-Likelihood des gewählten Modells ist mit -345,79 als signifikant einzustufen. Das Modell ist somit nicht identisch mit dem Nullmodell für die abhängige Variable Informationsqualität. Daher können die in Tabelle 7.18 aufgezeigten Ergebnisse interpretiert werden.

Tabelle 7.17: Modellselektion für die abhängige Variable Informationsqualität

EingabeVis $\hat{\beta}_1$	**ErgebnisVis** $\hat{\beta}_2$	**EingabeVis x ErgebnisVis** $\hat{\beta}_3$	**df**	**AIC**
0,9848	0,8061	-1,099	11	715,1
0,4092	-	-	9	716
-	-	-	8	716,3
0,4062	0,2661	-	10	717,2
-	0,2705	-	9	717,4

df: Freiheitsgrade

Tabelle 7.18: Effekte von Eingabevisualisierung und Ergebnisvisualisierung auf die Informationsqualität

Faktoren	**Parameter**	$\hat{\sigma}_j(\hat{\beta}_j)$	**OR$_j$**	**Signifikanz**
EingabeVis $\hat{\beta}_1$	0,9848	0,3816	2,68	0,00986***
ErgebnisVis $\hat{\beta}_2$	0,8061	0,3676	2,24	0,02831**
EingabeVis x ErgebnisVis $\hat{\beta}_3$	-1,0991	0,5257	0,33	0,03655**
Log Likelihood	**-345,79**			0,04767**

Signifikanzniveau: * p<0,1 ** p<0,05 *** p<0,01

Die Regressionskoeffizienten zeigen, dass sowohl die einzelnen Einflussfaktoren als auch deren Interaktion einen signifikanten Effekt auf die abhängige Variable Informationsqualität haben. Es ist zu erkennen, dass der Interaktionseffekt eine negative Richtung aufweist, während die einzelnen Faktoren einen positiven Effekt verursachen. Als Regressionsfunktion für die Informationsqualität ergibt sich folgende Gleichung:

$$ln(\Theta) = \hat{\beta}_0 - 0,9848x_1 - 0,8061x_2 + 1,0991x_3 \quad (7.6)$$

Aufgrund des signifikanten Interaktionseffekts ist dieser zunächst genauer zu untersuchen. Abbildung 7.5 visualisiert daher die Mittelwerte der Informationsqualität der jeweiligen Experimentalgruppen als Interaktionsdiagramm. Um eine Interpretation der Haupteffekte durchführen zu können, ist es wichtig, zunächst die Art der Interaktion zu bestimmen. Aufgrund der visuellen Überprüfung des Interaktionsdiagramms kann eine disordinale Interaktion festgestellt werden. Die Graphen verlaufen nicht gleichsinnig, daher muss eine differenzierte Betrachtung erfolgen und die Haupteffekte können nicht global interpretiert werden (vgl. Bortz/Döring, 2006, S. 533ff).

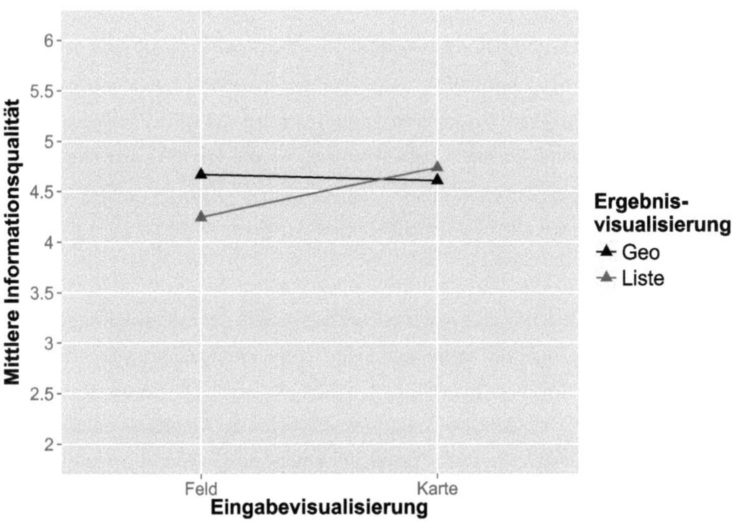

Abbildung 7.5: Interaktionsdiagramm Informationsqualität

Der Interaktionseffekt beschreibt, dass die Wirkung der Visualisierungsart von der Art der Eingabe abhängt und umgekehrt. Somit kann keine generelle Aussage getroffen werden, dass die Geovisualisierung besser ist als die Listenvisualisierung oder dass die kartenbasierte Eingabe besser ist als die Feldeingabe. Die Effekte müssen differenziert interpretiert werden.

In Abbildung 7.5 ist zu erkennen, dass bei Nutzung einer Listenvisualisierung die Informationsqualität steigt, wenn gleichzeitig eine kartenbasierte Eingabe statt einer Feldeingabe angeboten wird. Das exponenzierte Odds Ratio des Faktors EingabeVis beträgt 2,68. Somit ergibt sich bei der kartenbasierten Eingabe und gleichzeitiger Listenvisualisierung eine Erhöhung der Chancen um 168% für die höchste Bewertungskategorie („Stimme voll zu") im Verhältnis zu den kumulierten kleineren Kategorien. Ebenfalls erhöhen sich die Chancen für das Auftreten der kumulierten höheren Bewertungskategorien im Vergleich zur kleinsten Kategorie („Stimme überhaupt nicht zu"). Die Chancen für die kleinste Kategorie reduzieren sich demnach. Die Wahrscheinlichkeiten für das Auftreten von hohen Bewertungen der wahrgenommenen Informationsqualität sind bei einer kartenbasierten Eingabe und Listenvisualisierung höher als bei einer Feldeingabe und Listenvisualisierung. Bei Berücksichtigung des zweiten Faktors, also der Anwendung der Geovisualisierung, zeigt sich eine Reduzierung der Informationsqualität, wenn eine kartenbasierte Eingabe statt einer Feldeingabe erfolgt. Das Odds Ratio dieser Interaktion beträgt 0,33. Die zuvor durch die Haupteffekte erhöhten Chancen reduzieren sich wieder um 67%. Demnach sind die Chancen für eine hohe Bewertung bei kartenbasierter Eingabe und Geovisualisierung niedriger als bei einer Feldeingabe und Geovisualisierung (vgl. Abbildung 7.5).

Beim Vergleich von Listen- und Geovisualisierung erzielt die Geovisualisierung eine höhere Informationsqualität, wenn eine Feldeingabe durchgeführt wird. Für den Faktor ErgebnisVis wurde ein Odds Ratio von 2,24 ermittelt. Die Chancen erhöhen sich somit um 124% für die höchste Bewertungskategorie im Verhältnis zu allen kumulierten kleineren Kategorien. Die Chancen für eine niedrige Bewertung sind somit geringer. Erfolgt eine kartenbasierte Eingabe, wird die Listenvisualisierung besser bewertet. Insgesamt konnte eine Verbesserung der Informationsqualität bei allen drei Prototypen im Vergleich zum Basissystem, gekennzeichnet durch Feldeingabe und die Listenvisualisierung, festgestellt werden. Der Prototyp mit kartenbasierter Eingabe und Listenvisualisierung erzielte die beste Bewertung.

Die aufgestellten Hypothesen H3[54] und H4[55] sind signifikant und somit anzunehmen. Jedoch tritt ebenfalls ein signifikanter Interaktionseffekt ein, der eine differenzierte Betrachtung notwendig macht. Es kann keine generelle Aussage getroffen werden, dass sich bei Einfluss des Faktors Eingabevisualisierung oder des Faktors Ergebnisvisualisierung eine Erhöhung der wahrgenommenen Informationsqualität ergibt. Bei Hinzunahme eines zweiten Einflussfaktors wird der vorherige positive Effekt wieder reduziert.

7.3.4 Zufriedenheit

Die ordinale Variable Zufriedenheit wurde auf Basis einer Ordered Logit Regression analysiert. Die Ergebnisse des Selektionsverfahrens (vgl. Tabelle 7.19) zeigen den geringsten AIC für das Nullmodell, was eine Relevanz der Einflussfaktoren ausschließt. Um diese Aussage zu bekräftigen, wurde eine Regression mit anschließendem Likelihood-Ratio-Test für das zweite Modell mit dem Einflussfaktor ErgebnisVis durchgeführt (vgl. Tabelle 7.20).

Die Ergebnisse des Likelihood-Ratio-Test zeigen ebenfalls keinen signifikanten Unterschied zwischen den beiden Modellen ($p = 0{,}2661$). Das selektierte Modell bietet die gleiche Aufklärung wie das Nullmodell. Die Faktoren haben somit keinen Einfluss auf die Zufriedenheit.

Tabelle 7.19: Modellselektion für die abhängige Variable Zufriedenheit

EingabeVis $\hat{\beta}_1$	ErgebnisVis $\hat{\beta}_2$	EingabeVis x ErgebnisVis $\hat{\beta}_3$	df	AIC
-	-	-	10	757,4
-	0,2854	-	11	758,4
0,1367	-	-	11	759,4
0,1402	0,2871	-	12	760,4
0,4554	0,6104	-0,6353	13	761,2

df: Freiheitsgrade

[54] H3: wahrgenommene Informationsqualität$_{\text{Karte}}$ > wahrgenommene Informationsqualität$_{\text{Feld}}$

[55] H4: wahrgenommene Informationsqualität$_{\text{Karte}}$ > wahrgenommene Informationsqualität$_{\text{Liste}}$

Die Ergebnisse signalisieren, dass kein Unterschied hinsichtlich der Zufriedenheit zwischen den verschiedenen Experimentalgruppen besteht. Die getroffenen Hypothesen H5[56] und H6[57], die einen Einfluss der Faktoren Eingabevisualisierung und Ergebnisvisualisierung auf die Zufriedenheit der Benutzer unterstellen, können demnach nicht beibehalten werden.

Tabelle 7.20: Effekte von Ergebnisvisualisierung auf die Zufriedenheit

Faktoren	Parameter	$\hat{\sigma}_j(\hat{\beta}_j)$	Signifikanz
ErgebnisVis $\hat{\beta}_1$	0,2854	0,2569	0,267
Log Likelihood	**-367,47**		0,2661

Signifikanzniveau: * p<0,1 ** p<0,05 *** p<0,01

7.3.5 Nutzungsabsicht

Nach der Entfernung von extremen Ausreißerwerten wurde für die abhängige ordinale Variable Nutzungsabsicht ein geeignetes Ordered Logit Regressionsmodell bestimmt (vgl. Tabelle 7.21). In Folge der Beurteilung des AIC hat das Regressionsmodell mit den beiden Einflussfaktoren EingabeVis und ErgebnisVis sowie deren Interaktion die beste Modellgüte. Das Modell wird deswegen für eine genaue Analyse der Effekte auf die abhängige Variable verwendet.

Tabelle 7.21: Modellselektion für die abhängige Variable Nutzungsabsicht

EingabeVis $\hat{\beta}_1$	ErgebnisVis $\hat{\beta}_2$	EingabeVis x ErgebnisVis $\hat{\beta}_3$	df	AIC
0,8792	1,018	-1,268	13	829,4
-	-	-	10	831,3
-	0,3452	-	11	831,8
0,2387	-	-	11	832,7
0,245	0,3499	-	12	833,2

df: Freiheitsgrade

Die Überprüfung der Modellgüte zeigt einen signifikanten Log-Likelihood-Wert. Somit kann die H0-Annahme abgelehnt und die Alternativhypothese angenommen werden. Das selektierte Regressionsmodell und das Nullmodell sind nicht gleich (vgl.

[56] H5: $\text{Zufriedenheit}_{\text{Karte}} > \text{Zufriedenheit}_{\text{Feld}}$

[57] H6: $\text{Zufriedenheit}_{\text{Karte}} > \text{Zufriedenheit}_{\text{Liste}}$

Tabelle 7.22). Beide Einflussfaktoren und deren Interaktion sind hinsichtlich eines signifikanten Effekts zu untersuchen.

Tabelle 7.22: Effekte von Eingabevisualisierung und Ergebnisvisualisierung auf die Nutzungsabsicht

Faktoren	Parameter	$\hat{\sigma}_j(\hat{\beta}_j)$	OR_j	Signifikanz
EingabeVis $\hat{\beta}_1$	0,8792	0,3651	2,41	0,01604**
ErgebnisVis $\hat{\beta}_2$	1,0177	0,3755	2,77	0,00673***
EingabeVis x ErgebnisVis $\hat{\beta}_3$	-1,2678	0,5181	0,28	0,01441**
Log Likelihood	**-400,67**			0,03237**

Signifikanzniveau: * p<0,1 ** p<0,05 *** p<0,01

Wie in Tabelle 7.22 aufgeführt, haben sowohl beide Einflussfaktoren als auch deren Interaktion eine signifikante Wirkung auf die wahrgenommene Nutzungsabsicht. Der Faktor ErgebnisVis weist einen größeren Regressionskoeffizient und folglich einen stärkeren Effekt auf. Der durch beide Faktoren verursachte Interaktionseffekt hat eine negative Wirkung. Die Wirkungsbeziehung der Faktoren wird in folgender Regressionsfunktion dargestellt:

$$ln(\Theta) = \hat{\beta}_0 - 0,8792x_1 - 1,0177x_2 + 1,2678x_3 \tag{7.7}$$

Aufgrund des signifikanten Interaktionseffekts ermöglicht das in Abbildung 7.6 dargestellte Interaktionsdiagramm eine differenzierte Betrachtung. Da eine disordinale Interaktion vorliegt, können die Haupteffekte wiederum nicht global interpretiert werden. Es kann somit keine allgemeine Aussage getroffen werden, dass die Geovisualisierung gegenüber der Listenvisualisierung bzw. die kartenbasierte Eingabe gegenüber der Feldeingabe zu bevorzugen ist. Die Wirkung der Ergebnisvisualisierung auf die Variable Nutzungsabsicht ist von der Art der Eingabe abhängig und vice versa.

Bei Nutzung einer Listenvisualisierung erhöht sich die Nutzungsabsicht, wenn eine kartenbasierte Eingabe vorgenommen wird. Das Odds Ratio zeigt für den Faktor EingabeVis einen Wert von 2,41. Somit erhöhen sich bei Nutzung einer kartenbasierten Eingabe und Verwendung der Listenvisualisierung die Chancen für die höchste Bewertungskategorie („Stimme voll zu") im Verhältnis zu den kumulierten kleineren

Kategorien um 141%. Ebenfalls erhöhen sich die Chancen für die kumulierten höheren Kategorien im Verhältnis zur niedrigsten Bewertungskategorie („Stimme überhaupt nicht zu"). Dies entspricht gleichzeitig der Reduzierung der Chancen für die kleinste Kategorie und somit für eine schlechte Bewertung. Daher schneiden Systeme, die eine Listenvisualisierung verwenden, bei Verwendung einer kartenbasierten Eingabe besser ab. Wird zusätzlich der Faktor Ergebnisvisualisierung betrachtet und damit der Einfluss durch die Geovisualisierung, reduziert sich die Nutzungsabsicht bei kartenbasierter Eingabe. Die Kombination beider Faktorausprägungen verursacht ein Odds Ratio von 0,28. Die zunächst durch die Haupteffekte erhöhten Chancen werden durch die Interaktion der Faktoren um 72% reduziert. Die Chancen für eine hohe Bewertung der Nutzungsabsicht sind bei kartenbasierter Eingabe und Geovisualisierung niedriger als die Chancen bei einer kartenbasierten Eingabe und Listenvisualisierung.

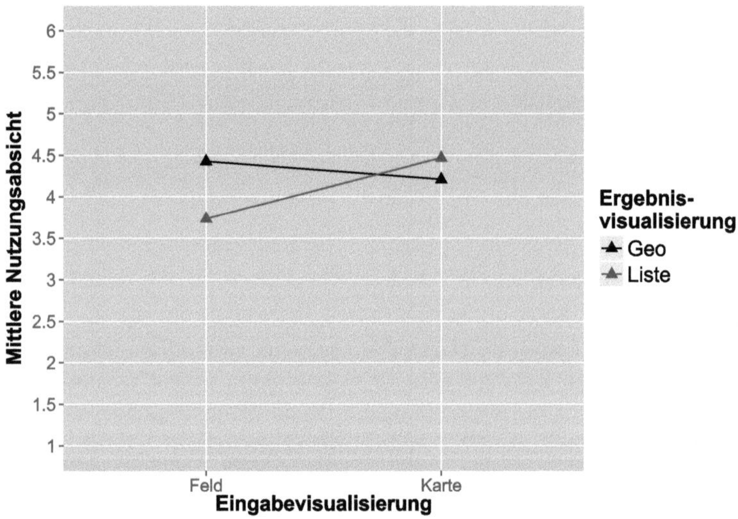

Abbildung 7.6: Interaktionsdiagramm Nutzungsabsicht

Ein Vergleich beider Ergebnisvisualisierungsarten zeigt, dass bei Anwendung einer Feldeingabe die erwartete Nutzungsabsicht für die Geovisualisierung höher ist. Das Odds Ratio beträgt für die Geovisualisierung im Verhältnis zur Listenvisualisierung

2,77. Das entspricht einer Steigerung der Chancen um 177%. Die Chancen für sehr gute Bewertungen der Nutzungsabsicht erhöhen sich demnach stark, wenn bei einer Feldeingabe eine Geovisualisierung verwendet wird. Bei kartenbasierter Eingabe ist die Listenvisualisierung überlegen. Bei Verwendung einer kartenbasierten Eingabe sollte daher eine Listenvisualisierung angeboten werden und unter Verwendung der Feldeingabe eine Geovisualisierung. Insgesamt kann festgestellt werden, dass Prototypen mit Geofunktionalität bessere Bewertungen für die Nutzungsabsicht erzielten als das Basissystem, welches die Eingabe über Felder erfasst und die Ergebnisse als Liste visualisiert.

Die Hypothesen H7[58] und H8[59] zeigen signifikante Ergebnisse und können beibehalten werden. Die generelle Aussage, dass eine Geovisualisierung oder eine geobasierte Eingabe der Suchkriterien zu einer erhöhten Nutzungsabsicht führt, kann aufgrund des signifikanten Interaktionseffekts nicht getroffen werden. Bei gleichzeitigem Einfluss beider Faktoren ist je nach Kombination ein differenzierter Effekt zu erwarten. Werden beide geobasierte Funktionalitäten genutzt, reduzieren sich die positiven Effekte der einzelnen Faktoren.

7.3.6 Kognitionsbedürfnis

Um einen möglichen moderierenden Einfluss der Variable Kognitionsbedürfnis auf die abhängigen Variablen untersuchen zu können, muss zunächst festgestellt werden, ob diese Variable in den vier Experimentalgruppen unterschiedlich ist. Da die Variable ebenfalls ordinal erfasst wurde, ist mit Hilfe einer Ordered Logit Regression der Einfluss der beiden Faktoren EingabeVis und ErgebnisVis auf das Kognitionsbedürfnis zu prüfen.

Die Ergebnisse des Selektionsverfahrens (vgl. Tabelle 7.23) zeigen, dass das Nullmodell den besten AIC-Wert liefert. Eine durchgeführte Regressionsanalyse und der sich anschließende Likelihood-Ratio-Test bestätigen, dass das zweite Modell im Vergleich zum Nullmodell keinen weiteren Erklärungswert liefert (vgl. Tabelle 7.24). Die Modelle unterscheiden sich nicht ($p = 0{,}2073$). Auch der Koeffizient für den

[58]H7: $\text{Nutzungsabsicht}_{\text{Karte}} > \text{Nutzungsabsicht}_{\text{Feld}}$
[59]H8: $\text{Nutzungsabsicht}_{\text{Karte}} > \text{Nutzungsabsicht}_{\text{Liste}}$

Einflussfaktor EingabeVis ist nicht signifikant. Somit kann nicht belegt werden, dass die beiden Einflussfaktoren einen Effekt auf die Variable Kognitionsbedürfnis haben.

Tabelle 7.23: Modellselektion für die Moderatorvariable Kognitionsbedürfnis

EingabeVis $\hat{\beta}_1$	ErgebnisVis $\hat{\beta}_2$	EingabeVis x ErgebnisVis $\hat{\beta}_3$	df	AIC
-	-	-	5	509,9
-0,3349	-	-	6	510,5
-	0,3089	-	6	510,7
-0,3424	0,3172	-	7	511,2
-0,3374	0,322	-0,009893	8	513,4

df: Freiheitsgrade

Tabelle 7.24: Effekte von Eingabevisualisierung auf das Kognitionsbedürfnis

Faktoren	Parameter	$\hat{\sigma}_j(\hat{\beta}_j)$	Signifikanz
EingabeVis $\hat{\beta}_1$	-0,3349	0,266	0,208
Log Likelihood	**-249,01**		0,2073

Signifikanzniveau: * p<0,1 ** p<0,05 *** p<0,01

Es wurde ferner geprüft, ob Gruppenunterschiede existieren. Die vier Experimentalgruppen weisen keine signifikanten Unterschiede auf (Kruskal-Test: p = 0,4036). Mögliche moderierende Einflüsse des Kognitionsbedürfnisses auf die abhängigen Variablen der experimentellen Untersuchung sind auszuschließen.

7.3.7 Kognitive Belastung

Die Variable kognitive Belastung wurde als weitere mögliche Störgröße in der experimentellen Untersuchung erfasst. Durch eine Überprüfung der Einflüsse der beiden Faktoren EingabeVis und ErgebnisVis auf diese Variable soll ein möglicher moderierender Einfluss der kognitiven Belastung auf die abhängigen Variablen identifiziert werden.

Die Ergebnisse des Selektionsverfahrens zeigen, dass das Nullmodell den kleinsten AIC-Wert aufweist (vgl. Tabelle 7.25). Die in Tabelle 7.26 dargestellten Ergebnisse für die Regressionsanalyse des Modells mit Faktor EingabeVis sowie für den

Likelihood-Ratio-Test bekräftigen, dass kein signifikanter Unterschied zwischen beiden Modellen existiert (p = 0,1806). Damit haben beide Einflussfaktoren keinen Effekt auf die Variable Kognitive Belastung.

Tabelle 7.25: Modellselektion für die Moderatorvariable „Kognitive Belastung"

EingabeVis $\hat{\beta}_1$	ErgebnisVis $\hat{\beta}_2$	EingabeVis x ErgebnisVis $\hat{\beta}_3$	df	AIC
-	-	-	5	583,3
-0,3498	-	-	6	583,7
-	-0,106	-	6	585,3
-0,3522	-0,1131	-	7	585,7
-0,06772	0,176	-0,5725	8	586,6

df: Freiheitsgrade

Tabelle 7.26: Effekte der Eingabevisualisierung auf die kognitive Belastung

Faktoren	Parameter	$\hat{\sigma}_j(\hat{\beta}_j)$	Signifikanz
EingabeVis $\hat{\beta}_1$	-0,3498	0,2617	0,181
Log Likelihood	-285,62		0,1806

Signifikanzniveau: * p<0,1 ** p<0,05 *** p<0,01

Die geprüften Gruppenunterschiede bezüglich der kognitiven Belastung sind ebenfalls nicht signifikant (Kruskal-Test: p = 0,3783). Somit sind keine störenden Einflüsse durch die kognitive Belastung während der Bearbeitung der Suchaufgabe zu erwarten.

7.3.8 Erfahrung mit Geokarten

Wie bereits in Abschnitt 7.2 aufgezeigt wurde, kann hinsichtlich der Erfahrung mit Geokarten ein Unterschied zwischen den Gruppen identifiziert werden. Dies wird durch eine Regressionsanalyse mit den beiden Einflussfaktoren EingabeVis und ErgebnisVis auf die Variable Erfahrung mit Geokarten bestätigt (vgl. Tabelle 7.27 und Tabelle 7.28).

Tabelle 7.27: Modellselektion für die Moderatorvariable Erfahrung mit Geokarten

EingabeVis $\hat{\beta}_1$	ErgebnisVis $\hat{\beta}_2$	EingabeVis x ErgebnisVis $\hat{\beta}_3$	df	AIC
0,1091	0,1412	-1,187	8	523,2
-0,505	-0,4397	-	7	525,9
-0,5083	-	-	6	526,5
-	-0,4426	-	6	527,4
-	-	-	5	528

df: Freiheitsgrade

Das beste Regressionsmodell mit einem AIC von 532,2 liefern beide Einflussfaktoren und deren Interaktion. Die Regressionsergebnisse zeigen einen signifikanten Log Likelihood und einen signifikanten Interaktionseffekt. Aufgrund der ermittelten positiven Korrelation mit der Variable Systemqualität (vgl. Abschnitt 7.2) wird ein moderierender Einfluss der Variable Erfahrung mit Geokarten genauer überprüft.

Tabelle 7.28: Effekte von Eingabevisualisierung und Ergebnisvisualisierung auf die Erfahrung mit Geokarten

Faktoren	Parameter	$\hat{\sigma}_j(\hat{\beta}_j)$	Signifikanz
EingabeVis $\hat{\beta}_1$	0,1091	0,385	0,7769
ErgebnisVis $\hat{\beta}_2$	0,1412	0,3751	0,7066
EingabeVis x ErgebnisVis $\hat{\beta}_3$	-1,187	0,5387	0,0276**
Log Likelihood	**-253,19**		0,01032**

Signifikanzniveau: * p<0,1 ** p<0,05 *** p<0,01

Tabelle 7.29: Ausschnitt der Modellselektion für die Variable Systemqualität unter Einfluss der Moderatorvariable Erfahrung mit Geokarten

Eingabe Vis $\hat{\beta}_0$	Ergebnis Vis $\hat{\beta}_1$	Erfahrung Geokarten $\hat{\beta}_2$	EingabeVis x ErgebnisVis $\hat{\beta}_3$	EingabeVis x Geokarten $\hat{\beta}_4$	ErgebnisVis x Geokarten $\hat{\beta}_5$	ErgebnisVis x EingabeVis x Geokarten $\hat{\beta}_6$	df	AIC
-	-0,215	+	-	-	+	-	11	641.7
0,02429	-0,2076	+	-	-	+	-	10	642.3
0,2474	-0,02937	+	-0,4572	-	+	-	12	643.8
-	-0,4841	+	-	-	-	-	9	643.8
-	-	+	-	-	-	-	11	643.9

df: Freiheitsgrade

Tabelle 7.29 und 7.30 stellen die Ergebnisse der durchgeführten Ordered Logit Regression mit der zusätzlichen Moderatorvariablen dar. Durch das Verfahren der Modellselektion wird das Regressionsmodell mit dem Einflussfaktor ErgebnisVis und der Moderatorvariable als geeignet identifiziert. Die einzelnen ordinalen Stufen der Moderatorvariable werden hierbei nicht detailliert aufgeschlüsselt, sondern als „+" abgebildet.

Tabelle 7.30: Effekte von Ergebnisvisualisierung und Erfahrung mit Geokarten auf die Variable Systemqualität

Faktoren	Parameter	$\hat{\sigma}_j(\hat{\beta}_j)$	OR_j	Signifikanz
ErgebnisVis $\hat{\beta}_1$	-0.21497	0.62613	0,8065	0.731
Erfahrung_Geokarten (2) $\hat{\beta}_2$	-176.086	194.819	0,1719	0.366
Erfahrung_Geokarten (3) $\hat{\beta}_3$	0.30545	174.641	1,3572	0.861
Erfahrung_Geokarten (4) $\hat{\beta}_4$	0.49382	169.264	1,6386	0.770
Erfahrung_Geokarten (5) $\hat{\beta}_5$	-0.05052	166.590	0,9507	0.976
Erfahrung_Geokarten (6) $\hat{\beta}_6$	0.34979	168.670	1,4188	0.836
ErgebnisVis x Erfahrung_Geokarten (2) $\hat{\beta}_7$	-0.21397	191.321	0,8074	0.911
ErgebnisVis x Erfahrung_Geokarten (3) $\hat{\beta}_8$	0.12410	105.710	1,1321	0.907
ErgebnisVis x Erfahrung_Geokarten (4) $\hat{\beta}_9$	-206.004	0.82909	0,1274	0.013**
ErgebnisVis x Erfahrung_Geokarten (5) $\hat{\beta}_{10}$	0.55920	0.75596	1,7493	0.459
ErgebnisVis x Erfahrung_Geokarten (6) $\hat{\beta}_{11}$	-	-	-	-
Log Likelihood	-298,09			0,0002***

Signifikanzniveau: * p<0,1 ** p<0,05 *** p<0,01

Tabelle 7.30 zeigt einen signifikanten Log Likelihood und belegt damit die Eignung des Modells. Jedoch kann nur ein signifikanter Effekt identifiziert werden. Dies wurde bereits durch den schwachen positiven Zusammenhang der Korrelation aufgezeigt. Alle weiteren Effekt sind darüber hinaus auch nicht marginal bzw. tendenziell zu berücksichtigen, sondern mit hohen Wahrscheinlichkeiten nicht vorhanden. In Abhängigkeit von der Art der Ergebnisvisualisierung (Liste- vs. Geovisualisierung) und in Abhängigkeit von den Erfahrungen im Umgang mit Geokarten lassen sich Effekte auf die Systemqualität aufzeigen, wobei ein signifikanter Effekt nur bei der Gegenüberstellung von unerfahrenen (Likertstufe 1) und eher erfahrenen Teilnehmern (Likertstufe 4) unterschieden wird. Das Odds Ratio dieser Interaktion beträgt 0,127. Die Chancen reduzieren sich um 87,3%. Demnach sind die Chancen für eine hohe Bewertung der Systemqualität bei Geovisualisierung und eher erfahrenen Teilnehmern niedriger als bei einer Geovisualisierung und unerfahrenen Teilnehmern. Auch im Vergleich mit einer Listenvisualisierung und eher erfahrenen Teilnehmern wird die Systemqualität geringer bewertet. Einen Einfluss der Störvariable „Erfahrung mit Geokarten" kann nur bei einer bestimmten Ausprägung dieser Variable nachgewiesen werden. Bei allen weiteren Erfahrungswerten mit Geokarten gibt es keinen Einfluss auf den Zusammenhang zwischen Ergebnisvisualisierung und Systemqualität.

7.4 Interpretation und Diskussion der Ergebnisse

Die Kennzahlen zur Erfassung des Nettonutzens weisen gemischte Ergebnisse auf. Hinsichtlich der Effizienz zeigt die gemessene Bearbeitungszeit keine signifikanten Unterschiede in den Gruppen. Für die Kennzahl Anzahl an Suchvorgängen konnten wiederum signifikante Effekte beider Einflussfaktoren ermittelt werden. So führten die Teilnehmer mehr Suchvorgänge durch, wenn Geofunktionalitäten genutzt wurden. Es ist denkbar, dass diesen Effekt eine Überforderung mit der Visualisierung der Suchtreffer auslöste. Bei der Geovisualisierung kann es vorkommen, dass eine hohe Trefferanzahl auf der Karte dargestellt wird, wobei sich die Treffer auch überlagern können (vgl. Zhu/Chen, 2005, S. 180), so dass es für den Benutzer nicht mehr einfach ist, einen Überblick über die Wohnungen zu erhalten und Wohnungen gezielt zu vergleichen. Um diese Überforderung und den empfundenen Aufwand zu reduzieren, führt der Benutzer weitere Suchanfragen aus, um so die Treffermenge zu verkleinern. Dieses Vorgehen stellten auch Burigat und Chittaro in ihrer Studie fest (vgl. Burigat/Chittaro, 2008, S. 120). Im Vergleich dazu kann die Listenvisualisierung weniger Überforderung hervorrufen, da aufgrund der zu scrollenden Liste immer nur die ersten 10 Suchtreffer sofort im Blickfeld des Benutzers sind. Es ist zu vermuten, dass der Benutzer hier weniger den Wunsch verspürt, sofort eine neue Suche durchzuführen, um dadurch die Suchergebnisse zu reduzieren. Vielmehr werden die ersten Treffer geprüft und die restlichen, weiter unten in der Liste stehenden Treffer ignoriert (vgl. Chung et al., 2005b, S. 77 und Xiang et al., 2005, S. 77). Ein weitere Erklärung für die erhöhte Anzahl an Suchvorgängen wäre, dass mit Hilfe der neuen Funktionalitäten mehr Auseinandersetzung mit der Suchaufgabe stattfindet und die Benutzer Freude daran haben, verschiedene Suchen durchzuführen und das

System auszuprobieren. Das Konstrukt Freude wurde in den Arbeiten von Davis im Rahmen der Technology-Acceptance-Theorie erforscht (vgl. Davis et al., 1992). Es wurde für diese Untersuchung nicht berücksichtigt und wäre in weiteren Studien zu prüfen.

Die Beobachtung nicht signifikanter Effekte auf die Bearbeitungszeit wurde auch in anderen Studien gemacht, z. B. von Nilsson/Mayer 2002 S. 18 und Butavicius/Lee 2007 S. 938. Eine Erklärung liefern die Autoren nicht. Vor dem Hintergrund der gestiegenen Anzahl von Suchvorgängen kann der nicht existierende Unterschied durch eine schnellere Wahrnehmung und Einschätzung der Suchergebnisse erklärt werden. Mit Hilfe der Geofunktionalitäten können in der gleichen Zeit mehr Suchvorgänge durchgeführt werden. Die Geovisualisierung unterstützt bei der übersichtlichen Anzeige der Suchergebnisse. Dadurch können relevante oder irrelevante Wohnungstreffer hinsichtlich ihrer geografischen Merkmale schneller eingeschätzt werden. Die Vergleiche von Wohnungen können effizienter durchgeführt werden. Bei der Eingabe hilft die Karte ebenfalls die geografischen Präferenzen schneller zu bestimmen. Um Zeitunterschiede feststellen zu können, wäre eine Strategie, den Benutzer durch konkrete Zeitvorgaben zur Lösung vorgegebener Suchaufgaben unter Druck zu setzen (vgl. Risden et al., 2000). Aufgrund der beschränkt verfügbaren Zeit während des Experiments könnte auch im Rahmen der Analyse des Konstrukts Freude untersucht werden, ob ein Benutzer mit den geobasierten Prototypen längere Zeit verbringen würde.

Hinsichtlich der Effektivität können signifikante Ergebnisse für die Trefferqualität jedoch keine signifikanten Effekte auf die Anzahl relevanter Wohnungen festgestellt werden. Die Ergebnisse der Trefferqualität zeigen, dass sich diese durch eine geobasierte Eingabevisualisierung erhöht. Mit Hilfe einer kartenbasierten Eingabe, also der Auswahl von Stadtgebieten sowie der Umkreisbestimmung in der Karte, wird den Nutzern ermöglicht, ihre Suchpräferenzen genauer zu spezifizieren. Durch das bessere Verständnis von Lage-, Entfernungs- und Stadtteilinformationen wird eine höhere Übereinstimmung der ermittelten Suchtreffer mit den vom Benutzer als relevant assoziierten Wohnungen erzielt. Wie bereits Vessey feststellt, führt eine räumliche Präsentation zu genaueren bzw. besseren Entscheidungen aufgrund der hervorgerufenen intuitiveren Wahrnehmungsprozesse (vgl. Vessey, 1994). Außerdem werden infolge der häufigeren Suchanfragen die Präferenzen häufiger angepasst und konkretisiert, so dass relevante Wohnungen besser gefunden werden können. Die Ergebnisse des Faktors Ergebnisvisualisierung zeigen zwar ebenso eine Erhöhung der Trefferqualität, es konnte aber kein signifikanter Einfluss festgestellt werden. Die ebenfalls erhobene FCHR zeigt zwar für alle Gruppen eine signifikant bessere Trefferqualität der erstrangigen Wohnung im Vergleich zu einer Zufallsauswahl, jedoch ist hier kein signifikanter Gruppenunterschied zu erkennen. Da bei der Bestimmung der allgemeinen Trefferqualität alle Wohnungstreffer einbezogen werden, ist hier im Gegensatz zur FCHR eine signifikante Aussage möglich.

Für die Kennzahl Anzahl relevanter Wohnungen konnte keine Abhängigkeit von den Einflussfaktoren bestimmt werden. Es ist zwar für die kartenbasierte Eingabe eine Reduzierung der Anzahl relevanter Wohnungen zu erkennen, jedoch ist dieser Effekt nicht signifikant. Während bei einer Geovisualisierung alle Wohnungen mit einem Blick erfasst werden können und somit auch alle potentiellen relevanten Wohnungen, werden bei der Listenvisualisierung relevante Wohnungen, die zu weit unten in der Liste stehen, ignoriert (vgl. Chung et al., 2005b, S. 77 und Xiang et al., 2005, S. 77). Die intuitive Eingabe der geobasierten Präferenzen über die Kartendarstellung sollte ebenso zu einer Erhöhung der relevanten Wohnungen führen, da der Nutzer durch die visuelle Darstellung seine Präferenzen besser einschätzen kann, als bei einer Feldeingabe, wo er sich selbst eine Vorstellung über Stadtteile, Entfernungsangaben oder Lageinformationen machen muss. Die Vermutung, dass bei einer traditionellen Visualisierung weniger relevante Wohnungen genannt werden als bei einer geobasierten Visualisierung, kann daher nicht belegt werden. Vielmehr ist zu vermuten, dass die reduzierte Anzahl an Treffern für eine kartenbasierte Eingabe mit der gestiegenen Trefferqualität zu erklären ist. Wenn die Trefferqualität höher ist, die Wohnung also genau den Präferenzen des Nutzers entspricht, wird dieser nicht unbedingt weitere relevante Wohnungen suchen. Ist hingegen die Trefferqualität nicht so gut, wird der Nutzer noch weitere Wohnungen suchen, die ungefähr seinen Präferenzen entsprechen, damit er hier wiederum eine größere Chance hat, sich für eine von diesen nach der Besichtigung zu entscheiden.

Ein Ziel der Untersuchung war es, die objektiv erfassten Kennzahlen zur Messung des Nettonutzens mit der subjektiv wahrgenommenen Nützlichkeit zu vergleichen. Es soll aufgezeigt werden, ob die Wahrnehmung von dem objektiven Nettonutzen abweicht. Für die wahrgenommene Nützlichkeit konnte allerdings kein signifikanter

Unterschied in den Gruppen festgestellt werden. Eine Erklärung für die fehlenden Unterschiede könnten ausgleichende Effekte sein. Obgleich der intuitiveren Verständlichkeit erzielen Benutzer, die Prototypen mit Geofunktionalitäten verwendeten, die gleichen Werte wie mit dem Basissystem. Die Listenvisualisierung und die Feldeingabe haben andererseits wiederum den Vorteil, dass die Benutzer diese kennen und damit umgehen können (vgl. Risden et al., 2000, S. 710, Chung et al., 2005b, S. 77 und Xiang et al., 2005, S. 77). Für die Geofunktionalitäten liegen aber noch keine langjährigen Erfahrungen in der Bedienung vor. Somit führen die Vor- und Nachteile beider Einflussfaktoren jeweils zum gleichen Nettonutzen. Es ist jedoch zu vermuten, dass sich bei einer längeren Benutzung die Werte zugunsten der geobasierten Prototypen verbessern (vgl. Del Fatto et al., 2007, S. 306). Eine weitere Erklärung für den gleichen Nettonutzen ist, dass manche Benutzer eine sogenannte Brute Force Strategie (erschöpfende Suche) anwenden, um die relevante Wohnung zu finden. Dabei nehmen sie zwar die Struktur der Visualisierung wahr, aber prüfen trotzdem alle Suchergebnisse nacheinander. Die Effektivität einer Visualisierungsmethode ist dann dieselbe, weil die Art der Visualisierung keine Rolle spielt und somit auch keinen wirklicher Nutzen entsteht (vgl. Butavicius/Lee, 2007, S. 937).

Im Folgenden werden die Ergebnisse der subjektiven Konstrukte Systemqualität, Informationsqualität, Zufriedenheit und Nutzungsabsicht reflektiert. Die Ergebnisse der wahrgenommenen Systemqualität zeigen einen signifikanten Effekt in Abhängigkeit von der Ergebnisvisualisierung. Die Eingabevisualisierung kann nur als Tendenz angegeben werden. Beide Faktoren führen zu einer Reduzierung der wahrgenommenen Systemqualität. Es ist zu vermuten, dass durch die neuartige Visualisierung und kartenbasierte Eingabe von Suchkriterien die Bedienbarkeit als Teilaspekt der Systemqualität schlechter wahrgenommen wird. So kann eine vorkommende Überlagerung von Suchtreffern auf der Karte die Suche und den Vergleich von Wohnungen behindern (vgl. Chung et al., 2005b). Ebenso führt eine hohe Trefferanzahl auf der Karte dazu, dass der Benutzer häufiger hinein und heraus zoomen und den Ausschnitt der Karte verschieben muss, was wiederum die Bedienbarkeit einschränkt und infolgedessen die Suche aufwendiger macht (vgl. Del Fatto et al., 2007, S. 306 und Jo/Ryu, 2010, S. 221). Ein weiterer Grund könnte auch in der nur kurzen Trainingsphase liegen, um die neuartigen Funktionalitäten kennenzulernen (vgl. Livingston/Decker, 2011). Die Listenvisualisierung und Feldeingabe ist den Nutzern bekannt und wird deswegen als bedienbarer und daher mit einer höheren Systemqualität eingeschätzt.

Für die wahrgenommene Informationsqualität konnte ein positiver signifikanter Einfluss beider Geofunktionalitäten nachgewiesen werden. Aufgrund des Interaktionseffekts sind diese jedoch differenziert zu betrachten. Eine kartenbasierte Eingabe und die Nutzung der Listenvisualisierung führen zur höchsten Informationsqualität. Die feldbasierte Eingabe und die Verwendung einer Geovisualisierung erzielen eine fast genauso gute Informationsqualität. Die Verwendung beider Geofunktionalitäten reduziert die wahrgenommene Informationsqualität. Diese ist jedoch höher als die Informationsqualität des Basissystems. Die Möglichkeiten über die geobasierte Eingabe und Visualisierung mehr Informationen zu gewinnen bzw. die Zusammenhänge der einzelnen Informationen besser zu verstehen, z. B. Lage, Stadtteile und Entfernungsinformationen, können diesen Effekt begründen. Überraschend ist, dass bei Kombination beider Funktionalitäten eine Reduzierung der Informationsqualität eintritt. Zu vermuten ist, dass bei der Darstellung der Suchergebnisse auf der Karte und gleichzeitiger erneuter Eingabe von Umkreis und Stadtteil auf derselben Karte eine Informationsüberladung erfolgte. Gerade in Hinsicht auf die Anzeige vieler Suchtreffer kann dies für das Erkennen von Lage- und Entfernungsinformationen, um neue Suchpräferenzen zu wählen, hinderlich sein (vgl. Chung et al., 2005b).

Hinsichtlich der Zufriedenheit konnte kein signifikanter Effekt festgestellt werden. Dieses Ergebnis ist überraschend, da nach DeLone und McLean die Systemqualität, die Informationsqualität als auch der Nettonutzen einen Einfluss auf die Zufriedenheit haben (vgl. DeLone/McLean, 2003, S. 23f). Eine mögliche Erklärung sind die gegensätzlichen Effekte der wahrgenommenen System- und Informationsqualität. Die Prototypen mit geobasierten Funktionalitäten führten einerseits zu einer reduzierten Systemqualität und andererseits zu einer erhöhten Informationsqualität. Prototypen, die also hinsichtlich der Systemqualität schlechter, aber bei der Informationsqualität besser bewertet wurden, erzielten dieselbe Zufriedenheit wie das Basissystem, welches besser bei der Systemqualität, aber schlechter bei der Informationsqualität bewertet wurde. Diese beiden Effekte führten folglich zu einer Angleichung. Diese Vermutung konnte anhand einer Regressionsanalyse bestätigt werden. Die gleichzeitige Analyse beider Faktoren auf die Zufriedenheit führt zu keinem signifikanten Effekt (vgl. Anhang D). Nach DeLone und McLean wird die

Zufriedenheit auch durch den Nettonutzen beeinflusst (vgl. DeLone/McLean, 2003, S. 23f). Es existiert zwar ein Effekt bei den objektiven Kennzahlen Trefferqualität und Anzahl an Suchvorgängen, allerdings lässt sich die vom Benutzer subjektiv empfundene Zufriedenheit nur mit der ebenfalls vom Benutzer subjektiv empfundenen Nützlichkeit erklären. Aufgrund der in allen Gruppen gleich wahrgenommenen Nützlichkeit kann hier kein Einfluss auf die Zufriedenheit stattfinden.

Bezüglich der Nutzungsabsicht wurden signifikante Effekte für die beiden Einflussfaktoren sowie ein Interaktionseffekt festgestellt, wodurch die Effekte differenziert analysiert werden müssen. Ein System mit einer kartenbasierten Eingabe und einer Listenvisualisierung führt bei den Benutzern zur höchsten Nutzungsabsicht. Eine Feldeingabe und eine Geovisualisierung haben nahezu ähnlich hohe Ergebnisse für die Nutzungsabsicht. Bei einem System mit kartenbasierter Eingabe und Geovisualisierung wird eine geringere Nutzungsabsicht erreicht, aber im Vergleich zum Basissystem ist diese höher. Aufgrund der bisher reflektierten Ergebnisse kann festgestellt werden, dass die Geofunktionalität einer kartenbasierten Eingabe besser abschneidet, so dass dieses Ergebnis bezüglich der Nutzungsabsicht nicht verwunderlich ist. DeLone und McLean postulieren in ihrem Erfolgsmodell, dass die Nutzungsabsicht durch die Systemqualität, die Informationsqualität, die Zufriedenheit und die wahrgenommene Nützlichkeit beeinflusst wird (vgl. DeLone/McLean, 2003, S. 23f). Die gegenläufigen Effekte von System- und Informationsqualität verursachen hier jedoch keinen Ausgleich wie bei der Zufriedenheit, sondern eine höhere Nutzungsabsicht. In ihrer Literaturanalyse zur Erfolgsmessung konnten Petter el al. bisher nur gemischte Ergebnisse zum Einfluss von Systemqualität, Informationsqualität, Zufriedenheit und wahrgenommene Nützlichkeit auf die Nutzungsabsicht feststellen. Einige der analysierten Studien konnten moderate positive Effekte nachweisen, andere wiederum negative oder keine signifikanten Effekte. Der Grund ist die Komplexität der Konstrukte (vgl. Petter et al., 2008, S. 243ff). So können weitere Faktoren, z. B. die subjektive Norm oder die Freiwilligkeit der Nutzung, wie sie im Technology-Acceptance-Modell von Venkatesh und Davis aufgeführt werden (vgl. Venkatesh/Davis, 2000, S. 187ff), oder die Freude bei der Benutzung des Systems (vgl. Davis et al., 1992), die Nutzungsabsicht ebenso beeinflussen. Als Erklärung für die erhöhte Nutzungsabsicht, trotz der reduzierten Systemqualität und der gleichen Zufriedenheit in den Gruppen, könnte die Neuartigkeit und das damit verbundene

Interesse für Geokarten innerhalb dieses Anwendungsszenarios herangezogen werden. Wobei die Konfrontation mit beiden geobasierten Funktionalitäten - kartenbasierte Eingabe und Geovisualisierung - die Nutzungsabsicht wieder etwas reduziert. Das könnte auf eine Überforderung beim Nutzer hinweisen, obwohl die subjektiv wahrgenommene kognitive Belastung keine Unterschiede in den Gruppen zeigt. Eine weitere Erklärung für die erhöhte Nutzungsabsicht wäre auch, dass die Benutzer zur Bewertung der Nutzungsabsicht die wahrgenommene Informationsqualität stärker gewichten als die Systemqualität. Eine Erklärung kann nicht auf Basis der wahrgenommenen Nützlichkeit vorgenommen werden, da kein Gruppenunterschied und somit kein Einfluss dieser existiert. Lediglich die objektive Messung der Trefferqualität bestätigt für den Faktor Eingabevisualisierung den positiven Zusammenhang mit der Nutzungsabsicht. Diese Ergebnisse entsprechen den gemischten Ergebnissen der von Petter et al. analysierten Studien (vgl. Petter et al., 2008).

Zhu und Watts konnten in ihrer Studie nachweisen, dass durch eine höhere Informationsbelastung weniger Effektivität erzielt wird (vgl. Zhu/Watts, 2010, S. 338 und Vessey, 1994). Um einen solchen möglichen störenden Einfluss auf die abhängigen Variablen zu kontrollieren, wurden die Kovariaten Kognitionsbedürfnis und kognitive Belastung erfasst und analysiert. Die zwei Kovariaten zeigen keine Unterschiede zwischen den Gruppen. Somit kann kein Einfluss der kognitiven Motivation oder der kognitiven Belastung auf den Nettonutzen konstatiert werden. Insgesamt konnte hinsichtlich der kognitiven Belastung in allen Gruppen nur eine geringe Belastung beobachtet werden. Eine mögliche Erklärung ist, dass die realitätsnahe und nicht vorgegebene Suchaufgabe dafür verantwortlich ist. Die Festlegung von Suchkriterien und die Bewertung der Relevanz der Wohnungen auf Basis eigener Präferenzen und Ziele erfordert weniger kognitive Belastung als die Suche und der Vergleich von Suchtreffern bei vorgegebenen Suchaufgaben. Alper et al. argumentieren ebenso, dass gleiche Gruppenergebnisse durch zu leichte Aufgaben zustande kommen und empfehlen eine größere zu bearbeitende Datenmenge (vgl. Alper et al., 2011, S. 2331). Der nicht existierende Gruppenunterschied könnte auch durch das sich Ausgleichen von Erfahrungen im Umgang mit den jeweiligen Funktionalitäten und deren Unterstützung bei der Suche erklärt werden. Die Bedienung der Funktionalitäten wie feldbasierte Eingabe und Listenvisualisierung fällt den Benutzern aufgrund der Gewohnheit und der langen Erfahrung nicht schwer. Trotzdem sind diese

Funktionalitäten nicht intuitiv genug, um bei der Feldeingabe die richtigen Präferenzen für die Suche zu bestimmen, z. B. welche Stadtteile liegen nebeneinander, welche Entfernung ist ausreichend (vgl. Chung et al., 2005b, S. 81 und Xiang et al., 2005, S. 69). Das kann durch kartenbasierte Eingaben besser unterstützt werden. Ebenso erscheint der Vergleich von Wohnungen, die mit einer Listenvisualisierung dargestellt sind, kognitiv aufwendiger als wenn diese übersichtlich auf einer Karte angeordnet sind und miteinander in Bezug gesetzt werden können. Andererseits erhöht sich die kognitive Belastung, wenn zu viele Suchtreffer auf der Karte angezeigt werden oder bei einer Überlagerung der Suchtreffer (vgl. Zhu/Chen, 2005, S. 180). Die Benutzer führen dann eine erneute Suche durch, um die Anzahl an Treffern zu reduzieren. Während bei der Listenvisualisierung mittels der Scrollfunktion immer nur die ersten 10 Treffer angezeigt werden, so dass die Benutzer vermutlich nicht gleich überfordert sind und eine neue Suche durchführen. Trotz der intuitiveren Unterstützung durch die Geofunktionalität haben die Benutzer keine langjährigen Erfahrungen damit, vor allem nicht mit den Funktionalitäten der kartenbasierten Eingabe. Eine leichte Tendenz, dass aufgrund der kartenbasierten Eingabe die kognitive Belastung erhöht wird, kann aus den Ergebnissen abgelesen werden, jedoch ist dieser Einfluss nicht signifikant. Zusammenfassend betrachtet können also Vor- und Nachteile beider Funktionalitäten zu einer in allen Gruppen gleichen kognitiven Belastung führen. Die Ähnlichkeit der Gruppen bezüglich der kognitiven Motivation kann in der zugrunde liegenden Stichprobe vermutet werden, da diese ausschließlich auf Studenten basiert. So konnten Mennecke et al. zeigen, dass die kognitive Motivation von Fachleuten signifikant höher ist als die von Studenten (vgl. Mennecke et al., 2000, S. 620).

Die wegen ihrer Korrelation mit der Systemqualität als Kovariate untersuchte Variable „Erfahrung mit Geokarten“ zeigt nur in einer bestimmten Kombination einen Einfluss. Eher erfahrene Benutzer, die eine Geovisualisierung verwendeten, schätzten die Systemqualität geringer ein als nicht erfahrene Benutzer oder erfahrene Benutzer, die eine Listenvisualisierung bedienten. Somit haben Benutzer, die bereits über Erfahrungen mit Geokartenverfügen, Probleme mit der Bedienung des Systems gehabt, die vermutlich durch die Überlagerung der Suchtreffer und die häufigen Zoom- und Pan Aktivitäten in der Karte zustande kommen. Während der unerfahrene Nutzer hier noch unvoreingenommen ist und keine Alternativen dazu kennt.

7.5 Zusammenfassung

In diesem Kapitel erfolgte die Auswertung der experimentellen Untersuchung der Forschungshypothesen. Es konnte überraschender Weise beobachtet werden, dass der Einflussfaktor Eingabevisualisierung eine größere Bedeutung bei der Durchführung einer Suchaufgabe hat als die Ergebnisvisualisierung. So konnte signifikant belegt werden, dass durch eine kartenbasierte Eingabe eine höhere Trefferqualität für relevante Wohnungen, eine höhere Informationsqualität und eine höhere Nutzungsabsicht resultiert. Dieses Ergebnis kann dadurch erklärt werden, dass ein Individuum in der Regel eine sequentielle Informationsverarbeitung durchführt (vgl. Lavie et al., 2011, S. 82). Ein Liste entspricht diesem gewohnten Vorgehen mehr als eine Geovisualisierung. Ein Nutzer wird eine vertraute Software einer neuen vorziehen (vgl. Carpendale, 2008, S. 20). Mit der Geovisualisierung konnten jedoch auch hohe Informationsqualitäten und Nutzungsabsichten erzielt werden. Allerdings führt die Interaktion beider Einflussfaktoren zu einer Reduzierung, die aber dennoch bessere Werte als das Referenzsystem (Listenvisualisierung und Feldeingabe) erzielt.

Der Prototyp mit kartenbasierter Eingabe und Listenvisualisierung schneidet am besten ab. Die Auswirkungen der Ergebnisvisualisierung auf die Trefferqualität können nur tendenziell angegeben werden. Die Trefferqualität steigt bei Verwendung einer Geovisualisierung. Die zur Erhebung der Trefferqualität gemessene FCHR lieferte keine signifikanten Ergebnisse. Es konnte lediglich anhand des maximalen Zufallswerts festgestellt werden, dass die kartenbasierte Eingabe eine signifikant höhere Vorhersagegenauigkeit hat als ein Zufallswert. Die Kombination von kartenbasierter Eingabe und Listenvisualisierung verursachte dabei die größte Vorhersagegenauigkeit. Die Anzahl relevanter Wohnungen wurde als weitere Kennzahl zur Messung der Effektivität erfasst. Hier konnte nur eine Tendenz aufgezeigt werden, dass eine kartenbasierte Eingabe zur einer geringeren Anzahl relevanter Wohnungen führt. Die Vermutung ist, dass die Trefferqualität die Anzahl beeinflusst. Die Geofunktionalitäten führen dazu, dass die Suchtreffer den Präferenzen besser entsprechen. Das Ziel, eine relevante Wohnung zu finden, wird daher besser erreicht. Es ist nicht notwendig mehrere Wohnungen anzugeben, die ungefähr passen, also deren Relevanz nur eingeschränkt gilt. Die Kombination von kartenbasierter Visualisierung und Geovisualisierung bewirkt die geringste Anzahl relevanter Wohnungen.

Eine Aussage bezüglich der Effizienz kann nur indirekt getroffen werden. Beide erhobenen Kennzahlen können die getroffenen Hypothesen nicht belegen. Es wurden zwar signifikante Effekte für die Anzahl von Suchvorgängen bei beiden Faktoren festgestellt, allerdings führten diese entgegengesetzt der Annahme zu einer Erhöhung der Anzahl an Suchvorgängen. Diese Erhöhung kann auf eine kognitive Überlastung durch zu viele Suchtreffer und Überlagerungen hindeuten. Ein signifikanter Gruppenunterschied konnte allerdings für die kognitive Belastung nicht nachgewiesen werden. Ein weiterer Grund ist in der spielerischen und mit Freude verbundenen Auseinandersetzung mit den neuen Suchfunktionalitäten zu sehen. Für die Kennzahl Bearbeitungszeit konnten keine signifikanten Unterschiede in den Gruppen bestimmt werden. Angesichts dieser Beobachtungen kann eine Vermutung hinsichtlich der Effizienz angestellt werden. Die höhere Anzahl von Suchvorgängen bei gleicher Bearbeitungszeit bedeutet, dass die Suchergebnisse mit Hilfe der Geofunktionalitäten schneller interpretiert und ausgewertet werden können. Dabei führte die Kombination beider Geofunktionalitäten zu den meisten Suchvorgängen.

Ein negativer, signifikanter Effekt konnte für die Systemqualität bestimmt werden. Beide Faktoren verursachen bei Verwendung der Geofunktionalität eine geringere wahrgenommene Systemqualität, wobei die Ergebnisvisualisierung eine stärke Reduzierung hervorruft. Dieses Ergebnis kann durch eine schlechtere Bedienbarkeit der Geofunktionalitäten begründet werden, die durch eine mögliche Informationsüberladung entsteht, z. B. zu viele Suchtreffer und Überlagerungen von Suchergebnissen, oder durch Schwierigkeiten bei der Bedienung, z. B. Umkreisfunktion, Zoom- und Verschiebefunktion und Auswahl der Stadtteile. Obwohl eine Trainingsphase durchgeführt wurde, wäre eine intensivere Einführung in die Geofunktionalitäten sinnvoll. Einen Einfluss auf die wahrgenommene Nützlichkeit und Zufriedenheit konnte nicht festgestellt werden.

Um einen möglichen störenden Einfluss der kognitiven Belastung und des Kognitionsbedürfnisses auf die abhängigen Variablen zu untersuchen, wurden diese als Moderatorvariablen im experimentellen Design berücksichtigt. Beide Konstrukte zeigen jedoch keine signifikanten Unterschiede in den vier Gruppen. Hinsichtlich der kognitiven Belastung kann eine Tendenz festgestellt werden. Kartenbasierte Eingaben reduzieren die kognitive Belastung. So können Präferenzen wie gewünschter Stadtteil oder Entfernungen mit weniger kognitivem Aufwand bestimmt werden. Nach der Analyse der demografischen Angaben konnte eine weitere Variable identifiziert werden, die einen möglichen moderierenden Einfluss auf die Systemqualität hat. Die experimentelle Untersuchung ergab aber lediglich einen signifikanten Effekt bei erfahrenen Benutzern gegenüber unerfahrenen Benutzern und bei der Verwendung von einer Geovisualisierung im Vergleich zur Listenvisualisierung. Die Systemqualität wird bei erfahreneren Benutzern, die eine Geovisualisierung verwendeten, geringer eingeschätzt als bei unerfahrenen Benutzern, oder als bei erfahreneren Benutzern, die eine Listenvisualisierung nutzten.

Insgesamt kann festgestellt werden, dass nur teilweise signifikante Ergebnisse ermittelt werden konnten. Wie Alper et al. bereits konstatieren, könnte das durch zu leichte Aufgabenstellungen hervorgerufen werden (vgl. Alper et al., 2011, S. 2331). Überraschend war, dass die kartenbasierte Eingabe ohne Geovisualisierung bessere Ergebnisse erzielte, was auf die bereits erwähnten möglichen Überlagerungen und die Informationsüberlastung zurückgeführt werden kann. Ferner konnten einige Tendenzen für mögliche Effekte, z. B. Anzahl relevanter Wohnungen, Systemqualität und kognitive Belastung identifiziert werden. Es ist zu vermuten, dass die statistische Power nicht ausreichte, um den Effekt aufzuzeigen (vgl. Clarkson et al., 2009, S. 1063).

Anzumerken ist, dass die aufgezeigten Ergebnisse auch einigen Einschränkungen unterliegen.

- Dies betrifft zum einen die Datenbasis. Für das Experiment wurden reale Wohnungsdaten zugrunde gelegt. Es kann daher vorkommen, dass es für die festgelegten Präferenzen eines Benutzers keine entsprechende Wohnung gibt. Dies kann Auswirkungen vor allem auf die Kennzahlen zur Messung der Effektivität und auf die Zufriedenheit haben. Darüber hinaus ist die Menge der Wohnungstreffer recht klein, so dass bei vielen Kriterienkombinationen nur wenig Suchtreffer angezeigt werden (vgl. Jo/Ryu, 2010, S. 232). Das macht auch den Vergleich und die Bewertung der Treffer mit Hilfe einer Listenvisualisierung relativ einfach. Ein möglicher Unterschied zwischen beiden Visualisierungsarten in Bezug auf die Effektivität und die Effizienz bei der Suche kann daher verzerrt sein. Ferner enthalten die Wohnungsinformationen keine Fotos oder Skizzen der Wohnung. Diese Kriterien spielen aber eine große Rolle bei der

Bewertung der Relevanz einer Wohnung. Benutzer könnten grundsätzlich relevante Wohnungen aufgrund dieser fehlenden Informationen als weniger relevant einschätzen.

- Die Immobiliendaten beschränken sich auf das Stadtgebiet von Regensburg. Somit können die Ergebnisse nicht für andere Städte generalisiert werden. Es sind Unterschiede in den Ergebnissen für verschiedene Städte zu erwarten, vor allem in Hinblick darauf ob die Teilnehmer die Stadt kennen. Wenn die Stadt bekannt ist, sollte das Basissystem ebenfalls gute Ergebnisse bei der Suche erzielen. Da die Benutzer bereits die Lage und Entfernung von Stadtteilen etc. einschätzen können und somit ihre Suchpräferenzen auch gut angeben können. Es sind daher Untersuchungen mit weiteren bekannten und unbekannten Städten durchzuführen.

- Die Ermittlung der Suchtreffer basiert auf einer vordefinierten Nutzenfunktion (vgl. Abschnitt 5.1.3). Diese wurde auf Basis eines Pretests mit 13 Teilnehmern abgeleitet. Es kann daher nicht ausgeschlossen werden, dass verzerrte Nutzenwerte zur Ermittlung einer Treffermenge generiert werden und die prognostizierte Trefferfolge aufgrund dieser vordefinierten Funktion von der beobachteten Trefferfolge abweichen. Die Bestimmung der Nutzenfunktion sollte mit Hilfe einer größeren Stichprobe erfolgen.

- Hinsichtlich der Bedienbarkeit konnten bei einzelnen Benutzern Schwierigkeiten bei der Bedienung der Umkreisfunktion und der Zurück-Funktion des Browsers beobachtet werden. Trotz des Hinweises, die Zurück-Funktion nicht zu verwenden, da die Suchtreffer dann nicht wieder angezeigt werden und die Suche erneut durchgeführt werden muss, wurde dieses Vorgehen in den Logdateien ein paar Mal identifiziert. Ferner müssen die Benutzer auf der Geokarte die Icons für die Suchtreffer jedes Mal anklicken, um eine Kurzinformation zu Zimmer, Miete, Wohnfläche etc. zu erhalten. In der Listenvisualisierung sind diese Kurzinformationen sofort ersichtlich (vgl. Burigat/Chittaro, 2008, S. 121). Hier sollte bei beiden Visualisierungsarten eine gleiche Anzeige erfolgen, da sonst wiederum verzerrte Ergebnisse erwartet werden können. Des Weiteren wurde im Pretest die eingeschränkte Anzahl an Suchkriterien bemängelt. Die Benutzer wollen weitere in der Realität verwendete Kriterien nutzen, z. B. Balkon oder Parkplatz, um die Suchtreffer einzuschränken. Die

Anzahl der dargestellten Suchtreffer auf der Karte ist ebenfalls eine Schwäche, da eine zu hohe Anzahl zu einer Informationsüberlastung führen kann. Nach Lavie et al. wird die Anzeige weniger Suchtreffer auf der Karte als ästhetischer und bedienbarer eingeschätzt (vgl. Lavie et al., 2011). Diese eingeschränkte Bedienbarkeit kann einerseits die reduzierten Effekte in der Systemqualität bedingen und andererseits auch die nicht vorhandenen Unterschiede bspw. bei der wahrgenommenen Nützlichkeit oder der kognitiven Belastung erklären (vgl. Abschnitt 7.4).

- Eine weitere Einschränkung ist, dass die Stichprobe auf Universitätsstudenten basiert, die ähnliche demografische Eigenschaften vorweisen. So müssen bspw. die Ergebnisse dieser relativ jungen Nutzergruppe nicht mit denen älterer Nutzer übereinstimmen, die in der Regel auch weniger Erfahrung im Umgang mit Immobilienportalen und Geokarten haben. Die Ergebnisse können daher nicht generalisiert werden. Die Untersuchung sollte mit anders zusammengesetzten Stichproben vertieft, die Ergebnisse gegenüber gestellt und der moderierende Einfluss der demografischen Eigenschaften auf die abhängigen Variablen analysiert werden.

- Ferner bedingen die untersuchten Einflussfaktoren nicht, dass es keine weiteren Einflussfaktoren auf die abhängigen Variablen oder weitere Faktorstufen für die Art der Eingabevisualisierung und Ergebnisvisualisierung gibt. Die Ergebnisse sind somit hinsichtlich der untersuchten Faktoren und Faktorstufen beschränkt (vgl. Swink/Speier, 1999). Weitere Konstrukte, z. B. Freude und subjektive Norm, die von den Vertretern der Akzeptanzmodelle untersucht werden, oder bspw. Aufgabeneigenschaften, individuelle Eigenschaften und Gewohnheiten wie sie im Task-Technology-Fit-Modell zu finden sind (vgl. Abschnitt 2.4.3), sollten ebenfalls auf ihren Einfluss untersucht werden (vgl. Mennecke et al., 2000, S. 624 und Shen et al., 2012, S. 326).

- Durch die im Labor durchgeführte, kontrollierte experimentelle Untersuchung ist die externe Validität eingeschränkt. Die Prototypen sollten daher auch in Feldversuchen getestet werden. Dies ist sinnvoll, da die prognostizierten Wohnungstreffer zwar mit den vom Benutzer als relevant eingeschätzten Wohnungen verglichen wurden, eine echte Entscheidung für eine Wohnung wird allerdings nicht berücksichtigt. Diese tatsächliche Entscheidungssituation könnte aber zu einer anderen Wahl einer Wohnung führen. In einem Feldexperiment wäre dies zu überprüfen.

Diese Einschränkungen führen zu der Schlussfolgerung, dass die untersuchten Prototypen nicht immer zu den ermittelten Ergebnissen führen und dass die Generalisierbarkeit eingeschränkt ist. Trotzdem erlauben die Ergebnisse, Hinweise auf mögliche Effekte einer Geovisualisierung auf die Informationssuche zu geben (vgl. Häubl/Trifts, 2000, S. 18).

Kapitel 8

Zusammenfassung und Ausblick

In dieser Dissertation wurde untersucht, wie eine interaktive Geovisualisierung für die Informationssuche und die damit verbundene Entscheidungsfindung genutzt werden kann und welcher Nutzen sich hieraus im Vergleich zu den bisherigen Suchfunktionalitäten ergibt. Die Arbeit wurde durch die Herausforderungen motiviert, die sich durch die beständig wachsende Menge an Daten und Informationen - im Internet, in den Unternehmen, aber auch privat - ergeben, sowie durch die neuen technologischen Möglichkeiten des Web 2.0. Es wurden sechs Forschungsfragen gestellt, um das Forschungsvorgehen zu leiten und die Zielstellung zu verfolgen. Diese werden im folgenden Abschnitt 8.1 wieder aufgegriffen und die Ergebnisse kurz zusammengefasst. Abschnitt 8.2 stellt die wissenschaftlichen als auch die praktischen Implikationen vor, die mit diesen Ergebnissen erreicht werden. Basierend auf den Ergebnissen und den unterliegenden Einschränkungen und Herausforderungen können neue Forschungsrichtungen aufgezeigt werden (vgl. 8.3).

8.1 Zusammenfassung der Erkenntnisse

Das Ziel der Arbeit bestand darin, anhand einer prototypischen, empirischen Untersuchung den Nutzen von Geovisualisierung und die beeinflussenden Faktoren für bestimmte Phasen der Informationssuche zu analysieren und mit den bisherigen traditionellen Visualisierungsformen zu vergleichen. Hierzu wurden sechs zielführende Forschungsfragen formuliert, deren Erkenntnisse im Folgenden zusammengefasst dargestellt werden.

1. *Welche Informationsvisualisierungssysteme wurden bisher hinsichtlich des Nutzens unabhängig vom Anwendungsgebiet erforscht und welche Erkenntnisse konnten speziell für die Geovisualisierung gewonnen werden?*
   Grundlage für die Verfolgung der Zielstellung war die Identifikation des bisherigen Stands der Forschung bezüglich der Nutzenmessung von Informationsvisualisierungssytemen und insbesondere Geovisualisierungssystemen. Um dies zu erreichen, wurde eine systematische Literaturanalyse durchgeführt. Die Forschungsbeiträge wurden dazu kategorisiert und systematisch ausgewertet. Dadurch konnte der konkrete Forschungsbedarf abgeleitet werden. Die Ergebnisse waren, dass Geovisualisierungen für den Anwendungsbereich der **Suchergebnisvisualisierung nur unzureichend** eingesetzt wurden und **vorwiegend die Konstrukte Effektivität und Effizienz** zur Nutzenmessung erfasst wurden. Eine von Hevner et al. (2004) vorgeschlagene **theoretisch geleitete Analyse weiterer Nutzenkonstrukte** (z. B. Nutzung oder Nutzungsabsicht) und **Einflussfaktoren** (z. B. kognitive Belastung oder visuelle/räumliche Fähigkeiten eines Nutzers) unterblieb häufig. Ferner wurde meist **nur die individuelle Nutzerperspektive** analysiert und es wurden **überwiegend quantitative Verfahren** der Datenerhebung angewendet.

2. *Welche Phasen der Informationssuche können durch eine Informationsvisualisierung unterstützt werden und welche Möglichkeiten bietet die Geovisualisierung?*
   Zu Beginn der Arbeit erfolgte eine Einführung in die drei zugrunde liegenden Forschungsgebiete: Informationssuche, Informationsvisualisierung und Geovisualisierung sowie Nutzenmessung. Dazu wurden der Prozess der Informationssuche und die dabei entstehenden Herausforderungen aufgezeigt. Es konnten die **Phase der Anfrageformulierung** und die **Phase der Präsentation der Suchergebnisse** identifiziert werden, in denen die Informationsvisualisierung eine Unterstützung bieten kann. Diese Unterstützung besteht zum einen in der Nutzung **visueller und interaktiver Elemente**, wie Buttons oder Schieberegler, um die Suchanfrage durchzuführen. Zum anderen erfolgt die Darstellung der Suchergebnisse mit Hilfe einer **visuellen und interak-**

tiven Metapher. Beides kann zu einer **Entlastung der kognitiven** Prozesse bei der Informationsverarbeitung führen. Die Nutzer können zudem ihre Bedürfnisse **besser konkretisieren und präziser formulieren** sowie die dargestellten Daten **besser verstehen und analysieren**. Wesentliche Funktionalitäten, die eine Informationsvisualisierung dabei berücksichtigen sollte (z. B. Zoom, Überblick, Details etc.), wurden von Shneiderman mit dem „Information-Seeking-Mantra“ beschrieben. Die Wahl einer geeigneten Visualisierung hängt schließlich von der zugrunde liegenden Datenstruktur und den von einem Nutzer zur Bearbeitung einer Aufgabe benötigten Aktivitäten ab. Allerdings stellte Vessey (1991) in ihrer „Cognitive Fit Theory“ fest, dass **nicht alle Visualisierungen für jede Problemstellung geeignet** sind. So sind räumliche Visualisierungen besser für die Bearbeitung räumlicher Probleme und symbolische Visualisierungen gut für die Bearbeitung symbolischer Problemstellungen geeignet. Aufgaben mit einem räumlichen Bezug bzw. Daten mit einem räumlichen Merkmal können mit Hilfe einer Geovisualisierung abgebildet werden. Die Geovisualisierung ist darüber hinaus eine Form der Visualisierung, die nicht auf einer visuellen Metapher, sondern auf der natürlichen Abbildung der Realität beruht und die bereits seit Jahrhunderten genutzt wird. Die sich hieraus ergebende **Intuitivität**, die der Nutzer im Umgang mit einer Geovisualisierung wahrnimmt, ist ein Vorteil. Ein weiterer Vorteil ist die über das räumliche Merkmal durchführbare **Integration verschiedener Daten**, um so eine Suche in heterogenen und verteilten Datenbeständen zu ermöglichen. Eine neue Forschungsrichtung - Geovisual Analytics - besteht in der Verwendung weiterer Analysemethoden, z. B. dem Data Mining oder der multi-kriteriellen Analyse. Hierdurch sind **umfassendere Datenanalysen** möglich, um die Entscheidungsfindung zu verbessern.

3. *Welche Konzepte beschreiben den Nutzen und welche Einflussfaktoren spielen eine Rolle?*
   Die Messung des Nutzens erfordert zunächst die Definition eines konkreten Nutzenbegriffs. Es wurde festgestellt, dass **keine eindeutige Definition** für den Nutzen existiert und dass dieser ein **komplexes, multidimensionales Konzept** ist, welches durch verschiedene **menschliche** (z. B. individuelle Fähigkeiten, kognitive Motivation etc.) und **umweltbedingte Faktoren** (z. B. Informations- und Kommunikationsinfrastruktur, soziale Normen

etc.) beeinflusst wird. Zur Festlegung eines für diese Arbeit geeigneten Nutzenbegriffs wurden daher die bekannten Nutzentheorien bzw. Nutzenmodelle der Wirtschaftsinformatik geprüft und kritisch reflektiert. Zu diesen Modellen gehören das DeLone/McLean-Success-Modell, TAM, UTAUT, TTF-Model, SERVQUAL, EUCS, UIS, Adoptions-/Diffusionstheorie und die Cognitive-Fit-Theorie. Diese Modelle stellen entweder sehr umfangreich oder eher eingeschränkt Zusammenhänge zwischen den verschiedenen Nutzendimensionen (z. B. Nutzung, Nutzungsabsicht, Effektivität etc.) und den Einflussfaktoren her. Da eine mehrdimensionale Betrachtung des Nutzenkonzepts sinnvoll ist, um den Nutzen vollständig verstehen zu können, wurde **das Modell von DeLone/McLean selektiert**. Das Modell ist darüber hinaus das dominante Nutzenmodell, welches vielfach angewendet und validiert wurde. Der Nutzen wird somit durch die sechs Dimensionen **Systemqualität, Informationsqualität, Zufriedenheit, Nutzungsabsicht, Nutzung und Nettonutzen** beschrieben. Vor dem Hintergrund des aufgezeigten Forschungsbedarfs wurden die Cognitive-Fit-Theorie, die Cognitive-Load-Theorie und die Theorie des Kognitionsbedürfnisses zusätzlich herangezogen, um wahrnehmungs- und kognitionsbasierte Einflüsse kontrollieren zu können. Der Nutzen wird demnach von der **kognitiven Belastung** und der **kognitiven Motivation** beeinflusst. Auf Basis der Herausforderungen der Informationssuche und den Möglichkeiten einer Geovisualisierung sowie dem selektierten Nutzenmodell und den Theorien aus der Kognitionsforschung wurden Hypothesen formuliert, die mit Hilfe einer empirischen Untersuchung falsifiziert wurden.

4. *Wie sollte der Nutzen gemessen werden?*
Auf Basis der ausgewählten Theorien wurden schließlich geeignete Messinstrumente bestimmt. Für die Messung der latenten Konstrukte Systemqualität, Informationsqualität, Zufriedenheit, Nutzungsabsicht und wahrgenommene Nützlichkeit kann auf **validierte und damit konsistente Fragebögen** aus der Forschung der Nutzenmodelle zurückgegriffen werden. Der Nettonutzen wird darüber hinaus durch direkt erfassbare Kennzahlen gemessen. Dies umfasst zum einen die Messung der Effektivität mittels der Kennzahlen **„Anzahl relevanter Wohnungen", „Trefferqualität" und „First Choice Hit Rate"**. Zum anderen wird die Effizienz der Suche mittels Bearbeitungszeit für die Suchaufgabe und die **Anzahl der durchgeführten Suchen** er-

fasst. Anhand der objektiven und subjektiven Kennzahlen kann ein Vergleich zwischen dem empfundenen und dem tatsächlichen Nettonutzen durchgeführt werden. Die Erfassung der kognitiven Variablen erfolgte ebenfalls auf der Basis validierter Fragebögen. Hierzu wurden die **Messinstrumente von Paas et al. (1994)** und **Cacioppo et al. (1996)** eingesetzt.

5. *Wie sollte eine prototypische Implementierung der Geovisualisierung für die Informationssuche aussehen?*
Im Sinne des Forschungsrahmenwerks von Hevner et al. (2004) wurden auf Basis der ausgewählten Theorien und der hieraus formulierten Hypothesen **vier Prototypen** entwickelt. Diese basieren dabei auf den verschiedenen Kombinationsmöglichkeiten der beiden zu variierenden Einflussfaktoren „Eingabevisualisierung“ und „Ergebnisvisualisierung“. Es wurde die **Methode des Prototyping** als Vorgehensmodell der Softwareentwicklung gewählt, um funktionsfähige Prototypen systematisch und zeitnah zu entwickeln. In der Planungsphase wurde dazu das **Anwendungsszenario der Immobiliensuche** bestimmt. Im Rahmen einer **Kontextanalyse** wurden mit Hilfe von **Think-Aloud-Protokollen** und einem Fragebogen das Anwendungsszenario, die Bedürfnisse und das Verhalten der Nutzer während der Immobiliensuche erfasst und analysiert. Bereits hier wurde deutlich, dass das größere Potential von der geovisuellen Unterstützung der Anfrageformulierung ausgeht. Basierend auf diesen Ergebnissen und den formulierten Hypothesen wurden in der nächsten Phase **funktionale und nicht-funktionale Anforderungen** abgeleitet. Dabei waren die verschiedenen Design-Prinzipien „Überblick“, „Detailansicht“, „Zoomen“, „Filtern“ und „Beziehungen“ nach Shneiderman von wesentlicher Bedeutung. Über die Verwendung einer **MAUT-basierten Suchfunktionalität** wurde ein zusätzliches Analysewerkzeug der **multi-kriteriellen Analyse** eingebunden, wodurch die entwickelten Prototypen einen weiteren Forschungsbedarf abdecken. Die MAUT-basierte Suchfunktionalität erlaubt es, die Rangfolge der Suchtreffer nachvollziehen zu können und diese gezielt zu kontrollieren (Herausforderung der Informationssuche, vgl. 2.1.3). Aus den Anforderungen wurde in einem nächsten Schritt eine **3-schichtige, webbasierte Client-Server-Architektur** entworfen, die dann anschließend entwickelt und implementiert wurde. Abschließende Last- und Funktionstests gewährleisten die Stabilität der Prototypen. So lag die **Reaktionszeit** für die Suchanfrage

zwischen **0,5 und 3,5 Sekunden**, allerdings nur für die recht kleine Datenmenge und bei gleichzeitigem Zugriff von maximal 20 Personen. Für ein marktfähiges Produkt sind daher weitere Tests notwendig. Die **funktionalen Anforderungen wurden durch einen Pilottest geprüft** und führten zu wenigen, kleineren Anpassungen der Benutzeroberfläche.

6. *Wie sollte die empirische Untersuchung zur Analyse des Nutzens gestaltet werden?*
Um die Einflüsse genau analysieren und störenden Faktoren kontrollieren zu können, wurde die empirische Untersuchung als **Laborexperiment** durchgeführt. Dazu wurde ein **2x2-Faktordesign ohne Messwiederholung** gewählt. Dieses ermöglicht es, mit Hilfe **vier verschiedener Gruppen** die zwei beeinflussenden Faktoren Eingabevisualisierung und Ergebnisvisualisierung hinsichtlich der zwei Faktorstufen (Feld- vs. Karteneingabe und Listen- vs. Geovisualisierung) zu untersuchen. Die beiden **kognitiven Faktoren** kognitive Belastung und kognitive Motivation wurden als **Kovariaten** erfasst, um ihren Einfluss auf den Nettonutzen zu prüfen. Eine Erfassung als weiterer Einflussfaktor hätte zu einer hohen Komplexität und damit zu einem sehr großen experimentellen Aufwand des Experiments geführt, der an dieser Stelle nicht geleistet werden konnte. Die im Experiment durch die Teilnehmer zu bearbeitende Aufgabenstellung wurde als **offene Suchaufgabe** konzipiert, in der die Teilnehmer **auf Basis eigener Präferenzen** nach relevanten Wohnungen in der für die Teilnehmer vorwiegend **unbekannten Stadt** Regensburg suchen mussten. Das Experimentdesign wurde anhand eines Pilottests auf mögliche Verständnisprobleme geprüft. Kleinere Verständnisprobleme traten beim Ablauf und der Befragung auf. Diese wurden anschließenden behoben. Auf Basis des Pilottests konnte außerdem die Eignung des **Fragebogens als Messinstrument** der latenten Nutzenkonstrukte überprüft werden. Dabei konnten **hohe Reliabilitätswerte** festgestellt werden. Es wurde daher nur ein Item entfernt und wenige Items wurden hinsichtlich ihrer Formulierung angepasst bzw. in der Reihenfolge verändert, so dass ein leichter Einstieg in die Befragung zu einem spezifischen Konstrukt möglich war. Mit der Festlegung des Anwendungszenarios auf die webbasierte Immobiliensuche werden mit der experimentellen Untersuchung vorwiegend **private Nutzer** bzw. aus Unternehmenssicht die **Kunden** angesprochen. Da Studenten zu dieser Zielgruppe

gehören, ist keine Einschränkung bezüglich der Nachvollziehbarkeit der Ergebnisse gegeben. Allerdings wird nur eine bestimmte Altersgruppe verwendet, so dass es sich um eine **nicht repräsentative Stichprobe** der Grundgesamtheit handelt. Die Gesamtstichprobengröße aller vier Gruppen wurde auf der Basis zu erwartender Effekte analysiert und auf **200 Teilnehmer** festgelegt.

Die Zielstellung kann dahingehend beantwortet werden, dass die drei Prototypen mit Geofunktionalität signifikant besser als das Referenzsystem (Feldeingabe, Listenvisualisierung) hinsichtlich Trefferqualität, Informationsqualität und Nutzungsabsicht bewertet wurden. Überraschenderweise konnte für den Einflussfaktor EingabeVis eine größere Bedeutung als für den Faktor ErgebnisVis beobachtet werden. Der Prototyp mit kartenbasierter Eingabe und Listenvisualisierung schnitt damit am besten ab. Für die beiden Kennzahlen Systemqualität und Anzahl an Suchvorgängen konnten gegenläufige signifikante Effekte beobachtet werden. Für die wahrgenommene Nützlichkeit, die FCHR und die Bearbeitungszeit konnten keine signifikanten Gruppenunterschiede festgestellt werden. Ebenso wurde für die beiden kognitiven Kovariaten kognitive Belastung und kognitive Motivation kein Unterschied in den Gruppen festgestellt, so dass kein Einfluss auf die Nutzenkonstrukte analysiert werden konnte. Die Ergebnisse der Arbeit können somit nur bedingt Vorteile für die Geovisualisierung aufzeigen bzw. nicht in dem Ausmaß, wie diese erwartet wurden. Ein Grund ist in der Homogenität der Stichprobe und der technischen Umsetzung, die zu einer reduzierten Systemqualität führen, zu sehen. Insgesamt konnte aufgezeigt werden, dass das Experimentdesign und die verwendeten Messinstrumente zur Erfassung der einzelnen Nutzendimensionen und Erklärung des Nutzens geeignet waren. Die Anwendung der Nutzentheorie ist für die Forschungsdisziplin der Informationsvisualisierung zu empfehlen.

8.2 Wissenschaftliche und praktische Bedeutsamkeit

Die Analyse, Entwicklung, Implementierung und Nutzung neuer, besserer Informationssysteme ist ein primäres Ziel der Forschung („Design Science“) in der Wirtschaftsinformatik. Die modernen Technologien des Web 2.0 erlauben es einer breiten Masse an Anwendern Geovisualisierungen für die Analyse und Verknüpfung von heterogenen Datenbeständen einzusetzen. Anhand eines räumlichen Merkmals können heterogene Datenbestände integriert werden. Dies ermöglicht den einfachen Zugriff auf die Datenbestände sowie eine umfassende und integrierte Analyse sowohl strukturierter als auch semi-strukturierter Daten.

Die praktische Relevanz der Geovisualisierung lässt sich auch anhand der verschiedenen Nutzenebenen und -perspektiven aufzeigen. Das vorgestellte Anwendungsszenario der Immobiliensuche betrachtet dabei den individuellen Nutzen einer Privatperson. Die Ergebnisse der Untersuchung zeigen, dass die Nutzer mit Hilfe geovisueller Funktionalitäten eine höhere Trefferqualität erzielen konnten und eine bessere Informationsqualität wahrgenommen haben, was wiederum zu einer höheren Nutzungsabsicht führte. Dies lässt darauf schließen, dass die Geovisualisierung den Nutzer bei der Informationssuche unterstützt und die Entscheidungsfindung erleichtern kann. Die erzielte höhere Nutzungsabsicht ist aus unternehmerischer Sicht ein wichtiger Hinweis darauf, dass durch die Geovisualisierung eine stärkere Kundenbindung ermöglicht werden kann bzw. aufgrund der Weiterempfehlung neue Kunden gewonnen werden können. Eine gezielte Analyse der organisatorischen Nutzenebene wurde in dieser Arbeit jedoch nicht durchgeführt.

Neben der internetbasierten Anwendung ergeben sich für Unternehmen auch interne Einsatzmöglichkeiten der Geovisualisierung, um den Herausforderungen der Daten- und Informationsflut zu begegnen. Über einen Raumbezug lassen sich strukturierte, semi-strukturierte (z. B. Dokumente, Webseiten) und unstrukturierte Daten (z. B. Bilder, Videos etc.) sowie Personen mit einer Geovisualisierung darstellen, z. B. im Zusammenhang mit Standorten, Filialen, Baustellen, Industrieanlagen etc. Eine kollaborative Anwendung der Geovisualisierung, die einen Nutzen auf Gruppenebene zeigt, ist der Katastropheneinsatz. Über die Geovisualisierung können notwendige Berichte und Dokumente dargestellt und ausgetauscht werden. Zusätzlich erlaubt der Einsatz von GPS-Geräten die Positionierung wichtiger Personen oder Einsatzfahrzeuge. Die Übertragbarkeit der Ergebnisse dieser Arbeit auf andere Anwendungsszenarien und verschiedene Nutzenebenen und -perspektiven ist jedoch eingeschränkt und erfordert weitere empirische Untersuchungen. Hierbei sollten vor allem auch Feldexperimente und qualitative Methoden angewendet werden.

Eine weitere praktische Bedeutsamkeit ist das Verständnis und die Analyse des Nutzens. Durch die in dieser Arbeit vorgenommene Übertragung der Nutzenmodelle der Wirtschaftsinformatik auf die Forschungsdisziplin der Informationsvisualisierung stehen dieser somit geeignete Messinstrumente zu Verfügung. Das DeLone/McLean-Modell wurde hierzu in dieser Arbeit getestet und kann als Instrument für die Nutzenanalyse von Informationsvisualisierungen im Unternehmen eingesetzt werden. Die webbasierten Technologien wie Google Maps, Bing Maps etc. sind zwar einfach zu installieren, jedoch gilt das nur für die einfache Darstellung und Verknüpfung von Karten. Für interaktive Geovisualisierungen mit multi-kriterieller Analysemöglichkeit ist nach wie vor Entwicklungsaufwand notwendig. Darüber hinaus fallen für die kommerzielle Verwendung der Geokarten Lizenzgebühren an. Unternehmen haben somit ein Interesse daran, den Nutzen einer Visualisierung mit den (erwarteten) Kosten zu vergleichen, um die Investitionen zu rechtfertigen (vgl. Mennecke et al., 2000, S. 624).

Schließlich ergibt sich ein praktischer Beitrag dieser Arbeit durch die Entwicklung der Prototypen. Die zunächst nur für die empirische Untersuchung entwickelten Prototypen können durch weitere Iterationen des Softwareentwicklungsprozesses optimiert werden und als marktfähige Produkte angeboten werden. Hierzu sind jedoch umfangreichere Last- und Funktionstests notwendig.

Aus wissenschaftlicher Sicht besteht die Bedeutung der Arbeit in der Auswahl und Verwendung von Theorien zur Erklärung des Nutzerverhaltens (Behavioral Science). Die Überprüfung des Wahrheitsgehalts der Theorien wird durch die Evaluation der Prototypen vorgenommen (vgl. Hevner et al, 2004). Die Cognitive-Fit-Theorie konnte in dem Sinne bestätigt werden, da für die Trefferqualität, die Informationsqualität und die Nutzungsabsicht bessere Ergebnisse mit einer Geovisualisierung erzielt werden konnten. Es kann somit von einem Fit zwischen der visuellen Repräsentation der Aufgabe und der mentalen Repräsentation ausgegangen werden. Die gegenläufigen Effekte der Systemqualität und der Anzahl an Suchvorgängen sind eher auf technische bzw. untersuchungsbedingte Einflüsse zurückzuführen. Die Theorien der kognitiven Belastung nach Paas et al. (1994) und der kognitiven Motivation nach Cacioppo/Petty (1982) liefern einen Beitrag zu Erklärung möglicher nutzerbedingter Einflüsse auf den Nettonutzen, z. B. auf die Effektivität oder die Effizienz. Aufgrund der nicht vorhandenen Gruppenunterschiede konnte hier allerdings keine

Überprüfung vorgenommen werden. Das DeLone/McLean-Nutzenmodell, welches Ursache-Wirkungs-Zusammenhänge zwischen den verschiedenen Nutzendimensionen definiert, wurde für den Vergleich und die Erklärung des Nutzens herangezogen. Eine Überprüfung der einzelnen Ursache-Wirkungs-Beziehungen wurde im Rahmen der Untersuchung nicht vorgenommen, sondern das Modell diente als Erklärungsgrundlage für den Vergleich zweier Informationsvisualisierungen. Eine Aufgabe der weiteren Forschung wäre es, die Zusammenhänge auch für den Bereich der Informationsvisualisierung zu prüfen. Dahingegen führte die Anwendung der MAUT zu einer guten Prognosequalität. Die Theorie ist damit gut geeignet, um bei diesem Suchproblem relevante Daten zu identifizieren.

Ein weiterer wissenschaftlicher Beitrag besteht in der Prüfung der genutzten Messinstrumente. Die Überprüfung der Fragebögen ergab hierbei eine hohe Reliabilität. Die Messinstrumente zur Messung der latenten Konstrukte sind demnach gut geeignet. Aufgrund der Verwendung dieser Standard-Messinstrumente, die zur Messung der Konstrukte des DeLone/McLean-Modells in der Literatur vorgeschlagen werden (vgl. Petter et al., 2008), ist eine Vergleichbarkeit mit Ergebnissen anderer Studien gegeben (vgl. DeLone/McLean, 2003). Die ebenfalls bisher nicht im Rahmen der Informationsvisualisierung eingesetzte Messung der Trefferqualität und der FCHR bieten darüber hinaus eine gute Anwendbarkeit. Für die FCHR konnten allerdings keine signifikanten Ergebnisse ermittelt werden.

Vor diesem Hintergrund ist die Anwendung der aus der Wirtschaftsinformatik stammenden Nutzentheorien und deren Messinstrumente in der Forschungsdisziplin der Informationsvisualisierung möglich und sinnvoll.

8.3 Zukünftiger Forschungsbedarf

Die erzielten Ergebnisse dieser Arbeit unterliegen den in den vorherigen Kapiteln bereits diskutierten Einschränkungen. Generell hängen die Ergebnisse der empirischen Untersuchung von der Aufgabenstellung, der Stichprobenpopulation, den Prototypen und dem experimentellen Design ab. So führte die Anzeige zu vieler Suchtreffer vermutlich zu einer Informationsüberlastung, was sich in der Folge auf die wahrgenommene Systemqualität, Zufriedenheit und Nützlichkeit auswirkte. Nach einer

Studie von Lavie et al. (2011) führen weniger dargestellte Suchtreffer zu ästhetischeren und bedienbareren Karten (Lavie et al., 2011). Durch die aggregierte Darstellung mehrerer, sich in der Nähe befindlicher Suchtreffer mittels eines Icons könnte das Problem der Informationsüberlastung behoben werden. Das Zoomen in die Karte ermöglicht dann erst die Visualisierung der einzelnen Suchtreffer. Auch die Interaktivität könnte dynamischer gestaltet werden. So sollten sich die Suchergebnisse dynamisch durch die Einstellung von Schiebereglern anpassen, ohne dass durch einen Klick auf einen Button die Suche neu gestartet werden muss. Hierdurch können Veränderungen der Treffermenge sofort wahrgenommen werden. Da verschiedene Nutzer verschiedene Bedürfnisse an die Daten haben und verschiedene Suchziele verfolgen, sollten die Informationsvisualisierungen flexibel sein und sich interaktiv oder automatisch an die Bedürfnisse eines Nutzers anpassen (Tominski, 2009, S. 66). Auch die Verwendung der MAUT kann zu einer Beeinflussung der Ergebnisse geführt haben bspw. durch die Anzahl der vorgegebenen Suchkriterien oder die verwendeten Einzelnutzenfunktionen zur Berechnung der Trefferrelevanz. Die Erhebung dieser Teilnutzenfunktionen sollte daher mit einer größeren Stichprobe wiederholt werden. Des Weiteren sollten weitere Suchkriterien geprüft werden, die für eine Suchanfrageformulierung in Frage kommen, z. B. Warmmiete oder Maklerprovision. Eine längerfristige Nutzung der Prototypen könnte darüber hinaus einen Einblick geben, ob die reduzierte Systemqualität und die vermutete Informationsüberlastung auch über diesen längeren Nutzungszeitraum auftritt. Der Nutzer wäre dann ähnlich vertraut mit der Geovisualisierung wie mit der Listenvisualisierung. Die präferierte Listenvisualisierung und die reduzierte Systemqualität könnte daher auf ein unzureichendes Verständnis der Prototypen trotz durchgeführter Trainingsphase zurückgeführt werden.

Die Zusammensetzung der Stichprobe hat ebenfalls einen Einfluss auf die Ergebnisse der experimentellen Untersuchung. In der Arbeit sollten die kognitiven Eigenschaften der Teilnehmer und deren Einfluss auf den Nettonutzen untersucht werden. Die beiden Messinstrumente konnten allerdings keine Unterschiede zwischen den vier Gruppen feststellen. Gründe hierfür können die Homogenität der Gruppen, die zu einfache Aufgabenstellung (es wird keine kognitive Belastung empfunden) oder die Instrumente zur Erfassung der Eigenschaften sein. Es sind daher weitere Untersuchungen notwendig, um die beiden kognitiven Konstrukte gezielter durch Variieren (als abhängige Variable) zu untersuchen. Zur Erfassung der kognitiven Belastung könnte sich auch die Dual-Task-Methode (vgl. 6.1.4) besser eignen. Diese Methode erfasst den Grad der kognitiven Belastung direkt während der Bearbeitung einer Aufgabe. Weitere kognitive Eigenschaften, wie das visuelle und räumliche Vorstellungsvermögen, könnten durch standardisierte psychologische Tests (z. B. V2 (nach Ekstrom et al., 1979)) gemessen werden. Dieser Test misst die visuellen und räumlichen Fähigkeiten eines Nutzers. Da das Ziel der Untersuchung nur die Kontrolle der kognitiven Einflüsse war, wäre es sinnvoll in weiteren Forschungen diese Einflüsse explizit zu analysieren, z. B. durch verschiedene, komplexe Aufgabenstellungen und durch verschiedene Nutzergruppen mit unterschiedlicher kognitiver Motivation und kognitiven Fähigkeiten (vgl. Mennecke et al., 2000, S. 622). Verschiedene kognitive Ausprägungen der Nutzer führen zu verschiedenen Strategien bei der Informationssuche (vgl. Martzoukou, 2005). Diese Strategien zu kennen kann helfen, zu verstehen, warum und wann bestimmte Visualisierungen durch welche Nutzer präferiert werden (vgl. Butavicius/Lee, 2007, S. 941). Auch weitere spezifische Eigenschaften der Nutzer sollten gezielt variiert werden, z. B. Alter, Geschlecht, um die verschiedenen Einflüsse auf die Suche und den Nutzen besser verstehen zu können. Gerade im Bezug auf die Stichprobe der Untersuchung, die nur auf Studenten beruht und damit nur relativ junge Nutzer repräsentiert, sollten weitere Untersuchungen mit älteren Nutzern durchgeführt werden.

Ein weiterer Punkt, der die Ergebnisse der Nutzenmessung der Geovisualisierung einschränkt, ist das gewählte Anwendungsszenario und die Aufgabenstellung. Durch die Wahl einer offenen Fragestellung konnte ein realistischer Bezug zum Anwendungsszenario hergestellt werden. Erst durch diese freie Suchmöglichkeit können menschliche Verarbeitungsprozesse, Erfahrungen und Fähigkeiten zur Mustererkennung zum Tragen kommen. Geschlossene, rein mechanistisch abzuarbeitende Aufgabenstellungen, z. B. die Suche nach einer Wohnung mit 3 Zimmern und 100 m^2, wären hierfür nicht geeignet. Jedoch ermöglichen geschlossene Fragen eine direkte Vergleichbarkeit der Prototypen hinsichtlich der Anzahl korrekt beantworteter Fragen oder einer Fehlerquote. Ein weiterer Aspekt im Zusammenhang mit der Aufgabenstellung war es, keine Zeitvorgabe für die Bearbeitung der Aufgabenstellung zu treffen, da die Bearbeitungszeit als abhängige Variable erfasst wurde. Durch die Vorgabe einer Bearbeitungszeit könnte jedoch ein bestimmter Druck auf die Nutzer zur

Bearbeitung der Aufgabe ausgeübt werden. Hierdurch sind größere Unterschiede in den Nutzenkonstrukten der einzelnen Nutzergruppen zu erwarten. Die Änderungen der Aufgabenstellung und die Zeitvorgabe wäre somit eine weitere Forschungsmöglichkeit. Auch in Bezug auf das Anwendungsszenario ist es sinnvoll, eine Generalisierbarkeit durch die Untersuchung weiterer Anwendungszenarien herzustellen. Im Unternehmenskontext könnten unstrukturierte und semi-strukturierte Daten, z. B. Dokumente zu Bauprojekten, auf einer Karte als Ergebnisse einer Suche dargestellt werden oder es könnte die geografische Nähe von Mitarbeitern visualisiert werden. Dazu könnten mit Hilfe von GPS-Koordinaten die genauen Standorte von Mitarbeitern ermittelt werden. Allerdings ist bei personenbezogenen Daten der Datenschutz ein wesentlicher beeinflussender Faktor, der zu berücksichtigen ist (vgl. Forsén et al., 2010, S. 145). Letztendlich hängen die Ergebnisse auch von der Struktur und dem Umfang der Daten ab. Die in dieser Arbeit verwendeten Daten wurden sehr gut strukturiert, aufbereitet und um ein räumliches Merkmal ergänzt. Jedoch trifft dies nicht auf die meisten realen Daten zu. Voraussetzung für eine gute Informationsvisualisierung ist eine gute Datenstruktur (vgl. Keller, 2005, S. 10). Es sollten daher Feldexperimente mit realen größeren Datenbeständen durchgeführt werden. Hierbei sollten auch Daten weiterer Städte analysiert werden, um die Generalisierbarkeit der Ergebnisse zu erhöhen.

Im Rahmen der Nutzenmessung sollten neben den individuellen Eigenschaften auch weitere Einflussfaktoren wie die Anzahl vorhandener Alternativen (vgl. Häubl/Trifts, 2000, S. 18) oder soziale Normen, Informations- und Kommunikationsinfrastruktur im Sinne des TTF-Modells oder UTAUT untersucht werden. Es sollte auch der Nutzen auf organisatorischer Ebene erfasst werden, z. B. durch Kennzahlen wie die Anzahl von Besichtigungsterminen, Verweildauer auf einer Webseite oder abgeschlossene Mietverträge (Provisionen). Dafür wären eine realistischere Untersuchung mittels Feldexperimenten und qualitativen Studien sinnvoll. Dadurch ist es auch möglich, den tatsächlichen Zeitaufwand besser einzuschätzen.

Schlussendlich lässt sich die Geovisualisierung um weitere Funktionalitäten erweitern, z. B. die Verwendung einer 3-dimensionalen Darstellung. So könnte die Höhe als neue Dimension weitere Eigenschaften multi-dimensionaler Daten repräsentieren oder die durch das MAUT-Verfahren berechnete Relevanz der Suchergebnisse. 3-dimensionale Visualisierungen werden bisher nur wenig erforscht (vgl. Kapitel 3). Es ist zu vermuten, dass ein Nutzer Schwierigkeiten damit hat, in einem 3-dimensionalen Raum zu navigieren (vgl. Keller, 2005, S. 11). Ferner lassen sich zusätzliche visuelle Sichten integrieren, z. B. die Visualisierung von Verteilungsfunktionen der einzelnen Attributwerte, so dass ein Nutzer einen Überblick über die generelle Höhe und Häufigkeit der einzelnen Attribute der multi-dimensionalen Daten erhält. Auch im mobilen Bereich ergibt sich weiteres Forschungspotential. Hier besteht die Schwierigkeit in der geeigneten Präsentation großer Datenmengen, da die Bildschirmgröße beschränkt ist. Ein kleines Display führt dazu, dass der Nutzer mehr Zoomen und Verschiebungen der Geovisualisierung vornehmen muss (vgl. Lin/Chien, 2010, S. 779). Dies stellt somit Anforderungen an die Bedienbarkeit der Geovisualisierung, da der Nutzer trotzdem alle Daten wahrnehmen und die Struktur der Daten erkennen soll (vgl. Keller, 2005, S. 10).

Die zukünftige webbasierte Suche sollte über die feldbasierte Eingabe von Suchbegriffen und die Visualisierung der Suchtreffer in Form eine Liste hinausgehen. Geovisualisierungen bieten ein Potential für neue und interaktive Formen der webbasierten Suche für Anwendungsszenarien mit räumlichem Bezug. Die Verbreitung neuer Benutzeroberflächen wird allerdings Zeit benötigen. So, wie der Wechsel von der Kommandozeile auf eine graphische Benutzeroberfläche Zeit benötigte (vgl. Rose, 2006, S. 799).

Anhang A

A.1 Ergebnisse Literaturanalyse

Die Ergebnisse der Literaturanalyse sind für eine nähere Betrachtung unter folgendem Link downloadbar:
http://www.eul-verlag.de/pdf-wz/9783844103168_AnhangA.pdf

Tabelle A.1: Ergebnisse der Literaturanalyse

Nr.	Journal	Autor, Titel	Fokus der Studie		Umfang der Studie			Untersuchungseinheit	Evaluations-perspektive	Methoden der Datenerhebung	Datenerfassung (Operationalisierung)	Datenanalyse
			Visualisierungs-technik	Anwendungsbereich	Theoretische Grundlagen	Verwendete Nutzenkonstrukte	Beeinflussende Faktoren					
Management Information Systems Quarterly												
1	Vol. 24, Nr. 4, S. 601-629	**Mennecke, B. E.; Crossland, M. D.; Killingsworth, B. L. (2000):** Is a map more than a picture? The role of SDSS technology, subject characteristics, and problem complexity on map reading and problem solving	Geokarte	Datenanalyse: Planung neuer Fabrik für Unternehmen, Rangfolge für Orte bilden anhand verschiedener Kriterien	Cognitive-Fit-Theorie (angepasst)	Effektivität, Effizienz	Benutzerfähigkeiten, Aufgabenkomplexität, IV-Technik Kontrollvariablen: "Need for Cognition" (Freude an kognitiven Aufgaben), Geschlecht, subjektives Interesse für Aufgabe, subjektive Zufriedenheit mit Lösung Manipulationscheck: subjektive Fähigkeiten mit Spreadsheets, Datenbanken und anderen Tools	Individuum	Anwender: Studenten, Experten (Arbeitsvermittler)	Laborexperiment: 240 Probanden, vorher Fragebogen (demografische Angaben, Benutzerfähigkeiten), Einführung und teilweise Trainingsphase, Durchführung von Aufgaben, danach Fragebogen	Zeitmessung, Aufgabenkorrektheit (Übereinstimmung zwischen subjektivem Ranking und korrektem Ranking), kognitiver Bedarf mit 18 Items (9-stufige Skala) von Cacioppo	Varianzanalyse (ANCOVA, ANOVA), Korrelationsanalyse, Kendall's Korrelationskoeffizient, Levene Test
Information Systems Research												
2	Vol. 21, Nr. 2, S. 327-344	**Zhu, B.; Watts, S. A. (2010):** Visualization of Network Concepts: The Impact of Working Memory Capacity Differences	Netz, Kreis-Netz	Datenanalyse: Unterstützung zur Analyse sozialer Netzwerke, z. B. zum Verständnis von Wissensflüssen und Wissensbeständen	Cognitive-Fit-Theorie, Working-Memory-Capacity-Theorie, Information Load Theorie	Effektivität, Effizienz	IV-Technik, Working-Memory-Capacity (WMC), Information Load (Variation der Anzahl der Netzwerkakteure) Kontrollvariablen: Benutzerfähigkeiten (räumlich und visuell, Persönlichkeit, kognitiver Stil, IT Erfahrung) Manipulationscheck: wahrgenommenes Vertrauen in Aufgabenlösung	Individuum	Anwender: Bachelor-Studenten	**Laborexperiment 1:** 138 Probanden, vorher Fragebogen (demografische Angaben, Messung der Working-Memory-Capacity), Trainingsphase, Durchführung von Aufgaben **Laborexperiment 2:** 101 Probanden, Trainingsphase, Durchführung von Aufgaben, danach Fragebogen	WMC-Messinstrument von Turner/Engle (1989); Papierbasierter Test nach Ekstrom et al. (1976) zur Bewertung räumlicher und visueller Fähigkeiten, 7-Punkt-Likertskala (Vertrauen), Zeitmessung, Aufgabenkorrektheit	Varianzanalyse (ANOVA), t-Test
Journal of Management Information Systems												
3	Vol. 19, Nr. 1, S. 129-150	**Swaab, R. I.; Postmes, T.; Neijens, P.; Kiers, M. H.; Dumay, A. C. M. (2002):** Multiparty Negotiation Support: The Role of Visualization's Influence on the Development of Shared Mental Models	2D, 3D, 4D Geokarten, Balkendiagramm	Datenanalyse: Unterstützung von Verhandlungen, z. B. Umwelt- und Wasserplanungen in einem Hafen	–	Zufriedenheit (mit Prozess, mit Ergebnis, mit Unterstützung), Gruppenzusammenhalt (Effienz, Einheit, Identität), Wesen der Gruppe, Konsenslevel (geteilte mentale Modelle)	IV-Technik	Gruppe	Anwender: Studenten	Laborexperiment: 56 Probanden, 4 Probanden pro Gruppe, Einführung, vorher Fragebogen (Gruppenzusammenhalt, Konsenslevel), Kommentare zu Verhandlungsszenarien, Durchführung von Verhandlungsaufgaben mit dem Ziel einer Einigung mit bestem Ergebnis, verbale Kommunikation in der Gruppe, nach 60 min. Frage nach einer Entscheidung oder Vertagung der Verhandlung, danach Fragebogen (Gruppenzusammenhalt, Wesen der Gruppe, Konsenslevel, Zufriedenheit)	5-Punkt-Likertskala, Konsenslevel mittels Differenzierung, Antworten zu geteilten mentalen Modellen (Kennzahl zwischen 0 und 1)	Varianzanalyse (ANOVA)
4	Vol. 21, Nr. 4, S. 57-84	**Chung, W.; Chen, H.; Nunamaker Jr., J. F. (2005):** A Visual Framework for Knowledge Discovery on the Web: An Empirical Study of Business Intelligence Exploration	konzeptuelle Karte (Wissenskarte), Liste	Suchnavigation: Navigation und Wissensentdeckung in Webseiten	–	Effektivität, Effizienz, Bedienbarkeit, Präferenz (Nutzerfreundlichkeit, Ergebnisqualität, Bedeutung Platzierung der Punkte, Benutzeroberfläche)	IV-Technik	Individuum	Anwender: Studenten	Laborexperiment: 30 Probanden, Einführung, Durchführung von Aufgaben, Fragebogen danach	Aufgabenkorrektheit, verbale Protokolle, Beobachtungsnotizen, Precision, Recall, F-Wert (Kombination von Precision und Recall), Zeitmessung, 5-Punkt-Likertskala, Kommentare	Protokollanalyse, deskriptive Statistik, t-Test
Decision Support Systems												
5	Vol. 14, Nr. 3, S. 219-235	**Crossland, M. D.; Wynne, B. E.; Perkins, W. C. (1995):** Spatial decision support systems: An overview of technology and a test of efficacy	Geokarte	Datenanalyse: Planung neuer Elektrizitätswerke, Priorisierung von möglichen Orten	–	Effektivität, Effizienz Zufriedenheit mit Lösung der Aufgabe, Motivationslevel, Prozesszufriedenheit, Einstellung zu Computern allgemein, Bedienbarkeit, Anwendbarkeit	IV-Technik, Aufgabenkomplexität Kontrollvariablen: Aufgabenart, Training, Raumbedingungen, Regel zur Lösungswertermittlung, Art der Teilnehmer	Individuum	Anwender: Studenten	Laborexperiment: 142 Probanden, Trainingsphase, Durchführung von Aufgaben, Fragebogen danach	Zeitmessung, Aufgabenkorrektheit	Varianzanalyse (ANOVA), t-Test (einseitig)
6	Vol. 26, Nr. 3, S. 209-223	**Pirkul, H.; Gupta, R.; Rolland, E. (1999):** VisOpt: a visual interactive optimization tool for P-median problems	Geokarte	Datenanalyse: Standortplanung	–	Effektivität, Effizienz	IV-Technik	Individuum	Anwender: Bachelor-Studenten	Laborexperiment: 125 Probanden, Durchführung von Aufgaben zur Standortplanung, Vergleich der Lösung mittels Heuristik), Fragebogen danach (demografische Angaben)	Zeitmessung, Lösungsqualität (Vergleich mit Heuristik)	deskriptive Statistik

Tabelle A.2: Ergebnisse der Literaturanalyse - Fortsetzung

7	Vol. 35, Nr. 1, S. 89-102	**Yang, C. C.; Chen, H.; Hong, K. (2003):** Visualization of large category map for Internet browsing	Selforganizing Map + Fisheye Sicht und Fraktale Sicht	Suchnavigation: Suche nach Webseiten auf der Hong Kong Regierungswebseite	–	Effektivität, Effizienz	IV-Technik	Individuum	Anwender: Bachelor-Studenten, Hochschulabsolventen	Laborexperiment: 20 Probanden, Trainingsphase, Durchführung von Suchaufgaben	Zeitmessung	Varianzanalyse (einfaktorielle ANOVA), t-Test
8	Vol. 40, Nr. 2, S. 167-182	**Zhu, B.; Chen, H. (2005):** Using 3D interfaces to facilitate the spatial knowledge retrieval: a geo-referenced knowledge respository system	2D und 3D Luftphoto, 2D und 3D semantische Karte	Suchnavigation: Suche nach georeferenzierten Dokumenten (Bilder, Texte) und Daten	–	Effektivität, Effizienz	IV-Technik	Individuum	Anwender: Bachelor-Studenten, Hochschulabsolventen	Laborexperiment: 60 Probanden, vorher Fragebogen (demografische Angaben, Benutzerfähigkeiten), Trainingsphase, Durchführung von Suchaufgaben, Think-aloud	Aufgabenkorrektheit, Zeitmessung, Interaktionswert pro genutzte Interaktionsfunktion z. B. Zoom und pro Aufgabe erfassen, Think-Aloud-Protokolle	deskriptive Aussagen
9	Vol. 39, Nr. 4, S. 583-597	**Ong, T-H.; Chen, H.; Sung, W-K.; Zhu, B. (2005):** Newsmap: a knowledge map for online news	Selforganizing Map	Suchnavigation: Suche nach Wissenskategorien in Finanz- und Gesundheitsnachrichten auf Webseiten	–	Effektivität, Effizienz	IV-Technik, Aufgabenart	Individuum	Anwender: Studenten	Laborexperiment: 20 Probanden, Durchführung von Suchaufgaben, Think-Aloud, Nutzerfeedback	Zeitmessung, Aufgabenkorrektheit, Think-Aloud-Protokolle, Kommentare	Varianzanalyse (einfaktorielle ANOVA)
10	Vol. 41, Nr. 1, S. 69-83	**Xiang, Y.; Chau, M.; Atabakhsh, H.; Chen, H. (2005):** Visualizing criminal relationships: comparison of a hyperbolic tree and a hierarchical list	Hyperbolischer Baum, Liste	Datenanalyse: Kriminalitätsanalyse (Beziehungen, Ähnlichkeiten)	–	Effektivität, Effizienz, wahrgenommene Bedienbarkeit, Nützlichkeit	IV-Technik, Aufgabenart	Individuum	Anwender: Bachelor-Studenten	Laborexperiment: 39 Probanden, Trainingsphase, vorher Fragebogen (demografische Angaben), Durchführung von Suchaufgaben, Fragebogen danach	Zeitmessung, Aufgabenkorrektheit, Anzahl Nennungen präferierte IV-Technik	t-Test (zweiseitig)
11	Vol. 42, Nr. 3, S. 1539-1557	**Huang, Z.; Chen, H.; Guo, F.; Xu, J. J.; Wu, S.; Chen, W-H. (2006):** Expertise visualization: An implementation and study based on cognitive fit theory	Selforganizing Map, Tabelle	Datenanalyse: Exploration von Experten, z. B. Forschungsexpertise von Professoren der wirtsch. Fakultät in Taiwan (übertragbar auf unternehmensinterne Experten)	Cognitive-Fit-Theorie	Effektivität, Effizienz, Präferenz Zwischenkonstrukte: Mentale Repräsentation, Problemrepräsentation-Mentale Repräsentation-Fit	IV-Technik, Aufgabenkomplexität	Individuum	Anwender: Hochschulabsolventen	Laborexperiment: 28 Probanden, Trainingsphase, vorher Fragebogen (demografische Angaben, Benutzerfähigkeiten), Durchführung von Suchaufgaben, Fragebogen danach	Aufgabenkorrektheit, Zeitmessung, Anzahl Nennungen präferierte IV-Technik	t-Test (zweiseitig)
12	Vol. 43, Nr. 3, S. 933-951	**Jarupathirun, S.; Zahedi, F. M. (2007):** Exploring the influence of perceptual factors in the success of web-based spatial DSS	Geokarte	Datenanalyse: Entscheidungsunterstützung bei der Auswahl einer geeigneten Wohnung anhand verschiedener Entscheidungskriterien	Task-Technology-Fit-Theorie (angepasst)	Zufriedenheit mit Entscheidung, Zufriedenheit mit IV-Technik, wahrgenommene Entscheidungsqualität, wahrgenommene Entscheidungseffizenz Zwischenkonstrukte: wahrgenommene Aufgabe-Technologie-Fit, wahrgenommene Zielverpflichtung	Selbsbewusstsein, Benutzerfähigkeiten (räumliche Fähigkeiten / Orientierung), wahrgenommene Schwierigkeit des Ziels, erwartete Entscheidungsqualität, erwartete Entscheidungseffizienz	Individuum	Anwender: Bachelor-Studenten	Laborexperiment: 30 Probanden, vorher Fragebogen (demografische Angaben, Benutzerfähigkeiten), Trainingsphase, Durchführung von Aufgaben, danach Fragebogen	visuelle Fähigkeiten durch VZ-2 und räumliche Orientierung durch S-1 Test nach Ekstrom et al. (1976) gemessen, 11-Punkt-semantische-Differential-Skala	Strukturgleichungsmodellierung, Faktoranalyse (explorativ und konfirmativ), Korrelationsanalyse, t-Test
13	Vol. 49, Nr. 2, S. 151-161	**Zhu, B.; Watts, S.; Chen, H. (2010):** Visualizing social network concepts	Netz	Datenanalyse: Visuelle Netzwerkanalyse	–	Effektivität, Effizienz, Bedienbarkeit, Erlernbarkeit, wahrgenommene Nützlichkeit	IV-Technik, Aufgabenart	Individuum	Anwender: Studenten	Laborexperiment: 60 Probanden, vorher Fragebogen (demografische Angaben), Trainingsphase, Durchführung von Aufgaben, danach Fragebogen, Think-Aloud	Aufgabenkorrektheit, Zeitmessung, Think-Aloud-Protokolle	t-Test
14	Vol. 51, Nr. 1, S. 141-154	**Huysmans, J.; Dejäger, K.; Mûs, C.; Vanthienen, J.; Baesens, B. (2011):** An empirical evaluation of the comprehensibility of decision table, tree and rule based predictive models	Baum, Tabelle	Datenanalyse: Unterstützung zur Darstellung von Data Mining Klassifikationen zur Vorhersage und Beobachtung	Cognitive-Fit-Theorie	Bedienbarkeit, Effizienz, Effektivität	IV-Technik, Größe der Visualisierung, Aufgabenart Kontrollvariablen: Alter, Erfahrung, Ausbildung	Individuum	Anwender: Studenten, Doktoranden	Laborexperiment: 51 Probanden, Trainingsphase, Durchführung von Aufgaben, danach Fragebogen	Aufgabenkorrektheit, Zeitmessung, 5-Punkt-Likertskala	Varianzanalyse (ANOVA), Bonferroni-Korrektur, Wilcoxon-Rangtest, Cochrans Q-Test, Friedman-Test
15	Vol. 53, Nr. 1, S. 161-174	**Gettinger, J.; Köszegi, S. T.; Schoop, M. (2012):** Shall we dance? – The effect of information presentations on negotiation processes and outcomes	Tabelle, Graph	Datenanalyse: Unterstützung elektronisch geführter Verhandlungen (zum besseren Informationsaustausch, Analyse von Angeboten und Gegenangeboten)	Cognitive-Fit-Theorie	Verhandlungsverhalten, Verhandlungsergebnis (Qualität)	IV-Technik	Individuum	Anwender: Studenten	Laborexperiment: 120 Probanden, Trainingsphase, vorher Fragebogen (demografische Angaben, Erwartungen), Durchführung von Aufgaben, danach Fragebogen	Inhaltsanalyse, Kategorienbildung	Transkription und Inhaltsanalyse / Kategorisierung, Kruskal-Wallis-Test, Mann-Whitney-U-Test

Tabelle A.3: Ergebnisse der Literaturanalyse - Fortsetzung II

16	Vol. 52, Nr. 2, S. 342-352	**Goel, L.; Junglas, I.; Ives, B.; Johnson, N. (2012):** Decision-making in-socio and in-situ: Facilitation in virtual worlds	Virtuelle Umgebung	**Abbildung Realität:** Unterstützung von Lernprozessen und Entscheidungen	–	Effektivität (Lernergebnis), Entscheidungsunterstützung, Grad der Vertiefung in eine Aufgabe, wahrgenommene Umgebung, soziale Wahrnehmung, Arbeitsunterstützung durch Umgebung, Förderung der sozialen Interaktion	IV-Technik	Gruppe	**Anwender:** Studenten	**quasi Feldexperiment:** 148 Probanden á Teams mit 3-5 Teilnehmern, qualitative Interviews (Vorstudie), vorher Fragebogen (demografische Angaben, Benutzerfähigkeiten), Trainingsphase, Durchführung von Aufgaben, danach Fragebogen	7-Punkt-Likertskala	Strukturgleichungsmodellierung (Partial Least Squares)
17	Vol. 52, Nr. 2, S. 318-330	**Shen, M.; Carswell, M.; Santhanam, R.; Bailey, K. (2012):** Emergency management information systems: Could decision makers be supported in choosing display formats?	Geokarte (Gebäudeplan, Höhenplan / Aufrisssicht), 3D Raum	**Datenanalyse:** Analyse von Informationen, z. B. relative Größe von Gebäuden, Entfernungen, Anzahl Rechtskurven etc., zur Unterstützung von Entscheidungen in Krisensituationen	Cognitive-Fit-Theorie	Wahl der passenden IV-Technik, Effektivität, Effizenz, mentale Belastung	IV-Technik, Aufgabenart, Entscheidungshilfe	Individuum	**Anwender:** Studenten, Polizei- und Feuerwehrleute	**Laborexperiment 1:** 61 Probanden, Trainingsphase, Durchführung von Aufgaben **Laborexperiment 2:** 61 Probanden, Einführung, vorher Fragebogen (demografische Angaben), Durchführung von Aufgaben, danach Fragebogen	Aufgabenkorrektheit (Wahl der IV-Technik und Vergleich mit theoretisch begründeten besten kognitiven Fit), Entscheidungsgenauigkeit, Zeitmessung, NASA-workload-Fragebogen	Varianzanalyse (ANCOVA), t-Test (zweiseitig)
The DATABASE for Advances in Information Systems												
18	Vol. 42, Nr. 1, S. 74-101	**Owens, D.; Mitchell, A.; Khazanchi, D.; Zigurs, I. (2011):** An Empirical Investigation of Virtual World Projects and Metaverse Technology Capabilities	Virtuelle Umgebung	**Abbildung Realität:** Unterstützung virtueller Projektteams zur Kollaboration und gemeinsamen Verständnis sowie Koordination	–	Klarheit über Rollenverständnis, gemeinsames Verständnis, Koordination, wahrgen. Qualität, Präsenz, Zufriedenheit mit Lösung	IV-Technik	Gruppe (Projektteam)	**Anwender:** Second Life Teilnehmer	**Explorative Studie:** 21 Probanden in 5 Projektteams, vorher Fragebogen (demografische Angaben, Benutzerfähigkeiten), Einführung, Durchführung von Aufgaben, danach Fragebogen	Videomitschnitte, Screenshots, Text Chat Logdateien, 5-Punkt-Likertskala (Fragen zum Projekt), Kommentare und Wahrnehmungen	Cohen's Kappa Technik zur Kodierung der Chat-Logdateien, Triangulation, deskriptive Statistik
Information & Management												
19	Vol. 32, Nr. 6, S. 275-287	**Meyer, J.-A. (1997):** The acceptance of visual information in management	Balken-, Säulen-, Kurven-, Punkt-, Torten-, Portfolio-, Rating-, Profil-Diagramm, Pictogramm, Netz, Geokarte, Phasendiagramm, Virtuelle Umgebung	**Datenanalyse:** Unterstützung von Managemententscheidungen zur Vermeidung von "Information Overload"	Akzeptanztheorie nach Müller-Böhling (1986)	Verhaltensaktzeptanz, Einstellung bzgl. Akzeptanz	IV-Technik, Voraussetzungen (Training, Kosten der Software etc.), Routine (Nutzung, Erstellung visueller Daten), Firmengröße, Entscheidungsumgebung (Zeitdruck, Unruhen etc.)	Individuum	**Management:** Marketing-Manager	**Explorative Feldstudie (Befragung):** Manager von 1500 deutschen Unternehmen, Befragung mittels Fragebogen, Klassifikation von Managertypen	7-Punkt-Likertskala	Diskriminanzanalyse
20	Vol. 44, Nr. 1, S. 40-52	**Turetken, O.; Schuff, D. (2007):** The impact of context-aware fisheye models on understanding business processes: An empirical study of data flow diagrams	Datenflussdiagramm + Fisheye Sicht	**Abbildung Realität:** Visualisierung von Geschäftsprozessen	–	Effektivität, Effizienz	IV-Technik Kontrollvariablen: Kognitiver Stil, Erfahrung	Individuum	**Anwender:** Bachelor-Studenten, Hochschulabsolventen	**Laborexperiment 1:** 52 Probanden, vorher Fragebogen (demografische Angaben, Benutzerfähigkeiten), Einführung, Durchführung von Aufgaben, Nutzerfeedback **Laborexperiment 2:** 50 Probanden, vorher Fragebogen (demografische Angaben, Benutzerfähigkeiten), Einführung, Durchführung von Aufgaben, Nutzerfeedback	Zeitmessung, Aufgabenkorrektheit, Kommentare	Varianzanalyse (einfaktorielle ANOVA)
Information Systems Journal												
21	Vol. 21, Nr. 6, S. 479-501	**Müller, J.; Hutter, K.; Füller, J.; Matzler, K. (2011):** Virtual worlds as knowledge management platform – a practice-perspective	Virtuelle Umgebung	**Abbildung Realität:** Unterstützung von Weiterbildungsmaßnahmen, Fremdsprachen lernen, Kollaboration mit geografisch verteilten Teams, als Testlabor für neue Geräte und Prototypen von IBM	–	Freude, Effektivität (Vereinfachung der Zusammenarbeit, z. B. Wissen verstehen, Beziehungen zu anderen herstellen, Wissen austauschen)	IV-Technik	Individuum	**Anwender:** Teammitglieder von IBM	**Explorative Studie:** 16 qualitative Interviews, Beobachtung Datenanalye der IBM Aktivitäten in Journalen, Nachrichtenartikeln und Webseiten	Beobachtungsnotizen, Audiomitschnitt	Transkription und Inhaltsanalyse / Kategorisierung, Sekundärdatenanalyse
22	Vol. 21, Nr. 1, S. 63-89	**Pöls, G.; Mås, A.; Gailly, F.; Pämeleire, R. (2011):** The pragmatic quality of Resources-Events-Agents diagrams: an experimental evaluation	Event-Agent-Diagramm, ER-Diagramm	**Abbildung Realität:** Unterstützt Verständnis von Geschäftsprozessen und Richtlinien zur Entwicklung von IS	–	Effektivität, Effizienz, Wirksamkeit	IV-Technik, Aufgabenart	Individuum	**Anwender:** Hochschulabsolventen	**Laborexperiment:** 30 Probanden, vorher Fragebogen (demografische Angaben, Benutzerfähigkeiten), Trainingsphase, Durchführung von Aufgaben, danach Fragebogen	Zeitmessung, Aufgabenkorrektheit (Anteil korrekt beantworteter Fragen zur Gesamtanzahl Fragen), Wirksamkeit (Verhältnis von Effektivität zur Effizienz)	Wilcoxon-Rangtest, Mann-Whitney-U-Test, t-Test

Tabelle A.4: Ergebnisse der Literaturanalyse - Fortsetzung III

Decision Sciences												
23	Vol. 28, Nr. 2, S. 391-420	**Smelcer, J. B.; Carmel, E. (1997):** The Effectiveness of Different Representations for Managerial Problem Solving: Comparing Tables and Maps	Tabelle, Geokarte	**Datenanalyse:** Unterstützung der Problemlösung, z. B. Analyse und Auswahl eines neuen Standortes	Cognitive-Fit-Theorie	Effizienz, Effektivität	IV-Technik, Art der geografischen Beziehungen, Aufgabenkomplexität, Kontrollvariable: kognitive Fähigkeiten	Individuum	Anwender: Bachelor-Studenten	**Laborexperiment:** 44 Probanden, Trainingsphase, Durchführung von Aufgaben, danach VZ-2 Test	Zeitmessung, räumliche Visualisierungsfähigkeiten mittels VZ-2 Test nach Ekstrom et al. (1976), Fehlerquote	deskriptive Statistik, Varianzanalyse (ANCOVA, ANOVA)
24	Vol. 30, Nr. 1, S. 169-195	**Swink, M.; Speier, C. (1999):** Presenting Geographic Information: Effects of Data Aggregation, Dispersion, and Users' Spatial Orientation	Geokarte	**Datenanalyse:** Lösung eines Netzwerkoptimierungsproblems (welche Anzahl von Gebäude unter Minimierung von Transport-, Produktions- und Gebäudeverwaltungskosten)	–	Effektivität, Effizienz	IV-Technik, Aufgabenkomplexität, Datenstreuung, Datenaggregation, Kontrollvariablen: Benutzerfähigkeiten (räumliche Orientierung)	Individuum	Anwender: Bachelor-Studenten	**Laborexperiment:** vorher Fragebogen (demografische Angaben), Trainingsphase, Test für räumliche Orientierungsfähigkeit, Durchführung von Aufgaben (Gebäudepositionierungsprobleme), Fragebogen danach	Orientierungsfähigkeit mit S-1 Test nach Ekstrom et al. (1976), Zeitmessung, prozentuale Abweichung der vom Nutzer bestimmten Kosten von optimalen Lösungskosten (Effektivität), Anzahl vom Nutzer generierter Lösungen (Kontrollvariable für Lernen)	Varianzanalyse (dreifaktorielle ANCOVA)
25	Vol. 42, Nr. 2, S. 451-476	**Montoya, M. M.; Massey, A. P.; Lockwood, N. S. (2011):** 3D Collaborative Virtual Environments: Exploring the Link between Collaborative Behaviors and Team Performance	Virtuelle Umgebung	**Abbildung Realität:** Unterstützung von Interaktion und Zusammenarbeit in virtuellen, geografisch verteilten Teams	–	Kollaborationsverhalten (Kommunikationseinfachheit, Koordination, Häufigkeit der Kommunikation, Mitwirkung), Effektivität, Effizienz (Teamperformanz)	IV-Technik	Gruppe (2-3 Personen)	Anwender	**Laborexperiment:** 91 Probanden, 39 Teams à 2-3 Teilnehmer, vorher Fragebogen (demografische Angaben), Einführung und Demonstration, Durchführung kollaborativer Aufgaben, danach Fragebogen	7-Punkt-Likertskala, Anzahl gechateter Wörter (Kommunikationshäufigkeit), Anzahl korrekt platzierter Puzzleteile pro Person, Häufigkeit des Stop-Klicks für beendetes Puzzle, Häufigkeit des zuerst gelegeten Puzzleteils (Mitwirkung), Anzahl gelöster Puzzles, Alle 6 Puzzles gelöst (Effektivität), durchschnittliche Zeit, um Puzzle zu lösen, durchschnittliche Anzahl umgedrehter Puzzleteile (Effizienz)	Clusteranalyse, Varianzanalyse (ANOVA)
Information Visualization												
26	Vol. 1, Nr. 3/4, S. 166-181	**Andrews, K.; Kienreich, W.; Sabol, V.; Becker, J.; Droschl, G.; Kappe, F.; Granitzer, M.; Auer, P.; Tochtermann, K. (2002):** The InfoSky visual explorer: exploiting hierarchical structure and document similarities	Galaxie, Baum	**Suchergebnisvisualisierung und Suchnavigation:** Erforschen von großen, hierarchisch strukturierten Dokumentensammlungen	–	Effizienz	IV-Technik	Individuum	Anwender: Mitarbeiter eines Unternehmens (Hyperwave)	**Vorstudie:** Think-aloud-Test mit Kollegen **Laborexperiment:** 8 Probanden, Trainingsphase, Durchführung von Aufgaben, Interviews für Feedback	Zeitmessung, Videomitschnitt	t-Test (gepaart)
27	Vol. 3, Nr. 3, S. 154-172	**Elmqvist, N.; Tsigas, P. (2004):** Animated visualization of causal relations through growing 2D geometry	2D Kausalitätsvisualisierung (Growing Squares, Growing Polygones), Hasse Diagramm	**Datenanalyse:** Übersicht kausale Beziehungen in verteiltem System (Unterstützung des Verständnisses wie System funktioniert)	–	Effizienz, Bedienbarkeit, Freude, Experiment 2: Effektivität	IV-Technik (Datendichte)	Individuum	Anwender	**Laborexperiment 1:** 12 ausgesuchte Probanden, Trainingsphase, Durchführung von Aufgaben, danach Fragebogen **Laborexperiment 2:** 20 Probanden, vorher Fragebogen (demografische Angaben, Benutzerfähigkeiten), Durchführung von Aufgaben, Fragebogen danach	Zeitmessung, 5-Punkt-Likertskala, Aufgabenkorrektheit	Varianzanalyse (zweifaktorielle RMANOVA), Friedman-Test
28	Vol. 3, Nr. 1, S. 19-35	**Song, H.; Curran, E. P.; Sterritt, R. (2004):** Multiple foci visualisation of large hierarchies with FlexTree	Baum	**Suchnavigation:** Suche in Dateisystemstruktur oder Data Mining Ergebnissen	–	Präferenz (Effektivität, Bedienbarkeit, Nützlichkeit)	IV-Technik	Individuum	Anwender: Mitarbeiter eines Unternehmens (für Data Mining Software)	**Vorstudie:** 8 Probanden, Trainingsphase, Durchführung von Aufgaben, Beobachtung des Verhaltens, danach Fragebogen **Beobachtungsstudie:** 13 Probanden, Einführung, Benutzung der IV-Technik, Beobachtung, danach Fragebogen	Beobachtungsnotizen, 5-Punkt-Likertskala, 7-Punkt-Likertskala, Kommentare	deskriptive Statistik
29	Vol. 3, Nr. 4, S. 227-244	**Dwyer, T.; Gallagher, D. R. (2004):** Visualising changes in fund manager holdings in two and a half-dimensions	Graph	**Datenanalyse:** Analyse von Aktienfonds	–	Nützlichkeit, Flexibilität	IV-Technik	Individuum	Anwender: Fondmanager	**Vorstudie:** Nutzerfeedback (mehrere Experten)	Kommentare	deskriptive Aussagen

Tabelle A.5: Ergebnisse der Literaturanalyse - Fortsetzung IV

30	Vol. 4, Nr. 2, S. 114-135	**Ghoniem, M.; Fekete, J-D.; Castagliola, P. (2005):** On the readability of graphs using node-link and matrix-based representations: a controlled experiment and statistical analysis	Matrix, Netz	**Datenanalyse:** Analyse von Graphenstrukturen	–	Effektivität, Effizienz (Leichtigkeit relevante Informationen zu finden)	IV-Technik, Größe des Graphen, Kantendichte Kontrollvariable: Lerneffekt	Individuum	**Anwender:** Hochschulabsolventen, Wissenschaftler	**Laborexperiment:** 36 Probanden, Einführung, Leitfaden, Durchführung von Aufgaben	Zeitmessung, Aufgabenkorrektheit	deskriptive Statistik, Multiple Regressionsanalyse, Wilcoxon-Rangtest
31	Vol. 4, Nr. 2, S. 136-146	**Kapler, T.; Wright, W. (2005):** GeoTime information visualization	Geokarte + Zeitdimension	**Datenanalyse:** Analyse, Muster- und Trenderkennung von Ereignisdaten für den Militäreinsatz	–	Genauigkeit, Richtigkeit, Zuverlässigkeit, Systemperformanz	IV-Technik	Individuum	**Anwender:** Experten (Militär)	**Vorstudie:** 4 Experten, Bemerkungen durch Experten	Kommentare	deskriptive Aussagen
32	Vol. 5, Nr. 1, S. 62-76	**Keller, R.; Eckert, C. M.; Clarkson, P. J. (2006):** Matrices or node-link diagrams: which visual representation is better for visualising connectivity models?	Matrix, Netz	**Datenanalyse, Abbildung Realität:** Darstellung und Analyse von Softwarekomponenten und deren Beziehungen (Produktmodell), von Prozessmodellen, Datenfluss zwischen Webseiten, Freundschaftsbeziehungen in sozialen Netzwerken	–	Effektivität, Effizienz (Lesbarkeit)	Größe der IV-Technik, Kantendichte, Richtung der Beschriftung der Achsen der Matrix Experiment 2: Datensammlung, Aufgabenkomplexität, Benutzerfähigkeiten (geografisches Wissen)	Individuum	**Anwender:** Doktoranden, Experten	**Laborexperiment 1:** 21 Probanden, Trainingsphase, Durchführung von Aufgaben **Laborexperiment 2:** 16 Probanden, vorher Fragebogen (demografische Angaben, Benutzerfähigkeiten), Trainingsphase, Durchführung von Aufgaben (z. B. Auswahl eines Knotens, Länge des kürzesten Pfads)	Zeitmessung, Aufgabenkorrektheit, Fehlerquote	deskriptive Statistik, Varianzanalyse (ANOVA), t-Test
33	Vol. 6, Nr. 3, S. 233-246	**Lee, B.; Robertson, G. G.; Czerwinski, M.; Sims Parr, C. (2007):** CandidTree: visualizing structural uncertainty in similar hierarchies	Baum	**Strukturierung:** hierarchische Anordnung von Konzepten / Namen, Vergleich von Verzeichnissen und Dateien (Software Engineering) unterstützen	–	Effektivität, Effizienz, Zufriedenheit mit Bedienbarkeit	IV-Technik, Aufgabenkomplexität, Größe der Visualisierung	Individuum	**Anwender:** Wissenschaftler (IT, Biologen), Experten (Software-Entwickler), Hochschulabsolventen, Habilitanten	**Vorstudie:** 6 Probanden, Durchführung von Aufgaben, Fragebogen **Qualitative Studie (Beobachtung):** 8 Probanden, vorher Fragebogen (demografische Angaben, Benutzerfähigkeiten), Trainingsphase, Durchführung von Aufgaben, Beobachtung, danach Fragebogen **Laborexperiment:** 12 Probanden, vorher Fragebogen (demografische Angaben, Benutzerfähigkeiten), Trainingsphase, Durchführung von Aufgaben, danach Fragebogen	Zeitmessung, Aufgabenkorrektheit, Fehlerquote, 7-Punkt-Likert-Skala, Nennen der schwierigsten Aufgabe, Metrik für Ungewissheitsgrad in Visualisierung, Videomitschnitt	Varianzanalyse (RMANOVA), t-Test (zweiseitig), Bonferroni-Korrektur
34	Vol. 6, Nr. 3, S. 215-232	**Elmqvist, N.; Tsigas, P. (2007):** CiteWiz: a tool for the visualization of scientific citation networks	konzeptuelle Karte, Zeitverlauf, Kausalitätsvisualisierung (Growing Polygones)	**Suchergebnisvisualisierung und Suchnavigation:** Suche in Zitationsnetzwerk (Publikationen, Co-Autoren)	–	Effektivität, Effizienz, Bedienbarkeit, Freude	IV-Technik, Aufgabenkomplexität	Individuum	**Anwender:** Wissenschaftler	**Laborexperiment:** 10 Probanden, vorher Fragebogen (demografische Angaben, Benutzerfähigkeiten) Trainingsphase, Durchführung von Aufgaben, Fragebogen danach	Zeitmessung, 5-Punkt-Likert-Skala, Aufgabenkorrektheit	Varianzanalyse (ANOVA), Kruskal-Wallis-Test
35	Vol. 7, Nr. 2, S. 105-117	**Wong, P. C.; Foote, H.; Mackey, P.; Chin, G.; Sofia, H.; Thomas, J. (2008):** A dynamic multiscale magnifying tool for exploring large sparse graphs	Graph	**Datenanalyse:** Identifikation und Rückverfolgung von Informationen in Webseiten, Analyse und Mustererkennung in Genomen	–	Anwendbarkeit	IV-Technik	Individuum	**Anwender:** Bioinformatiker, Analyst für Internetsicherheit	**2 Explorative Fallstudien (Beobachtung):** Trainingsphase, Durchführung von Aufgaben	Beobachtungsnotizen	deskriptive Aussagen
36	Vol. 9, Nr. 2, S. 152-164	**Kjellin, A.; Winkler Pettersson, L.; Seipel, S.; Lind, M. (2010):** Different levels of 3D: An evaluation of visualized discrete spatiotemporal data in space-time cubes	3D Geokarte mit Zeitverlauf und Quaderüberblendung	**Datenanalyse:** Analyse dynamischer und aggregierter Datenmengen, z. B. Ausbreitung von Krankheiten	–	Effektivität, Effizienz	IV-Technik, Aufgabenblöcke (Lerneffekt untersuchen)	Individuum	**Anwender:** Studenten, Fakultätsmitglieder der Universität	**Laborexperiment:** 32 Probanden, vorher Fragebogen (demografische Angaben, Benutzerfähigkeiten), Trainingsphase, Auswahl von Antwortalternativen, Nutzerfeedback	Zeitmessung, Aufgabenkorrektheit (Anzahl korrekter Antworten), Kommentare	Mann-Whitney-U-Test, Varianzanalyse (ANOVA)
37	Vol. 9, Nr. 1, S. 13-30	**Li, J.; Martens, J-B.; van Wijk, J. J. (2010):** Judging correlation from scatterplots and parallel coordinate plots	Scatterplot, Parellel Coordinate Plot	**Datenanalyse:** Visuelle Bewertung von Korrelation multivariater Daten	–	Effektivität (durch Nutzer beurteilte Korrelation)	IV-Technik, Beobachtungsdauer, Größe der Stichprobe, Populations-Korrelations-Koeffizient	Individuum	**Anwender:** Doktoranden, Fakultätsmitglieder der Universität	**Laborexperiment:** 25 Probanden, vorher Fragebogen (demografische Angaben, Benutzerfähigkeiten), Trainingsphase, Durchführung von Aufgaben (Bewertung Korrelation), danach Interviews	Nutzerbewertete Korrelation (5-stufige Skala), Kommentare, Zeitmessung	Vergleich wahrgenommene (Wert der Korrelationsfunktion) und theoretische optimale Performanz mittels Fisher's z-Skala, Schätzung der Diskriminanzstärke, Systemischer Bias, t-Test

Tabelle A.6: Ergebnisse der Literaturanalyse - Fortsetzung V

38	Vol. 9, Nr. 4, S. 263-276	**Vrotsou, K; Forsell, C.; Cooper, M. (2010):** 2D and 3D representations for feature recognition in time geographical diary data	2D und 3D Raum-Zeit Diagramm	**Datenanalyse:** Analyse räumlich-zeitlicher Daten, z. B. Identifikation von Mustern, Merkmalen, Beziehungen (menschliche Aktivitäten, Ursache und Wirkung von Verhalten von Populationen, Individuen, Subpopulationen)	–	Effektivität, Effizienz	IV-Technik, Aufgabenkomplexität, Reihenfolge Komplexitätslevel	Individuum	**Anwender:** Bachelor-Studenten	**Laborexperiment:** 20 Probanden, vorher Fragebogen (demografische Angaben, Benutzerfähigkeiten), Trainingsphase, Durchführung von Aufgaben	Fehlerquote, Zeitmessung	Shapiro Willk-Test, Kolmogorov-Smirnov-Test, Mann-Whitney U-Test, Wilcoxon-Rangtest, Varianzanalyse (ANOVA), Bonferroni-Korrektur
39	Vol. 9, Nr. 2, S. 98-114	**Winkler Pettersson, L.; Kjellin, A.; Lind, M.; Seipel, S. (2010):** On the role of visual references in collaborative visualization	3D Geokarte mit Zeitverlauf und Quaderüberblendung	**Datenanalyse:** Analyse von sich ausbreitenden Ereignismustern zur Unterstützung der Zusammenarbeit von z. B. Management, Projektarbeit, Militär	–	Effektivität (Individuum), Kommunikationseffizienz, Kopfbewegung, Gruppeneffektivität (beeinflusst durch individuelle Effektivität und Kommunikationseffizienz), Visuelle Überlagerung (Clutter Analyse), Einhaltung Aufgabenstellung	Informationsaufteilung, Aufgabenblöcke (Lerneffekt), IV-Technik, Präsentationsfolge, Art der Kommunikation, Kopfbewegung	Gruppe (je 2 Personen)	**Anwender:** Studenten, Fakultätsmitglieder der Universität	**Laborexperiment:** 32 Probanden in 16 Gruppen, vorher Fragebogen (demografische Angaben, Benutzerfähigkeiten), Trainingsphase, Nutzerinteraktionen während der Zusammenarbeit, zuerst individuelle Aufgaben (Lernphase), dann Durchführung von Aufgaben zur Zusammenarbeit	Videoaufnahme, Positionsdaten, Kopfbewegungsmuster, Zeitmessung, Fehlerhäufigkeit, Menge der totalen Bildschirmverdeckung (visuelle Überlagerung), relative Anzahl verdeckter Symbole, Anteil Pixel die durch Symbole überdeckt werden	Mann-Whitney-U-Test, Wilcoxon-Rangtest, Varianzanalyse (ANOVA)
40	Vol. 10, Nr. 1, S. 82-96	**Hilton, B. N.; Horan, T. A.; Burkhard, R.; Schooley, B. (2011):** SafeRoadMaps: Communication of location and density of traffic fatalities through spatial visualization and heat map analysis	Geokarte	**Datenanalyse:** Visualisierung von Verkehrsunfällen auf Geokarte zur Erkennung von Trends und Mustern (Unfallschwerpunkte)	–	Nützlichkeit, Bewusstsein Autobahnsicherheit, Verhalten der Autofahrer, Bedienbarkeit	IV-Technik	Individuum	**Anwender:** Webseitennutzer (Autofahrer)	**Aktionsforschung (Online):** 198 Probanden, Fragen	Likertskala	deskriptive Statistik
41	Vol. 9, Nr. 2, S. 141-151	**Forsén, G.; Lundin, T.; Löwgren, J. (2010):** Pinpoint: A design study in interactive visualization for finding people in a large organization	Interaktive Personenvisualisierung (Pinpoint)	**Suchergebnisnavigation:** Suche nach Personen mit relevanter Expertise und Interessen in einer Organisation, Exploration, Filtern und Navigation in thematischen Netzen	–	Bedeutsamkeit (= Bedienbarkeit, Nützlichkeit, Erwünschtheit)	IV-Technik	Individuum	**Anwender:** Mitarbeiter eines Unternehmens (Wissensarbeiter)	**Explorative Studie (Beobachtung):** 4 Probanden, je 4 Sessions, Trainingsphase, Durchführung von Aufgaben (z. T. personalisiert für Proband), Think-Aloud, danach Interview	Think-Aloud-Protokoll, Beobachtungsnotizen, Interviewnotizen	qualitative Induktion
42	Vol. 10, Nr. 2, S. 97-106	**Seifert, I. (2011):** A pool of queries: Interactive multi-dimensional query visualization for information seeking in digital libraries	Graph	**Suchergebnisvisualisierung:** Exploration wissenschaftlicher Literatur in digitalen Dokumentenbeständen	–	Nützlichkeit	IV-Technik	Individuum	**Anwender:** Wissenschaftler	**Vorstudie:** 7 Probanden, Einführung und Leitfaden, Durchführung von Suchaufgaben, danach Fragebogen und Interview	Fragebogen (Freier Text), Kommentare (Interview)	deskriptive Aussagen
43	Vol. 10, Nr. 1, S. 47-64	**Farrugia, M.; Quigley, A. (2011):** Effective temporal graph layout: A comparative study of animation versus static display methods	Graph + Animation	**Datenanalyse:** Visualisierung und Analyse von sozialen Netzwerken	–	Effektivität	IV-Technik, Aufgabenart, Dichte des Graphen, Fragen	Gruppe	**Anwender:** Doktoranden, anonyme Onlinenutzer	**Laborexperiment:** 7 ausgesuchte Probanden, Trainingsphase, Durchführung von Aufgaben **Feldexperiment (Online):** 57 Probanden, vorher Fragebogen (demografische Angaben, Benutzerfähigkeiten), Trainingsphase, Durchführung von Aufgaben	Zeitmessung, Fehlerquote, Präferenz (Auswahl von Top 5 Adjektiven aus Liste zur Beschreibung des Tools)	t-Test (gepaart)
44	Vol. 10, Nr. 2, S. 134-144	**Jankun-Kelly, T. J.; Wilson, D.; Stamps, A. S.; Franck, J.; Carver, J.; Swan II, J. E. (2011):** Visual analysis for textual relationships in digital forensic evidence	Baum + TagCloud, Clustervisualisierung	**Suchergebnisvisualisierung und Suchnavigation:** Exploration textueller Beziehungen in digitalen forensischen Dokumenten	–	Effizienz	IV-Technik	Individuum	**Anwender:** Experten (Forensiker)	**Vorstudie:** 2 Probanden, Nutzerfeedback	Audioaufnahme, Kommentare	deskriptive Aussagen
Journal of Visual Languages and Computing												
45	Vol. 18, Nr. 3, S. 280-314	**Del Fatto, V.; Paolino, L.; Pittarello, F. (2007):** A usability-driven approach to the development of a 3D web-GIS environment	Virtuelle Umgebung	**Suchergebnisvisualisierung und Suchnavigation:** Suche nach geografischen Objekten, z. B. Kirchen in einer Stadt, Touristenattraktionen und Navigation zu diesen Punkten	–	Performanz, Zufriedenheit	IV-Technik	Indiviuum	**Anwender:** Studenten, Professoren	**Beobachtung:** 20 Probanden, Trainingsphase, Durchführung von Aufgaben innerhalb eines Szenarios, Fragebogen danach	Mitschnitt der Bildschirminteraktion, Talk-Aloud-Protokolle, Beobachtungsnotizen (Navigationsfehler, Aktionen), Zeitmessung, 5-Punkt-Likertskala	deskriptive Statistik

Tabelle A.7: Ergebnisse der Literaturanalyse - Fortsetzung VI

46	Vol. 19, Nr. 1, S. 99-122	**Burigat, S.; Chittaro, L. (2008):** Interactive visual analysis of geographic data on mobile devices based on dynamic queries	Geokarte	**Suchergebnisvisualisierung:** Suche nach Hotels, Restaurants, Suche nach Bodenchemikalien mit spezifischen Attributen	–	Effektivität, Effizienz, Nützlichkeit, Zufriedenheit	IV-Technik, Aufgabenkomplexität	Individuum	**Anwender:** Bachelor-Studenten, Hochschulabsolventen	**Laborexperiment:** 15 Probanden, vorher Fragebogen (demografische Angaben, Benutzerfähigkeiten), Trainingsphase, Durchführung von Suchaufgaben, Interview danach, Präferenzranking	Zeitmessung, Aufgabenkorrektheit, Anzahl POIs für Aufgabe, Anzahl von Interaktionen, Anzahl Tab Wechsel, Anzahl Nennungen präferierte IV-Technik, Kommentare	Varianzanalyse (einfaktorielle ANOVA), Friedman-Test, Kolmogorov-Smirnoff-Test, Dunn Multiple Compari-son Post-hoc Test, chi²-Test
47	Vol. 20, Nr. 6, S. 420-436	**Paolino, L.; Sebillo, M.; Tortora, G.; Vitiello, G.; Laurini, R. (2009):** Phenomena – A visual environment for querying heterogenous spatial data	Geokarte	**Datenanalyse:** Aufdecken von Feuerrisikozonen	–	Effektivität, Zufriedenheit	IV-Technik, Benutzerfähigkeiten	Individuum	**Anwender:** Studenten	**Laborexperiment:** 20 Probanden, Trainingsphase, Durchführung von Aufgaben, Fragebogen danach	Aufgabenkorrektheit, Reaktion auf benutzte Query Language, Kommentare, erreichte Unterstützung, 5-Punkt-Likert-Skala	t-Test
48	Vol. 22, Nr. 2, S. 150-169	**Malizia, A.; Bellucci, A.; Diaz, P.; Aedo, I.; Levialdi, S. (2011):** eStorys: A visual storyboard system supporting back-channel communication for emergencies	Geokarte + Zeitdimension	**Suchergebnisvisualisierung:** Suche nach georeferenzierten Bildern	–	Bedienbarkeit, Effektivität	IV-Technik, Aufgabenkomplexität	Individuum	**Anwender:** Hochschulabsolventen	**Expertenanalyse:** 12 Experten, Bewertung der Funktionalität anhand Bedienbarkeitsprinzipen **Laborexperiment:** 34 Probanden, Trainingsphase, Durchführung von Aufgaben, danach Fragebogen (Bedienbarkeit, demografische Angaben)	5-Punkt-Likertskala	deskriptive Statistik
49	Vol. 22, Nr. 2, S. 120-139	**Di Caro, L.; Candan, K. S.; Sapino, M. L. (2011):** Navigating within news collections using tag-flakes	Tag-Baum, Graph, Tag-Cloud	**Suchnavigation:** Navigation in Textdokumenten basierend auf Schlagworten und Beziehungen zwischen diesen	–	Nützlichkeit, Intuitivität	IV-Technik, Datensammlung, Fragetyp	Individuum	Anwender	**Laborexperiment:** 20 Probanden, Fragen zur Einschätzung der IV-Techniken, Nutzerfeedback	5-Punkt-Likertskala, Kommentare	t-Test (gepaart)
50	Vol. 22, Nr. 4, S. 305-321	**Aguirre, R.; Nyerges, T. (2011):** Geovisual evaluation of public participation in decision making: The grapevine	3D Geokarte + Weinreebenvisualisierung inkl. Zeitdimension	**Datenanalyse:** Analyse zeitlicher und räumlicher Struktur von Nachrichtenaustausch / Nutzerinteraktionen in Online Diskussionen, z. B. Diskussionsforum über Verbesserung Verkehrswesen	–	Qualität und Ausmaß der Onlineinteraktion	IV-Technik	Individuum	**Anwender:** Experten (Geoanalysten)	**quasi Feldexperiment (Online):** 179 Probanden, vorher Fragebogen (demografische Angaben, Benutzerfähigkeiten), Durchführung kollaborativer Aufgaben, währendessen und danach Fragebogen, tiefergehende Interviews (pro Person)	Client-Server-Event-Logdaten, Bildschirmaufnahmen	Häufigkeitsanalyse
Computers & Graphics												
51	Vol. 31, Nr. 5, S. 761-777	**Gross, M.; Vögeli, C. (2007):** A multimedia framework for effective language training	Baum	**Strukturierung:** Lernhilfe für Menschen mit Legasthenie (Zerlegung und Darstellung von Wörtern bzw. Wortsilben)	–	Effektivität (Lernverbesserung)	IV-Technik, Training	Individuum	**Anwender:** Kinder mit Legasthenie	**Laborexperiment:** 80 Probanden, vorher Schreibtest, Psychologische Tests, Lesetest, IQ-Test, Aufmerksamkeitstest, Händigkeitstest, Trainingsphase (3 Monate zu Hause), 4 mal pro Woche 15-20 min) Aufgabe im Labor, Schreibtest am Ende)	Anzahl Fehler für zu lernende Wörter	deskriptive Statistik, t-test
52	Vol. 35, Nr. 4, S. 841-853	**Jo, H.; Hwang, S.; Park, H.; Ryu, J-h. (2011):** Aroundplot: Focus+context interface for off-screen objects in 3D environments	3D Umgebung, 2D Umgebung + Fisheye Sicht	**Suchnavigation, Abbildung Realität:** Visualisierung von Hinweisen (Nachrichten, Personen, Treffpunkte, Arbeitsaufgaben) in 3D Umgebungen	–	Effektivität, Effizienz	IV-Technik, Aufgabenart, Anzahl angezeigter Objekte	Individuum	**Anwender:** Studenten	**Laborexperiment:** 16 Probanden, Trainingsphase, Durchführung von Aufgaben, nach jeder Aufgabe subjektive Aufgabenbelastung dokumentiert	Anzahl Fehler Aufgabe, Zeitmessung, subjektive Aufgabenbelastung (Task load) mittels NASA-Fragebogen	RMANOVA, Greenhous-Geisser Anpassung, Bonferroni-Korrektur, multivariate Regression
53	Vol. 35, Nr. 4, S. 854-868	**Gee, A. P.; Webb, M.; Esamilla-Ambrosio, J.; Mayol-Cuevas, W.; Calway, A. (2011):** A topometric system for wide area augmented reality	Virtuelle Umgebung	**Suchnavigation, Abbildung Realität:** Annotation und Suche in virtuellen Umgebungen zur Unterstützung der effizienten Informationsweitergabe bei In- und Outdoor Aktivitäten	–	Effizienz, Effektivität, Nutzungsaufwand, Genauigkeit, Bedienbarkeit, Präferenz	IV-Technik, Aufgabenart	Individuum	**Anwender:** Wissenschaftler	**Laborexperiment:** 12 Probanden, Einführung, Durchführung von Aufgaben, Fragebogen nach jeder Aufgabe (Präferenz)	Aufgabenkorrektheit (genaue Platzierung POIs), Zeitmessung (globale Fertigstellungszeit, individuelle Zeit zur Positionierung eines POI in der Szene, der für Annotationen genutzt werden kann), 5-Punkt-Likertskala	t-test

Tabelle A.8: Ergebnisse der Literaturanalyse - Fortsetzung VII

54	Vol. 35, Nr. 4, S. 789-799	**Morrison, A.; Mulloni, A.; Lemmelä, S.; Oulasvirta, A.; Jacucci, G.; Peltonen, P.; Schmalstieg, D.; Regenbrecht, H. (2011):** Collaborative use of mobile augmented reality with paper maps	Geokarte	Suchnavigation, Abbildung Realität: Unterstützung kollaborativer Zusammenarbeit durch Einblendung von Zusatzinformationen auf Geokarten z. B. Suchaufgaben in der realen Umgebung	–	Effektivität, Effizienz, Nutzung (kollaborativ vs. individuell, Geokarte vs. virtuelles System als Ganzes, während des Laufens), Bedienbarkeit, Movitation, Aufmerksamkeit	IV-Technik Experiment 2: Anzahl mobiler Geräte pro Team	Gruppe, Individuum	Anwender: Wissenschaftler, Experten, Pfadfinder	**Vorstudie:** Durchführung von spielerischen Teamaufgaben in realer Umgebung, Beobachtung, Nutzerfeedback **Exploratives Feldexperiment 1:** 37 Probanden, vorher Fragebogen (demografische Angaben) Trainingsphase, Durchführung von spielerischen Teamaufgaben in realer Umgebung **Exploratives Feldexperiment 2:** 37 Probanden, vorher Fragebogen (demografische Angaben), Trainingsphase, Durchführung von spielerischen Teamaufgaben in realer Umgebung	Videoaufnahme, Beobachtungsnotizen (Geräthandhabung, Verhalten, geteilte Benutzung, Strategie, Rollenverteilung im Team), Photos als Beweis für erledigte Aufgabe, Anzahl von Aktivitäten mit Gerät, Zeitmessung, Aufgabenkorrektheit, 5-Punkt und 7-Punkt-Likertskala, Audiomitschnitt	deskriptiv Statistik
Computers & Geosciences												
55	Vol. 37, Nr. 1, S. 86-92	**Tomaszewski, B. (2011):** Situation awareness and virtual globes: Applications for disaster management	Virtueller Globus (Google Earth)	Suchergebnisvisualisierung: integrierte Visualisierung wichtiger Informationen (z. B. Webseiten) zu humanitären Projekten (z. B. Katastrophenschutz)	–	Bedienbarkeit, Nützlichkeit	IV-Technik	Individuum	Anwender: Mitarbeiter eines humanitären Projekts der vereinten Nationen	**Vorstudie:** 4 Probanden, Durchführung von Aufgaben und anschließendes Entscheiden, Gruppendiskussion / Fokusgruppe, Nutzerfeedback	Transkripierte Gruppendiskussionsergebnisse	Fokusgruppe (Gruppendiskussion), Transkription und Inhaltsanalyse / Kategorisierung
Cartography and Geographic Information Science (CaGIS)												
56	Vol. 27, Nr. 1, S. 3-14	**Leitner, M.; Buttenfield, B. P. (2000):** Guidelines for the Display of Attribute Certainty	Geokarte	Datenanalyse: Entscheidungsunterstützung bei Positionierung eines Parks oder Flughafens	–	Effektivität, Effizienz, Zufriedenheit	IV-Technik, Aufgabenkomplexität	Individuum	Anwender: Bachelor-Studenten, Hochschulabsolventen	**Laborexperiment:** 68 Probanden, Durchführung von Aufgaben (Flughafenpositionierung), Nutzerfeedback	Zeitmessung, Aufgabenkorrektheit, Kommentare	Varianzanalyse (zweifaktorielle ANOVA), Häufigkeitsanalyse, Friedman-Test
57	Vol. 29, Nr. 4, S. 325-342	**Andrienko, N.; Andrienko, G.; Voss, H.; Bernardo, F.; Hipolito, J.; Kretchmer, U. (2002):** Testing the usability of interactive maps in CommonGIS	Geokarte	Datenanalyse: Analyse geografischer Daten und unterstützen der Entscheidungsfindung	–	Erlernbarkeit der IV-Technik, Einprägsamkeit der Bedienung der IV-Technik, Zufriedenheit (Schwierigkeit Aufgabenerledigung, Frustation, Performance, visuell ansprechend)	IV-Technik, Aufgabenart, Aufgabenkomplexität (Leselevel)	Individuum	Anwender: Studenten, Mitarbeiter eines Unternehmens	**Laborexperiment 1:** 9 Probanden, Einführung, vorher Fragebogen (demografische Angaben, Benutzerfähigkeiten), Durchführung von Aufgaben, nach jeder Aufgabe Fragen bzgl. Ergebnis, Fragebogen danach **Laborexperimtent 2:** 6 Probanden (analog Experiment 1), Fokus auf Messung Einprägsamkeit **Feldexperiment 3 (Online):** 200 Probanden, Durchführung von Aufgaben	Logdateien: Fehlerquote; 4-stufige semantische Differentialskala	deskriptive Statistik
58	Vol. 31, Nr. 4, S. 237-252	**Fabrikant, S. I.; Montello, D. R.; Ruocco, M.; Middleton, R. S. (2004):** The distance-similarity metaphor in network-display spatializations	Netz	Datenanalyse: Analyse von Dokumenten (Nachrichten, Bücher, Journalartikel) hinsichtlich Ähnlichkeit	–	Effektivität, Effizienz, Nützlichkeit	IV-Technik	Individuum	Anwender: Bachelor-Studenten	**Laborexperiment 1:** 44 Probanden, vorher Fragebogen (demografische Angaben, Benutzerfähigkeiten), Trainingsphase, Durchführung von Aufgaben (Einschätzen der Ähnlichkeit von Dokumenten), Fragebogen danach **Laborexperiment 2:** 35 Probanden, vorher Fragebogen (demografische Angaben, Benutzerfähigkeiten), Trainingsphase, Durchführung von Aufgaben, Fragebogen danach	Zeitmessung (für Einschätzung), 9-Punkt-Likertskala (Similaritätsbewertung)	Varianzanalyse (RMANOVA), t-Test
59	Vol. 32, Nr. 4, S. 243-255	**Robinson, A. C.; Chen, J.; Lengerich, E. J.; Meyer, H. G.; MacEachren, A. M. (2005):** Combining Usability Techniques to Design Geovisualization Tools for Epidemiology	Scatterplot, Parallel Coordinate Plot, Geokarte	Datenanalyse: Erkennen von Mustern und Trends in Krankheitsdaten, z. B. Krebspatienten	–	Verständlichkeit, Bedienbarkeit	IV-Technik	Individuum, Gruppe	Anwender: Hochschulabsolventen, Wissenschaftler, Experten (Epidemiologen)	**Vorstudie:** Durchführung von Aufgaben, Think-Aloud, Card-Sorting-Verfahren zur Entwicklung und Aufbau von Benutzeroberflächen **Fokusgruppen: Einführung,** Durchführung von Aufgaben, Gruppendiskussion und Nutzerfeedback **Ethnographische Fallstudie:** Beobachtung von Verhalten wie IV-Technik real eingesetzt wird (Epidemiologen)	Think-Aloud-Protokolle, Beobachtungsnotizen, Audio- / Videomitschnitt, verbale Protokolle (Gruppendiskussion)	Protokollanalyse, Triangulation der Daten, deskriptive Aussagen

Tabelle A.9: Ergebnisse der Literaturanalyse - Fortsetzung VIII

Geoinformatica												
60	Vol. 10, Nr. 2, S. 123-158	**Schafer, W. A.; Bowman, D. A. (2006):** Supporting Distributed Spatial Collaboration: An Investigation of Navigation and Radar View Techniques	Geokarte + Radar Sicht oder Fisheye Sicht	**Datenanalyse:** Unterstützung kollaborativer Umweltprojekte, z. B. Planung eines Parks oder einer Verkehrslösung	–	Effektivität, Effizienz, Präferenz	IV-Technik	Gruppe (je 2 Personen)	**Anwender:** Einwohner	**Laborexperiment:** 32 Probanden in 16 Teams, vorher Fragebogen (demografische Angaben, Benutzerfähigkeiten), Einführung und Leitfaden, Durchführung von Kollaborationsaufgaben, Beobachtung, Fragebogen danach	Differenz markierte Positionen aller Gruppenmitglieder (= Level gemeinsames Verständnis), Zeitmessung, 7-Punkt-Likert-skala, Rangfolge, Videoaufnahmen	Varianzanalyse (ANOVA), Chi-Squared Goodness of Fit-Test
Journal of Geographical Systems												
61	Vol. 8, Nr. 3, S. 269-287	**Sobek, A. D.; Miller, H. J. (2006):** U-Access: a web-based system for routing pedestrians of differing abilities	Geokarte	**Suchnavigation:** Navigation und Routenplanung für köperlich behinderte Fussgänger	–	Genauigkeit, Bedienbarkeit, Nützlichkeit	IV-Technik	Individuum	**Anwender:** Mitarbeiter des Zentrums für Behinderte der Universität, Studenten	**Expertenstudie:** 8 Probanden, freie Nutzung der IV-Technik für mehrere Wochen, Fragebogen danach	Kommentare	deskriptive Aussagen
International Journal of Human-Computer Studies												
62	Vol. 46, Nr. 1, S. 103-124	**Kumar, H. P.; Plaisant, C.; Shneiderman, B. (1997):** Browsing hierarchical data with multi-level dynamic queries and pruning	Baum	**Suchergebnisvisualisierung und Suchnavigation:** Suche nach Universitäten	–	Effizienz, Zufriedenheit	IV-Technik	Individuum	**Anwender:** Bachelor-Studenten, Hochschulabsolventen	**Vorstudie:** 8 Probanden,Trainingsphase, Durchführung von Suchaufgaben, Think-Aloud, danach Fragebogen und Nutzerfeedback **Laborexperiment:** 24 Probanden, Durchführung von Aufgaben, Fragebogen danach	Zeitmessung, 9-Punkt-Likert-skala, Benutzerverhalten (Think-Aloud-Protokolle, Verhaltensaufnahmen), Vorschläge für Verbesserungen	Varianzanalyse (ANOVA), t-Test (gepaart)
63	Vol. 53, Nr. 5, S. 809-825	**Pohl, M.; Purgathofer, P. (2000):** Hypertext authoring and visualization	2D Übersichtskarte	**Strukturierung:** Darstellung der Informationsstruktur eines Dokuments zur Unterstützung beim Erstellen von Hypertexten	–	Struktur der Übersichtskarte, Layoutdesign, Linktypen, Strategie / Verhalten zur Erstellung eines Dokuments	IV-Technik	Individuum	**Anwender:** Studenten	**Explorative Studie (Beobachtung):** Beobachtung des Benutzerverhaltens von 198 Probanden, 95 Dokumente mittels Aktionsklassen quantitativ analysiert	Monitoring System (Benutzerverhalten), Analyse der erstellten Dokumente (Struktur des Dokuments), Beobachtungsprotokoll (Verhalten)	deskriptive Dokumentenanalyse,
64	Vol. 53, Nr. 5, S. 695-714	**Risden, K.; Czerwinski, M. P.; Munzner, T.; Cook, D. B. (2000):** An initial examination of ease of use for 2D and 3D information visualizations of web content	Baum, Hierarchische Kategorisierung, 3D hyperbolischer Graph + 2D Liste	**Suchergebnisvisualisierung und Suchnavigation, Strukturierung:** Verzeichnismanagement (Suche nach geeigneten Kategorien, Einordnung und Anlegen neuer Kategorien)	–	Effektivität, Effizienz, Zufriedenheit, Komfortabilität	IV-Technik, Aufgabenkomplexität, Kontrollvariablen: Zugang zu Inhalten, Struktur des Inhalt in Bezug zu Verzeichnis	Individuum	**Anwender:** Experten (Softwareprogrammierer)	**Laborexperiment:** 16 Probanden, vorher Fragebogen (demografische Angaben, Benutzerfähigkeiten), Trainingsphase, Durchführung von Suchaufgaben, Fragebogen danach	Zeitmessung, Aufgabenkorrektheit (Antwortenkonsistenz: Anteil Antworten, die meist genannten Antworten entsprechen), Häufigkeit der Nutzung der einzelnen IV-Techniken, 7-Punkt-Likert-skala	Varianzanalyse (ANOVA), t-Test
65	Vol. 57, Nr. 1, S. 1-26	**Nilsson, R. M.; Mayer, R. E. (2002):** The effects of graphic organizers giving cues to the structure of a hypertext document on users' navigation strategies and performance	konzeptuelle Karte, Organizer	**Suchnavigation:** Navigation auf einer Webseite	–	Effizienz, Effektivität, Präferenz	IV-Technik (graphische Hinweise), Suchstrategie, Verwendung der zur Verfügung stehenden Hierarchien, Benutzerfähigkeiten (Lernen / Verständnis von Webseitenstruktur)	Individuum	**Anwender:** Bachelor-Studenten	**Laborexperiment 1:** 53 Probanden, vorher Fragebogen (demografische Angaben, Benutzerfähigkeiten), Einführung und Leitfaden, Durchführung von Aufgaben, Log-Protokoll der Webseitennutzung **Laborexperiment 2:** 55 Probanden, vorher Wissenstest und Räumlichkeitstests, vorher Fragebogen (demografische Angaben, Benutzerfähigkeiten), Einführung, Durchführung von Aufgaben, Fragebogen danach	Zeitmessung und Anzahl Webseiten pro Aufgabe (= Effizienz), Anzahl wie oft Teilnehmer zu einer Seite zurückgegangen sind (Suchfehler), Präferenzwert (Grad mit dem Teilnehmer nur eine oder zwei Hierarchiestrukturen verwendet bei gleichzeitiger Kontrolle der Suchlänge), Server Log-Protokolle (Suchstrategien), 5-Punkt-Likertskala	Varianzanalyse (ANOVA), Mann-Whitney-U-Test, chi²-Test
66	Vol. 58, Nr. 3, S. 327-345	**Potelle, H.; Rouet, J-F. (2003):** Effects of content representation and readers' prior knowledge on the comprehension of hypertext	Baum, Netz, Liste	**Strukturierung:** Verständnis von Hypertextstrukturen, Organisation von Textinhalten	–	Effektivität (Verstehen von Hypertexten)	IV-Technik, Benutzerfähigkeiten (Vorwissen), Struktureller Level, Repräsentationslevel	Individuum	**Anwender:** Studenten	**Laborexperiment:** 47 Probanden, vorher Fragen (vorheriges Verständnis desThemas), Einführung, Durchführung von Aufgaben (Verstehen von Kurztexten), danach Lesetest, Zusammenfassung des Textes schreiben, Fragen zum Text, Messen der Computerinteraktionsfähigkeiten, Zeichnentest (konzeptuelle Karte)	Aufgabenkorrektheit (korrekte MC-Antwort), Lesetest nach Lefavrais (1986), geschriebene Zusammenfassungen (Protokolle), Mausauswahl-Aufgabe, Zeichnungen	deskriptive Statistik, t-Test, Protokollanalyse (Konzepte), Zeichnungsanalyse (Konzepte, Verbindungen), Varianzanalyse, Spearman-Korrelation, Person's Korrelation

Tabelle A.10: Ergebnisse der Literaturanalyse - Fortsetzung IX

67	Vol. 59, Nr. 5, S. 569-602	**Lee, M. D.; Butavicius, M. A.; Reilly, R. E. (2003):** Visualizations of binary data: A comparative evaluation	Chernoff Faces, Star Glyph (Icon-Displays), 2D Scatterplot	Datenanalyse: Analyse von Binärdaten (z. B. Tiere, Filmschauspieler, Filme etc.), Erkennen von Ähnlichkeit	–	Effektivität, Effizienz, Zufriedenheit	IV-Technik, Aufgabenkomplexität	Individuum	Anwender	Laborexperiment 1: 32 Probanden, vorher Fragebogen (demografische Angaben, Benutzerfähigkeiten), Einführung, Durchführung von Aufgaben, danach Befragung Laborexperiment 2: 24 Probanden, vorher Fragebogen (demografische Angaben, Benutzerfähigkeiten), Einführung, Durchführung von Aufgaben, danach Befragung Laborexperiment 3: 10 Probanden, Einführung, vorher Fragebogen (demografische Angaben, Benutzerfähigkeiten), Durchführung von Aufgaben, danach Befragung	Zeitmessung, 5-Punkt-Likertskala, Aufgabenkorrektheit	Varianzanalyse (zweifaktorielle ANOVA, einfaktorielle ANOVA), Greenhouse-Geisser-Korrektur, Mauchly Test of Sphericity, Bayesche Analyse
68	Vol. 61, Nr. 3, S. 375-395	**Parush, A.; Berman, D. (2004):** Navigation and orientation in 3D user interfaces: the impact of navigation aids and landmarks	Geokarte, Liste, Virtuelle Umgebung	Suchnavigation: Suche und Navigation nach einem Objekten in virtueller Umgebung, z. B. Dateien, Ordner, Geräte, Software	–	Effektivität (Aneignung von Wissen über Route und Überblick über Umgebung = Lernen)	IV-Technik (Navigationshilfe), geografische Orientierungspunkte (z. B. Stuhl, Wandbild etc. in einem Büro) Kontrollfaktor: Geschlecht	Individuum	Anwender: Bachelor-Studenten, Hochschulabsolventen	Laborexperiment: 109 Probanden, vorher Fragebogen (demografische Angaben und Benutzerfähigkeiten), Trainingsphase, Durchführung von Aufgaben	Zeitmessung, Anzahl Navigationsschritte, Differenz zwischen benötigen Navigationsschritten und durchgeführten (Unwichtige Schritte), Anzahl korrekt gefundener Objekte, Anzahl korrekt gezeigter Richtungen (Orientierung), Abweichung zwischen gezeigter Richtung und korrekter Richtung, 5-Punkt-Likertskala	deskriptive Statistik, Varianzanalyse (RMANOVA), Bonferroni-Korrektur
69	Vol. 62, Nr. 6, S. 713-736	**Westerman, S. J.; Collins, J.; Cribbin, T. (2005):** Browsing a document collection represented in two- and three-dimensional virtual information space	2D und 3D Virtuelle Umgebung	Suchnavigation: Suche nach relevanten Dokumenten (Nachrichtentexte)	–	Effektivität, Effizienz	IV-Technik, Benutzerfähigkeiten (kognitive Fähigkeiten, räumliche Fähigkeiten)	Individuum	Anwender: Studenten	Laborexperiment: 84 Probanden, vorher räumlich-visueller Test, räumlicher Erinnerungstest, assoziativer Erinnerungstest, Trainingsphase, Durchführung von Suchaufgaben	Recall, Precision, Zeitmessung, zurückgelegte Distanz, Anzahl Rotationen, Anzahl besuchter Knoten, Anzahl besuchter verschiedener Knoten, Verlorensein (= Verhältnis besuchter Knoten zu besuchten selben Knoten), Effektivität = Kombination aus Recall und Precision, räumliche Fähigkeiten mittels VZ-2 Test, räumliche Erinnerung mittels MV-2 Test und assoziatives Erinnerungsvermögen mittels MA-2 nach Ekstrom et al. (1976) gemessen	Varianzanalyse (ANOVA), Diskriminanzanalyse, Wilks Lambda, Spearman-Brown Split-half Reliabilitätskoeffizient
70	Vol. 63, Nr. 6, S. 537-564	**Sjölinder, M.; Höök, K.; Nilsson, L-G.; Andersson, G. (2005):** Age differences and the acquisition of spatial knowledge in a three-dimensional environment: Evaluating the use of an overview map as a navigation aid	3D Virtuelle Umgebung, Übersichtskarte	Suchnavigation, Abbildung Realität: Navigationshilfe in einer 3D Umgebung (z. B. Online Lebensmittelgeschäft)	–	Effektivität (Erwerb von Wissen über Gestaltung von Objekten), Effizienz	IV-Technik, Benutzerfähigkeiten (räumlich-mentale Rotationsfähigkeit, Erfahrungen mit Computer, Internet, 3D Umgebung, Ausbildung) Kontrollvariablen: Alter, Geschlecht	Individuum	Anwender: Studenten, Einwohner, Senioren	Laborexperiment: 48 Probanden, vorher Benutzerfähigkeiten mit Räumlichkeitstests erfassen, Trainingsphase, Durchführung von Aufgaben (Lebensmittel auf Einkaufsliste kaufen), Fragebogen danach (demografische Fragen und Bewertung des Überblicks über Umgebung und Orientierungssinn hinsichtlich zu kaufender Objekte, Lernen der Umgebung)	Zeitmessung, 5-Punkt-Likertskala, Anzahl Klicks zur Bewegung; Fehlerquote (Winkel zwischen korrekter Position eines Produktes und vorgeschlagener Position), Abstand zwischen diesen Positionen	Varianzanalyse (ANCOVA, ANOVA), Bonferroni-Korrektur, Person Korrelationskoeffizient
71	Vol. 62, Nr. 1, S. 127-157	**Chung, W.; Chen, H.; Chaboya, L. G.; O'Toole, C. D.; Atabakhsh, H. (2005):** Evaluating event visualization: a usability study of COPLINK spatio-temporal visualizer	Geokarte + Zeitverlauf	Datenanalyse: Kriminalitätsanalyse, Integration räumlicher, zeitlicher und aggregierter Daten	–	Effektivität, Effizienz, Bedienbarkeit, Nützlichkeit	IV-Technik	Individuum	Anwender: Studenten, Experten (Kriminalisten)	Laborexperiment: 30 Probanden, Durchführung von Suchaufgaben, Fragebogen danach Feldexperiment: 4 Probanden (Kriminalisten), Durchführung von Suchaufgaben, Fragebogen danach, Interview danach	Aufgabenkorrektheit, Zeitmessung, Kommentare, 7-Punkt-Likertskala	t-Test (gepaart)
72	Vol. 65, Nr. 11, S. 931-944	**Butavicius, M. A.; Lee, M. D. (2007):** An empirical evaluation of four data visualization techniques for displaying short news text similarities	Liste, 1D und 2D Geokarte	Suchnavigation: Suche nach relevanten Dokumenten (Nachrichtentexte)	–	Effektivität, Effizienz, Zufriedenheit	IV-Technik Kontrollvariablen: Ähnlichkeit von Dokumenten	Individuum	Anwender: Studenten	Laborexperiment: 81 Probanden, Trainingsphase, Durchführung von Suchaufgaben, nach jeder Aufgabe Befragung der Zufriedenheit	Anzahl zugegriffene Dokumente, 7-Punkt-Likertskala, Zeitmessung, Bewegungen zwischen Dokumenten (Reihenfolge der genutzten Dokumente), Aufgabenkorrektheit	deskriptive Statistik, Varianzanalyse (RMANOVA), Spearman's Rangkorrelationskoeffizient, Scheffé-Test

Tabelle A.11: Ergebnisse der Literaturanalyse - Fortsetzung X

73	Vol. 68, Nr. 10, S. 746-759	**Luo, Z.; Luo, W.; Wickens, C. D.; Chen, I-M. (2010):** Spatial learning in a virtual multilevel building: Evaluating three exocentric view aids	3D Geokarte (Stockwerkkarte, Gebäudekarte), Luftansicht	Suchnavigation, Abbildung Realität: Navigation in einem virtuellen Gebäude mit mehreren Etagen	–	Effektivität, Effizienz	IV-Technik, Fragetyp hinsichtlich Abstand zwischen Objekten und hinsichtlich Blickrichtung	Individuum	Anwender: Studenten	Laborexperiment: 40 Probanden, vorher Gedächtnistest, Trainingsphase, Durchführung von Aufgaben	Aufgabenkorrektheit (Beurteilung räumlicher Richtungen / Winkelfehler), Zeitmessung	Varianzanalyse (ANOVA)
74	Vol. 68, Nr. 10, S. 777-787	**Lin, P-C.; Chien, L-W. (2010):** The effects of gender differences on operational performance and satisfaction with car navigation systems	Geokarte	Suchnavigation: Suche nach Orten, Bereichen in Geokarte	–	Aufgabenperformanz (Effektivität und Effizienz), Zufriedenheit	IV-Technik, Geschlecht	Individuum	Anwender	Laborexperiment: 64 Probanden, Einführung und Leitfaden, Durchführung von Aufgaben, danach Fragebogen	Aufgabenkorrektheit, Zeitmessung, Anzahl von Bildschirmanzeigen, 5-Punkt-Likertskala	Varianzanalyse (ANOVA)
75	Vol. 68, Nr. 5, S. 243-253	**Sylaiou, S.; Mania, K.; Karoulis, A.; White, M. (2010):** Exploring the relationship between presence and enjoyment in a virtual museum	3D Umgebung	Suchnavigation, Abbildung Realität: Navigation und virtuelle Museumsbesichtigung	–	Freude, Vor-Ort-Gefühl (Präsenz in virtuellen Realität)	IV-Technik, Level des Vor-Ort-Gefühls (bezüglich Kunstobjekte und allgemeines Gefühl, im Museum zu sein), Benutzerfähigkeiten (IT-Erfahrungen)	Individuum	Anwender: Bachelor-Studenten, Doktoranden	Laborexperiment: 29 Probanden, Trainingsphase, Durchführung von explorativen Aufgaben, danach Fragebogen	7-Punkt-Likertskala (Freude, Präsenz, z. B. Ausmaß Zeit verloren zu haben, Aufgaben erfüllt zu haben, Gefühl eines Ortes und nicht eines Computer-Bildschirms)	Pearson-Korrelation
76	Vol. 69, Nr. 1-2, S. 80-99	**Lavie, T.; Oron-Gilad, T.; Meyer, J. (2011):** Aesthetics and usability of in-vehicle navigation displays	Geokarte	Suchnavigation: Navigation, Auswahl einer Route, Orientierung	–	Experiment 1: Ästhetik, Experiment 2: wahrgenommene Bedienbarkeit, wirkliche Bedienbarkeit (Effizienz und Effektivität), Performanz	IV-Technik Experiment 2: Datensammlung, Abstraktionslevel, Farbschema Experiment 3: Art des Cursors Kontrollvariable: wahrgenommener Abstraktionslevel	Individuum	Anwender: Studenten	Laborexperiment 1: 76 Probanden, vorher Fragebogen (vorgegebene Attribute zur Beschreibung einer Anzeige hinsichtlich Eignung einschätzen), 11 Karten präsentiert, nach jeder Karte eine Inhaltsfrage, danach Fragebogen (einschätzen der Ästhetik-Attribute je Karte) Laborexperiment 2: 22 Probanden, Durchführung von Aufgaben, Fragebogen zwischendurch bzgl. Ästhetik-Attribute und Bedienbarkeit Laborexperiment 3: 5 Probanden, modifiziertes Design von Experiment 2	7-Punkt-Likertskala (Ästhetik-Attribute, Zufriedenheit mit Karte, wahrgenommene Bedienbarkeit), tatsächliche Bedienbarkeit mittels Antwortzeit und Anzahl korrekter Antworten, Zeitmessung	Explorative Faktoranalyse, Varianzanalyse (ANOVA, RMANOVA), Friedman-Test, Kendall's Konkordanz-Test, Tukey HSD-Test, Greenhouse-Geisser-Korrektur
77	Vol. 70, Nr. 6, S. 432-449	**Butavicius, M. A.; Lee, M. D.; Pincombe, B. M.; Mullen, L. G.; Navarro, D. J.; Parsons, K. M.; McCormac, A. (2012):** An assessment of email and spontaneous dialog visualizations	2D Scatterplot, Liste	Suchnavigation: Suche in unstrukturierten Texten, z.B. Transkriptionen von Telefongesprächen, E-Mails	–	Effektivität, Effizienz, Zufriedenheit	IV-Technik, Dokumentensammlung	Individuum	Anwender: Studenten, Fakultätsmitglieder der Universität	Laborexperiment 1: 48 Probanden, Trainingsphase, Durchführung von Aufgaben, Rating zur Zufriedenheit Laborexperiment 2: 49 andere Probanden, Trainingsphase, Durchführung von Aufgaben, Rating Zufriedenheit	Logdaten zu Nutzerverhalten (Zeitmessung, Aufgabenkorrektheit, Anzahl zugegriffener Dokumente, Anteil sequentiell zugegriffener Dokumente aus der Nachbarschaft "Nearest Neighbors"-Menge), 5-Punkt-Likertskala	Varianzanalyse (RMANOVA), Bonferroni-Korrektur, Spearman's Rho
	Journal of Knowledge Management											
78	Vol. 4, Nr. 1, S. 56-64	**Kenyon, J.; Briggs, P. (2000):** Network Map: visualizing telecommunications service	Hyperbolischer Baum	Suchergebnisvisualisierung und Suchnavigation: Überblick und Suche nach Kundendaten (Sprach- und Datendienste eines Kunden)	–	Akzeptanz	IV-Technik	Individuum	Multistakeholder: Anwender (Marketingexperten), Kunden	Vorstudie: Nutzerfeedback	Kommentare	deskriptive Aussagen
79	Vol. 9, Nr. 2, S. 123-128	**Van den Berg, C.; Popescu, I. (2005):** An experience in knowledge mapping	konzeptuelle Karte (Wissenskarte)	Strukturierung: Visualisierung von Wissen und dessen Beziehungen zur Unterstützung der Wissenskodifizierung und Wissensweitergabe in Netzwerken und Projekten	–	Nützlichkeit	IV-Technik	Individuum	Multistakeholder: externe (Berater, Wissenschaftler), Management	Vorstudie: Nutzerfeedback	Kommentare	deskriptive Aussagen

Tabelle A.12: Ergebnisse der Literaturanalyse - Fortsetzung XI

	The Learning Organization											
80	Vol. 5, Nr. 3, S. 109-120	**Fraser, K.; Novak, J. (1998):** Managing the empowerment of employees to address issues of inter-employee co-operation, communication and work redesign	konzeptuelle Karte (Wissenskarte)	**Strukturierung:** Unterstützung von Diskussionen, Kooperation, Kommunikation, Informationsweitergabe durch Organisation und Strukturierung von Gedanken und Ideen	–	Nützlichkeit (Verbessertes Strukturieren von Gedanken, Fokusieren von Diskussionen, Teilen von Informationen und deren Verständnis, Weniger Konfrontationen, gleiche Beteiligung aller Teilnehmer)	IV-Technik	Gruppe (2-3 Personen)	**Anwender:** Mitarbeiter eines Unternehmens	**9 Fallstudien:** vorher Interviews, Erstellen der konzeptuellen Karten, Verwendung der konzeptuellen Karten, danach Interviews	Audiomitschnitt	Transkription + Inhaltsanalyse/ Kategorisierung
81	Vol. 12, Nr. 3, S. 261-274	**Lim, S. S.; Tan, K. H.; Platts, K. (2005):** Enhancing learning effectiveness through connectance diagrams: A new tool for learning organisations	konzeptuelle Karte (Wissenskarte)	**Strukturierung:** Wissensstrukturierung zur Unterstützung von Lernen und Verbesserung des Wissensflusses	–	Effektivität (Lernen)	IV-Technik	Individuum	Management	**5 Fallstudien:** informelles Testen, Nutzerfeedback	Kommentare	deskriptive Aussagen
	Knowledge Management Research & Practice											
82	Vol. 7, Nr. 1, S. 37-51	**Mansingh, G.; Osei-Bryson, K-M.; Reichgelt, H. (2009):** Building ontology-based knowledge maps to assist knowledge process outsourcing decisions	konzeptuelle Karte (Wissenskarte)	**Strukturierung:** Unterstützt Kommunikation von Wissen mit verschiedenen Detaillierungsgraden, Identifikation von strategischen oder kritischen Wissensbereichen und Beziehungen im Unternehmen, Treffen von Entscheidungen	–	Nützlichkeit, Bedienbarkeit	IV-Technik	Individuum	**Anwender:** Experten (Arzt)	**Vorstudie:** Nutzerfeedback (2 Probanden)	Kommentare	deskriptive Aussagen
	Electronic Journal of Knowledge Management											
83	Vol. 7, Nr. 2, S. 255-260	**Nada, N.; Kholief, M.; Tawfik, S.; Metwally, N. (2009):** Mobile Knowledge Tool-kit to Create a Paradigm Shift in Higher Education	konzeptuelle Karte (Wissenskarte)	**Strukturierung:** Wissensinhalte und Beziehungen / Wirkungen darstellen als Selbstlernhilfe für neue Studenten	–	Effektivität	IV-Technik	Individuum	**Anwender:** Studenten	**Fallstudie 1:** 74 Probanden, Trainingsphase, Durchführung von Aufgaben **Fallstudie 2:** 8 Probanden, Diskussion der erstellten Mind Map und deren Einfluss auf Gesundheit eines Patienten in der Gruppe	Aufgabenkorrektheit	deskriptive Aussagen
	Journal of Information & Knowledge Management											
84	Vol. 8, Nr. 3, S. 201-211	**Loss, L. (2009):** Concept Maps as a Tool for Supporting Knowledge Management in Collaborative Research Projects	konzeptuelle Karte (Wissenskarte)	**Strukturierung:** Unterstützung im Projektmanagement zur Beschreibung und Verlinkungen von Arbeitspaketen, ermöglichen geteilte Perspektive für Zusammenarbeit	–	Nützlichkeit	IV-Technik	Gruppe (Projektteam)	**Multistakeholder:** Anwender (Mitarbeiter eines Unternehmens) Externe (Projektpartner)	**2 Fallstudien:** Projekt-Lebenszyklus-Management: 19 Projektpartner, Schreiben eines Projektantrags: 3 Projektpartner, Nutzerfeedback	Kommentare	deskriptive Aussagen
	Computer Graphics Forum											
85	Vol. 27, Nr. 7, S. 1853-1860	**Möser, S.; Degener, P.; Wahl, R.; Klein, R. (2008):** Context Aware Terrain Visualization for Wayfinding and Navigation	Geokarte (Einblenden von Fußgängerperspektive, Touristenattraktionen, isometrische Perspektive)	**Suchnavigation:** Unterstützung bei der Suche nach Touristenattraktionen und zur Unterstützung der Navigation in Städten	–	Akzeptanz, Präferenz	IV-Technik	Individuum	**Anwender:** Studenten, Familienmitglieder	**Vorstudie:** 10 Probanden, Durchführung von Aufgaben (Navigation), Fragebogen danach (Akzeptanz, Präferenz)	5-Punkt-Likert-Skala	deskriptive Statistik
86	Vol. 27, Nr. 3, S. 967-974	**Pretorius, A. J.; Wijk, J. J. (2008):** Visual Inspection of Multivariate Graphs	Graph	**Datenanalyse:** Analyse von Verkehrsregelungsystemen und Kommunikationsprotokollen	–	Bedienbarkeit, Nützlichkeit	IV-Technik	Indviduum	**Anwender:** Experten	**Interview:** 5 Experten, Einführung, Nutzung der IV-Technik, Talk-Aloud	Talk-Aloud-Protokoll	deskriptive Aussagen
87	Vol. 29, Nr. 3, S. 833-842	**Gretarsson, B.; O'Donovan, J.; Bostanjiev, S.; Hall, C.; Höllerer, T. (2010):** SmallWorlds: Visualizing Social Recommendations	Graph	**Datenanalyse:** Darstellung von Nutzerpräferenzen (z. B. Filmgeschmack von Freunden) zur Ermittlung von personalisierten Empfehlungen für einen Nutzer in Facebook	–	Effektivität, Zufriedenheit (Bedienbarkeit, Intuitivität, Informativität, Nützlichkeit, Schwerfälligkeit), Vorhersagequalität (Empfehlungen)	IV-Technik	Individuum	**Anwender:** Studenten, Fakultätsmitglieder der Universität	**Laborexperiment:** 17 Probanden, vorher Fragebogen (demografische Angaben, Benutzerfähigkeiten), Durchführung mit Benchmark-System, Durchführung von Aufgaben, zwischendurch Fragebogen, danach Fragebogen (Nutzerfeedback)	5-Punkt-Likertskala, Rating von Empfehlungen, berechnete Empfehlungen, Nutzererfahrungen und -kommentare	Varianzanalyse (ANOVA)

Tabelle A.13: Ergebnisse der Literaturanalyse - Fortsetzung XII

88	Vol. 29, Nr. 3, S. 863-872	**Bezerianos, A.; Chevalier, F.; Dragicevic, P.; Elmqvist, N.; Fekete, J. D. (2010):** GraphDice: A System for Exploring Multivariate Social Networks	Matrix	**Datenanalyse:** Netzwerkanalyse (Knoten, Kanten, mehrere Attribute, Cluster, Muster)	–	Nützlichkeit, Effektivität, Effizienz, Bedienbarkeit	IV-Technik	Individuum	**Anwender:** Experte	**Vorstudie:** Nutzerfeedback (1 Experte)	Kommentare	deskriptive Aussagen
89	Vol. 29, Nr. 3, S. 1173-1182	**Archambault, D.; Purchase, H. C.; Pinaud, B. (2010):** The Readability of Path-Preserving Clusterings of Graphs	Graph	**Datenanalyse:** Analyse von Netzwerken (Topologie und Attribute), z. B. Computernetzwerk	–	Effektivität, Präferenz	IV-Technik, Größe der Datensammlung, Aufgabenart	Individuum	Anwender	**Laborexperiment:** 28 Probanden, Demonstration, Durchführung von Aufgaben, danach Fragebogen	Anzahl Nennungen präferierte IV-Technik, Zeitmessung, Fehlerquote	Wilcoxon-Rangtest, Bonferroni-Korrektur
90	Vol. 29, Nr. 3, S. 803-812	**Shrinivasan, Y. B.; van Wijk, J. J. (2010):** Supporting Exploratory Analysis with the Select & Slice Table	Tabelle	**Datenanalyse:** Explorative Analyse von multidimensionalen Daten, z. B. Softwarestrukturanalyse, Analyse sozial-ökonomischer Daten, z. B. Slums	–	Nützlichkeit	IV-Technik	Individuum	**Anwender:** Experten	**Vorstudie:** Analyse durch 2 Experten, vorher Interview, Beobachtung, danach Feedback	Beobachtungsnotizen, Kommentare	deskriptive Aussagen
91	Vol. 29, Nr. 3, S. 793-802	**Holten, D.; van Wijk, J. J. (2010):** Evaluation of Cluster Identification Performance for Different PCP Variants	Paralle Coordinate Plot	**Datenanalyse:** Analyse multivariater Daten	–	Effektivität, Effizienz	IV-Technik	Individuum	**Anwender:** Studenten, Fakultätsmitglieder der Universität	**Laborexperiment:** 20 Probanden, vorher Interview (demografische Angaben, Benutzerfähigkeiten), Trainingsphase, zwischendurch Fragebogen (Erfahrungen)	Zeitmessung, Aufgabenkorrektheit, Anzahl gefundener Cluster, Nutzererfahrungen	Pearson-Korrelation, Varianzanalyse (einfaktorielle ANOVA), Tukey HSD-Test
92	Vol. 30, Nr. 3, S. 1061-1070	**Reda, K.; Tantipathananandh, C.; Johnson, A.; Leigh, J.; Berger-Wolf, T. (2011):** Visualizing the Evolution of Community Structures in Dynamic Social Networks	3D Geokarte, Zeitverlauf	**Datenanalyse:** Analyse von Bewegungs- und Zeitdaten von Individuen und Gruppen, z. B. Zebras, Soziale Netzwerkanalyse	–	Nützlichkeit	IV-Technik	Individuum	**Anwender:** Wissenschaftler	**Vorstudie:** 4 Probanden, freie Interaktion mit dem Tool, Beobachtung, danach Nutzerfeedback	Video- / Audiomitschnitt, Kommentare	deskriptive Aussagen
93	Vol. 30, Nr. 3, S. 1111-1120	**Poco, J.; Etemadpour, R.; Paulovich, F. V.; Long, T. V.; Rosenthal, P.; Oliveira, M. C. F.; Linsen, L.; Minghim, R. (2011):** A Framework for Exploring Multidimensional Data with 3D Projections	2D und 3D Scatterplot, 2D und 3D Clusterdiagramm	**Datenanalyse:** Interaktive Analyse multidimensionaler Daten, z. B. Dokumentenbestand, Bestand medizinischer Bilder	–	Präferenz, Effizienz, Vertrauen, Effektivität, funktional: Genauigkeit der IV-Technik	IV-Technik	Individuum	Anwender	**Laborexperiment:** 12 Probanden, Trainingsphase, Durchführung von Aufgaben, danach Fragebogen	Zeitmessung, 5-Punkt-Likertskala (Vertrauen Aufgabenlösung), Anzahl Nennungen präferierte IV-Technik, Aufgabenkorrektheit, Präzision (Nachbarschaftstreffer, Nachbarschaftserhaltung)	Shapiro-Wilk-Test, Wilcoxon-Rangtest, t-Test (gepaart), Friedman-Test, Varianzanalyse (einfaktorielle ANOVA)
94	Vol. 30, Nr. 3, S. 861-870	**Ghani, S.; Riche, N. H.; Elmqvist, N. (2011):** Dynamic Insets for Context-Aware Graph Navigation	Geokarte, Graph	**Datananalyse:** Analyse und Navigation in Netzwerken, z. B. Straßenkarte, soziales Netzwerk	–	Effizienz, Präferenz, Experiment 2: Nützlichkeit, Effektivität	IV-Technik, Datendichte, Aufgabenart	Individuum	Anwender	**Laborexperiment 1:** 12 Probanden, vorher Fragebogen (demografische Angaben, Benutzerfähigkeiten), Trainingsphase, Durchführung von Aufgaben, danach Fragebogen **Laborexperiment 2:** 6 Probanden, Trainingsphase, Durchführung von Aufgaben, Nutzerfeedback	Zeitmessung, Aufgabenkorrektheit, Anzahl Nennungen präferierte IV-Technik, Kommentare	Logistische Regression, Tukey HSD-Test, Varianzanalyse (RMANOVA)
95	Vol. 30, Nr. 3, S. 1131-1140	**Shin, H.; Park, G.; Han, J. (2011):** Tablorer – An Interactive Tree Visualization System for Tablet PCs	Tabelle	**Suchnavigation:** Suche nach Wörtern in hierarchischen Strukturen (zur Unterstützung von Dateinavigation auf mobilen Endgeräten)	–	Effizienz, Zufriedenheit	IV-Technik	Individuum	**Anwender:** Master-Studenten	**Laborexperiment:** 40 Probanden, Trainingsphase, Durchführung von Suchaufgaben, danach Fragebogen	Anzahl gewählter Knoten (Clicks), Bewegungsentfernung verursacht durch Schwenken (Anzahl Pixel zwischen Start und Endpunkt der Bewegung), Zeitmessung, 5-Stufige Skala	Varianzanalyse (einfaktorielle ANOVA), Fisher PLSD-Test
96	Vol. 30, Nr. 3, S. 1141-1150	**Dinkla, K.; Westenberg, M. A.; Timmerman, H. M.; van Hijum, S. A. F. T.; van Wijk, J. J. (2011):** Comparison of Multiple Weighted Hierarchies: Visual Analytics for Microbe Community Profiling	Netz	**Datenanalyse:** simultane Analyse von hierarchischen gewichteten Daten, z. B. Häufigkeit von Wörtern auf Basis von 60 Novellen (Wörter sind hierarchisch nach ihrer Bedeutung klassizifiert)	–	Bedienbarkeit, Effektivität	IV-Technik	Individuum	**Anwender:** Experten (Biologen)	**Vorstudie:** Expertenbewertung (3 Experten)	qualitative Aussagen der Experten	deskriptive Aussagen

Tabelle A.14: Ergebnisse der Literaturanalyse - Fortsetzung XIII

97	Vol. 30, Nr. 1, S. 215-228	**Aigner, W.; Kainz, C.; Ma, R.; Miksch, S. (2011):** Bertin was Right: An Empirical Evaluation of Indexing to Compare Multivariate Time-Series Data Using Line Plots	Liniendiagramm	**Datenanalyse:** Zeitreihenanalyse (Erkennen von Korrelationen, Beziehungen und Mustern zwischen verschiedenen Werten), z. B. Aktienkurse	–	Effizienz, Effektivität	IV-Technik	Individuum	**Anwender:** Bachelor-Studenten, Master-Studenten	**Laborexperiment:** 24 Probanden, vorher Fragebogen (demografische Angaben), Trainingsphase, Durchführung von Aufgaben, danach Fragebogen (Präferenz)	Aufgabenkorrektheit, Fehlerquote, Rangfolge (Präferenz)	Varianzanalyse (einfaktorielle, zweifaktorielle ANOVA), Shapiro-Wilk-Test, F-test, t-Test (gepaart), Wilcoxon-Rangtest, Bonferroni-Korrektur, Friedman-Test
98	Vol. 31, Nr. 1, S. 89-101	**Rufiange, S.; McGuffin, M. J.; Fuhrman, C. P. (2012):** TreeMatrix: A Hybrid Visualization of Compound Graphs	Baummatrix	**Datenanalyse:** Zur Darstellung von Netzwerken, deren Knoten als Cluster gruppiert werden können, z. B. soziales Netzwerk	–	Nützlichkeit, Effizienz	IV-Technik	Individuum	**Anwender:** Master-Studenten, Wissenschaftler	**Vorstudie:** 12 Probanden, Trainingsphase, Durchführung von Suchaufgaben, danach Fragebogen (Nutzerfeedback und Rating)	Zeitmesssung, Kommentare, Nutzerrating, 10-Punkt-Skala (Präferenz)	deskriptive Aussagen
Transactions on Visualization and Computer Graphics												
99	Vol. 8, Nr. 1, S. 9-20	**Havre, S.; Hetzler, E.; Whitney, P.; Nowell, L. (2002):** ThemeRiver: Visualizing Thematic Changes in Large Document Collections	Zeitverlauf, Histogramm	**Datenanalyse:** Analyse großer Dokumentenbestände bzgl. thematischer Änderungen über die Zeit	–	Nützlichkeit, Verständlichkeit	IV-Technik	Individuum	Anwender	**Vorstudie:** 2 Probanden, Trainingsphase, Durchführung von Aufgaben, Fragebogen (Nutzerfeedback)	Verbales Protokoll, Kommentare	deskriptive Aussagen
100	Vol. 12, Nr. 5, S. 829-836	**Büring, T.; Gerken, J.; Reiterer, H. (2006):** User Interaction with Scatterplots on Small Screens – A Comparative Evaluation of Geometric-Semantic Zoom and Fisheye Distortion	Scatterplot + semantischer Zoom und Fisheye Sicht	**Suchnavigation:** Suche in einer Buchdatenbank nach relevanten Einträgen	–	Effektivität, Effizienz, Zufriedenheit, Präferenz, Orientierung, Navigation	IV-Technik Kontrollvariable: Aufgabenart	Individuum	**Anwender:** Studenten, Doktoranden	**Laborexperiment:** 24 Probanden, vorher Fragebogen (demografische Angaben), Trainingsphase, Durchführung von Suchaufgaben, danach Fragebogen	Zeitmessung, Fehlerquote (Anzahl inkorrekt beantworter Aufgaben), Navigationsverhalten (Schwenken und Zoomen), 7-Punkt-semantic-differential (Zufriedenheit), 7-Punkt-Skala (Orientierung, Navigation), direkte Fragen zu Präferenz, Effizienz, Präferenz Schwenktechniken	Varianzanalyse (RMANOVA)
101	Vol. 12, Nr. 6, S. 1414-1426	**Lee, B.; Parr, C. S.; Plaisant, C.; Bederson, B. B.; Veksler, V. D.; Gray, W. D.; Kotfila, C. (2006):** TreePlus: Interactive Exploration of Networks with Enhanced Tree Layouts	Baum	**Datenanalyse:** Analyse und Interpretation von Ontolgien, Sozialen Netzwerken	–	Effizienz, Effektivität, Vertrauen	IV-Technik, Dichte des Graph, Aufgabenkomplexität	Individuum	**Anwender:** Studenten	**Laborexperiment:** 28 Probanden, Trainingsphase, zwischendurch Fragebogen (nach jeder IV-Technik), danach Fragebogen und Nutzerfeedback	Zeitmessung, Aufgabenkorrektheit (Anteil korrekt beantworteter Aufgaben), Fehler (Differenz zwischen korrekter und Nutzerantwort), 9-Punkt-Likertskala (Zufriedenheit), Anzahl Nennungen präferierte IV-Technik, Kommentare und Vorschläge	Varianzanalyse (RMANOVA)
102	Vol. 13, Nr. 6, S. 1169-1175	**Chang, R.; Wessel, G.; Kosara, R.; Sauda, E.; Ribarsky, W. (2007):** Legible Cities: Focus-Dependent Multi-Resolution Visualization of Urban Relationships	3D Geokarte	**Datenanalyse:** Visualisierung großer Datenbestände im urbanen Kontext und Analyse von Beziehungen innerhalb der Umwelt, z. B. Suche von Nachbarschaften mit spanischer Bevölkerung	–	Nützlichkeit	IV-Technik	Individuum	**Anwender:** Experten	**Vorstudie:** 14 Probanden, vorher Fragebogen (demografische Angaben, Benutzerfähigkeiten), Demonstration, Durchführung von Aufgaben, Nutzerfeedback	Kommentare, Audiomitschnitt	deskriptive Aussagen
103	Vol. 13, Nr. 6, S. 1113-1120	**Tan, D. S.; Smith, G.; Lee, B.; Robertson, G. G. (2007):** AdaptiviTree: Adaptive Tree Visualization for Tournament-Style Brackets	Baum, Klammern (Brackets Visualization)	**Datenanalyse:** visuelle Unterstützung zur Beobachtung und zum Vergleich von vorhergesagten Spielen bei Basketball-Wettkämpfen	–	Effektivität, Effizienz, Zufriedenheit, Bedienbarkeit, Wirksamkeit, Ästhetik	IV-Technik, verschiedene Spiellängen, verschiedene Teams, Aufgabenart	Individuum	**Multistakeholder:** Kundensicht (Anwohner), Mitarbeiter von Microsoft	**Laborexperiment:** 15 Probanden, vorher Fragebogen (demografische Angaben, Benutzerfähigkeiten), Trainingsphase, Durchführung von Aufgaben, danach Fragebogen **Qualitative Feldstudie:** 25 Probanden, Nutzerfeedback	Zeitmessung, Aufgabenkorrektheit, Kommentare	Varianzanalyse (RMANOVA), Friedman-Test
104	Vol. 13, Nr. 6, S. 1262-1269	**Tory, M.; Sprague, D. W.; Wu, F.; So, W. Y.; Munzner, T. (2007):** Spatialization Design: Comparing Points and Landscapes	2D und 3D Geokarte, Scatterplot	**Datenanalyse:** Analyse von Punktdaten und Identifikation von Zielbereichen mittels räumlicher Dimension	–	Effizienz, Effektivität, Bedienbarkeit	IV-Technik, Datenkomplexität, Farbbereich	Individuum	**Anwender:** Studenten	**Laborexperiment:** 18 Probanden, vorher Fragebogen, Trainingsphase, danach Fragebogen und Nutzerfeedback	Zeitmessung, Fehlerquote, 5-Punkt-Likertskala, Kommentare	Varianzanalyse (ANOVA), Bonferroni-Korrektur, Mauchly-Test of Sphericity, Huynh-Feld-Korrektur, t-test

Tabelle A.15: Ergebnisse der Literaturanalyse - Fortsetzung XIV

105	Vol. 14, Nr. 6, S. 1213-1220	**Chan, B.; Wu, L.; Talbot, J.; Cammarano, M.; Hanrahan, P. (2008):** Vispedia: Interactive Visual Exploration of Wikipedia Data via Search-based Integration	Geokarte, Zeitverlauf, Scatterplot	**Suchergebnisvisualisierung:** Visualisierung integrierter Wikipedia Daten	–	Bedienbarkeit	IV-Technik	Individuum	**Anwender:** Wikipedia-Nutzer	**Vorstudie:** 7 Probanden, Trainingsphase, Durchführung von Aufgaben, Beobachtung, Nutzerfeedback	Logdateien (Queries): Zeit, Anzahl wie oft eine geänderte Suchanfrage pro Visualisierung angezeigt wurde, 5-Punkt-Likertskala	deskriptive Statistik
106	Vol. 14, Nr. 6, S. 1452-1458	**Degener, P.; Schnabel, R.; Schwartz, C.; Klein, R. (2008):** Effective Visualization of Short Routes	Virtuelle Umgebung, Geokarte (Gebäudeplan)	**Suchnavigation, Abbildung Realität:** Navigation in Museen, Hotels, Ferienorten	–	Effektivität	IV-Technik, Aufgabenkomplexität	Individuum	**Anwender:** Studenten, Familie und Freunde der Autoren	**Laborexperiment:** 40 Probanden, Trainingsphase, Durchführung von Aufgaben	Zeitmessung, Aufgabenkorrektheit	t-test
107	Vol. 14, Nr. 6, S. 1269-1276	**Ziemkiewicz, C.; Kosara, R. (2008):** The Shaping of Information by Visual Metaphors	Baum, Netz	**Suchnavigation:** Suche nach Dateien in Verzeichnissen	–	Effektivität, Effizienz	IV-Technik	Individuum	**Anwender:** Studenten	**Laborexperiment:** 33 Probanden, vorher Fragebogen (demografische Angaben, Benutzerfähigkeiten), Trainingsphase, Durchführung von Aufgaben, danach Fragebogen und Nutzerfeedback	Aufgabenkorrektheit, Zeitmessung, Kommentare	t-test
108	Vol. 14, Nr. 6, S. 1165-1172	**Butkiewicz, T.; Dou, W.; Wartell, Z.; Ribarsky, W.; Chang, R. (2008):** Multi-Focused Geospatial Analysis Using Probes	Geokarte, Heatmap, Parallel Coordinates View	**Datenanalyse:** Erkennen von Veränderungen in Umweltdaten, z. B. Bebauungen, Abholzung in der Umwelt; Analyse von Beziehungen zwischen räumlichen und Bevölkerungsdaten	–	Nützlichkeit	IV-Technik	Individuum	**Anwender:** Studenten, Fakultätsmitglieder der Universität	**Vorstudie:** 21 Probanden, Nutzerfeedback	Kommentare	deskriptive Aussagen
109	Vol. 15, Nr. 6, S. 1033-1040	**Tory, M.; Swindells, C.; Dreezer, R. (2009):** Comparing Dot and Landscape Spatialization for Visual Memory Differences	2D und 3D Geokarte, Scatterplot	**Datenanalyse:** Darstellung nicht-räumlicher Daten zur Erkennung von Trends, Mustern, Beziehungen	–	Effektivität, Effizienz	IV-Technik, Datendichte	Individuum	**Anwender**	**Laborexperiment:** 30 Probanden, vorher Fragebogen (demografische Angaben, Benutzerfähigkeiten z. B. Test auf Farbenblindheit), Trainingsphase, Durchführung von Aufgaben	Aufgabenkorrektheit, Zeitmessung	Varianzanalye (RMANOVA), Bonferroni-Korrektur, Mauchly-Test of Sphericity, Huynh-Feldt-Korrektur
110	Vol. 15, Nr. 4, S. 696-702	**Kristensson, P. O.; Dahlbäck, N.; Anundi, D.; Björnstad, M.; Gillberg, H.; Haraldsson, J.; Martensson, I.; Nordvall, M.; Stahl, J. (2009):** An Evaluation of Space Time Cube Representation of Spatiotemporal Patterns	2D und 3D Geokarte (Geländeplan)	**Datenanalyse:** Analyse von räumlich-zeitlichen Mustern und Trends in Daten, z. B. Analyse von Personen-Laufrouten in einem Gelände	–	Effizienz, Effektivität	IV-Technik	Individuum	**Anwender:** Studenten	**Laborexperiment:** 30 Probanden, vorher Fragebogen (demografische Angaben, Benutzerfähigkeiten), Trainingsphase, Durchführung von Aufgaben, danach Nutzerfeedback	Zeitmessung, Fehlerquote, Kommentare	Varianzanalyse (ANOVA)
111	Vol. 15, Nr. 6, S. 1057-1064	**Clarkson, E. C.; Desai, K.; Foley, J. D. (2009):** ResultMaps: Visualization for Search Interfaces	Baum	**Suchergebnisvisualisierung und Suchnavigation:** Suche nach relevanten Dokumenten	–	Effizienz, Effektivität, Präferenz, Engagement, Bedienbarkeit	IV-Technik Experiment 2: Größe der Datensammlung	Individuum	**Anwender:** Studenten	**Laborexperiment 1:** 20 Probanden, Trainingsphase, Durchführung von Aufgabe, Wissensfragen, danach Fragebogen, Nutzerfeedback **Laborexperiment 2:** 36 Probanden, vorher Fragebogen, Einführung, Durchführung von Aufgaben, danach Fragebogen	Zeitmessung, Aufgabenkorrektheit, Wissenstest, Anzahl Suchanfragen, durchschnittliche Anfragelänge, Anfragenwechsel zwischen aufeinanderfolgenden Anfragen, 7-Punkt-Likertskala (Bedienbarkeit, Freude, Engagement), Anzahl Nennungen präferierte IV-Technik	t-test, Mann-Whitney-U-Test, Varianzanalyse (ANOVA)
112	Vol. 15, Nr. 3, S. 410-423	**Wong, P. C.; Schneider, K.; Mackey, P.; Foote, H.; Chin Jr., G.; Guttromson, R.; Thomas, J. (2009):** A Novel Visualization Technique for Electric Power Grid Analysis	Geokarte, Graph	**Abbildung Realität:** Visualisierung von Stromnetzen zur Planung und Überwachung	–	Effektivität, Effizienz, Zufriedenheit	IV-Technik, Aufgabenart	Individuum	**Multistakeholder:** Anwender (Elektroingenieure im Unternehmen), IT-Personel (IT-Entwickler)	**Laborexperiment:** 18 Probanden, Einführung, Durchführung von Aufgabe, danach Fragebogen	Zeitmessung, 5-Punkt-Likertskala, Aufgabenkorrektheit	t-test, Varianzanalyse (einfaktorielle ANOVA), Wilcoxon-Rangtest, Friedman-Test
113	Vol. 16, Nr. 2, S. 205-220	**Maciejewski, R.; Rudolph, S.; Hafen, R.; Abusalah, A. M.; Yakout, M.; Ouzzani, M.; Cleveland, W. S.; Grannis, S. J.; Ebert, D. S. (2010):** A Visual Analytics Approach to Understanding Spatiotemporal Hotspots	Heatmap	**Datenanalyse:** Analyse von Mustern und Trends in multivariaten Daten, z. B. Epidemien, Untersuchung von Kriminalfällen	–	Nützlichkeit	IV-Technik	Individuum	**Anwender:** Experte (Epidemiologe)	**Vorstudie (realer Einsatz der IV-Technik):** Nutzerfeedback (1 Proband)	Kommentare	deskriptive Aussagen

Tabelle A.16: Ergebnisse der Literaturanalyse - Fortsetzung XV

114	Vol. 16, Nr. 2, S. 235-247	**Karnick, P.; Cline, D.; Jeschke, S.; Razdan, A.; Wonka, P. (2010):** Route Visualization Using Detail Lenses	Geokarte + Detail Lens	**Suchnavigation:** Fahrtroutenvisualisierung	–	Effektivität	IV-Technik	Individuum	**Anwender:** Studenten, Mitarbeiter eines Unternehmens	**Vorstudie:** 18 Probanden, vorher Fragebogen (demografische Angaben, Benutzerfähigkeiten), Trainingsphase, Durchführung von Aufgaben, Nutzerfeedback	5-Punkt-Likertskala (Präferenz), Kommentare und Vorschläge	Z-Test
115	Vol. 16, Nr. 6, S. 1182-1189	**Lee, B.; Riche, N. H.; Karlson, A. K.; Carpendale, S. (2010):** SparkClouds: Visualizing Trends in Tag Clouds	Tag Cloud, Liniengraph, Stapelbalkendiagramm	**Datenanalyse:** Analyse von Textsammlungen hinsichtlich bestimmter Themen Tags	–	Effektivität, Effizienz, Zufriedenheit, Präferenz	IV-Technik, Aufgabenkomplexität	Individuum	**Anwender:** Einwohner	**Laborexperiment:** 17 Probanden, vorher Fragebogen (demografische Angaben, Benutzerfähigkeiten), Trainingsphase, Durchführung von Aufgaben, zwischendurch Fragebogen (je IV-Technik), danach Fragebogen, Präferenzranking	Zeitmessung, Aufgabenkorrektheit, 7-Punkt-Likertskala, Rangfolge (Präferenz)	Varianzanalyse (RMANOVA), Wilcoxon-Rangtest, Friedman-Test
116	Vol. 16, Nr. 6, S. 963-972	**Borgo, R.; Proctor, K.; Chen, M.; Jänicke, H.; Murray, T.; Thornton, I. M. (2010):** Evaluating the Impact of Task Demands and Blocks Resolution on the Effectiveness of Pixel-based Visualization	Heatmap	**Datenanalyse:** Analyse von Finanz-, Wirtschafts-, Bioinformatik oder Fernerkundungsdaten	–	Effektivität, Effizienz	IV-Technik, Aufgabenkomplexität, Blockauflösung (Zerlegung in kleinere Blöcke), Farbkategorie, Farblinien	Individuum	**Anwender:** Studenten	**Laborexperiment 1:** 24 Probanden, Einführung, danach Fragebogen **Laborexperiment 2:** 21 Probanden, modifiziert Bedingungen, Einführung, danach Fragebogen **Laborexperiment 3:** 11 Probanden, modifizierte Bedingungen, Einführung, danach Fragebogen	Zeitmessung, Aufgabenkorrektheit	Varianzanalyse (RMANOVA), Bonferroni-Korrektur
117	Vol. 16, Nr. 6, S. 1172-1181	**Cao, N.; Sun, J.; Lin, Y-R.; Gotz, D.; Liu, S.; Qu, H. (2010):** FacetAtlas: Multi-faceted Visualization for Rich Text Corpora	Netz, Dichtekarte	**Datenanalyse:** Analyse von Themen und Beziehungen, Clustern (z. B. Krankheiten und Zusammenhänge, Komplikationen etc.) auf Basis von Google's Gesundheitsdatenbank mit 1.500 Onlineartikeln	–	Effektivität, Effizienz, Nützlichkeit, Bedienbarkeit, Zufriedenheit	IV-Technik	Individuum	**Anwender:** Studenten, Wissenschaftler	**Laborexperiment:** 20 Probanden, Trainingsphase, Durchführung von Aufgaben, danach Fragebogen und Experteninterviews	Zeitmessung, Aufgabenkorrektheit (Anteil erfolgreicher Aufgaben)	t-test
118	Vol. 16, Nr. 6, S. 990-998	**Kong, N.; Heer, J.; Agrawala, M. (2010):** Perceptual Guidelines for Creating Rectangular Treemaps	Baum, hierarchisches Balkendiagramm	**Datenanalyse:** Analyse und Interpretation hierarchischer Daten	–	Effektivität, Effizienz	IV-Technik, Datendichte, Aufgabenart Kontrollvariable: Abstand zwischen Rechtecken	Individuum	**Anwender:** Teilnehmer Amazon's Mechanical Turk	**Feldexperiment 1 (online):** Durchführung von Aufgaben **Feldexperiment 2 (online):** Durchführung von Aufgaben	Zeitmessung, Absoluter Fehler für Aufgaben	Varianzanalyse (MANOVA)
119	Vol. 16, Nr. 6, S. 1063-1072	**Tuttle, C.; Nonato, L. G.; Silva, S. (2010):** PedVis: A Structured, Space-Efficient Technique for Pedigree Visualization	Baum	**Datenanalyse:** Visualisierung von Ahnenforschungsdatenbanken	–	Nützlichkeit	IV-Technik	Individuum	Anwender	**Laborexperiment:** 21 Probanden, Trainingsphase, Durchführung von Aufgaben, Nutzerfeedback, danach Fragebogen, Präferenzranking	Kommentare, Rangfolge, Nominalskala (Ja/nein), 10-Punkt-Skala	Varianzanalyse (ANOVA)
120	Vol. 16, Nr. 6, S. 1053-1062	**Pham, T.; Hess, R.; Ju, C.; Zhang, E.; Metoyer, R. (2010):** Visualization of Diversity in Large Multivariate Data Sets	Diversitätskarte, Glyph Hybrid	**Datenanalyse:** Visualisierung multivariater Daten und deren Interpretation (Diversität), z. B. Zugänge an Studierenden, Investitionen, maschinelles Lernen	–	Effektivität, Effizienz, Anwendbarkeit, Verständlichkeit, Affinität, Nützlichkeit	IV-Technik, Größe der Datensammlung, Diversitätslevel Daten	Individuum	**Anwender:** Studenten	**Laborexperiment:** 40 Probanden, vorher Fragebogen (demografische Angaben, Benutzerfähigkeiten), Trainingsphase, Durchführung von Aufgaben, danach Fragebogen	Aufgabenkorrektheit, Fehlerdistanz (von korrekter Antwort), Zeitmessung, 5-Punkt-Likertskala, Kommentare	Rangkorrelation, Varianzanalyse (RMANOVA)
121	Vol. 16, Nr. 2, S. 221-234	**Jo, H.; Ryu, J-h. (2010):** Placegram: A Diagrammatic Map for Personal Geotagged Data Browsing	konzeptuelle Karte, Liste, Geokarte	**Suchnavigation:** Navigation in georeferenzierten Daten, z. B. Photos und Videos auf Geokarte	–	Effektivität, Effizienz	IV-Technik, Anzahl Orte, Tastaturmodus, Datensammlung	Individuum	**Anwender:** Wissenschaftler	**Laborexperiment:** 30 Probanden, vorher Fragebogen (demografische Angaben, Benutzerfähigkeiten), Trainingsphase, Durchführung von Aufgabe, Nutzerfeedback	Kommentare, 7-Punkt-Likertskala, Zeitmessung, Precision, Recall	Varianzanalyse (RMANOVA, zweifaktorielle ANOVA)
122	Vol. 17, Nr. 12, S. 2268-2275	**Bae, J; Watson, B. (2011):** Developing and Evaluating Quilts for the Depiction of Large Layered Graphs	Netz, Matrix	**Datenanalyse:** Analyse graphbasierter Strukturen	–	Effektivität, Effizienz	Darstellung Kanten, Anzahl Knoten, Kantendichte, Dichte Sprungverbindungen (Wurzel zu Endknoten z. B. über mehrere Layer), Anzahl Layer	Individuum	**Anwender:** Studenten	**Laborexperiment 1:** 18 Probanden, Einführung, vorher Fragebogen (demografische Angaben, Benutzerfähigkeiten), Durchführung von Aufgaben **Laborexperiment 2:** 24 Probanden, Einführung, vorher Fragebogen (demografische Angaben, Benutzerfähigkeiten), Durchführung von Aufgaben	Zeitmessung, Aufgabenkorrektheit	Varianzanalyse (RMANOVA)

Tabelle A.17: Ergebnisse der Literaturanalyse - Fortsetzung XVI

123	Vol. 17, Nr. 12, S. 2325-2333	**Alper, B.; Höllerer, T.; Kuchera-Morin, J.; Forbes, A. (2011):** Stereoscopic Highlighting: 2D Graph Visualization on Stereo Displays	2D und 3D Graph	**Datenanalyse:** Visualisierung und Analyse von Co-Autoren auf einer Konferenz	–	Effizienz, Effektivität, Nützlichkeit, Präferenz	IV-Technik, Größe der Datensammlung, Aufgabenkomplexität	Individuum	**Anwender:** Wissenschaftler	**Laborexperiment:** 16 Probanden, vorher Fragebogen (demografische Angaben, Benutzerfähigkeiten), Trainingsphase, Durchführung von Aufgaben, danach Fragebogen, Präferenzangabe	Aufgabenkorrektheit, Zeitmessung, 5-Punkt-Likertskala (Effektivität, Effizienz, Nützlichkeit), Anzahl Nennungen präferierte IV-Technik	Varianzanalyse (RMANOVA)
124	Vol. 17, Nr. 12, S. 2053-2062	**Livingston, M. A.; Decker, J. W. (2011):** Evaluation of Trend Localization with Multi-Variate Visualizations	multivariate Bilder (Pinselstrich-Technik, Datengestützte Punkttechnik, Splittertechnik, Farbvermischungstechnik, Dimensionale Stapeltechnik), Juxtaposed Karten	**Datenanalyse:** Identifikation von Trends und Vergleich meherer Datenwerte	–	Effektivität, Effizienz, Arbeitsbelastung	IV-Technik, Trendart	Individuum	Anwender	**Laborexperiment:** 18 Probanden, vorher Fragebogen (demografische Angaben, Benutzerfähigkeiten), Trainingsphase, Durchführung von Aufgaben	Fehler (Differenz zw. Antwort und korrekter Antwort), Zeitmessung, subjektive Arbeitsbelasung (task-load) mittels NASA-Index	Varianzanalyse (ANOVA), Welch's t-Test
125	Vol. 17, Nr. 4, S. 539-552	**Archambault, D.; Purchase, H. C.; Pinaud, B. (2011):** Animation, Small Multiples, and the Effect of Mental Map Preservation in Dynamic Graphs	Graph+Animation, Multi-Graph	**Datenanalyse:** Analyse der Graph Evolution über die Zeit z. B. Online Newsgroup Diskussionen, Handy Kommunikationsnetz	–	Effektivität, Effizienz, Präferenz, Nützlichkeit	IV-Technik, Mentale Karte, Datensammlung, Aufgabenart	Individuum	Anwender	**Laborexperiment:** 28 Probanden, Demonstration, Durchführung von Aufgaben, danach Fragebogen (Präferenz)	Zeitmessung, Fehlerquote, Kommentare, Anzahl Nennungen präferierte IV-Technik	Wilcoxon-Rangtest, Bonferroni-Korrektur, Korrelationsanalyse
126	Vol. 17, Nr. 5, S. 598-611	**Schulz, H-J.; Hadlak, S.; Schumann, H. (2011):** Point-Based Visualization for Large Hierarchies	Baum	**Datenanalyse:** Analyse von Punktdaten und Clustern mittels räumlicher Dimension, z. B. Krankheiten in einem Land	–	Performanz	IV-Technik	Individuum	**Anwender:** Studenten	**Vorstudie:** 8 Probanden, Einführung, Durchführung von Aufgabe, Beobachtung	Beobachtungsnotizen	deskriptive Aussagen
127	Vol. 17, Nr. 12, S. 2440-2448	**Burch, M.; Heinrich, J.; Konevtsova, N.; Höferlin, M.; Weiskopf, D. (2011):** Evaluation of Traditional, Orthogonal, and Radial Tree Diagrams by an Eye Tracking Study	Netz	**Suchnavigation:** Suche in hierarchischen Strukturen	–	Präferenz (Orientierung, Visualisierung), Effizienz, Effektivität, Verhalten	IV-Technik, Orientierung des Wurzelknotens, Anzahl markierter Knoten	Individuum	**Anwender:** Studenten	**Laborexperiment:** 38 Probanden, vorher Fragebogen (demografische Angaben, Benutzerfähigkeiten), Trainingsphase, Durchführung von Aufgaben, Nutzerfeedback	Aufgabenkorrektheit, Zeitmessung, Verhalten der Nutzer während Erkundung (Eye-Tracking), 5-Punkt-Likertskala (Präferenz für Visualisierung und Orientierung), Kommentare	Varianzanalye (ANOVA), t-test, Bonferroni-Korrektur, Transition Matrix (zur Analyse der Eye-Tracking-Areas of Interesst)
128	Vol. 18, Nr. 5, S. 822-835	**Spritzer, A. S.; Dal Sasso Freitas, C. M. (2012):** Design and Evaluation of MagnetViz – A Graph Visualization Tool	Graph	**Datenanalyse:** Analyse und Interpretation von Sozialen Netzwerken, Computernetzwerken, z. B. Visualisierung von Co-Autoren	–	Anwendbarkeit, Klarheit, Layout, Informationsqualität, Nützlichkeit, Bedienbarkeit, Modifikation, visuelle Kodierung	IV-Technik	Individuum	**Anwender:** Institutsmitarbeiter einer Universität	**Laborexperiment 1:** 14 Probanden, Trainingsphase, danach Fragebogen **Laborexperiment 2:** 13 Probanden, Trainingsphase, danach Fragebogen	Anwendbarkeit, Klarheit Layout, erfolgreiche Wiedergabe der zu übermittelnden Informationen (5-Punkt-Likertskala)	deskriptive Statistik

Anhang B

B.1 Datenbankdesign

Attribut	Datentyp	Attribut	Datentyp
ObjektID	INT (10)	Kaution	DECIMAL(6)
Titel	VARCHAR(124)	Warmmiete	DECIMAL(6)
Strasse	VARCHAR(32)	Zimmer	DECIMAL(3)
PLZ	INT (10)	Baujahr	INT (10)
Ort	VARCHAR(13)	Lage	VARCHAR(1400)
Latitude	VARCHAR(10)	Objekt	VARCHAR(1600)
Longitude	VARCHAR(10)	Ausstattung	VARCHAR(1400)
Ortsteil	VARCHAR(40)	Weitere_Angaben	VARCHAR(142)
Sonstiges	VARCHAR(500)	Wohnungstyp	VARCHAR(45)
Kaltmiete	DECIMAL(6)	Garten	VARCHAR(3)
Nebenkosten	DECIMAL(5)	Zustand	VARCHAR(58)
Wohnfläche	DECIMAL(5)	Heizung	VARCHAR(59)
Grundstücksfläche	DECIMAL(6)	Keller_Dachboden	VARCHAR(17)
Terrassenfläche	DECIMAL(5)	Garage_Stellplatz	VARCHAR(22)
Courtage	VARCHAR(4)	Terrasse_Balkon	VARCHAR(36)
Parkplatzmiete	DECIMAL(5)	Einbauküche	VARCHAR(2)
		Mietbeginn	VARCHAR(100)

Abbildung B.1: Attribute und Datentypen der Datenbank

Anhang C

C.1 Testhomogenitäten der Fragebogenkonstrukte

Tabelle C.1: Korrelationskoeffizienten nach Spearman für das Konstrukt Systemqualität

	SYSQ_01	SYSQ_02	SYSQ_03	SYSQ_04	SYSQ_05	SYSQ_06	SYSQ_07
SYSQ_01	1,000	0,581**	0,804***	0,741***	0,433*	0,454*	0,701***
SYSQ_02	0,581**	1,000	0,857***	0,632***	0,807***	0,563**	0,822***
SYSQ_03	0,804***	0,857***	1,000	0,634***	0,685***	0,625***	0,773***
SYSQ_04	0,741***	0,632***	0,634***	1,000	0,683***	0,442*	0,759***
SYSQ_05	0,433*	0,807***	0,685***	0,683***	1,000	0,540**	0,674***
SYSQ_06	0,454*	0,563**	0,625***	0,442*	0,540**	1,000	0,649***
SYSQ_07	0,701***	0,822***	0,773***	0,759***	0,674***	0,649***	1,000
						mittlere Testhomogenität	0,659

Signifikanzniveau: * p<0,1 ** p<0,05 *** p<0,01

Tabelle C.2: Korrelationskoeffizienten nach Spearman für das Konstrukt Informationsqualität

	IQ_01	IQ_02	IQ_03	IQ_04	IQ_05	IQ_06	IQ_07	IQ_08	IQ_09
IQ_01	1,000	0,330	0,286	0,510**	0,183	-0,113	0,379*	0,582***	0,468**
IQ_02	0,330	1,000	0,307	0,332	0,323	0,256	0,358*	0,434**	0,011
IQ_03	0,286	0,307	1,000	0,475**	0,360*	0,486**	0,677***	0,345*	0,327
IQ_04	0,510**	0,332	0,475**	1,000	0,337	0,188	0,580***	0,549**	0,552**
IQ_05	0,183	0,323	0,360*	0,337	1,000	0,220	0,206	0,269	-0,073
IQ_06	-0,113	0,256	0,486**	0,188	0,220	1,000	0,451**	0,237	0,218
IQ_07	0,379*	0,358*	0,677***	0,580***	0,206	0,451**	1,000	0,467**	0,480**
IQ_08	0,582***	0,434**	0,345*	0,549**	0,269	0,237	0,467**	1,000	0,431**
IQ_09	0,468**	-0,011	0,327	0,552**	-0,073	0,218	0,480**	0,431**	1,000
								mittlere Testhomogenität	0,407

Signifikanzniveau: * p<0,1 ** p<0,05 *** p<0,01

Tabelle C.3: Korrelationskoeffizienten nach Spearman für das Konstrukt Zufriedenheit

	ZUF_01	ZUF_02	ZUF_03	ZUF_04
ZUF_01	1,000	0,733***	0,641***	0,600**
ZUF_02	0,733***	1,000	0,370	0,405
ZUF_03	0,641***	0,370	1,000	0,847***
ZUF_04	0,600**	0,405	0,847***	1,000
			mittlere Testhomogenität	0,533

Signifikanzniveau: * p<0,1 ** p<0,05 *** p<0,01

Tabelle C.4: Korrelationskoeffizienten nach Spearman für das Konstrukt Nutzungabsicht

	NA_01	NA_02	NA_03	NA_04	NA_05	NA_06
NA_01	1,000	0,843***	0,677***	0,921***	0,739***	0,914***
NA_02	0,843***	1,000	0,706***	0,927***	0,644***	0,854***
NA_03	0,677***	0,706***	1,000	0,729***	0,714***	0,677***
NA_04	0,921***	0,927***	0,729***	1,000	0,734***	0,950***
NA_05	0,739***	0,644***	0,714***	0,734***	1,000	0,751***
NA_06	0,914***	0,854***	0,677***	0,950***	0,751***	1,000
					mittlere Testhomogenität	0,785

Signifikanzniveau: * p<0,1 ** p<0,05 *** p<0,01

Tabelle C.5: Korrelationskoeffizienten nach Spearman für die wahrgenommene Nützlichkeit

	WN_01	WN_02	WN_03	WN_04	WN_05	WN_06	WN_07	WN_08
WN_01	1,000	0,753***	0,610**	0,613**	0,684***	0,690***	0,797***	0,822***
WN_02	0,753***	1,000	0,868***	0,916***	0,800***	0,616**	0,822***	0,738***
WN_03	0,610**	0,868***	1,000	0,822***	0,698***	0,414	0,756***	0,660***
WN_04	0,613**	0,916***	0,822***	1,000	0,699***	0,494*	0,698***	0,669***
WN_05	0,684***	0,800***	0,698***	0,699***	1,000	0,650***	0,759***	0,709***
WN_06	0,690***	0,616**	0,414	0,494*	0,650***	1,000	0,849***	0,891***
WN_07	0,797***	0,822***	0,756***	0,698***	0,759***	0,849***	1,000	0,939***
WN_08	0,822***	0,738***	0,660***	0,669***	0,709***	0,891***	0,939***	1,000
							mittlere Testhomogenität	0,729

Signifikanzniveau: * p<0,1 ** p<0,05 *** p<0,01

C.2 Finaler Fragebogen

Die Ergebnisse der Literaturanalyse sind für eine nähere Betrachtung unter folgendem Link downloadbar:
http://www.eul-verlag.de/pdf-wz/9783844103168_AnhangC2.pdf

UNIVERSITÄT PASSAU

Befragung zur Bewertung des Suchportals

Liebe Teilnehmerin, lieber Teilnehmer,

Ziel der folgenden Befragung ist es, das im Experiment getestete Suchportal hinsichtlich seiner Nützlichkeit im Rahmen der Immobiliensuche zu bewerten.

Bitte beantworten Sie alle Fragen vollständig, damit der Fragebogen verwendet und eine sinnvolle Auswertung der Daten vorgenommen werden kann. Falls Sie keine eindeutige Antwort geben können, bitten wir Sie eine ungefähre Antwort zu geben.

Die erhobenen Daten werden vertraulich behandelt und nicht an Dritte weitergegeben.

Starten Sie die Befragung durch Klick auf " Weiter>> ".

Eine Bemerkung zum Datenschutz

Dies ist eine anonyme Umfrage.

Die Daten mit Ihren Antworten enthalten keinerlei auf Sie zurückzuführende/identifizierende Informationen, es sei denn bestimmte Fragen haben Sie explizit danach gefragt. Wenn Sie für diese Umfrage einen Zugangsschlüssel benutzt haben, so können Sie sicher sein, dass der Zugangsschlüssel nicht zusammen mit den Daten abgespeichert wurde. Er wird in einer getrennten Datenbank aufbewahrt und nur aktualisiert, um zu speichern, ob Sie diese Umfrage abgeschlossen haben oder nicht. Es gibt keinen Weg die Zugangsschlüssel mit den Umfrageergebnissen zusammenzuführen.

Umfrage verlassen und löschen | Weiter >>

*Bitte tragen Sie den vom Experimentleiter erhaltenen Experimentcode ein.

In dieses Feld dürfen nur Ziffern eingetragen werden.

Angaben zur Ihrer Person

*Welches Geschlecht haben Sie?

○ weiblich ○ männlich

*Wie alt sind Sie?

In dieses Feld dürfen nur Ziffern eingetragen werden.

Welchem Studiengang gehören Sie an?

In welchem Studiensemester befinden Sie sich?

In dieses Feld dürfen nur Ziffern eingetragen werden.

Abbildung C.1: Fragebogen

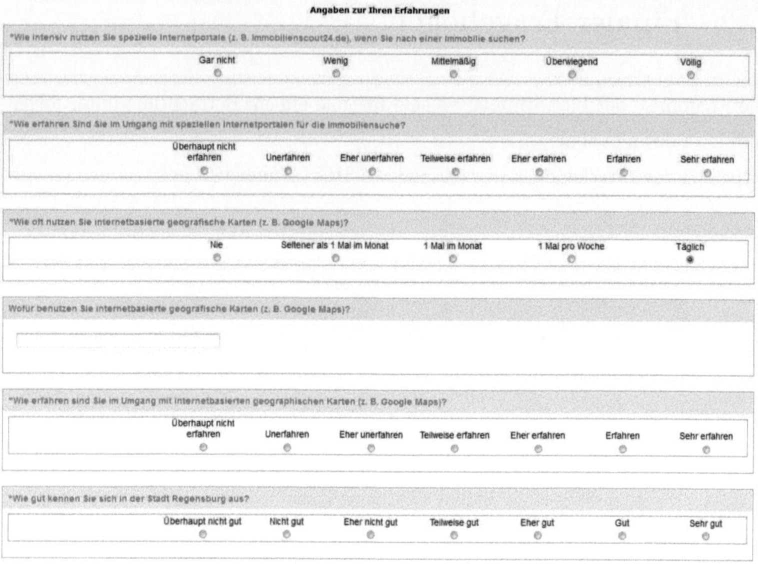

Angaben zur Ihren Erfahrungen

*Wie intensiv nutzen Sie spezielle Internetportale (z. B. Immobilienscout24.de), wenn Sie nach einer Immobilie suchen?

Gar nicht | Wenig | Mittelmäßig | Überwiegend | Völlig

*Wie erfahren Sind Sie im Umgang mit speziellen Internetportalen für die Immobiliensuche?

Überhaupt nicht erfahren | Unerfahren | Eher unerfahren | Teilweise erfahren | Eher erfahren | Erfahren | Sehr erfahren

*Wie oft nutzen Sie internetbasierte geografische Karten (z. B. Google Maps)?

Nie | Seltener als 1 Mal im Monat | 1 Mal im Monat | 1 Mal pro Woche | Täglich

Wofür benutzen Sie internetbasierte geografische Karten (z. B. Google Maps)?

*Wie erfahren sind Sie im Umgang mit internetbasierten geographischen Karten (z. B. Google Maps)?

Überhaupt nicht erfahren | Unerfahren | Eher unerfahren | Teilweise erfahren | Eher erfahren | Erfahren | Sehr erfahren

*Wie gut kennen Sie sich in der Stadt Regensburg aus?

Überhaupt nicht gut | Nicht gut | Eher nicht gut | Teilweise gut | Eher gut | Gut | Sehr gut

Abbildung C.2: Fragebogen - Fortsetzung II

Angaben zur Ihren Persönlichkeitseigenschaften

Im Folgenden finden Sie eine Reihe von Aussagen, mit denen man sich selbst beschreiben kann. Die Aussagen beschreiben das Bedürfniss nach geistigen Herausforderungen und der Freude daran bspw. bei der Bearbeitung einer Aufgabe oder eines Problems. Bitte lesen Sie jede Aussage genau durch und bewerten Sie danach, wie sehr diese Aussage auf Sie zutrifft.

Die Aussagen klingen möglicherweise ähnlich. Lassen Sie sich dadurch nicht verwirren und bewerten Sie jede Aussage unabhängig davon, wie Sie bei einer anderen Aussage geantwortet haben. Wenn Ihnen die Antwort schwer fallen sollte, geben Sie die Antwort, die am ehesten zutrifft.

*Bitte bewerten Sie im Folgenden wie charakteristisch die einzelnen Aussagen für Sie sind.

	Trifft überhaupt nicht zu	Trifft größtenteils nicht zu	Trifft eher nicht zu	Trifft teils zu	Trifft eher zu	Trifft zu	Trifft ganz genau zu
Ich denke nur angestrengt nach, wenn ich muss.	○	○	○	○	○	○	○
Ich würde komplizierte Probleme einfachen Problemen vorziehen.	○	○	○	○	○	○	○
Ich trage gerne die Verantwortung für eine Situation, die sehr viel Denken erfordert.	○	○	○	○	○	○	○
Denken entspricht nicht dem, was ich unter Spaß verstehe.	○	○	○	○	○	○	○
Ich würde lieber etwas tun, das wenig Denken erfordert, als etwas, das mit Sicherheit meine Denkfähigkeit herausfordert.	○	○	○	○	○	○	○
Ich versuche Situationen zu vermeiden, in denen die Wahrscheinlichkeit groß ist, dass ich intensiv über etwas nachdenken muss.	○	○	○	○	○	○	○
Ich finde Befriedigung darin, angestrengt und stundenlang nachzudenken.	○	○	○	○	○	○	○
Ich denke lieber über kleine, alltägliche Vorhaben nach, als über langfristige.	○	○	○	○	○	○	○
Ich mag Aufgaben, die wenig Denken erfordern, sobald ich sie einmal erlernt habe.	○	○	○	○	○	○	○
Die Vorstellung, mich auf mein Denkvermögen zu verlassen, um es zu etwas zu bringen, spricht mich an.	○	○	○	○	○	○	○
Die Aufgabe, neue Lösungen für Probleme zu finden, macht mir wirklich Spaß.	○	○	○	○	○	○	○
Ich finde es nicht sonderlich aufregend, neue Denkweisen zu lernen.	○	○	○	○	○	○	○
Ich habe es gern, wenn mein Leben voller kniffliger Aufgaben ist, die ich lösen muss.	○	○	○	○	○	○	○
Abstrakt zu denken reizt mich.	○	○	○	○	○	○	○
Ich präferiere Aufgaben, die Intelligenz erfordern, schwierig und bedeutend sind, gegenüber Aufgaben, die zwar wichtig sind, aber nicht viel Denken erfordern.	○	○	○	○	○	○	○
Wenn ich eine Aufgabe erledigt habe, die viel geistige Anstrengung erfordert hat, fühle ich mich eher erleichtert als befriedigt.	○	○	○	○	○	○	○
Es genügt, dass etwas funktioniert, mir ist es egal, wie oder warum.	○	○	○	○	○	○	○

*Bitte bewerten Sie im Folgenden Ihre geistige Anstrengung bei der Bearbeitung der Suchaufgabe.

	Sehr anstrengend	Anstrengend	Eher anstrengend	Weder noch	Eher nicht anstrengend	Nicht anstrengend	Überhaupt nicht anstrengend
Die Durchführung der Suchaufgabe war ...	○	○	○	○	○	○	○

Abbildung C.3: Fragebogen - Fortsetzung III

Bewertung der technischen Qualität des Suchportals

Die folgenden Aussagen klingen möglicherweise sehr ähnlich. Lassen Sie sich dadurch nicht verwirren und bewerten Sie jede Aussage unabhängig davon, wie Sie bei einer anderen Aussage geantwortet haben. Wenn Ihnen die Antwort schwer fallen sollte, geben Sie die Antwort, die am ehesten zutrifft.

*Bitte bewerten Sie im Folgenden die softwaretechnische Komponente des Suchportals.

	Stimme überhaupt nicht zu	Stimme nicht zu	Stimme eher nicht zu	Stimme teils zu	Stimme eher zu	Stimme zu	Stimme voll zu
Es ist einfach für mich, erfahren im Umgang mit dem Suchportal zu werden.	○	○	○	○	○	○	○
Das Suchportal ist zuverlässig.	○	○	○	○	○	○	○
Die Benutzung des Suchportals ist einfach zu erlernen.	○	○	○	○	○	○	○
Meine Interaktion mit dem Suchportal war klar und verständlich.	○	○	○	○	○	○	○
Das Suchportal ist einfach zu benutzen.	○	○	○	○	○	○	○
Das Suchportal ist fehleranfällig.	○	○	○	○	○	○	○
Das Suchportal läuft stabil.	○	○	○	○	○	○	○
Es ist einfach das Suchportal dazu zu bringen, das zu tun, was ich will.	○	○	○	○	○	○	○
Das Suchportal ist flexibel in Bezug auf die Interaktion.	○	○	○	○	○	○	○
Das Suchportal ist benutzerfreundlich.	○	○	○	○	○	○	○
Das Suchportal stellt geeignete Funktionen zur Verfügung.	○	○	○	○	○	○	○
Das Suchportal hat kurze Reaktionszeiten.	○	○	○	○	○	○	○

Bewertung der Informationsqualität des Suchportals

Die folgenden Aussagen klingen möglicherweise sehr ähnlich. Lassen Sie sich dadurch nicht verwirren und bewerten Sie jede Aussage unabhängig davon, wie Sie bei einer anderen Aussage geantwortet haben. Wenn Ihnen die Antwort schwer fallen sollte, geben Sie die Antwort, die am ehesten zutrifft.

*Bitte bewerten Sie im Folgenden die durch das Suchportal bereitgestellten Informationen (Wohungsdetails, Entfernungsangaben, Rangfolge der Suchtreffer etc.).

	Stimme überhaupt nicht zu	Stimme nicht zu	Stimme eher nicht zu	Stimme teils zu	Stimme eher zu	Stimme zu	Stimme voll zu
Die vom Suchportal bereitgestellten Informationen sind leicht zu verstehen.	○	○	○	○	○	○	○
Die vom Suchportal bereitgestellten Informationen sind relevant zur Suche nach einer Wohnung.	○	○	○	○	○	○	○
Die vom Suchportal bereitgestellten Informationen sind vollständig, um nach einer Wohnung zu suchen.	○	○	○	○	○	○	○
Die vom Suchportal bereitgestellten Informationen sind widerspruchsfrei.	○	○	○	○	○	○	○
Die vom Suchportal bereitgestellten Informationen sind ausreichend, um nach einer Wohnung zur suchen.	○	○	○	○	○	○	○
Die vom Suchportal bereitgestellten Informationen werden in einem für mich geeigneten Format bereitgestellt.	○	○	○	○	○	○	○
Die vom Suchportal bereitgestellten Informationen werden kontextbezogen angezeigt.	○	○	○	○	○	○	○
Die vom Suchportal bereitgestellten Informationen sind gut strukturiert.	○	○	○	○	○	○	○

Abbildung C.4: Fragebogen - Fortsetzung IV

Bewertung der Zufriedenheit mit dem Suchportal

Die folgenden Aussagen klingen möglicherweise sehr ähnlich. Lassen Sie sich dadurch nicht verwirren und bewerten Sie jede Aussage unabhängig davon, wie Sie bei einer anderen Aussage geantwortet haben. Wenn Ihnen die Antwort schwer fallen sollte, geben Sie die Antwort, die am ehesten zutrifft.

*Bitte bewerten Sie im Folgenden Ihre Zufriedenheit mit dem Suchportal zur Durchführung der Suchaufgabe.

	Stimme überhaupt nicht zu	Stimme nicht zu	Stimme eher nicht zu	Stimme teils zu	Stimme eher zu	Stimme zu	Stimme voll zu
Ich bin mit dem Suchportal zufrieden	○	○	○	○	○	○	○
Das Benutzen des Suchportals begeistert mich	○	○	○	○	○	○	○
Das Benutzen des Suchportals frustriert mich	○	○	○	○	○	○	○
Die Benutzung des Suchportals ist furchtbar	○	○	○	○	○	○	○

Bewertung der Nutzungsabsicht für das Suchportal

Die folgenden Aussagen klingen möglicherweise sehr ähnlich. Lassen Sie sich dadurch nicht verwirren und bewerten Sie jede Aussage unabhängig davon, wie Sie bei einer anderen Aussage geantwortet haben. Wenn Ihnen die Antwort schwer fallen sollte, geben Sie die Antwort, die am ehesten zutrifft.

*Bitte bewerten Sie im Folgenden Ihre Absicht zur künftigen Nutzung des Suchportals.

	Stimme überhaupt nicht zu	Stimme nicht zu	Stimme eher nicht zu	Stimme teils zu	Stimme eher zu	Stimme zu	Stimme voll zu
Ich würde das Suchportal für eine ähnliche Aufgabe wieder benutzen	○	○	○	○	○	○	○
Ich würde das Suchportal benutzen, um die Informationen zu erhalten, die ich benötige	○	○	○	○	○	○	○
Ich würde das Suchportal eher als andere Internetseiten zur Wohnungssuche benutzen	○	○	○	○	○	○	○
Die Benutzung des Suchportals wäre für meine zukünftige Entscheidung bezüglich der Auswahl einer Wohnung wichtig	○	○	○	○	○	○	○
Ich würde das Suchportal in Zukunft öfter benutzen	○	○	○	○	○	○	○
Ich würde das Suchportal weiterempfehlen	○	○	○	○	○	○	○

Bewertung der Nützlichkeit des Suchportals

Die folgenden Aussagen klingen möglicherweise sehr ähnlich. Lassen Sie sich dadurch nicht verwirren und bewerten Sie jede Aussage unabhängig davon, wie Sie bei einer anderen Aussage geantwortet haben. Wenn Ihnen die Antwort schwer fallen sollte, geben Sie die Antwort, die am ehesten zutrifft.

*Bitte bewerten Sie im Folgenden die Auswirkungen des Suchportals auf die Durchführung der Suchaufgabe.

	Stimme überhaupt nicht zu	Stimme nicht zu	Stimme eher nicht zu	Stimme teils zu	Stimme eher zu	Stimme zu	Stimme voll zu
Das Benutzen des Suchportals vereinfacht die Suche nach Wohnungen	○	○	○	○	○	○	○
Das Suchportal hilft mir die Suche nach Wohnungen schneller durchzuführen	○	○	○	○	○	○	○
Das Suchportal ist nützlich, um nach Wohnungen zu suchen	○	○	○	○	○	○	○
Das Suchportal ermöglicht es mir effektiv zu suchen	○	○	○	○	○	○	○
Das Suchportal ermöglicht es mir effizient zu suchen	○	○	○	○	○	○	○
Das Benutzen des Suchportals hilft mir dabei bessere Entscheidungen zu treffen	○	○	○	○	○	○	○
Das Benutzen des Suchportals ist sinnvoll für die Wohnungssuche	○	○	○	○	○	○	○

Vielen Dank für die Teilnahme am Experiment.

Wenn Sie an den Ergebnissen der Studie interessiert sind, können Sie beim Experimentleiter Ihre Kontaktdaten hinterlassen.

Abbildung C.5: Fragebogen - Fortsetzung V

C.3 Anleitung Trainingsphase

Die in Abbildung C.6 aufgeführte Testaufgabe war ebenfalls Bestandteil der anderen Prototypbeschreibungen.

Trainingsphase

Internetadresse: http://forschung.wi.uni-passau.de/immosuche

Kurzanleitung zur Bedienung des Suchportals:

	In den Auswahlmenüs können eine oder mehrere Angaben ausgewählt werden. Klicken Sie hierzu durch gedrückt halten der <Strg>-Taste mehrere Angaben an.
	Durch Klick mit der linken Maustaste auf das Verschiebesymbol und gleichzeitiges ziehen kann die Reihenfolge der Suchkriterien geändert werden.
	Durch Klick auf „Suchen" starten Sie die Suche.
	Durch Klick auf den Treffertitel erhalten Sie detaillierte Informationen über die Wohnung im rechten Bereich angezeigt.
	Im Detailbereich kann durch Eingabe eines Punktwertes zwischen 0 und 100 eine Bewertung der Eignung der Wohnung vorgenommen werden. (0 = Wohnung ist gar nicht geeignet; 100 = Wohnung ist sehr gut geeignet)
	Durch Klick auf „Experiment starten" wird das richtige Experiment gestartet. Bitte klicken Sie erst nach Aufforderung durch den Experimentleiter.

Testaufgabe:

1. **Suchen Sie nach einer Wohnung mit folgenden Eigenschaften:**
   - 3-4 Zimmern,
   - 70-90 m² Wohnfläche
   - max. 700 € Kaltmiete
   - im Stadtteil Galgenberg oder Oberisling
   - mit einer maximalen Entfernung zum Botanischen Garten von ca. 2,0 km
   - Details: vorhandene Einbauküche und Stellplatz/Garage

   Die Reihenfolge der Suchkriterien soll sein:

   1 Kaltmiete
   2 Umkreis
   3 Zimmer
   4 Wohnfläche

2. **Bewerten Sie die ersten drei Suchtreffer mit einem Punktwert zwischen 100 = sehr gut geeignet und 0 = gar nicht geeignet.** Nehmen Sie die Bewertung auf der rechten Seite unter Detailinformationen zur jeweiligen Wohnung vor.

Abbildung C.6: Bedienungsanleitung und Testaufgabe Prototyp Feld/Liste

Trainingsphase

Internetadresse: http://forschung.wi.uni-passau.de/immosuche

Kurzanleitung zur Bedienung des Suchportals

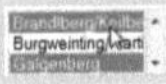	In den Auswahlmenüs können eine oder mehrere Angaben ausgewählt werden. Klicken Sie hierzu durch <u>gedrückt halten der <Strg>-Taste</u> mehrere Angaben an.
	Durch Klick mit der <u>linken Maustaste</u> auf das <u>Verschiebesymbol</u> und <u>gleichzeitiges ziehen</u> kann die Reihenfolge der Suchkriterien geändert werden.
	Durch <u>Klick auf „Suchen"</u> starten Sie die Suche.
	Durch <u>Klick auf den Suchtreffer</u> in der Karte, erhalten Sie kurze Angaben über die Wohnung.
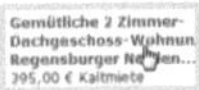	Durch Klick <u>auf den Treffertitel</u> erhalten Sie detaillierte Informationen über die Wohnung im <u>rechten Bereich</u> angezeigt.
	Sie können die Kartenansicht vergrößern oder verkleinern, indem Sie mittels der Symbole <u>+ und –</u> in die Karte <u>hinein</u> bzw. <u>heraus zoomen</u>. (auch mit Hilfe des Mausrades möglich)
	Sie können den Ausschnitt der dargestellten Karte ändern, indem Sie mittels der <u>Richtungspfeile</u> den Kartenausschnitt <u>nach links, rechts, oben oder unten verschieben</u>. (auch mit Hilfe eines Linksklicks in die Karte und gleichzeitigem ziehen mit Hilfe der Maus möglich)
	Sie können rechts oben in der Karte zwischen <u>Karten-, Satelliten- und Hybriddarstellung</u> wählen.
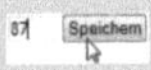	Im Detailbereich kann durch <u>Eingabe eines Punktwertes</u> zwischen <u>0 und 100</u> eine Bewertung der <u>Eignung</u> der Wohnung vorgenommen werden. (0 = Wohnung ist gar nicht geeignet; 100 = Wohnung ist sehr gut geeignet)
	Durch <u>Klick</u> auf <u>„Experiment starten"</u> wird das richtige Experiment gestartet. <u>Bitte klicken Sie erst nach Aufforderung durch den Experimentleiter.</u>

Abbildung C.7: Bedienungsanleitung Prototyp Feld/Geo

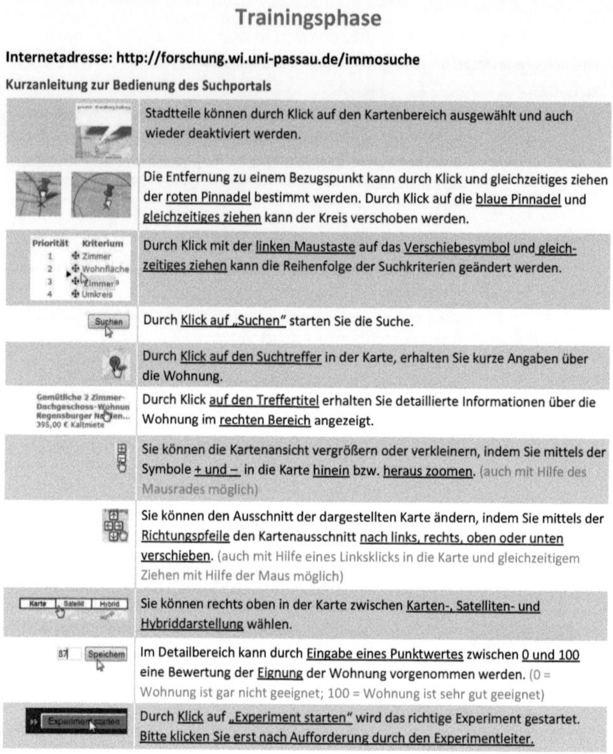

Trainingsphase

Internetadresse: http://forschung.wi.uni-passau.de/immosuche

Kurzanleitung zur Bedienung des Suchportals

	Stadtteile können durch Klick auf den Kartenbereich ausgewählt und auch wieder deaktiviert werden.
	Die Entfernung zu einem Bezugspunkt kann durch Klick und gleichzeitiges ziehen der roten Pinnadel bestimmt werden. Durch Klick auf die blaue Pinnadel und gleichzeitiges ziehen kann der Kreis verschoben werden.
	Durch Klick mit der linken Maustaste auf das Verschiebesymbol und gleich-zeitiges ziehen kann die Reihenfolge der Suchkriterien geändert werden.
	Durch Klick auf „Suchen" starten Sie die Suche.
	Durch Klick auf den Suchtreffer in der Karte, erhalten Sie kurze Angaben über die Wohnung.
	Durch Klick auf den Treffertitel erhalten Sie detaillierte Informationen über die Wohnung im rechten Bereich angezeigt.
	Sie können die Kartenansicht vergrößern oder verkleinern, indem Sie mittels der Symbole + und – in die Karte hinein bzw. heraus zoomen. (auch mit Hilfe des Mausrades möglich)
	Sie können den Ausschnitt der dargestellten Karte ändern, indem Sie mittels der Richtungspfeile den Kartenausschnitt nach links, rechts, oben oder unten verschieben. (auch mit Hilfe eines Linksklicks in die Karte und gleichzeitigem Ziehen mit Hilfe der Maus möglich)
	Sie können rechts oben in der Karte zwischen Karten-, Satelliten- und Hybriddarstellung wählen.
	Im Detailbereich kann durch Eingabe eines Punktwertes zwischen 0 und 100 eine Bewertung der Eignung der Wohnung vorgenommen werden. (0 = Wohnung ist gar nicht geeignet; 100 = Wohnung ist sehr gut geeignet)
	Durch Klick auf „Experiment starten" wird das richtige Experiment gestartet. Bitte klicken Sie erst nach Aufforderung durch den Experimentleiter.

Abbildung C.8: Bedienungsanleitung Prototyp Karte/Geo

Trainingsphase

Internetadresse: http://forschung.wi.uni-passau.de/immosuche

Kurzanleitung zur Bedienung des Suchportals

	Stadtteile können durch Klick auf den Kartenbereich ausgewählt und auch wieder deaktiviert werden.
	Die Entfernung zu einem Bezugspunkt kann durch Klick und gleichzeitiges ziehen der roten Pinnadel bestimmt werden. Durch Klick auf die blaue Pinnadel und gleichzeitiges ziehen kann der Kreis verschoben werden.
Priorität Kriterium 1 Zimmer 2 Wohnfläche 3 Zimmer 4 Umkreis	Durch Klick mit der linken Maustaste auf das Verschiebesymbol und gleichzeitiges ziehen kann die Reihenfolge der Suchkriterien geändert werden.
Suchen	Durch Klick auf „Suchen" starten Sie die Suche.
Gemütliche 2 Zimmer-Dachgeschoss-Wohnun Regensburger N...en... 395,00 € Kaltmiete	Durch Klick auf den Treffertitel erhalten Sie detaillierte Informationen über die Wohnung im rechten Bereich angezeigt.
	Sie können die Kartenansicht vergrößern oder verkleinern, indem Sie mittels der Symbole + und – in die Karte hinein bzw. heraus zoomen. (auch mit Hilfe des Mausrades möglich)
	Sie können den Ausschnitt der dargestellten Karte ändern, indem Sie mittels der Richtungspfeile den Kartenausschnitt nach links, rechts, oben oder unten verschieben. (auch mit Hilfe eines Linksklicks in die Karte und gleichzeitigem Ziehen mit Hilfe der Maus möglich)
Karte | Satellit | Hybrid	Sie können rechts oben in der Karte zwischen Karten-, Satelliten- und Hybriddarstellung wählen.
87 Speichern	Im Detailbereich kann durch Eingabe eines Punktwertes zwischen 0 und 100 eine Bewertung der Eignung der Wohnung vorgenommen werden. (0 = Wohnung ist gar nicht geeignet; 100 = Wohnung ist sehr gut geeignet)
Experiment starten	Durch Klick auf „Experiment starten" wird das richtige Experiment gestartet. Bitte klicken Sie erst nach Aufforderung durch den Experimentleiter.

Abbildung C.9: Bedienungsanleitung Prototyp Karte/Liste

C.4 Anleitung Experimentphase

Experimentphase

Instruktionen für die Experimentdurchführung:

Stellen Sie sich vor, Sie sind auf der Suche nach einer für Sie geeigneten Wohnung in Regensburg. Suchen Sie mit Hilfe des Suchportals nach Wohnungen, die Ihren Anforderungen entsprechen. Gehen Sie wie folgt vor:

1. Legen Sie zunächst die für Sie **geeigneten Ausprägungen** für die vorgegebenen **Suchkriterien** (Zimmer, Wohnfläche, Kaltmiete, Stadtteil und Umkreis) **fest** und bestimmen Sie die **Reihenfolge der Wichtigkeit** der Suchkriterien.
   Sie können die festgelegten Präferenzen **beliebig oft anpassen** und die **Suche erneut** durchführen. (Klicken Sie nach Änderung der Suchkriterien erneut den Button „Suchen".)
2. Das Suchportal ermittelt auf Basis Ihrer Anforderungen und der Wichtigkeit relevante Wohnungen. Durch **Klick auf einen Suchtreffer** können Sie sich **Details zur jeweiligen Wohnung anzeigen** lassen. **Suchen Sie** in den Suchtreffern nach **geeigneten Wohnungen**.
3. **Notieren** Sie die für Sie geeignete(n) Wohnung(en) hier:

   Wohnungsobjekt-IDs: ——, ——, ——, ——, ——, ——

   (Falls Sie keine geeignete Wohnung gefunden haben, lassen Sie die Angabe bitte leer.)
4. **Bewerten Sie abschließend** alle momentan angezeigten **Suchtreffer** mit Hilfe eines **Punktewertes.** Wenn mehr als 10 Suchtreffer vorhanden sind, bewerten Sie bitte nur die **ersten 10 Suchtreffer**.

   Sie können Punkte **zwischen 100 = sehr gut geeignet und 0 = gar nicht geeignet** vergeben. Die Bewertung können Sie auf der **rechten Seite unter Detailinformationen** zur jeweiligen Wohnung vornehmen.
   (Sie können mehrere Wohnungen auch gleich bewerten, z. B. 2 mal 100 Punkte vergeben.)
5. **Beenden Sie die Suche**, wenn Sie die Wohnungen bewerten haben, indem Sie auf den **„Experiment Beenden"-Button klicken**.
6. Es erfolgt eine **Weiterleitung an einen Fragebogen**. Beantworten Sie die Fragen.

Abbildung C.10: Instruktionen Experimentphase

Anhang D

D.1 Multinomiale Regression

Tabelle D.1: Vergleich der Güte von Ordered Logit und multinomialer Regression

Variable	$AIC_{Ordered Logit}$	$AIC_{Multinomial}$
Systemqualität	577,6	651,5
Informationsqualität	715,1	719,5
Zufriedenheit	757,4	768,4
Nutzungsabsicht	829,4	848,4
wahrgenommene Performanz	449,5	522,6
Kognitionsbedürfnis	509,9	514,3
Mentale Belastung	583,3	589,4

D.2 Multikollinearität

Tabelle D.2: Prüfung der unabhängigen Variablen auf Multikollinearität

	Eingabe-visualisierung	Ergebnis-visualisierung	mentale Belastung	Kognitions-bedürfnis
Eingabevisualisierung	1,00	0,00	-0,09	-0,09
Ergebnisvisualisierung	0,00	1,00	-0,03	0,08
mentale Belastung	-0,09	-0,03	1,00	0,16
Kognitionsbedürfnis	-0,09	0,08	0,16	1,00

D.3 Effekte auf die Zufriedenheit

Tabelle D.3: Einfluss von Systemqualität, Informationsqualität und Art des Prototyps auf die Zufriedenheit

	Koeffizient	$\hat{\sigma}_j(\hat{\beta}_j)$	Signifikanz
prototyp2	-5,27E+04	1,24E+08	0,9997
prototyp3	2,33E+04	8,73E+07	0,9998
prototyp4	2,33E+04	7,13E+07	0,9997
SYS_median2.5	-1,31E+03	2,17E+03	0,5445
SYS_median3	2,16E+04	8,73E+07	0,9998
SYS_median3.5	-5,70E+04	1,43E+08	0,9997
SYS_median4	1,61E+04	7,13E+07	0,9998
SYS_median4.5	2,43E+04	8,73E+07	0,9998
SYS_median5	-3,05E+03	3,31E+03	0,3568
SYS_median5.5	-4,77E+04	1,43E+08	0,9997
SYS_median6	-2,63E+04	1,24E+08	0,9998
SYS_median2.5	6,21E+03	2,64E+03	0,0185 *
SYS_median3	9,41E+03	6,11E+03	0,1238
SYS_median3.5	5,58E+04	1,43E+08	0,9997
SYS_median4	-1,17E+04	8,73E+07	0,9999
SYS_median4.5	3,61E+04	1,24E+08	0,9998
SYS_median5	3,68E+04	1,24E+08	0,9998
SYS_median5.5	3,63E+04	1,24E+08	0,9998
SYS_median6	4,00E+04	1,24E+08	0,9997
SYS_median4:INF_median3	-1,93E+04	7,13E+07	0,9998
SYS_median4.5:INF_median3	-4,90E+04	8,73E+07	0,9996
SYS_median5:INF_median3	1,99E+03	5,43E+03	0,7141
SYS_median4:INF_median3.5	-6,57E+04	1,89E+08	0,9997
SYS_median4.5:INF_median3.5	-7,21E+04	1,67E+08	0,9997
SYS_median5:INF_median3.5	-4,59E+04	1,43E+08	0,9997
SYS_median3.5:INF_median4	4,87E+02	3,06E+03	0,8732
SYS_median4:INF_median4	3,63E+03	1,13E+08	10.000
SYS_median4.5:INF_median4	-4,48E+03	2,87E+03	0,1182
SYS_median5:INF_median4	2,45E+04	8,73E+07	0,9998

Tabelle D.4: Einfluss von Systemqualität, Informationsqualität und Art des Prototyps auf die Zufriedenheit - Fortsetzung II

SYS_median5.5:INF_median4	6,75E+04	1,67E+08	0,9997
SYS_median3.5:INF_median4.5	-5,04E+04	1,51E+08	0,9997
SYS_median4:INF_median4.5	7,36E+02	4,50E+03	0,8700
SYS_median4.5:INF_median4.5	-4,99E+04	1,43E+08	0,9997
SYS_median5:INF_median4.5	-2,58E+04	1,24E+08	0,9998
SYS_median5.5:INF_median4.5	1,12E+04	7,13E+07	0,9999
SYS_median5:INF_median5	-2,24E+04	1,24E+08	0,9999
SYS_median5.5:INF_median5	2,20E+04	7,13E+07	0,9998
SYS_median5:INF_median5.5	-2,33E+04	1,24E+08	0,9998
Restliche Stufenkombinationen von SYS_median:INF_median	NA	NA	NA

Literaturverzeichnis

Abareshi, A., Martin, B. (2009): A Methodological Examination of MIS Survey Research from 1992–2006, In: Journal of Information & Knowledge Management, 8(2):137–146, 2009.

Accenture (2007): Managers Say the Majority of Information Obtained for Their Work Is Useless, Accenture Survey Finds.

Ackoff, R. L. (1989): From Data to Wisdom, In: Journal of Applied Systems Analysis, 16:3–9, 1989.

Agresti, A., Finlay, B. (2009): Statistical methods for the social sciences, Pearson Prentice Hall, Upper Saddle River and N.J, 4.. Auflage, 2009.

Ahlberg, C., Shneiderman, B. (1994): Visual information seeking: Tight Coupling of Dynamic Query Filters with Starfield Displays, In: Proceedings of the SIGCHI conference on Human factors in computing systems celebrating interdependence - CHI '94, S. 313–317, ACM Press, 1994.

Ahn, T., Ryu, S., Han, I. (2004): The impact of the online and offline features on the user acceptance of Internet shopping malls, In: Electronic Commerce Research and Applications, 3(4):405–420, 2004.

Ajzen, I., Fishbein, M. (1980): Understanding attitudes and predicting social behavior, Prentice-Hall, Englewood Cliffs and N.J, pbk. ed.. Auflage, 1980.

Albertoni, R., Bertone, A., Martino, M. d. (2005): Information Search: The Challenge of Integrating Information Visualization and Semantic Web, In: 16th International Workshop on Database and Expert Systems Applications (DEXA'05), S. 529–533, IEEE, 2005.

Alper, B., Höllerer, T., Kuchera-Morin, J., Forbes, A. (2011): Stereoscopic Highlighting: 2D Graph Visualization on Stereo Displays, In: IEEE Transactions on Visualization and Computer Graphics, 17(12):2325–2333, 2011.

Andrienko, G., Andrienko, N., Keim, D., MacEachren, A. M., Wrobel, S. (2011): Challenging problems of geospatial visual analytics, In: Journal of Visual Languages & Computing, 22(4):251–256, 2011.

Andrienko, N., Andrienko, G. (2003): Informed spatial decisions through coordinated views, In: Information Visualization - Special issue on coordinated and multiple views in exploratory visualization, 2(4):270–285, 2003.

Andrienko, N., Andrienko, G., Voss, H., Bernardo, F., Hipolito, J., Kretchmer, U. (2002): Testing the usability of interactive maps in CommonGIS, In: Cartography and Geographic Information Science, 29(4):325–342, 2002.

Archambault, D., Purchase, H. C., Pinaud, B. (2011): Animation, Small Multiples, and the Effect of Mental Map Preservation in Dynamic Graphs, In: IEEE Transactions on Visualization and Computer Graphics, 17(4):539–552, 2011.

Au, N., Ngai, E. W. T., Cheng, T. C. E. (2008): Extending the Understanding of End User Information Systems Satisfaction Formation: An Equitable Needs Fulfillment Model Approach, In: MIS Quarterly, 32(1):43–66, 2008.

Backhaus, K. (2011): Multivariate Analysemethoden: Eine anwendungsorientierte Einführung, Springer, Berlin et al., 13.. Auflage, 2011.

Baddeley, A. D. (1986): Working memory, Band 11 von Oxford psychology series, Oxford University Press, Oxford and England, 1986.

Baeza, Y. R., Ribeiro, B. (1999): Modern information retrieval, Addison-Wesley, Harlow [u.a.], 1999.

Baier, D., Brusch, M. (2009): Conjointanalyse: Methoden, Anwendungen, Praxisbeispiele, Springer Berlin Heidelberg, Berlin and Heidelberg, 2009.

Ballantine, J., Bonner, M., Levy, M., Martin, A., Munro, I., Powell, P. (1996): The 3-D Model of Information Systems Success: the Search for the Dependent Variable Continues, In: Information Resources Management Journal, 9(4):5–14, 1996.

Balzert, H. (1998): Lehrbuch der Software-Technik - Software-Management, Software-Qualitätssicherung, Unternehmensmodellierung, Spektrum Akademischer Verlag, Heidelberg et al., 1998.

Barkhuus, L., Rode, J. A. (2007): From Mice to Men - 24 Years of Evaluation in CHI, In: Rosson, M. B. (Hrsg.), Proceedings of the SIGCHI Conference on Human Factors in Computing Systems, ACM Press, 2007.

Barron, F. H., Barrett, B. E. (1996): Decision Quality Using Ranked Attribute Weights, In: Management Science, 42(11):1515–1523, 1996.

Bates, M. J. (1989): The design of browsing and berrypicking techniques for the online search interface, In: Online Information Review, 13(5):407–424, 1989.

Bederson, B., Shneiderman, B. (2003): The craft of information visualization: Readings and reflections, Morgan Kaufmann, Amsterdam and London, 2003.

Behnsen, J. (1980): Der Nutzwert einer Wohnumwelt, PhD thesis, Universität Hannover, Hannover.

Belkin, N. J., Marchetti, P. G., Cool, C. (1993): BRAQUE: Design of an interface to support user interaction in information retrieval, In: Information Processing & Management, 29(3):325–344, 1993.

Belkin, N. J., Oddy, R. N., Brooks, H. M. (1982): Ask for Information Retrieval: Part II. Results of a Design Study, In: Journal of Documentation, 38(3):145–164, 1982.

Ben-Bassat, T., Meyer, J., Tractinsky, N. (2006): Economic and subjective measures of the perceived value of aesthetics and usability, In: ACM Transactions on Computer-Human Interaction, 13(2):210–234, 2006.

Berridge, D. M., Crouchley, R. (2011): Multivariate Generalized Linear Mixed Models Using R, CRC Press, 2011.

Bertini, E., Lam, H., Perer, A. (2010): Beyond time and errors: Novel evaluation methods for Information Visualization, In: Mynatt, E., Schoner, D. (Hrsg.), Proceedings of the 28th International Conference of extended abstracts on Human Factors in Computing Systems (CHI EA), S. 4441–4444, ACM, 2010.

Beyer, H., Holtzblatt, K. (1999): Contextual design, In: interactions, 6(1):32–42, 1999.

Bharati, P., Chaudhury, A. (2004): An empirical investigation of decision-making satisfaction in web-based decision support systems, In: Decision Support Systems, 37(2):187–197, 2004.

Blanco, C. F., Sarasa, R. G., Sanclemente, C. O. (2010): Effects of visual and textual information in online product presentations: looking for the best combination in website design, In: European Journal of Information Systems, 19(6):668–686, 2010.

Blattmann, O., Grüter, M., Burg, v. S., Myrach, T. (2010): Ein Instrument zur Messung des Erfolgs von Web-Seiten - getestet bei Schweizer Winzern, In: Schumann, M., Kolbe, L. M., Breitner, M. H., Frerichs, A. (Hrsg.), Konferenzbeiträge der Multikonferenz Wirtschaftsinformatik (MKWI 2010), 23.-25. Februar 2010, Göttingen, S. 1241–1252, 2010.

Bless, H., Bohner, G., Schwarz, N., Strack, F. (1990): Mood and Persuasion: A Cognitive Response Analysis, In: Personality and Social Psychology Bulletin, 16(2):331–345, 1990.

Bless, H., Wänke, M., Bohner, G., Fellhauer, R. F., Schwarz, N. (1994): Need for Cognition : eine Skala zur Erfassung von Freude und Engagement bei Denkaufgaben, In: Zeitschrift für Sozialpsychologie, 25(2):147–154, 1994.

Blohm, H., Lüder, K. (1995): Investition: Schwachstellenanalyse des Investitionsbereichs und Investitionsrechnung, Vahlens Handbücher der Wirtschafts- und Sozialwissenschaften, Vahlen, München, 6.. Auflage, 1995.

Bontis, N., Serenko, A. (2009): A follow-up Ranking of Academic Journals, In: Journal of Knowledge Management, 13(1):16–26, 2009.

Bortz, J., Döring, N. (2006): Forschungsmethoden und Evaluation: Für Human- und Sozialwissenschaftler, Springer, Berlin, 4.. Auflage, 2006.

Bossler, J. D. (2010): An introduction to geospatial science and technology, In: Bossler, J. D., Campbell, J. B., McMaster, R. B., Rizos, C. (Hrsg.), Manual of geospatial science and technology, CRC Press/Taylor & Francis, Boca Raton and FL, 2010.

Brown, S. A., Dennis, A. R., Venkatesh, V. (2010): Predicting Collaboration Technology Use: Integrating Technology Adoption and Collaboration Research, In: Journal of Management Information Systems, 27(2):9–54, 2010.

Brünken, R., Steinbacher, S., Plass, J. L., Leutner, D. (2002): Assessment of Cognitive Load in Multimedia Learning Using Dual-Task Methodology, In: Experimental Psychology (formerly "Zeitschrift für Experimentelle Psychologie"), 49(2):109–119, 2002.

Buhmann, E., Wiesel, J. (2004): GIS-Report 2004: [Software, Daten, Firmen], Harzer, Karlsruhe, 2004.

Bühner, M. (2006): Einführung in die Test- und Fragebogenkonstruktion, Pearson Studium, München, 2. aktual.. Auflage, 2006.

Bühner, M., Ziegler, M. (2009): Statistik für Psychologen und Sozialwissenschaftler, Pearson, München et al., 2009.

Bürg, O., Mandl, H. (2004): Akzeptanz von E-Learning in Unternehmen, PhD thesis, Ludwig-Maximilians-Universität München, München.

Burigat, S., Chittaro, L. (2008): Interactive visual analysis of geographic data on mobile devices based on dynamic queries, In: Journal of Visual Languages & Computing, 19(1):99–122, 2008.

Burkhard, R. A. (2004): Learning from architects:the difference between knowledge visualization and information visualization, In: Proceedings. Eighth International Conference on Information Visualisation, 2004. IV 2004, S. 519–524, IEEE, 2004.

Burley, D. (2010): Information Visualization As A Knowledge Integration Tool, In: Journal of Knowledge Management Practice, 11(4), 2010.

Burton-Jones, A., Straub, D. W. (2006): Reconceptualizing System Usage: An Approach and Empirical Test, In: Information Systems Research, 17(3):228–246, 2006.

Butavicius, M. A., Lee, M. D. (2007): An empirical evaluation of four data visualization techniques for displaying short news text similarities, In: International Journal of Human-Computer Studies, 65(11):931–944, 2007.

Butavicius, M. A., Lee, M. D., Pincombe, B. M., Mullen, L. G., Navarro, D. J., Parsons, K. M., McCormac, A. (2012): An assessment of email and spontaneous dialog visualizations, In: International Journal of Human-Computer Studies, 70(6):432–449, 2012.

Butler, J., Morrice, D. J., Mullarkey, P. W. (2001): A Multiple Attribute Utility Theory Approach to Ranking and Selection, In: Management Science, 47(6):800–816, 2001.

Cacioppo, J. T., Petty, R. E. (1982): The need for cognition, In: Journal of Personality and Social Psychology, 42(1):116–131, 1982.

Cacioppo, J. T., Petty, R. E., Feinstein, J. A., Jarvis, W., Blair G. (1996): Dispositional differences in cognitive motivation: The life and times of individuals varying in need for cognition, In: Psychological Bulletin, 119(2):197–253, 1996.

Cacioppo, J. T., Petty, R. E., Kao, C. F., Rodriguez, R. (1986): Central and peripheral routes to persuasion: An individual difference perspective, In: Journal of Personality and Social Psychology, 51(5):1032–1043, 1986.

Cao, N., Sun, J., Lin, Y.-R., Gotz, D., Liu, S., Qu, H. (2010): FacetAtlas: Multifaceted Visualization for Rich Text Corpora, In: IEEE Transactions on Visualization and Computer Graphics, 16(6):1172–1181, 2010.

Card, S. K. (1981): The Model Human Processor: A Model for Making Engineering Calculations of Human Performance, In: Proceedings of the 25th Human Factors and Ergonomics Society Annual Meeting, 1981, 1981.

Card, S. K., MacKinlay, J. D., Shneiderman, B. (1999): Information Visualization, In: Card, S. K., MacKinlay, J. D., Shneiderman, B. (Hrsg.), Readings in information visualization, S. 1–34, Morgan Kaufmann, San Francisco and Californien, 1999.

Carpendale, S. (2008): Evaluating Information Visualizations, In: Kerren, A., Stasko, J. T., Fekete, J.-D., North, C. (Hrsg.), Information Visualization, S. 19–45, Springer, Berlin et al., 2008.

Cartwright, W., Crampton, J., Gartner, G., Miller, S., Mitchell, K., Siekierska, E. (2001): Geospatial Information Visualization User Interfaces Issues, In: Cartography and Geographic Information Science, 28(1):45–60, 2001.

Chan, B., Wu, L., Talbot, J., Cammarano, M., Hanrahan, P. (2008): Vispedia: Interactive Visual Exploration of Wikipedia Data via Search-Based Integration, In: IEEE Transactions on Visualization and Computer Graphics, 14(6):1213–1220, 2008.

Chandler, P., Sweller, J. (1991): Cognitive Load Theory and the Format of Instruction, In: Cognition and Instruction, 8(4):293–332, 1991.

Chang, R., Wessel, G., Kosara, R., Sauda, E., Ribarsky, W. (2007): Legible Cities: Focus-Dependent Multi-Resolution Visualization of Urban Relationships, In: IEEE Transactions on Visualization and Computer Graphics, 13(6):1169–1175, 2007.

Chang, S.-J., Rice, R. E. (1993): Browsing: A multidimensional framework, In: Williams, M. (Hrsg.), Annual review of information science and technology, S. 231–271, 1993.

Chen, C., Czerwinski, M. P. (2000): Empirical evaluation of information visualizations: an introduction, In: International Journal of Human-Computer Studies, 53(5):631–635, 2000.

Chen, M., Ebert, D., Hagen, H., Laramee, R. S., van Liere, R., Ma, K.-L., Ribarsky, W., Scheuermann, G., Silver, D. (2009): Data, Information, and Knowledge in Visualization, In: IEEE Computer Graphics and Applications, 29(1):12–19, 2009.

Chung, W., Chen, H., Chaboya, L. G., O'Toole, C. D., Atabakhsh, H. (2005a): Evaluating event visualization: a usability study of COPLINK spatio-temporal visualizer, In: International Journal of Human-Computer Studies, 62(1):127–157, 2005.

Chung, W., Chen, H., Nunamaker Jr., J. F. (2005b): A Visual Framework for Knowledge Discovery on the Web: An Empirical Study of Business Intelligence Exploration, In: Journal of Management Information Systems, 21(4):57–84, 2005.

Clarkson, E. C., Desai, K., Foley, J. D. (2009): ResultMaps: Visualization for Search Interfaces, In: IEEE Transactions on Visualization and Computer Graphics, 15(6):1057–1064, 2009.

Cohen, J. (1988): Statistical power analysis for the behavioral sciences, Lawrence Erlbaum Associates, Hillsdale and N. J., 2.. Auflage, 1988.

Cooper, H. M. (1988): Organizing knowledge syntheses: A taxonomy of literature reviews, In: Knowledge in Society, 1(1):104–126, 1988.

Cooper, H. M. (1998): Synthesizing Research – A Guide for Literature Reviews, Sage Publications, Thousand Oaks and Californien, 3.. Auflage, 1998.

Coto-Millan, P. (2003): Utility and production: Theory and applications, Contributions to economics, Physica-Verlag, Heidelberg [Germany] and New York, 2. Auflage, 2003.

Crane, D., Pascarello, E., James, D. (2006): Ajax in action - Das Entwicklerbuch für das Web 2.0, Open source library, Addison-Wesley, München et al., 2006.

Crossland, M. D., Herschel, R. T., Perkins, W. C., Scudder, J. N. (2000): The Impact of Task and Cognitive Style on Decision-making Effectiveness Using a Geographic Information System, In: Journal of Organizational and End User Computing, 12(1):14–23, 2000.

Crossland, M. D., Wynne, B. E., Perkins, W. C. (1995): Spatial decision support systems: An overview of technology and a test of efficacy, In: Decision Support Systems, 14(3):219–235, 1995.

Curry, M. (Mai 2011): Statistical Analysis Methods Used in Information Systems Journals, Manchester and UK, Mai 2011.

Däßler, R. (2002): Informationsvisualisierung: Stand, Kritik und Perspektiven, In: Engelbert, A., Herlt, M. (Hrsg.), Updates - Visuelle Medienkompetenz, Königshausen & Neumann, Würzburg, 2002.

Davis, F. D. (1989): Perceived Usefulness, Perceived Ease of Use, and User Acceptance of Information Technology, In: MIS Quarterly, 13(3):319–340, 1989.

Davis, F. D., Bagozzi, R. P., Warshaw, P. R. (1992): Extrinsic and Intrinsic Motivation to Use Computers in the Workplace, In: Journal of Applied Social Psychology, 22(14):1111–1132, 1992.

Del Fatto, V., Paolino, L., Pittarello, F. (2007): A usability-driven approach to the development of a 3D web-GIS environment, In: Journal of Visual Languages & Computing, 18(3):280–314, 2007.

DeLone, W. H., McLean, E. R. (1992): Information Systems Success: The Quest for the Dependent Variable, In: Information systems research, 3(1):60–95, 1992.

DeLone, W. H., McLean, E. R. (2003): The DeLone and McLean Model of Information Systems Success: A Ten-Year Update, In: Journal of Management Information Systems, 19(4):9–30, 2003.

Denning, S., Hoiem, D., Simpson, M., Sullivan, K. (1990): The Value of Thinking-Aloud Protocols in Industry: A Case Study at Microsoft Corporation, In: Proceedings of the Human Factors and Ergonomics Society Annual Meeting, 34(17):1285–1289, 1990.

Dennis, A. R., Carte, T. A. (1998): Using Geographical Information Systems for Decision Making: Extending Cognitive Fit Theory to Map-Based Presentations, In: Information systems research, 9(2):194–203, 1998.

Dervin, B. (1983): An overview of sense-making research: concepts, methods and results to date, In: Proceedings of the International Communications Association Annual Meeting, Dallas Mai 1983, 1983.

Devaraj, S., Kohli, R. (2000): Information technology payoff in the health-care industry: a longitudinal study, In: Journal of Management Information Systems - Special issue: Impacts of information technology investment on organizational performance, 16(4):41–67, 2000.

Doll, W. J., Torkzadeh, G. (1988): The Measurement of End-User Computing Satisfaction, In: MIS Quarterly, 12(2):259, 1988.

Doll, W. J., Xia, W., Torkzadeh, G. (1994): A Confirmatory Factor Analysis of the End-User Computing Satisfaction Instrument, In: MIS Quarterly, 18(4):453, 1994.

Dörk, M. (2012): Visualization for Search: Exploring Complex and Dynamic Information Spaces, PhD thesis, University of Calgary, Calgary and Alberta.

Drobne, S., Lisec, A. (2009): Multi-attribute Decision Analysis in GIS: Weighted Linear Combination and Ordered Weighted Averaging, In: Informatica, 33:459–474, 2009.

Dyer, J. S., Fishburn, P. C., Steuer, R. E., Wallenius, J., Zionts, S. (1992): Multiple Criteria Decision Making, Multiattribute Utility Theory: The Next Ten Years, In: Management Science, 38(5):645–654, 1992.

Dykes, J., MacEachren, A. M., Kraak, M. J. (Hrsg.) (2005): Exploring geovisualization, Elsevier, Amsterdam, 2005.

Ekstrom, R. B., French, J. W., Harman, H. H. (1979): Cognitive factors: Their identification and replication, In: Multivariate Behavioral Research Monographs, 79(2):3–84, 1979.

El Moussaoui, H., Zeppenfeld, K. (2008): AJAX - Geschichte, Technologie, Zukunft, Informatik im Fokus, Springer, Berlin and Heidelberg, 2008.

Ellis, D. (1989): A Behavioural Approach to Information Retrieval System Design, In: Journal of Documentation, 45(3):171–212, 1989.

Elmqvist, N., Tsigas, P. (2004): Animated visualization of causal relations through growing 2D geometry, In: Information Visualization, 3(3):154–172, 2004.

Elwood, S. (2008): Geographic Information Science: new geovisualization technologies – emerging questions and linkages with GIScience research, In: Progress in Human Geography, 33(2):256–263, 2008.

Eppler, M. J., Burkhard, R. A. (2007): Visual representations in knowledge management: framework and cases, In: Journal of Knowledge Management, 11(4):112–122, 2007.

Ericsson, K. A., Simon, H. A. (1984): Protocol analysis: Verbal reports as data, MIT Press, Cambridge and Mass, 1984.

Fairbairn, D., Andrienko, G., Andrienko, N., B., G., B., Dykes, J. (2001): Representation and its Relationship with Cartographic Visualization: A Research Agenda, In: Cartography and Geographic Information Science, 28(1):13–28, 2001.

Ferber, R. (2003): Information Retrieval: Suchmodelle und Data-Mining-Verfahren für Textsammlungen und das Web, Dpunkt-Verl., Heidelberg, 1. Auflage, 2003.

Fettke, P. (2006): State-of-the-Art des State-of-the-Art: Eine Untersuchung der Forschungsmethode "Review" innerhalb der Wirtschaftsinformatik, In: Wirtschaftsinformatik, 48(4):257–266, 2006.

Few, S. (2008): A ménage a trois of data, eyes and mind, In: DM Review, 18(1):14–34, 2008.

Fischer, P., Hofer, P. (2008): Lexikon der Informatik, Springer, Berlin and Heidelberg, 14. überarb.. Auflage, 2008.

Fisher, J., Shanks, G., Lamp, J. (2007): A Ranking List for Information Systems Journals, In: Australasian Journal of Information Systems, 14(1):5–18, 2007.

Ford, J. C. (1994): Evaluating investment in IT, In: Australian Accountant, 64(11):23–28, 1994.

Forsén, G., Lundin, T., Löwgren, J. (2010): Pinpoint: A design study in interactive visualization for finding people in a large organization, In: Information Visualization, 9(2):141–151, 2010.

Frank, U. (2006): Towards a Pluralistic Conception of Research Methods in Information Systems Research, Essen, 2006.

Fritz, W. (1995): Marketing-Management und Unternehmenserfolg: Grundlagen und Ergebnisse einer empirischen Untersuchung, Band 90 von Betriebswirtschaftliche Abhandlungen, Schäffer-Poeschel, Stuttgart, 2. Auflage, 1995.

Frühling, J., Steingrube, W. (1997): Hinweise zur Konzeption, Gestaltung und Interpretation von Karten, In: Leiberich, P. (Hrsg.), Business mapping im Marketing, S. 117–133, Wichmann, Heidelberg, 1997.

Gabbard, J. L., Hix, D., Swan, J. E. (1999): User-centered design and evaluation of virtual environments, In: IEEE Computer Graphics and Applications, 19(6):51–59, 1999.

Gable, G. G., Sedera, D., Chan, T. (2003): Enterprise Systems Success: A Measurement Model, In: March, S. T., Massey, A., DeGross, J. I. (Hrsg.), Proceedings of the 24th International Conference on Information Systems, S. 576–591, 2003.

Gahegan, M., Wachowicz, M., Harrower, M., Rhyne, T.-M. (2001): The Integration of Geographic Visualization with Knowledge Discovery in Databases and Geocomputation, In: Cartography and Geographic Information Science (CaGIS) Journal, 28(1):29–44, 2001.

Garrity, E. J., Glassberg, B., Kim, Y. J., Sanders, G. L., Shin, S. K. (2005): An experimental investigation of web-based information systems success in the context of electronic commerce, In: Decision Support Systems, 39(3):485–503, 2005.

Garrity, E. J., Sanders, L. S. (1998): Information systems success measurement, Series in information technology management, Idea Group Publ, Hershey and PA [u.a.], 1998.

Gebauer, J., Shaw, M. J., Gribbins, M. L. (2006): Task-Technology Fit for Mobile Information Systems, PhD thesis, University of Illinois, Urbana-Champaign.

Gee, A. P., Webb, M., Escamilla-Ambrosio, J., Mayol-Cuevas, W., Calway, A. (2011): A topometric system for wide area augmented reality, In: Computers & Graphics, 35(4):854–868, 2011.

Gefen, D., Straub, D. W. (2000): The Relative Importance of Perceived Ease of Use in IS Adoption: A Study of E-Commerce Adoption, In: Journal of the Association for Information Systems, 1(1):Artikel 8, 2000.

Gershon, N., Eick, S. G., Card, S. (1998): Information visualization, In: interactions Magazin, 5(2):9–15, 1998.

Glenberg, A. M., Langston, W. E. (1992): Comprehension of illustrated text: Pictures help to build mental models, In: Journal of Memory and Language, 31(2):129–151, 1992.

Golovchinsky, G., Belkin, N. J. (1999): Innovation and Evaluation of Information, In: ACM SIGCHI Bulletin, 31(1):22–25, 1999.

Goodhue, D. L., Thompson, R. L. (1995): Task-Technology Fit and Individual Performance, In: Management information systems quarterly, 19(2):213–236, 1995.

Götze, U. (2008): Investitionsrechnung - Modelle und Analysen zur Beurteilung von Investitionsvorhaben, Springer-Lehrbuch, Springer, Berlin and Heidelberg, 6. aktual.. Auflage, 2008.

Gretarsson, B., O'Donovan, J., Bostandjiev, S., Hall, C., Höllerer, T. (2010): SmallWorlds: Visualizing Social Recommendations, In: Computer Graphics Forum, 29(3):833–842, 2010.

Gross, J. (2010): Grundlegende Statistik mit R: Eine anwendungsorientierte Einführung in die Verwendung der Statistik Software R, Vieweg + Teubner, Wiesbaden, 2010.

Grover, V., Jeong, S. R., Segars, A. H. (1996): Information systems effectiveness: The construct space and patters of application, In: Information & Management, 31(4):177–191, 1996.

Gwizdka, J. (2009): Assessing cognitive load on web search tasks, In: The Ergonomics Open Journal, (2):14–123, 2009.

Hackos, J. T., Redish, J. C. (1998): User and task analysis for interface design, Wiley, New York et al., 1998.

Hair, J. F., Anderson, R. E., Tatham, R. L., Black, W. C. (1998): Multivariate data analysis: A global perspective, Pearson, Upper Saddle River [etc.], 3.. Auflage, 1998.

Hair, J. F., Black, W. C., Babin, B. J., Anderson, R. E. (2010): Multivariate Data Analysis: A global perspective, Pearson Prentice Hall, Upper Saddle River and NJ, 7.. Auflage, 2010.

Hajokowicz, S., Higgins, A. (2008): A comparison of multiple criteria analysis techniques for water resource management, In: European Journal of Operational Research, 184(1):255–265, 2008.

Hart, C. (1998 (ND 2010)): Doing a literature review: Releasing the social science research imagination, Sage, Los Angeles, 1998 (ND 2010).

Häubl, G., Trifts, V. (2000): Consumer Decision Making in Online Shopping Environments: The Effects of Interactive Decision Aids, In: Marketing Science, 19(1):4–21, 2000.

Hearst, M. (2009): Search user interfaces, Cambridge University Press, Cambridge and New York, 2009.

Hennig-Thurau, T., Walsh, G., Schrader, U. (2004): VHB-JOURQUAL: Ein Ranking von betriebswirtschaftlich-relevanten Zeitschriften auf der Grundlage von Expertenurteilen, In: Schmalenbachs Zeitschrift für betriebswirtschaftliche Forschung, 56(6):520–545, 2004.

Herget, J., Mader, I. (2008): Persönliches Informationsmanagement: Wege aus der täglichen Informationsflut, In: Konferenzbeiträge der KnowTech 2008, 2008.

Hessel, S. (2009): Die Bedeutung von Usability und cognitive load Die Bedeutung von Usability und cognitive load auf die Informationssuche beim multimedialen Lernen, PhD thesis, Universität Erfurt.

Hevner, A. R., Salvatore, T. M., Park, J. (2004): Design Science in Information Systems Research, In: MIS Quarterly, 28(1):75–105, 2004.

Hilton, B. N., Horan, T. A., Burkhard, R., Schooley, B. (2011): SafeRoadMaps: Communication of Location and Density of Traffic Fatalities through Spatial Visualization and Heat Map Analysis, In: Information Visualization, 10(1):82–96, 2011.

Hoeber, O., Yang X. D. (2006): A Comparative User Study of Web Search Interafaces: HotMap, Concept Highlighter, and Google, In: Nishida, T. (Hrsg.), 2006 IEEE/WIC/ACM International Conference on Web Intelligence, IEEE Computer Society, 2006.

Holsapple, C. W. (2009): A new map for knowledge dissemination channels, In: Communications of the ACM, 52(3):117–125, 2009.

Huang, Z., Chen, H., Guo, F., Xu, J. J., Wu, S., Chen, W.-H. (2006): Expertise visualization: An implementation and study based on cognitive fit theory, In: Decision Support Systems, 42(3):1539–1557, 2006.

Hutzschenreuter, T. (2007): Allgemeine Betriebswirtschaftslehre: Grundlagen mit zahlreichen Praxisbeispielen ; [Bachelor geeignet!], Lehrbuch, Gabler, Wiesbaden, 2. Auflage, 2007.

Igbaria, M., Tan, M. (1997): The consequences of information technology acceptance on subsequent individual performance, In: Information & Management, 32(3):113–121, 1997.

Im, I., Hong, S., Kang, M. S. (2011): An international comparison of technology adoption, In: Information & Management, 48(1):1–8, 2011.

Ives, B., Olson, M. H., Baroudi, J. J. (1983): The measurement of user information satisfaction, In: Communications of the ACM, 26(10):785–793, 1983.

Jacoby, T. (1984): Perspectives on Information Overload, In: Journal of Consumer Research, 10(4):432–435, 1984.

Jankun-Kelly, T. J., Wilson, D., Stamps, A. S., Franck, J., Carver, J., Swan, J. E. (2011): Visual Analysis for Textual Relationships in Digital Forensic Evidence, In: Information Visualization, 10(2):134–144, 2011.

Jansen, A., Scharfe, W. (1999): Handbuch der Infografik: Visuelle Information in Publizistik, Werbung und Öffentlichkeitsarbeit, Edition Page, Springer, Berlin, 1999.

Jansen, B. J., Spink, A., Saracevic, T. (2000): Real life, real users, and real needs: a study and analysis of user queries on the web, In: Information Processing & Management, 36(2):207–227, 2000.

Jarupathirun, S., Zahedi, F. M. (2007): Exploring the influence of perceptual factors in the success of web-based spatial DSS, In: Decision Support Systems, 43(3):933–951, 2007.

Jeh, G., Widom, J. (2002): Scaling Personalized Web Search, 2002.

Jennex, M. E., Olfman, L. A. (2003): A knowledge management system success model: An extension of DeLone and McLean's IS success model, In: Galletta, D., Ross, J. (Hrsg.), Proceedings of the Ninth Americas Conference on Information Systems. Cambridge, MA, S. 2529–253, MIT Pres, 2003.

Jo, H., Ryu, J.-h. (2010): Placegram: A Diagrammatic Map for Personal Geotagged Data Browsing, In: IEEE Transactions on Visualization and Computer Graphics, 16(2):221–234, 2010.

Johnson, E. J., Payne, J. W. (1985): Effort and Accuracy in Choice, In: Management Science, 31(4):395–414, 1985.

Judelman, G. B. (2004): Knowledge Visualization: Problems and Principles for Mapping the Knowledge Space, PhD thesis, Universität Lübeck, Lübeck.

Kähler, W.-M. (2010): Statistische Datenanalyse, OnlinePlus, Vieweg+Teubner, Wiesbaden, 2010.

Kang, Y.-a., Görg, C., Stasko, J. (2011): How Can Visual Analytics Assist Investigative Analysis? Design Implications from an Evaluation, In: IEEE Transactions on Visualization and Computer Graphics, 17(5):570–583, 2011.

Keim, D. (2002): Information visualization and visual data mining, In: IEEE Transactions on Visualization and Computer Graphics, 8(1):1–8, 2002.

Keim, D. A., Hao, M. C., Dayal, U. (2002): Hierarchical pixel bar charts, In: IEEE Transactions on Visualization and Computer Graphics, 8(3):255–269, 2002.

Keim, D. A., Kriege, H.-P. (1996): Visualization Techniques for Mining Large Databases: A Comparison, In: IEEE TRANSACTIONS ON KNOWLEDGE AND DATA ENGINEERING, 8(6):923–938, 1996.

Keller, K. L., Stälin, R. (1987): Effects of Quality and Quantity of Information on Decision Effectiveness, In: Journal of Consumer Research, 14(2):200–213, 1987.

Keller, R., Eckert, C. M., Clarkson, P. J. (2006): Matrices or node-link diagrams: which visual representation is better for visualising connectivity models?, In: Information Visualization, 5(1):62–76, 2006.

Keller, T. (2005): Wissenserwerb mit Informationsvisualisierungen: Der Einfluss von Dimensionalität und Chromatik, Band 1 von Wissensprozesse und digitale Medien, Logos-Verlag, Berlin, 2005.

Kerren, A., Stasko, J. T., Fekete, J.-D., North, C. (Hrsg.) (2008): Information Visualization: Human-Centered Issues and Perspectives, Springer, Berlin et al., 2008.

Kettanurak, V., RAMAMURTHY, K., Haseman, W. D. (2001): User attitude as a mediator of learning performance improvement in an interactive multimedia environment: an empirical investigation of the degree of interactivity and learning styles, In: International Journal of Human-Computer Studies, 54(4):541–583, 2001.

Kiel, G. C., Layton, R. A. (1981): Dimensions of Consumer Information Seeking Behavior, In: Journal of Marketing Research, 18(2):233–239, 1981.

Kohlhammer, J., Proff, D. U., Wiener, A. (2013): Visual Business Analytics: Effektiver Zugang zu Daten und Informationen, Edition TDWI, dpunkt, Heidelberg and Neckar, 1. Auflage, 2013.

Koua, E. L., Kraak, M. (2004): A usability framework for the design and evaluation of an exploratory geovisualization environment, In: Proceedings. Eighth International Conference on Information Visualisation, 2004. IV 2004, S. 153–158, IEEE, 2004.

Koua, E. L., MacEachren, A. M., Kraak, M.-J. (2006): Evaluating the usability of visualization methods in an exploratory geovisualization environment, In: International Journal of Geographical Information Science, 20(1):425–448, 2006.

Koutrika, G., Ioannidis, Y. (2005): A Unified User-Profile Framework for Query Disambiguation and Personalization, In: Proceeings of the UM Workshop on New Technologies for Personalized Information Access (PIA), Edinburgh, UK, Juli 2005, S. 44–53, 2005.

Kraak, M.-J. (2003): Geovisualization illustrated, In: ISPRS Journal of Photogrammetry & Remote Sensing, 57:390–399, 2003.

Kraak, M. J. (2008): From geovisualization toward geovisual analytics: editorial, In: The Cartographic Journal, 45(3):163–164, 2008.

Kuhlthau, C. C. (1991): Inside the search process: Information seeking from the user's perspective, In: Journal of the American Society for Information Science, 42(5):361–371, 1991.

Kulkarni, U., Ravindran, S., Freeze, R. (2007): A Knowledge Management Success Model: Theoretical Development and Empirical Validation, In: Journal of Management Information Systems, 23(3):309–347, 2007.

Kulviwat, S., Guo, C., Engchanil, N. (2004): Determinants of online information search: a critical review and assessment, In: Internet Research, 14(3):245–253, 2004.

Kulyk, O., Kosara, R., Urquiza, J., Wassink, I. (2007): Human-Centered Aspects, In: Kerren, A., Ebert, A., Meyer, J. (Hrsg.), Human-centered visualization environments, S. 13–75, Springer, Berlin et al., 2007.

Kumar, H. P., Plaisant, C., Shneiderman, B. (1997): Browsing hierarchical data with multi-level dynamic queries and pruning, In: International Journal of Human-Computer Studies, 46(1):103–124, 1997.

Kwasnik, B. H. (1992): A Descriptive Study of the Functional Components of Browsing, In: Larson, J. A., Unger, C. (Hrsg.), Engineering for human-computer interaction, Band 18 von IFIP transactions. A, Computer science and technology, S. 191–203, North-Holland, 1992.

Landwich, P., Vogel, T., Klas, C.-P., Hemmje, M. (2009): Model to Support Patent Retrieval in the Context of Innovation-Processes by Means of Dialogue and Information Visualisation, In: The Electronic Journal of Knowledge Management, 7(1):87–98, 2009.

Laramee, R. S. (2010): How to Write a Visualization Research Paper: A Starting Point, In: Computer Graphics Forum, 29(8):2363–2371, 2010.

Larkin, J. H., Simon, H. A. (1987): Why a Diagram is (Sometimes) Worth Ten Thousand Words, In: Cognitive Science, 11(1):65–100, 1987.

Laukkanen, A. (2006): Rank Ordering Attribute Weighting Methods - Simulation Study.

Lavie, T., Oron-Gilad, T., Meyer, J. (2011): Aesthetics and usability of in-vehicle navigation displays, In: International Journal of Human-Computer Studies, 69(1-2):80–99, 2011.

Lee, B., Parr, C. S., Plaisant, C., Bederson, B. B., Veksler, V. D., Gray, W. D., Kotfila, C. (2006): TreePlus: Interactive Exploration of Networks with Enhanced Tree Layouts, In: IEEE Transactions on Visualization and Computer Graphics, 12(6):1414–1426, 2006.

Lee, B., Riche, N. H., Karlson, A. K., Carpendale, S. (2010): SparkClouds: Visualizing Trends in Tag Clouds, In: IEEE Transactions on Visualization and Computer Graphics, 16(6):1182–1189, 2010.

Lee, B., Robertson, G. G., Czerwinski, M., Sims Parr, C. (2007): CandidTree: visualizing structural uncertainty in similar hierarchies, In: Information Visualization, 6(3):233–246, 2007.

Lee, M. D., Butavicius, M. A., Reilly, R. E. (2003): Visualizations of binary data: A comparative evaluation, In: International Journal of Human-Computer Studies, 59(5):569–602, 2003.

Lehner, F., Wildner, S., Scholz, M. (2007): Wirtschaftsinformatik - Eine Einführung, Hanser, München et al., 2007.

Leitner, M., Buttenfield, B. P. (2000): Guidelines for the Display of Attribute Certainty, In: Cartography and Geographic Information Science, 27(1):3–14, 2000.

Levy, Y., Ellis, T. J. (2006): A Systems Approach to Conduct an Effective Literature Review in Support of Information Systems Research, In: Informing Science: The International Journal of an Emerging Transdiscipline, 9(1):181–212, 2006.

LexisNexis (2008): Workplace Productivity Survey.

Liehr, M. (2005): Die Adoption von Kritische-Masse-Systemen: Das Problem der individuellen Kritischen Masse, Deutscher Universitäts-Verlag, Wiesbaden, 2005.

Lifka, S. (2009): Entscheidungsanalysen in der Immobilienwirtschaft, Band 18 von Wirtschaft & Raum, Herbert Utz, München, 2009.

Lin, H. X., Choong, Y.-Y., Salvendy, G. (1997): A proposed index of usability: A method for comparing the relative usability of different software systems, In: Behaviour & Information Technology, 16(4-5):267–277, 1997.

Lin, P.-C., Chien, L.-W. (2010): The effects of gender differences on operational performance and satisfaction with car navigation systems, In: International Journal of Human-Computer Studies, 68(10):777–787, 2010.

Livingston, M. A., Decker, J. W. (2011): Evaluation of Trend Localization with Multi-Variate Visualizations, In: IEEE Transactions on Visualization and Computer Graphics, 17(12):2053–2062, 2011.

Lorenzen, T. J., Anderson, V. L. (1993): Design of experiments: A no-name approach, Band 138 von Statistics, textbooks and monographs, Marcel Dekker, New York, 1993.

Lötscher, J. (2006): Intranet Satisfaction Questionnaire: Entwicklung eines Messinstruments zur Erhebung der Benutzerzufriedenheit im Intranet, PhD thesis, Universität Basel, Basel.

MacEachren, A. M. (1992): Visualizing Uncertain Information, In: Cartographic Perspective, (13):10–19, 1992.

MacEachren, A. M., Kraak M.-J. (2001): Research Challenges in Geovisualization, In: Cartography and Geographic Information Science, 28(1):3–12, 2001.

MacEachren, A. M., Taylor, D. R. F. (1994): Visualization in modern cartography, Band 2 von Modern cartography, Pergamon, Oxford and U.K and New York, 1. Auflage, 1994.

MacMullin, S. E., Taylor, R. S. (1984): Problem dimensions and information traits, In: The Information Society, 3(1):91–111, 1984.

Malczewski, J. (1999): GIS and multicriteria decision analysis, Wiley & Sons, New York, 1999.

Malczewski, J. (2004): GIS-based land-use suitability analysis: a critical overview, In: PROGRESS IN PLANNING, 62(1):3–65, 2004.

Malczewski, J. (2006): GIS–based multicriteria decision analysis: a survey of the literature, In: International Journal of Geographical Information Science, 20(7):703–726, 2006.

Malczewski, J. (2010a): Multiple Criteria Decision Analysis and Geographic Information Systems, In: Ehrgott, M., Figueira, J. R., Greco, S. (Hrsg.), Trends in Multiple Criteria Decision Analysis, Band 142 von International Series in Operations Research & Management Science, S. 369–395, Springer US, Boston and MA, 2010.

Malczewski, J. (2010b): Multiple Criteria Decision Analysis and Geographic Information Systems, In: Figueira, J., Greco, S., Ehrgott, M. (Hrsg.), Trends in Multiple Criteria Decision Analysis, S. 369–395, Springer, New York, 2010.

Malizia, A., Bellucci, A., Diaz, P., Aedo, I., Levialdi, S. (2011): eStorys: A visual storyboard system supporting back-channel communication for emergencies, In: Journal of Visual Languages & Computing, 22(2):150–169, 2011.

Marchionini, G. (1995): Information seeking in electronic environments, Cambridge University Press, Cambridge, 1995.

Marcus, B., Bühner, M. (2009): Grundlagen der Testkonstruktion, FernUniversität Hagen, Hagen, 2009.

Mason, R. O. (1978): Measuring information output: A communication systems approach, In: Information & Management, 1(4):219–234, 1978.

McKinney, V., Yoon, K., Fatemeh, F. M. (2002): The Measurement of Web-Customer Satisfaction: An Expectation and Disconfirmation Approach, In: Information systems research, 13(3):296–315, 2002.

Meeks, W. L., Dasgupta, S. (2004): Geospatial information utility: an estimation of the relevance of geospatial information to users, In: Decision Support Systems, 38(1):47–63, 2004.

Meißner, M., Decker, J. W. (2009): An Empirical Comparison of CBC and AHP for Measuring Consumer Preferences, In: Tjader, T. (Hrsg.), Proceedings of Tenth International Symposium on Analytic Hierarchy Process (ISAHP 2009) - Multi-criteria Decision Making, Creative Decisions Foundation, 2009.

Mennecke, B. E., Crossland, M. D., Killingsworth, B. L. (2000): Is a Map More than a Picture? The Role of SDSS Technology, Subject Characteristics, and Problem Complexity on Map Reading and Problem Solving, In: MIS Q, 24(4):601–629, 2000.

Miller, G. A. (1956): The magical number seven, plus or minus two: some limits on our capacity for processing information, In: Psychological Review, 63(2):81–97, 1956.

Molla, M., Licker, P. S. (2001): E-Commerce Systems Success: An Attempt to Extend and Respecify the DeLone and MacLean Model of IS Success, In: Journal of Electronic Commerce Research, 2(4):131–141, 2001.

Money, A., Tromp, D., Wegner, T. (1988): The Quantification of Decision Support Benefits within the Context of Value Analysis, In: MIS Quarterly, 12(2):223–236, 1988.

Montgomery, D. C. (1991): Design and analysis of experiments, Wiley, New York, 3.. Auflage, 1991.

Montoya, M. M., Massey, A. P., Lockwood, N. S. (2011): 3D Collaborative Virtual Environments: Exploring the Link between Collaborative Behaviors and Team Performance, In: Decision Sciences, 42(2):451–476, 2011.

Moreau, E. M.-F. (2006): The impact of intelligent decision support systems on intellectual task success: An empirical investigation, In: Decision Support Systems, 42(2):593–607, 2006.

Morrison, A., Mulloni, A., Lemmelä, S., Oulasvirta, A., Jacucci, G., Peltonen, P., Schmalstieg, D., Regenbrecht, H. (2011): Collaborative use of mobile augmented reality with paper maps, In: Computers & Graphics, 35(4):789–799, 2011.

Morse, E., Lewis, M., Olsen, K. A. (2000): Evaluating visualizations using a taxonomic guide, In: International Journal of Human Computer Studies, 53(5):637–662, 2000.

Myers, B. L., Kappelman, L. A., Prybutok, V. R. (1997): A Comprehensive Model for Assessing the Quality and Productivity of the Information Systems Function: Toward a Contingency Theory for Information Systems Assessment, In: Information Resources Management Journal, 10(1):6–25, 1997.

Negash, S., Ryan, T., Igbaria, M. (2003): Quality and effectiveness in Web-based customer support systems, In: Information & Management, 40(8):757–768, 2003.

Nilsson, R. M., Mayer, R. E. (2002): The effects of graphic organizers giving cues to the structure of a hypertext document on users' navigation strategies and performance, In: International Journal of Human-Computer Studies, 57(1):1–26, 2002.

Nöllenburg, M. (2007): Geographic Visualization, In: Kerren, A., Ebert, A., Meyer, J. (Hrsg.), Human-centered visualization environments, S. 257–294, Springer, Berlin et al., 2007.

Norman, D. A., Draper, S. W. (1986): User centered system design: New perspectives on human-computer interaction, L. Erlbaum Associates, Hillsdale and N.J, 1986.

North, C. (2006): Toward measuring visualization insight: Visualization Viewpoints, In: IEEE Computer Graphics and Applications, 26(3):6–9, 2006.

Norušis, M. J. (2012): IBM SPSS Statistics 19 statistical procedures companion, Prentice Hall, Upper Saddle River and NJ, 2012.

Odeh, R. E., Fox, M. (1991): Sample size choice: Charts for experiments with linear models, Band 122 von Statistics, textbooks and monographs, Marcel Dekker, New York, 2.. Auflage, 1991.

Ong, T.-H., Chen, H., Sung, W.-k., Zhu, B. (2005): Newsmap: a knowledge map for online news, In: Decision Support Systems, 39(4):583–597, 2005.

Paas, F. (1992): Training Strategies for Attaining Transfer of Problem-Solving Skill in Statistics: A Cognitive-Load Approach, In: Journal of Educational Psychology, 84(4):429–434, 1992.

Paas, F., Tuovinen, J. E., Tabbers, H., van Gerven, P. W. M. (2003): Cognitive Load Measurement as a Means to Advance Cognitive Load Theory, In: Educational Psychologist, 38(1):63–71, 2003.

Paas, F., van Merriënboer, J. J. G., Adam, J. J. (1994): Measurement of cognitive-load in instructional research, In: Perceptual and Motor Skills, 79:419–430, 1994.

Padda, H., Mudur, S., Seffah, A., Joshi, Y. (2008): Comprehension of Visualization Systems: Towards Quantitative Assessment, In: Dascalu, S., Dini, C. (Hrsg.), Proceedings of the First International Conference on Advances in Computer-Human Interaction (ACHI), Saint Luce, Martinique, S. 83–88, IEEE Computer Society, 2008.

Paolino, L., Sebillo, M., Tortora, G., Vitiello, G., Laurini, R. (2009): Phenomena – A visual environment for querying heterogenous spatial data, In: Journal of Visual Languages & Computing, 20(6):420–436, 2009.

Parasuraman, A. (2005): E-S-QUAL: A Multiple-Item Scale for Assessing Electronic Service Quality, In: Journal of Service Research, 7(3):213–233, 2005.

Parasuraman, A., Zeithaml, V. A., Berry, L. L. (1988): SERVQUAL: A multiple-item scale for measuring consumer perceptions of service quality., In: Journal of Retailing, 64(1):12–40, 1988.

Patton, M. Q. (1990): Qualitative evaluation and research methods, Sage Publications, Newbury Park et al., 2. überarb.. Auflage, 1990.

Peffers, K., Tang, Y. (2003): Identifying and Evaluating the Universe of Outlets for Information Systems Research: Ranking the Journals, In: Journal of Information Technology Theory and Application, 5(1):63–84, 2003.

Perer, A., Shneiderman, B. (2008): Integrating Statistics and Visualization: Case Studies of Gaining Clarity during Exploratory Data Analysis, In: Czerwinski, M., Lund, A. (Hrsg.), Proceedings of the 26th annual SIGCHI Conference on Human Factors in Computing Systems, S. 265–274, ACM Press, 2008.

Perrig, W., Kintsch, W. (1985): Propositional and situational representations of text, In: Journal of Memory and Language, 24(5):503–518, 1985.

Pervan, G. P. (1998): A review of research in group support systems: leaders, approaches and directions, In: Decision Support Systems, 23(2):149–159, 1998.

Petter, S., DeLone, W., McLean, E. (2008): Measuring Information Systems Success: Models, Dimensions, Measures, and Interrelationsships, In: European Journal of Information Systems, 17(1):236–263, 2008.

Petter, S., McLean, E. R. (2009): A meta-analytic assessment of the DeLone and McLean IS success model: An examination of IS success at the individual level, In: Information & Management, 46(3):159–166, 2009.

Peuquet, D. J., Kraak, M.-J. (2002): Geobrowsing: Creative Thinking and Knowledge Discovery Using Geographic Visualization, In: Information Visualization, 1(1):80–91, 2002.

Pirolli, P., Card, S. (1999): Information foraging, In: Psychological Review, 106(4):643–675, 1999.

Plaisant, C. (2004): The Challenge of Information Visualization Evaluation, In: Costabile, M. F. (Hrsg.), Proceedings of the Working Conference on Advanced Visual Interfaces (AVI), Gallipolli, Italien, S. 109–116, ACM, 2004.

Plaisant, C. (2005): Information Visualization and the Challenge of Universal Usability, In: Dykes, J., MacEachren, A. M., Kraak, M. J. (Hrsg.), Exploring geovisualization, S. 53–82, Elsevier, Amsterdam, 2005.

Pomberger, G., Pree, W. (2004): Software-Engineering - Architektur-Design und Prozessorientierung, Hanser, München and Wien, 3.. Auflage, 2004.

Popper, K. (1994): Logik der Forschung, Verlag J.C.B. Mohr, Tübingen, 10. Auflage, 1994.

Pretorius, A. J., van Wijk, J. J. (2008): Visual Inspection of Multivariate Graphs, In: Computer Graphics Forum, 27(3):967–974, 2008.

Rao, R., Sprague, R. H. (1998): Natural technologies for knowledge work: information visualization and knowledge extraction, In: Journal of Knowledge Management, 2(2):70–80, 1998.

Riemer, K., Brüggemann, F. (2009): Personalisierung der Internetsuche – Personalisierung der Internetsuche: Lösungstechniken und Marktüberblick, In: Lewandowski, D. (Hrsg.), Handbuch Internet-Suchmaschinen, S. 148–171, AKA Verlag, Heidelberg, 2009.

Rinner, C. (2007): Geovisualisierung zur räumlichen Entscheidungsunterstützung, In: Journal of Cartography and Geographic Information, 2:85–103, 2007.

Rinner, C., Raubal, M. (2004): Personalized Multi-Criteria Decision Strategies in Location-Based Decision Support, In: Annals of GIS / Geographic Information Sciences, 10(2):149–156, 2004.

Risden, K., Czerwinski, M. P., Munzner, T., Cook, D. B. (2000): An initial examination of ease of use for 2D and 3D information visualizations of web content, In: International Journal of Human-Computer Studies, 53(5):695–714, 2000.

Robins, D. (2000): Shifts of focus on various aspects of user information problems during interactive information retrieval, In: Journal of the American Society for Information Science, 51(10):913–928, 2000.

Robinson, A. C., Chen, J., Lengerich, E. J., Meyer, H. G., MacEachren, A. M. (2005): Combining Usability Techniques to Design Geovisualization Tools for Epidemiology, In: Cartography and Geographic Information Science (CaGIS) Journal, 32(4):243–255, 2005.

Rogers, E. M. (1983): Diffusion of Innovations, Simon & Schuster, 1983.

Rose, D. E. (2006): Reconciling information-seeking behavior with search user interfaces for the Web, In: Journal of the American Society for Information Science and Technology, 57(6):797–799, 2006.

Rubin, H. (2004): Into the light, In: CIO Magazine, 2004.

Sachs, L. (2004): Angewandte Statistik: Anwendung statistischer Methoden ; mit 317 Tabellen und 99 Übersichten, Springer, Berlin et al., 11.. Auflage, 2004.

Sachs, L., Hedderich, J. (2009): Angewandte Statistik: Methodensammlung mit R, Springer, Berlin et al., 13. erw. und aktual.. Auflage, 2009.

Salton, G. (1989): Automatic text processing: The transformation, analysis, and retrieval of information by computer, Addison-Wesley series in computer science, Addison-Wesley, Reading and Mass, 1989.

Salton, G., Buckley, C. (1990): Improving retrieval performance by relevance feedback, In: Journal of the American Society for Information Science, 41(4):288–297, 1990.

Salton, G. M. M. J. (1983): Introduction to Modern IR, McGraw-Hill, New York, 1983.

Saracevic, T. (1975): Relevance: A review of the literature and a framework for thinking on the notion in information science, In: Journal of the American Society for Information Science and Technology, 26(6):321–343, 1975.

Sarris, V., Reiss, S. (2005): Kurzer Leitfaden der Experimentalpsychologie, Pearson Studium, München et al., 2005.

Schauenburg, J. (1999): Kundennutzenanalyse: Ein neues Verfahren zur Bestimmung und Verbesserung der Wettbewerbsfähigkeit von Investitionsgütern, Band 2483 von Europäische Hochschulschriften Reihe 5, Volks- und Betriebswirtschaft, Lang, Frankfurt am Main [u.a.], 1999.

Schmutz, P., Heinz, S., Métrailler, Y., Opwis, K. (2009): Cognitive Load in eCommerce Applications - Measurement and Effects on User Satisfaction, In: Advances in Human-Computer Interaction, (1):Artikel 3, 2009.

Schneeweiß, C. (1991): Planung 1 - Systemanalytische und entscheidungstheoretische Grundlagen, Band 1 von Springer-Lehrbuch, Springer, Berlin et al., 1991.

Schnell, R., Hill, P. B., Esser, E. (2005): Methoden der empirischen Sozialforschung, Oldenbourg, München, 7. Auflage, 2005.

Scholtz, J. (2011): Developing guidelines for assessing visual analytics environments, In: Information Visualization, 10(3):212–231, 2011.

Schryen, G. (2010): An Analysis of Literature Reviews on IS Business Value: How Deficiencies in Methodology and Theory Use Resulted in Limited Effectiveness, In: Aalst, W., Mylopoulos, J., Sadeh, N. M., Shaw, M. J., Szyperski, C., Kautz,

K., Nielsen, P. A. (Hrsg.), Scandinavian Information Systems Research, Band 60 von Lecture Notes in Business Information Processing, S. 139–155, Springer Berlin Heidelberg, Berlin and Heidelberg, 2010.

Schumann, H., Tominski, C. (2011): Analytical, visual and interactive concepts for geo-visual analytics, In: Journal of Visual Languages & Computing, 22(4):257–267, 2011.

Shannon, C. E., Weaver, W. (1964 (c1949): The mathematical theory of communication, University of Illinois Press, Urbana, 1964 (c1949.

Sharkey, U., Scott, M., Acton, T. (2010): The Influence of Quality on E-Commerce Success, In: International Journal of E-Business Research, 6(1):68–84, 2010.

Shen, M., Carswell, M., Santhanam, R., Bailey, K. (2012): Emergency management information systems: Could decision makers be supported in choosing display formats?, In: Decision Support Systems, 52(2):318–330, 2012.

Shepard, R. N., Cooper, L. A. (1982): Mental images and their transformations, MIT Press, Cambridge and Mass, 1982.

Shin, H., Park, G., Han, J. (2011): Tablorer - An Interactive Tree Visualization System for Tablet PCs, In: Computer Graphics Forum, 30(3):1131–1140, 2011.

Shneiderman, B. (1996): The eyes have it: a task by data type taxonomy for information visualizations, In: IEEE Computer Society (Hrsg.), Proceedings of the IEEE Symposium on Visual Languages, S. 336–343, IEEE Computer Society Press, 1996.

Shneiderman, B., Plaisant, C. (2005): Designing the user interface: Strategies for effective human-computer interaction, Addison-Wesley, Boston et al., 4.. Auflage, 2005.

Shneiderman, B., Plaisant, C. (2006): Strategies for Evaluating Information Visualization Tools: Multi-dimensional In-depth Long-term Case Studies, In: Bertini, E., Plaisant, C., Santucci, G. (Hrsg.), Proceedings of the 2006 AVI Workshop on Beyond Time and Errors, Venedig, Italien, S. 1–7, ACM, 2006.

Shneiderman, B., Plaisant, C. (2010): Designing the user interface: Strategies for effective human-computer interaction, Addison-Wesley, Boston, 5. Auflage, 2010.

Silverstein, C., Marais, H., Henzinger, M., Moricz, M. (1999): Analysis of a very large web search engine query log, In: ACM SIGIR Forum, 33(1):6–12, 1999.

Skupin, A., Fabrikant, S. F. (2003): Spatialization Methods: A Cartographic Research Agenda for Non-geographic Information Visualization, In: Cartography and Geographic Information Science (CaGIS) Journal, 30(2):95–115, 2003.

Smelcer, J. B., Carmel, E. (1997): The Effectiveness of Different Representations for Managerial Problem Solving: Comparing Tables and Maps, In: Decision Sciences, 28(2):391–420, 1997.

Smyth, B., Balfe, E. (2006): Anonymous personalization in collaborative web search, In: Information Retrieval, 9(2):165–190, 2006.

Sommerville, I. (2012): Software Engineering, Pearson Studium - IT, Pearson, München, 9. aktual.. Auflage, 2012.

Song, J., Jones, D., Gudigantala, N. (2007): The effects of incorporating compensatory choice strategies in Web-based consumer decision support systems, In: Decision Support Systems, 43(2):359–374, 2007.

Spence, R., Tweedie, L. (1998): The Attribute Explorer: information synthesis via exploration, In: Interacting with Computers, 11(2):137–146, 1998.

Spink, A., Wolfram, D., Jansen, M. B. J., Saracevic, T. (2001): Searching the web: The public and their queries, In: Journal of the American Society for Information Science and Technology, 52(3):226–234, 2001.

Spoerri, A. (2004): How visual query tools can support users searching the internet, In: Proceedings. Eighth International Conference on Information Visualisation, 2004. IV 2004, S. 329–334, IEEE, 2004.

Spritzer, A. S., Dal Sasso Freitas, C. M. (2012): Design and Evaluation of MagnetViz - A Graph Visualization Tool, In: IEEE Transactions on Visualization and Computer Graphics, 18(5):822–835, 2012.

Steuer, J. (1992): Defining Virtual Reality: Dimensions Determining Telepresence, In: Journal of Communication, 42(4):73–93, 1992.

Stone, M. (2009): Information Visualization: Challenge for the Humanities, In: Council on Library and Information Resources (Hrsg.), Working together or apart: Promoting the next generation of digital scholarship, S. 43–56, Council on Library and Information Resources, Washington D. C., 2009.

Swaab, R. I., Postmes, T., Neijens, P., Kiers, M. H., Dumay, A. C. M. (2002): Multiparty Negotiation Support: The Role of Visualization's Influence on the Development of Shared Mental Models, In: Journal of Management Information Systems, 19(1):129–150, 2002.

Sweller, J., Chandler, P. (1994): Why Some Material Is Difficult to Learn, In: Cognition and Instruction, 12(3):185–233, 1994.

Swink, M., Speier, C. (1999): Presenting Geographic Information: Effects of Data Aggregation, Dispersion, and Users' Spatial Orientation, In: Decision Sciences, 30(1):169–195, 1999.

Tan, D. S., Smith, G., Lee, B., Robertson, G. G. (2007): AdaptiviTree: Adaptive Tree Visualization for Tournament-Style Brackets, In: IEEE Transactions on Visualization and Computer Graphics, 13(6):1113–1120, 2007.

Taylor, R. N. (1975): Psychological Determinants of Psychological Determinants of Bounded Rationality: Implications for Decision Making Strategies, In: Decision Sciences, 6(3):409–429, 1975.

Taylor, S., Schuff, D., Turetken, O. (2007): Facilitating Browsing with Information Visualization: A Cognitive Fit Perspective, In: Association for Information Systems (AIS) (Hrsg.), Proceedings of the Americas Conference on Information Systems (AMCIS) 2007, 10.-12. August 2007, Keystone, Colorado, 2007.

Tergan, S.-O. (2003): Managing knowledge with computer-based mapping tools, In: Lassner, D., McNaught, C. (Hrsg.), Proceedings of the ED-Media 2003 World Conference on Educational Multimedia, Hypermedia & Telecommunication, Norfolk, VA, USA: AACE, S. 2514–2517, 2003.

Thomas, J. J., Cook, K. A. (2005): Illuminating the path, IEEE Computer Society, Los Alamitos and Calif, 2005.

Todd, P., Benbasat, I. (1999): Evaluating the Impact of DSS, Cognitive Effort, and Incentives on Strategy Selection, In: Information systems research, 10(4):356–374, 1999.

Toffler, A. (1970): Future shock, Random House, New York, 1970.

Tominski, C. (2009): Event-based concepts for user-driven visualization, In: Information Visualization, 2009.

Tory, M., Möller, T. (2004): Human factors in visualization research, In: IEEE Transactions on Visualization and Computer Graphics, 10(1):72–84, 2004.

Tory, M., Möller, T. (2005): Evaluating Visualizations: Do Expert Reviews Work?, In: IEEE Computer Graphics and Applications, 25(5):8–11, 2005.

Tractinsky, N., Katz, A. S., Ikar, D. (2000): What is beautiful is usable, In: Interacting with Computers, 13(2):127–145, 2000.

Triebel, A. (2012): Evaluation interaktiver Informationsvisualisierung: Ist Visualisierung nützlich?, PhD thesis, FernUniversität Hagen, Hagen.

Tufte, E. R. (1983): The Visual Display of Quantitative Information, Graphics Press, Cheshire and Connecticut, 1983.

Tufte, E. R. (2001): The visual display of quantitative informations, Graphics Press, Cheshire and Conn, 2. Auflage, 2001.

Turetken, O., Sharda, R. (2007): Visualization of Web spaces: State of the Art and Future Directions, In: The DATA BASE for Advances in Information Systems, 38(3):51–81, 2007.

Tuttle, C., Nonato, L. G., Silva, S. (2010): PedVis: A Structured, Space-Efficient Technique for Pedigree Visualization, In: IEEE Transactions on Visualization and Computer Graphics, 16(6):1063–1072, 2010.

Urbach, N., Smolnik, S., Riempp, G. (2008): A Methodological Examination of Empirical Research on Information Systems Success: 2003 to 2007, In: Benbasat, I., Montazemi, A. R. (Hrsg.), Proceedings of the 14th Americas Conference on Information Systems (AMCIS), Curran, 2008.

Urbach, N., Smolnik, S., Riempp, G. (2009): Der Stand der Forschung zur Erfolgsmessung von Informationssystemen: Eine Analyse vorhandener mehrdimensionaler Ansätze, In: Wirtschaftsinformatik, 51(4):363–375, 2009.

Venkatesh, V., Davis, F. D. (2000): A Theoretical Extension of the Technology Acceptance Model: Four Longitudinal Field Studies, In: Management Science, 46(2):186–204, 2000.

Venkatesh, V., Morris, M. G., Davis, G. B., Davis, F. D. (2003): User Acceptance of Information Technology: Toward a Unified View, In: MIS Quarterly, 27(3):425–478, 2003.

Vessey, I. (1991): Cognitive Fit: A Theory-Based Analysis of the Graphs Versus Tables Literature, In: Decision Sciences, 22(2):219–240, 1991.

Vessey, I. (1994): The effect of information presentation on decision making: A cost-benefit analysis, In: Information & Management, 27(2):103–119, 1994.

Vessey, I., Galletta, D. (1991): Cognitive Fit: An Empirical Study of Information Acquisition, In: Information systems research, 2(1):63–84, 1991.

Virrantaus, K., Fairbairn, D., Kraak, M. J. (2009): ICA Research Agenda on Cartography and GI Science, In: The Cartographic Journal, 46(2):63–75, 2009.

Vom Brocke, J., Simons, A., Niehaves, B., Riemer, K., Plattfaut, R., Cleven, A. (2009): Reconstructing the Giant: On the Importance of Rigour in Documenting the Literature Search Process, In: Newell, S., Whitley, E., Pouloudi, N., Wareham, J., Mathiassen, L. (Hrsg.), Proceedings of the 17th European Conference on Information Systems (ECIS 2009), S. 2206–2217, Verona and Italien, 2009.

Wallenius, J., Dyer, J. S., Fishburn, P. C., Steuer, R. E., Zionts, S., Deb, K. (2008): Multiple Criteria Decision Making, Multiattribute Utility Theory: Recent Accomplishments and What Lies Ahead, In: Management Science, 54(7):1336–1349, 2008.

Ware, C. (2012): Information visualization: Perception for design, Interactive technologies, Morgan Kaufmann, Boston, 3. Auflage, 2012.

Weber, M. (1983): Entscheidungen bei Mehrfachzielen: Verfahren zur Unterstützung von Individual- und Gruppenentscheidungen, Band 26 von Bochumer Beiträge zur Unternehmungsführung und Unternehmensforschung, Gabler, Wiesbaden, 1983.

Webster, J., Watson, R. T. (2002): Analyzing the past to prepare for the future: writing a literature review, In: MIS Quarterly, 26(2):xiii–xxiii, 2002.

Wehrend, S., Lewis, C. (1990): A problem-oriented classification of visualization techniques, In: Proceedings of the First IEEE Conference on Visualization: Visualization '90, S. 139–143, IEEE Comput. Soc. Press, 1990.

Wendt, J.-P. (1997): GIS in Handel, Banken und Versicherungen: Effizienter Nutzen von Wirtschaftsdaten durch Raumbezug.

Wieseke, J., Kraus, F., Rajab, T. (2010): Ein interdisziplinärer Ansatz zur Überwindung von Technologieadoptionsbarrieren, In: Schmalenbachs Zeitschrift für betriebswirtschaftliche Forschung, 62(8):822–859, 2010.

Wilde, T. (2008): Experimentelle Forschung in der Wirtschaftsinformatik: Analyse des Methodenpotenzials und Entwicklung geeigneter Experimentaldesigns, Band 27 von Schriftenreihe Studien zur Wirtschaftsinformatik, Kovač, Hamburg, 2008.

Wilde, T., Hess, T. (2007): Forschungsmethoden der Wirtschaftsinformatik: Eine empirische Untersuchung, In: Wirtschaftsinformatik, 49(4):280–287, 2007.

Wildemuth, B. M. (2006): Evidence-Based Practice in Search Interface Design, In: Journal of the American Society for Information Science and Technology, 57(6):825–828, 2006.

Wilkins, B. (2003): MELD: A Pattern Supported Methodology for Visualisation Design, PhD thesis, University of Birmingham, Birmingham.

Willcocks, L., Whitley, E. A., Avgerou, C. (2008): The Ranking of Top IS Journals: A Perspective from the London School of Economics, In: European Journal of Information Systems, 17(2):163–168, 2008.

Wilson, T. D. (2000): Human Information Behavior, In: Informing Science - Special Issue on Information Science Research, 3(2):49–55, 2000.

Wohlfart, E., Aigner, W., Bertone, A., Miksch, S. (2008): Comparing Information Visualization Tools Focusing on the Temporal Dimensions, In: Banissi, E. (Hrsg.), Proceedings of 12th International Conference on Information Visualisation, S. 69–74, IEEE Computer Society, 2008.

Wolff, C. (2006): Information Retrieval is for Everybody - Beobachtungen und Thesen, In: Schaaf, M. u. A. K.-D. (Hrsg.), Lernen, Wissensentdeckung und Adaptivität - LWA / Workshop Information Retrieval der GI - FGIR 2006, S. 102–107, 2006.

Wong, P., Thomas, J. (2004): Visual analytics, In: IEEE Computer Graphics and Applications, 24(5):20–21, 2004.

Wong, P. C., Schneider, K., Mackey, P., Foote, H., Chin Jr., G., Guttromson, R., Thomas, J. (2009): A Novel Visualization Technique for Electric Power Grid Analytics, In: IEEE Transactions on Visualization and Computer Graphics, 15(3):410–423, 2009.

Worrall, L. (1991): Spatial analysis and spatial policy using geographic information systems, Belhaven Press, London and New York, 1991.

Wu, J.-H., Wang, Y.-M. (2006): Measuring KMS success: A respecification of the DeLone and McLean's model, In: Information & Management, 43(6):728–739, 2006.

Xiang, Y., Chau, M., Atabakhsh, H., Chen, H. (2005): Visualizing criminal relationships: comparison of a hyperbolic tree and a hierarchical list, In: Decision Support Systems, 41(1):69–83, 2005.

Xu, Y. (2007): The dynamics of interactive information retrieval behavior, Part I: An activity theory perspective, In: Journal of the American Society for Information Science and Technology, 58(7):958–970, 2007.

Yang, C. C., Chen, H., Hong, K. (2003): Visualization of large category map for Internet browsing, In: Decision Support Systems, 35(1):89–102, 2003.

Yi, C., Jiang, Z. (2007): The Antecedents of Online Consumers' Perceived Usefulness of Website: A Protocol Analysis Approach, In: Jacko, J. A. (Hrsg.), Human-Computer Interaction. HCI Applications and Services, Band 4553 von Lecture notes in computer science, S. 142–149, Springer Berlin Heidelberg, Berlin and Heidelberg, 2007.

Zhang, J. (2008): Visualization for information retrieval, Band 23 von The information retrieval series, Springer, Berlin and London, 2008.

Zhang, P. (1996): How Information Visualization Affects Human Problem-Solving Performance in a Complex Business Domain: A Comparative Studie, In: Proceedings of the First Asia Pacific Decision Sciences Institute Conference, 21.-22. Juni 1996, Hong Kong, S. 945–954, 1996.

Zhang, X., Keeling, K., Pavur, R. (2000): Information quality of commericial web site home pages: an explorative analysis, In: Association for Information Systems (Hrsg.), Proceeding ICIS '00 Proceedings of the twenty first international conference on Information systems, S. 164–175, 2000.

Zhu, B., Chen, H. (2005): Using 3D interfaces to facilitate the spatial knowledge retrieval: a geo-referenced knowledge repository system, In: Decision Support Systems, 40(2):167–182, 2005.

Zhu, B., Watts, S. A. (2010): Visualization of Network Concepts: The Impact of Working Memory Capacity Differences, In: Information systems research, 21(2):327–344, 2010.